Kognitive Aktivierung in der Unterrichtsinteraktion

Patrick Schreyer

Kognitive Aktivierung in der Unterrichtsinteraktion

Eine qualitativ-rekonstruktive Analyse zu Passungsverhältnissen im Mathematikunterricht

Waxmann 2024
Münster · New York

Die Open-Access-Publikation dieses Buches wurde durch den Open-Access-Publikationsfonds der Goethe-Universität Frankfurt am Main unterstützt.

The open access publication of this book was funded by the Open Access Publication Fund of Goethe University Frankfurt am Main.

D30

Bibliografische Information der Deutschen Nationalbibliothek
Die Deutsche Nationalbibliothek verzeichnet diese Publikation in der Deutschen Nationalbibliografie; detaillierte bibliografische Daten sind im Internet über http://dnb.dnb.de abrufbar.

Internationale Hochschulschriften, Band 708

ISSN 0932-4763
ISBN 978-3-8309-4835-3
E-Book-ISBN 978-3-8309-9835-8
https://doi.org/10.31244/9783830998358

Steinfurter Straße 555, 48159 Münster

www.waxmann.com
info@waxmann.com

Umschlaggestaltung: Anne Breitenbach, Münster
Umschlagabbildung: © Patrick Schreyer
Satz: satz&sonders GmbH, Dülmen
Druck: CPI Books GmbH, Leck
Gedruckt auf alterungsbeständigem Papier gemäß ISO-9706

Dieses Buch wurde klimaneutral produziert.

Printed in Germany

Für Natascha

Inhalt

Vorwort

Die vorliegende Arbeit entstand im Zeitraum von 2017 bis 2022 im Rahmen der *TALIS-Videostudie Deutschland* am DIPF. Während meiner Mitarbeit an dieser internationalen Videostudie lag der Schwerpunkt meiner Tätigkeit auf der Umsetzung, der Durchführung und der Auswertung standardisierter Videobeobachtungen. Im Rahmen meiner Dissertation widmete ich mich einer qualitativ-rekonstruktiven Analyseperspektive. Ziel dieses paradigmenübergreifenden Anliegens bestand darin, die empirische Lehr-Lern-Forschung mit neuen empirischen Rekonstruktionen anzureichern.

Besonders fasziniert war ich von der kognitiven Aktivierung, einem Merkmal, das sich auf das fachliche Lernen und die Verstehensprozesse der Schüler*innen im Unterricht konzentriert. Allerdings zeigte sich, dass das Konzept der kognitiven Aktivierung sowohl in seiner theoretischen Konzeption als auch in Bezug auf seine Operationalisierung recht unklar erschien.

Aus dieser Erkenntnis heraus entstand die Idee, das Konstrukt der kognitiven Aktivierung mithilfe qualitativ-rekonstruktiver Verfahren genauer zu untersuchen. Die anfängliche Überlegung, auf Basis der qualitativen Ergebnisse ein verbessertes Beobachtungsinstrument zu entwickeln, wurde zugunsten einer fokussierten Herangehensweise angepasst. Die kognitive Aktivierung fungierte dann als Schablone für die empirische Analyse. Es zeigte sich, dass der gewählte paradigmenübergreifende Ansatz – der zwischen der Lehr-Lern-Forschung und der qualitativ-rekonstruktiven Unterrichtsforschung pendelte – eine komplexe, aber zugleich bereichernde Herausforderung war. Diese Komplexität eröffnete die Möglichkeit, die Feinheiten und die Synergien zwischen den verschiedenen Forschungsansätzen tiefergehend zu untersuchen und zu verstehen.

Diese Monographie illustriert die dynamische Schnittstelle zwischen den beiden Forschungsrichtungen und nimmt die spannende Herausforderung an, eine integrative Sprache zu finden, die den Facetten beider Bereiche Rechnung trägt. Trotz einer gewissen Ambivalenz und der Erkenntnis, dass es nicht vollständig gelungen ist, beiden Forschungsansätzen in gleichem Maße gerecht zu werden, bin ich dennoch überzeugt, dass diese Arbeit wertvolle Erkenntnisse für das Verständnis kognitiver Aktivierung liefert und als verbindendes Element zwischen den bisher eher isolierten Forschungsgebieten der Unterrichtsforschung fungieren kann.

Dr. Patrick Schreyer

Danksagung

Besonderer Dank gilt meinen beiden Betreuern, Prof. Dr. Eckhard Klieme und Prof. Dr. Matthias Martens, für ihre wertvolle Unterstützung und Ermutigung sowie die Offenheit gegenüber diesem paradigmenübergreifenden Forschungsvorhaben. Eckhard Klieme danke ich ausgesprochen für seine stets aufgeschlossene Haltung gegenüber neuen wissenschaftlichen Ideen, seine wertschätzende und konstruktive Art sowie seine diplomatische Herangehensweise, die geholfen hat, auch komplexe Probleme auf einfache Weise zu lösen. Matthias Martens danke ich besonders für seinen enormen Scharfsinn, seine konstruktiven und erkenntnisreichen Anmerkungen und seine herausragende methodische Expertise.

Des Weiteren möchte ich mich bei allen Mitarbeiter*innen des nationalen Projektteams der TALIS-Videostudie Deutschland, Dr. Juliane Grünkorn, Dr. Julia Käfer, Dr. Benjamin Herbert, Prof. Dr. Anna-Katharina Praetorius und Dr. Petra Pinger, für die Zusammenarbeit, die Diskussionen und die tollen gemeinsamen Momente bedanken. Ebenfalls gilt mein Dank dem internationalen Projektteam der TALIS-Videostudie, das es mir ermöglicht hat, verschiedene (Unterrichts-)Kulturen näher kennenzulernen. Weiterhin bedanke ich mich bei allen studentischen Hilfskräften und Praktikant*innen der Videostudie sowie allen Erhebungsleiter*innen bei der IEA Hamburg. Ein spezieller Dank geht an Elena Rohklenko für den Austausch und die Unterstützung.

Ich möchte auch allen Lehrkräften und Schüler*innen danken, die an der Studie teilgenommen und diese überhaupt erst ermöglicht haben.

Ebenfalls gilt mein Dank allen Kolleg*innen am DIPF, insbesondere denen der ehemaligen BiQua-Abteilung, für die spannenden Einblicke in eine Vielzahl von Studien und den fachlichen Austausch zum Thema Unterricht.

Des Weiteren möchte ich allen Personen danken, die mich im Rahmen von Forschungswerkstätten, Kolloquien und Initiativen begleitet haben. Ein besonderer Dank geht dabei an Prof. Dr. Barbara Asbrand und Dr. Kathrin Berdelmann.

Mein besonderer Dank gilt meiner Frau Natascha Schreyer, die mich seit den Anfängen meiner akademischen Laufbahn nicht nur begleitet hat, sondern stets mein Anker und Rettungsboot war. Ihre tatkräftige und vor allem emotionale Unterstützung haben maßgeblich zum Erfolg dieser Arbeit beigetragen.

Zusammenfassung

Die *kognitive Aktivierung* ist eine der drei Basisdimensionen der Unterrichtsqualität (Klieme, 2019) und findet mittlerweile Eingang in international angelegte Modelle der Unterrichtsqualität (Bell et al., 2019; Charalambous & Praetorius, 2020). Die Dimension wurde bereits in einer Vielzahl von Studien, in verschiedenen Schulfächern und über verschiedene Schulformen hinweg empirisch untersucht (Praetorius et al., 2018). Dabei wurde die kognitive Aktivierung im Rahmen von Angebots-Nutzungs-Modellen (Fend, 2019) überwiegend als ein angebotsseitiges Potenzial der Lehrperson für die Schüler*innen operationalisiert (Denn et al., 2019). Hingegen ist bislang wenig darüber bekannt, wie kognitive aktivierende Impulse in der Interaktion zwischen Lehrperson und den Schüler*innen hergestellt und bearbeitet werden (Renkl, 2015; Vieluf, 2022).

In dieser Studie werden mithilfe der wissenssoziologisch fundierten *Dokumentarischen Methode* (Bohnsack, 2021) und ihrer Spezifizierung für die Analyse von Unterrichtsvideographien (Asbrand & Martens, 2018) die im Unterricht kommunizierten und handlungsleitenden, implizierten Wissensbestände rekonstruiert, die die Hervorbringung von kognitiver Aktivierung in der Interaktion bedingen. Es wird danach gefragt, *wie kognitive Aktivierung in der Interaktion zwischen Lernenden und Lehrenden hergestellt und prozessiert wird.* Als Datengrundlage dienen überwiegend Videos aus dem Mathematikunterricht der neunten Klasse zum Thema quadratische Gleichung aus der TALIS-Videostudie Deutschland (Grünkorn et al., 2020).

Als Ergebnis ließen sich drei unterschiedlichen Formen der Aktivierung rekonstruieren. *Typ I: Aktivierung zu Reproduktion* ist durch ein instruktivistisches Verständnis der Lehrkraft geprägt, in dem aktivierende Impulse die Schüler*innen überwiegend zur Reproduktion von Wissen anregen. *Typ II: Aktivierung zu unsystematischem Probieren* wird durch ein vermittelndes Verständnis der Lehrperson bestimmt, bei dem die Impulse nicht an das bestehende Wissen der Schüler*innen anschließen und die Bearbeitung im Rahmen eines unsystematischen Probierens erfolgt. *Typ III: Aktivierung zu fachlicher Konstruktion* ist durch ein konstruktivistisches Unterrichtsverständnis der Lehrkraft gekennzeichnet und Impulse werden in einem ko-konstruktiven Prozess von den Schülern*innen in Zusammenarbeit mit der Lehrkraft bearbeitet.

Schlagwörter: Kognitive Aktivierung, Unterrichtsinteraktion, Unterrichtsqualität, Mathematikunterricht, Dokumentarische Unterrichtsforschung, Typenbildung

Abstract

Cognitive activation is one of the three basic dimensions of teaching quality (Klieme, 2019) and it is currently finding its way into internationally designed models of teaching quality (Bell et al., 2019; Charalambous & Praetorius, 2020). The dimension has already been empirically analyzed in a variety of studies, in different school subjects and across different school types (Praetorius et al., 2018). In this context, cognitive activation has been predominantly operationalized in the context of so-called offer-use models (Fend, 2019) as a teacher-sided potential for the students (Denn et al., 2019). In contrast, little research has been done on the quality of implementation and interactive processing of cognitively activating tasks and stimuli in the classroom (Renkl, 2015; Vieluf, 2022).

This study uses the *Documentary Method* (Bohnsack, 2021), grounded in the sociology of knowledge, and its specification for the analysis of video recorded classroom interactions (Asbrand & Martens, 2018) to reconstruct the tacit knowledge communicated in the classroom and guiding action, which determine the production of cognitive activation in the interaction. It is asked *how cognitive activation is produced and processed in the interaction between students and teachers.* The data basis is mainly videos from ninth grade mathematics lessons on the topic of quadratic equation from the TALIS-Video Study Germany (Grünkorn et al., 2020).

As a result, three different forms of activation could be reconstructed. *Type I: Activation to reproduction* is framed by an instructive orientation of the teacher, in which activating stimuli encourage students predominantly to reproduce knowledge. *Type II: Activation to unsystematic trial and error* is framed by a mediational orientation of the teacher, in which the stimuli do not connect to the students' existing knowledge and the processing takes place in the context of unsystematic trial and error. *Type III: Activation for subject-specific construction* is characterized by a constructivist orientation of the teacher and impulses are processed in a co-constructive process by the students in cooperation with the teacher.

Keywords: Cognitive Activation, Interaction in teaching, Instructional Quality, Mathematics Teaching, Documentary classroom research, Type-formation

Abkürzungsverzeichnis

AEPF	Arbeitsgruppe für Empirische Pädagogische Forschung
BMBF	Bundesministeriums für Bildung und Forschung
CLASS	Classroom Assessment Scoring System
CTGV	Cognition and Technology Group at Vanderbilt
DGFE	Deutschen Gesellschaft für Erziehungswissenschaft
DIPF	DIPF | Leibniz-Institut für Bildungsforschung und Bildungsinformation
FDZ	Forschungsdatenzentrum Bildung
GS	Grundschule
HIPF	Hochschule für Internationale Pädagogische Forschung
HKM	Hessisches Kultusministerium
IEA	International Association for the Evaluation of Educational Achievement
IGLU	Internationale Grundschul-Lese-Untersuchung
IRE	Initiation – Response – Evaluation
IWB	interaktives Whiteboard
KMK	Kultusministerkonferenz
MPI	Max-Planck-Institut
OA	Oberaktion
OECD	Organisation for Economic Co-operation and Development
OHP	Overheadprojektor
OT	Oberthema
PERLE	Persönlichkeits- und Lernentwicklung von Grundschulkindern
PISA	Programme for International Student Assessment
RS	Realschule
RW	Rechnungswesen
SMSO	Survey of Mathematics and Science Opportunities
TALIS	Teaching and Learning International Survey
TER	Teaching Effectivness Research
TIMSS	Third International Mathematics and Science Study
TTI	Teaching Through Interactions
UA	Unteraktion
UT	Unterthema

1 Einleitung

„Man kann einen Menschen nichts lehren,
man kann ihm nur helfen, es in sich selbst zu entdecken.“

Galileo Galilei (1564–1642)

1.1 Motivation, Fragestellung und Zielsetzung

Ein Unterricht, der primär auf das Verstehen von Inhalten ausgerichtet ist, wird als kognitiv aktivierend bezeichnet. Das Ziel einer kognitiven Aktivierung im Unterricht ist es demnach, ein vertieftes, konzeptionelles Verständnis bei den Schüler*innen anzuregen (Lipowsky, 2020; Reusser & Pauli, 2010, S. 176). Die kognitive Aktivierung ist ein zentrales Merkmal der Unterrichtsqualität (Klieme, 2019; Praetorius & Gräsel, 2021), das neben der *Klassenführung* und der *konstruktiven Unterstützung* zu den drei Basisdimensionen der Unterrichtsqualität zählt (Klieme, 2019). Mittlerweile wurde die kognitive Aktivierung in einer Vielzahl empirischer Studien (Praetorius et al., 2018), in unterschiedlichen Fächern untersucht (Praetorius, Herrmann et al., 2020) und aktuell findet diese Basisdimension auch Eingang in internationale Modelle der Unterrichtsqualität (Bell et al., 2019; Charalambous & Praetorius, 2020). Untersucht wird dabei u. a., ob die Schüler*innen mit herausfordernden Inhalten konfrontiert werden und inwieweit deren Vorwissen bei der Bewältigung von Fragen und Aufgaben im Unterricht aktiviert wird (Stürmer & Fauth, 2019).

Derweil erstreckt sich die Relevanz der kognitiven Aktivierung weit über die Unterrichtsforschung hinaus. Im Bereich der Politik wird dies bspw. im *Rahmenprogramm empirische Bildungsforschung* des Bundesministeriums für Bildung und Forschung (BMBF) deutlich, in dem die Bedeutsamkeit der kognitiven Aktivierung für die Unterrichtsqualität hervorgehoben wird (vgl. BMBF, 2007, S. 15). Auch im Rahmen groß angelegter Transfer- und Fortbildungsprogramme für Lehrkräfte, wie SINUS bzw. SINUS-Transfer (Ostermeier et al., 2004), wird besonderer Wert auf eine kognitiv aktivierende und kompetenzorientierte Unterrichtsgestaltung gelegt (vgl. Köller, 2009, S. 52). Das im Dezember 2021 von der Kultusministerkonferenz (KMK) verabschiedete Programm *QuaMath*[1] soll in den kommenden zehn Jahren die Qualität des Mathematikunterrichts verbessern. Die kognitive Aktivierung stellt dabei eine zentrale Säule des Programms. Zudem wird die kognitive Aktivierung vermehrt auch als Instrument zur Qua-

1 IPN – Leibniz-Institut für die Pädagogik der Naturwissenschaften und Mathematik [online] https://dzlm.de/aktuelles/kmk_dzlm_quamath [Letzter Zugriff: 31. 08. 2023].

litätssicherung von Schulen und Unterricht im Rahmen von Schulinspektionen eingesetzt (Fauth et al., 2021; Helmke & Helmke, 2014; Leist et al., 2016). Schließlich hat sich das Merkmal auch in der Unterrichtspraxis etabliert, wie anhand zahlreicher Handreichungen für Praktiker*innen (bspw. Fauth & Leuders, 2018; Kleickmann, 2012) deutlich wird. Zudem belegen zwei Themenhefte zur kognitiven Aktivierung in der Zeitschrift *PÄDAGOGIK* (Heymann, 2015; Schnack, 2021), dass dieses Thema in der Praxis diskutiert wird.

Trotz dieser hohen wissenschaftlichen und praktischen Relevanz wird das Merkmal kognitive Aktivierung aber immer noch als ein verhältnismäßig junges Konstrukt angesehen (vgl. Lipowsky, 2020, S. 92), dessen (unterrichts-)theoretische Konsolidierung und die empirische Erforschung im Unterricht aktuell Anlass für lebhafte Diskussionen darstellt (Praetorius & Gräsel, 2021; Schreyer et al., 2022). In der deutschsprachigen Unterrichtsqualitätsforschung wurde kognitive Aktivierung im Sinne von Angebots-Nutzungs-Modellen (Fend, 2019; Vieluf et al., 2020) bislang überwiegend als fachlicher Anforderungsgehalt und als ein angebotsseitiges Potenzial der Lehrkraft für die kognitive Aktivierung bei Schüler*innen operationalisiert. Obwohl im Kontext dieser Modelle bereits zwischen dem Potenzial zur kognitiven Aktivierung, im Sinne der lehrerseitigen Stimulierung, und der kognitiven Aktivität, als der aktiven Nutzung dieser Stimulierung durch die Schüler*innen, unterschieden wird (Hanisch, 2018; Klieme, 2019), spiegelt sich diese Unterscheidung bislang nur selten in den Operationalisierungen wider (Praetorius et al., 2018). Prinzipiell sind ein Großteil der Unterrichtsqualitätsmodelle vermehrt auf die Merkmale und Handlungen der Lehrpersonen fokussiert und weniger auf die bedeutsamen Lern- und Verstehensprozesse der Schüler*innen (Praetorius & Charalambous, 2018; Praetorius & Gräsel, 2021). Die Qualität der kognitiven Aktivierung im Unterricht wurde dementsprechend in der Forschung zur Unterrichtsqualität überwiegend durch standardisierte Beobachtungsverfahren im Unterricht (Bell et al., 2020; Denn et al., 2019), über Lehrer- und Schüler*innenbefragungen (Baumert & Kunter, 2013; Fauth et al., 2014b) sowie über die Analyse von Unterrichtsaufgaben und -materialien (Herbert & Schweig, 2021; Jordan et al., 2008) eingeschätzt. Auch wenn sich die Potenziale zur kognitiven Aktivierung auf diese Weise gut erfassen lassen, zeigt sich auch zunehmend, dass die derart eingestuften Impulse durch ungenügende Umsetzung und Implementation in den Unterricht ihr Potenzial verwirken können (Hillje, 2011; Klieme et al., 2001). Zudem wird zunehmend kritisiert, dass in den bisherigen Betrachtungen des Unterrichts im Rahmen der Unterrichtsqualitätsforschung dessen Sequenzialität, Materialität und Körperlichkeit zu wenig berücksichtigt wurde (Asbrand & Martens, 2018; Vieluf & Klieme, 2023).

Das übergeordnete Ziel dieser Arbeit besteht folgend darin, die kognitive Aktivierung als eine Eigenschaft der unterrichtlichen Interaktion zu konzeptualisieren und in den Blick zu nehmen. Mit einer für die Unterrichtsqualitätsforschung unüblichen Perspektive wird dabei der Versuch unternommen, sich im Sinne einer qualitativ-rekonstruktiven Unterrichtsforschung mit dem Merkmal auseinanderzusetzen. Als zentrale Forschungsfrage wird dabei untersucht, *wie kognitive Aktivierung in der Interaktion zwischen Lernenden und Lehrenden hergestellt und prozessiert wird.* Das aus der quantitativ-empirischen Lehr-Lern-Forschung stammende Merkmal wird auf diese Weise empirisch rekonstruiert. Ein zusätzliches Ziel dieses explorativ angelegten Forschungsprojekts besteht darin, einen paradigmenübergreifenden Beitrag hinsichtlich der Verknüpfung und Vernetzung der verschiedenen methodisch und (unterrichts-)theoretisch ausgerichteten Teildisziplinen der Erziehungswissenschaft zu leisten.

Kognitive Aktivierung wird in dieser Arbeit mithilfe der *Dokumentarischen Methode* (Bohnsack, 2021) und ihrer Spezifizierung für die Analyse von Unterrichtsvideographien (Asbrand & Martens, 2018) als ein Charakteristikum der Interaktion zwischen Schüler*innen und Lehrkräften im Unterricht untersucht. In einem eher deskriptiven Ansatz untersucht diese Studie nicht die Qualität oder die Wirkungsweisen bestimmter Unterrichtsmerkmale auf die Lernergebnisse der Schüler*innen, wie es in der Unterrichtsqualitätsforschung üblich ist. Stattdessen wird der Fokus auf den Zusammenhang zwischen den im Unterricht eingesetzten kognitiv aktivierenden Impulsen und den empirisch ermittelten Reaktionen, Überzeugungen und Orientierungen aller beteiligten Personen gelegt. Die Datengrundlage, um diese Frage zu beantworten, bilden dabei ausgewählte Sequenzen aus den Unterrichtsvideos der *TALIS-Videostudie Deutschland*[2] (Grünkorn et al., 2020) sowie weitere kontrastierende Sequenzen aus der *Pythagoras-Studie* (Klieme et al., 2009) sowie aus der *ViU: Early Science-*Videoplattform[3] der Universität Münster. Der Hauptfokus liegt dabei auf den Videos der TALIS-Videostudie Deutschland, in der eine Vielzahl an Lehrkräften mit ihren Klassen im Mathematikunterricht der Sekundarstufe I zum Thema der quadratischen Gleichung aufgezeichnet wurden. Diese Schwerpunktsetzung auf ein bestimmtes Thema ermöglicht es, die kognitive Aktivierung zunehmend aus einer fachlichen Perspektive heraus in den Blick zu nehmen, womit gleichzeitig der Anspruch verbunden ist, den vermehrten Forderungen nach einer stärker fachlichen Konzeptualisierung des Konstrukts nachzukommen (Bruder, 2018; Praetorius, Herrmann et al., 2020). Dennoch handelt es sich bei der vorliegenden Arbeit um eine originär erziehungswissenschaftliche, die lediglich Ausblicke und Anschlüsse an fachdidaktische Fragestellungen bieten kann.

---

2 Nicht zu verwechseln mit dem Projekt TALIS (Teaching and Learning International Survey) der OECD (Organisation for Economic Co-operation and Development), bei dem es sich um eine reine Lehrkräftebefragung handelt, die alle fünf Jahre durchgeführt wird.

3 Westfälische Wilhelms-Universität Münster – ViU: EarlyScience [online] https://www.uni-muenster.de/Koviu/ [Letzter Zugriff: 31. 08. 2023].

1.2 Aufbau der Arbeit

Unmittelbar nach dieser Einführung wird im nächsten Kapitel eine grundlagentheoretische Fundierung des Gegenstands *Unterricht* vorgenommen. Im Rahmen dieses Kapitels wird eine Klärung des Begriffs Unterricht angestrebt, indem zunächst eine Definition des Begriffs präsentiert wird (siehe Kapitel 2.1). Anschließend wird ein skizzenhafter Überblick über die wesentlichen erziehungswissenschaftlichen Strömungen hinsichtlich der Erforschung von Unterricht gegeben, die alle direkt oder indirekt für die aktuelle Arbeit von Bedeutung sind (siehe Kapitel 2.2). Danach werden die aus der Lehr-Lern-Forschung stammenden Angebots-Nutzungs-Modelle zur Wirkweise von Unterricht vorgestellt, die die unterrichtstheoretische Grundlage dieser Arbeit darstellen (siehe Kapitel 2.3). In Kapitel 2.4 wird eine kritische Bestandsaufnahme des Qualitätsbegriffs vorgenommen und die Entwicklung ausgewählter Modelle der Unterrichtsqualitätsforschung vorgestellt. Hier werden besonders zwei der aktuell relevantesten Modelle vorgestellt, in denen auch die kognitive Aktivierung eine wesentliche Rolle einnimmt. Das Kapitel schließt mit einer kurzen Zusammenfassung des Unterrichtsverständnisses, das dieser Arbeit zugrunde liegt (siehe Kapitel 2.5).

Daraufhin wird eine gegenstandstheoretische Bestimmung der kognitiven Aktivierung vorgenommen (siehe Kapitel 3). Die Bestimmung des Forschungsgegenstands erfolgt in Kapitel 3.1, in dem die grundlegenden Begriffe und Konzepte des Merkmals definiert werden. Im Folgenden werden die verschiedenen theoretischen Bezüge vordergründig zu unterschiedlichen konstruktivistischen Lehr- und Lerntheorien vorgestellt (siehe Kapitel 3.2). Daran anschließend (siehe Kapitel 3.3) findet primär eine fachliche Bestimmung des Konstrukts statt, indem die Notwendigkeit einer fachlich-inhaltlichen Ausgestaltung des Konstrukts diskutiert wird. Die Vielschichtigkeit des Konstrukts und seine Anschlussfähigkeit an die internationale Forschung wird in einem weiteren Unterkapitel dargestellt, in dem ausgewählte Konzepte und Ansätze vorgestellt werden, die in ihren theoretischen Fundierungen und den Konzeptualisierungen der kognitiven Aktivierung ähneln (siehe Kapitel 3.4). In einer Darlegung des Forschungsgegenstands werden wesentliche Befunde hinsichtlich der Wirkungen kognitiv aktivierender Lernumgebungen zusammengetragen sowie in Bezug auf die unterschiedlichen Perspektiven (Aufgaben/Materialien, kognitive Aktivierung, kognitive Aktivität) wesentliche Studien und deren Operationalisierungen dargestellt (siehe Kapitel 3.5). Daraufhin werden die Überlegungen und die Darstellungen des Kapitels verdichtet und das Erkenntnisinteresse und die Forschungsfrage präzisiert (siehe Kapitel 3.6).

Anschließend wird die in dieser Arbeit verwendete Methode zur Auswertung von Unterrichtsvideos, die dokumentarische *Videographieanalyse*, vorgestellt (siehe Kapitel 4). Begonnen wird mit einer Skizzierung der erziehungswissenschaftlichen Videographie als Erhebungsmethode (siehe Kapitel 4.1) und im Anschluss daran wird die Methodologie, die der Dokumentarischen Methode zugrunde liegt (siehe Kapitel 4.2), dargelegt. Ferner beschreibt das Kapitel die für die Unterrichtsforschung ausgearbeitete dokumentarische Unterrichtsforschung (siehe Kapitel 4.3), deren einzelne Interpretationsschritte im Anschluss näher erläutert werden (siehe Kapitel 4.4). Abgeschlossen wird dieses Kapitel mit der Vorstellung des Projektkontextes, der Beschreibung der Erhebungen und des Samples sowie einer Reflexion der zugrunde gelegten Beobachtungsgrundeinstellungen (siehe Kapitel 4.5). Zusätzlich findet sich daran anschließend ein fachlich-inhaltlicher Exkurs zu der Unterrichtseinheit der *Quadratischen Gleichungen* (siehe Kapitel 4.6), die in einer Vielzahl der hier einbezogenen Sequenzen das primäre Unterrichtsthema darstellen.

Die Ergebnisse der qualitativ-rekonstruktiven Untersuchung stellen den Hauptteil dieser Arbeit dar (siehe Kapitel 5 und 6). Zuerst werden detaillierte Interaktionsbeschreibungen ausgewählter Fälle vorgenommen. Dabei repräsentiert der erste Fall (siehe Kapitel 5.1) primär den später rekonstruierten *Typ I*. Der *Typ II* wird in den Fallbeschreibungen im Besonderen durch die zweite Falldarstellung repräsentiert (siehe Kapitel 5.2). Schließlich ist der dritte Fall repräsentativ für den später rekonstruierten und dargestellten *Typ III* (siehe Kapitel 5.3). Der zweite Teil der Ergebnisdarstellung findet darauffolgend statt, in dem die relationale Typenbildung der Arbeit vorgestellt wird (siehe Kapitel 6). Hier werden die einzelnen rekonstruierten Typen, *Typ I: Aktivierung zu Reproduktion* (siehe Kapitel 6.1), *Typ II: Aktivierung zu unsystematischem Probieren* (siehe Kapitel 6.2) und *Typ III: Aktivierung zu fachlicher Konstruktion* (siehe Kapitel 6.3) anhand weiterer empirischer Fälle und im Rahmen einer komparativen Analyse weiter verdichtet, abstrahiert und anschließend zusammengefasst (siehe Kapitel 6.4).

In Kapitel 7 werden Ergebnisse final zusammengefasst und diskutiert. Dies geschieht vor dem Hintergrund normativer und theoretischer Annahmen und unter Berücksichtigung des Diskurses zur kognitiven Aktivierung (siehe Kapitel 7.1). In einer weiteren Beurteilung wird das Thema der quadratischen Gleichungen erneut aufgegriffen und im Kontext der Ergebnisse beleuchtet (siehe Kapitel 7.2). Anschließend daran werden die Limitationen der Studie reflektiert (siehe Kapitel 7.3). Schließlich werden noch Implikationen für die unterrichtliche Praxis, die Unterrichtsqualitätsforschung sowie die Verschränkung der qualitativ-rekonstruktiven Unterrichtsforschung mit der quantitativen Unterrichtsforschung formuliert (siehe Kapitel 7.4).

2 Grundlagentheoretische Bestimmung von Unterricht

Unterricht geriet, spätestens seit der TIMSS-Videostudie aus dem Jahr 1995 (Baumert et al., 1997; Stigler et al., 1999), mehr und mehr in den Fokus der breiten Öffentlichkeit. In den vergangenen Jahren erhielt darüber hinaus die sogenannte Hattie-Studie, die nach dem neuseeländischen Bildungsforscher John Hattie benannt ist, besonders große Aufmerksamkeit.[1] In seiner Metaanalyse „Visible Learning" (Hattie, 2009), in der er über 50.000 Einzelstudien aus über 800 weiteren Metaanalysen zusammenfasste, wurde eine Vielzahl an Merkmalen schulischen Lernens und auch des Unterrichts zusammengefasst und deren Wirksamkeit für das Lernen der Schüler*innen beurteilt. Hattie intensivierte damit erneut eine Diskussion zur Frage der Qualität bestimmter Merkmale des Unterrichts, die in der Bildungsforschung bereits viele Jahrzehnte geführt wird (Lipowsky & Bleck, 2019).

Im Zuge der weltweiten Ausbreitung der Coronavirus-Pandemie wurde die Diskussion über die Durchführung des Unterrichts maßgeblich von der Frage beeinflusst, unter welchen Bedingungen und in welcher Form Unterricht überhaupt stattfinden kann (Voss & Wittwer, 2020). Insbesondere temporäre Schulschließungen und der Übergang von traditionellem Präsenzunterricht zum sogenannten ‚Homeschooling'[2] haben Schulen, Lehrkräfte und Eltern schulpflichtiger Kinder vor große Herausforderungen gestellt. Die Debatte wurde geprägt von Betrachtungen zu den Vor- und Nachteilen dieser neuen, stark digitalisierten Unterrichtsform im Vergleich zum herkömmlichen Präsenzunterricht, insbesondere hinsichtlich ihrer Qualität (Klieme, 2020).

Die vorliegende Arbeit reiht sich in den Diskurs der Unterrichtsforschung ein und nimmt dabei primär den Fokus auf Unterrichtsqualität auf. Besonderes Augenmerk wird dabei auf die Untersuchung der kognitiven Aktivierung (siehe Kapitel 3) gelenkt, die in dieser Arbeit unterrichtstheoretisch neu bestimmt wird. Aus diesem Grund werden im Folgenden grundlegende un-

---

1 Medial wurde Hattie bspw. als der „Harry Potter der Pädagogen" bezeichnet: G+J Medien GmbH: Der Harry Potter der Pädagogen, 2013 [online] https://www.stern.de/panorama/wissen/mensch/john-hattie-der-harry-potter-der-paedagogen-3019364.html [Letzter Zugriff: 31. 08. 2023].

2 Der Begriff des Homeschoolings hat sich in Deutschland, parallel zum Begriff des Homeoffice, in Bezug auf den Fernunterricht während der Corona-Pandemie in der breiten Öffentlichkeit etabliert. Ursprünglich stammt der Begriff aus einer amerikanischen Tradition, die einen häuslichen Unterricht beschreibt, bei dem die Eltern freiwillig und mit voller Eigenverantwortung die Beschulung der eigenen Kinder übernehmen (vgl. Helm, 2021, S. 239 f.).

terrichtstheoretische Bestimmungen dargelegt, wobei das engere Paradigma der Unterrichtsqualitätsforschung um alternative erziehungswissenschaftliche Perspektiven erweitert wird.

Zunächst wird der Begriff des Unterrichts definiert und erläutert (siehe Kapitel 2.1). Anschließend werden drei wesentliche Bezugsdisziplinen aus dem Bereich der Erziehungswissenschaft betrachtet, die sich mit dem Thema Unterricht befassen. Dabei wird auf ihr methodologisches und theoretisches Verständnis kurz eingegangen (siehe Kapitel 2.2). Auf Grundlage dieser theoretischen Bestimmungen werden Angebots-Nutzungs-Modelle vorgestellt und als ein gemeinsamer Schnittpunkt dieser Bezugsdisziplinen herausgearbeitet (siehe Kapitel 2.3). Daran anschließend wird die Unterrichtsqualitätsforschung weiter definiert, wobei einerseits der Qualitätsbegriff diskutiert wird und andererseits die wesentlichen Modelle der Unterrichtsqualität aufgezeigt werden (siehe Kapitel 2.4). Abschließend wird das Verständnis von Unterricht, das dieser Arbeit zugrunde liegt, skizziert (siehe Kapitel 2.5).

2.1 Definition des Unterrichtsbegriffs

Was ist (Schul-)Unterricht? Diese Frage wirkt nahezu trivial, gibt es doch eine allgemeine Vorstellung von und eine gewisse Vertrautheit mit Unterricht, die sich durch die eigene langjährige Erfahrung mit der Institution Schule ergibt. Diese alltägliche Vorstellung kann hilfreich sein, um Unterricht in seinen Grundzügen beschreiben zu können. Für eine wissenschaftliche Auseinandersetzung mit dem Thema ‚Unterricht' kann diese Vorstellung aber nachteilig sein, da eine wissenschaftliche Betrachtung immer eine möglichst objektive Beschreibung des Gegenstands verlangt, die in diesem Fall durch eigene Erfahrungen getrübt sein kann (vgl. Breidenstein, 2010, S. 870).

Deskriptiv betrachtet kann Unterricht, in Anlehnung an Asbrand und Martens (2018, S. 84 f.), wie folgt beschrieben werden: Schulischer Unterricht ist geprägt von einer hohen, aber variablen Anzahl an beteiligten Personen, denn neben zumeist mehr als 20 jungen Heranwachsenden nimmt mindestens auch immer eine erwachsene Person am Unterricht teil. Im Kontext der Schule werden die Heranwachsenden dabei üblicherweise in ihrer institutionellen Rolle als Schüler*innen wahrgenommen und die erwachsene Person in ihrer Rolle als Lehrkraft. Die Zahl der erwachsenen Personen kann variieren, wenn bspw. in inklusiven Settings weitere Begleitpersonen anwesend sind oder zur Evaluation des Unterrichts Personen den Unterricht hospitieren. Formen und Möglichkeiten der Beteiligung der verschiedenen Akteur*innen unterscheiden sich in Bezug auf ihre Rollenzugehörigkeit. Die Lehrperson ist maßgeblich für die Organisation, die Planung und die Durchführung des Unterrichts verantwortlich. Sie wählt die Inhalte und die Tätigkeiten aus, vergibt Aufgaben an die Schüler*innen, stellt Fragen und leitet Diskussionen. In der Rolle ‚Schüler*innen' gibt es die Möglichkeit zuzuhören, sich zu melden, Fragen zu stellen und mit anderen Schüler*innen zu interagieren. Die gestellten Aufgaben der Lehrkraft werden von den Schüler*innen bearbeitet und anschließend mit der Lehrkraft besprochen oder vor der Klasse präsentiert. An einem zumeist fest zugeordneten Sitzplatz können die Schüler*innen ihre Arbeitsmaterialien platzieren. Zusätzlich lassen sich Aktionen beobachten, die oft im Heimlichen stattfinden, bspw. das Unterhalten mit anderen Mitschüler*innen, Zettel schreiben und durch das Klassenzimmer reichen, Malen, Umherschauen oder andere nonverbale Tätigkeiten, die das Unterrichtsgeschehen nicht zu beeinflussen scheinen. Ferner ist neben der Interaktion mit Personen auch die Interaktion mit Dingen und Artefakten im Unterricht üblich. Die Dinge, bspw. Stühle, Bänke oder die Tafel, können den Klassenraum strukturieren. Gleichzeitig können die Dinge eine vornehmlich pädagogische oder fachliche Funktion aufweisen, wie Bücher, Plakate, Blätter, Zeichengeräte, Projektoren, sprich Dinge, die das Lernen repräsentieren.

Mit dieser knappen und unvollständigen Beschreibung wird die Herausforderung verdeutlicht, mit denen die Unterrichtsforschung konfrontiert ist, wenn sie sich dem Gegenstand ‚Unterricht' in analytischer Weise annähern möchte. Unterricht wird aus wissenschaftlicher Perspektive häufig als eine soziale Interaktion definiert, deren zentrales Merkmal die Komplexität ist (vgl. Proske & Rabenstein, 2018, S. 7; Vieluf & Klieme, 2023, S. 71). Daraus folgt auch, dass im Diskurs um Unterricht eine Vielzahl an verschiedenen Unterrichtsdefinitionen existieren. Lüders (2012) bspw. konnte mithilfe einer systematischen Analyse des Unterrichtsbegriffs insgesamt 45 unterschiedliche Definitionen in pädagogischen Nachschlagewerken ausfindig machen, wovon 19 tätigkeitsbezogene und 29 prozessbezogene Definitionen sind. Dabei sehen tätigkeitsbezogene Definitionen Unterricht vorrangig als Vermittlung von Wissen, während prozessbezogene Definitionen den Unterricht als Kommunikation zwischen Personen in Bezug auf spezifische Inhalte begreifen (vgl. ebd., S. 116).

Rabenstein (2010) definiert Unterricht als „ein Interaktionsgeschehen, in dem es um einen bestimmten Gegenstand geht, über den der eine unterrichtet und der andere unterrichtet wird" (Rabenstein, 2010, S. 25). In dieser stärker prozessbezogenen Definition lassen sich drei essenzielle Überbegriffe identifizieren: ein Gegenstand, ein Unterichtender und ein Unterrichteter. Grundlegende Voraussetzung für eine Unterrichtung ist demnach immer ein asymmetrisches Verhältnis zwischen mindestens zwei Individuen, sowie der Bezug zu einem konkreten Gegenstand. Die aufgeführte Definition gilt für eine Vielzahl an Unterrichtungen (vgl. ebd.), bspw. auch außerhalb des schulischen Kontextes. Eine schulspezifische Definition findet sich bei Wittenbruch (2011):

> „Unterricht kann […] als planmäßige, absichtsvolle, methodisch organisierte Vermittlung von Kenntnissen, Einsichten, Fähigkeiten und Fertigkeiten aufgefasst werden. Unterricht ist eine Spezialform des Lehrens und Lernens in der Institution Schule, in der ‚Zwecke' mit passenden ‚Mitteln' verknüpft werden, um bei dem Lernenden, unter Berücksichtigung seiner Lernvoraussetzungen, bestimmte ‚Wirkungen' zu erreichen." (Wittenbruch, 2011, S. 232)

In dieser tätigkeitsbezogenen Definition wird die Zweckmäßigkeit des Unterrichts innerhalb des institutionalisierten Rahmens der Schule besonders betont. Die Vermittlung von Kenntnissen und Fähigkeiten findet nach dieser Definition in einer absichtsvollen Weise statt. Die Interaktion zwischen Unterrichtenden und Unterrichteten wird zudem als planmäßig bestimmt, die in diesem Fall der Zweckerfüllung, der obligatorischen Erzeugung von Wirkungen, dient. Durch die Annahme, dass die Herstellung von Wirkungen bei den Schüler*innen durch deren bestehende Dispositionen lediglich in ihrem Ausmaß bestimmt werden kann, läuft sie Gefahr, einem Lehr-Lern-Kurzschluss aufzulaufen (Messner, 2019b, S. 31). Dieser besagt, dass Lehren automatisch Lernen bewirkt. Eine ebenfalls tätigkeitsbezogene, jedoch leicht unterschiedlich ausgestaltete Definition von Unterricht findet sich bei Klieme (2019):

> „Unterricht ist eine Form systematischen pädagogischen Handelns, die darauf abzielt, Lernenden ein Verständnis von Lerninhalten (‚Gegenständen') zu vermitteln, damit zugleich in unterschiedliche (fachliche) Modi des Denkens und Handelns einzuführen, den Erwerb fachlicher und fächerübergreifender Kompetenzen zu fördern und Bildung – als Aneignung von Kultur und als Entfaltung einer mündigen Persönlichkeit – zu ermöglichen." (Klieme, 2019, S. 393)

Unterricht wird hier, anders als bei Wittenbruch (2011), als die potenzielle Ermöglichung einer Wissensaneignung durch die Schüler*innen bestimmt. Die Aneignung von Wissen bzw. das Lernen wird in diesem Sinne indirekt als individueller Prozess der Schüler*innen wahrgenommen, die von der Lehrkraft selbst nur initiiert, nicht aber als Grundbedingung von unterrichtlichem Handeln bestimmt werden kann. Dieses Verständnis schließt einerseits an konstruktivistisch orientierte Ideen an, die die eigenaktiven Konstruktionen von Individuen hervorheben (Aebli, 1985; Piaget, 1976), anderseits an ein Verständnis von Unterricht, bei dem eine kategoriale Trennung zwischen unterrichtlichen Angeboten und der Nutzung dieser Angebote vorgenommen wird (Fend, 2019; Vieluf et al., 2020). Aufbauend auf diesem Verständnis kann nicht davon ausgegangen werden, dass Lehren im Unterricht unweigerlich zum Lernen führt. „Teaching is therefore to be understood not as a physical cause, as an intervention that produces effects, but as an invitation for understanding and sense-making" (Biesta & Stengel, 2016, S. 34).

Auch Proske (2018) betont in seiner Definition des Unterrichts, die geplante und methodische Weitergabe von Wissen, an der Lehrkräfte als auch Schüler*innen, in unterschiedlich hierarchisch zueinanderstehenden Rollenverhältnissen, beteiligt sind. Wirkungen des Unterrichts seien primär mit der Feststellung von Leistungen verbunden. Überdies wird Unterricht, anders als in den zuvor aufgezeigten Definitionen, zudem stärker prozessbezogen als eine „Konstellationen der Nutzung von *Sprache, Körperlichkeit, Medien und Dingen* ebenso konstitutiv sind wie eine bestimmte *zeitliche* und *räumliche* Organisation der Interaktion“ (Proske & Rabenstein, 2018, S. 7, Herv. i. O.) verstanden. Der Einbezug der Körperlichkeit und Materialität (vgl. Asbrand & Martens, 2018, Kapitel 4.3; Röhl, 2016, S. 229 f.) ist konstitutiv für die Anerkennung von und den Umgang mit der Komplexität des Unterrichts und soll auch in dieser Arbeit die Grundlage für die Analysen darstellen.

2.2 Erziehungswissenschaftliche Unterrichtsforschung

In der erziehungswissenschaftlichen Unterrichtsforschung existieren eine Vielzahl von unterschiedlichen Theorien (Lüders, 2014; Vieluf & Klieme, 2023). Vorschläge zu den Theorien kommen dabei überwiegend aus den Bereichen der pädagogischen Psychologie, der Bildungssoziologie sowie der Bildungsphilosophie (vgl. Lüders, 2014, S. 832), wobei die Abgrenzungen zu den Einzeldisziplinen oft ineinander verlaufen und eine trennscharfe Bestimmung oft nur schwer möglich ist, da die Erziehungswissenschaft, als eine genuin interdisziplinär agierende Fachdisziplin, ohnehin von einer großen Theorie- und Modellvielfalt geprägt ist. Hinzu kommt, dass die Verwendung des Unterrichtsbegriffs bislang eher an der Praxis ausgerichtet wurde, statt an der Wissenschaft (vgl. Lüders, 2012).

Die Formulierung einer geeigneten Theorie des Unterrichts in den Erziehungswissenschaften birgt unterschiedliche Herausforderungen. Unterricht ist geprägt durch ständige historische und gesellschaftliche Wandlungen (vgl. Wittenbruch, 2011, S. 233), ist dadurch immer zeitgeistgebunden und wird maßgeblich durch die vorgegebenen, äußeren Bedingungen vorstrukturiert. Erschwerend kommt hinzu, dass die nahezu unüberschaubare Anzahl an unterschiedlichen Ansätzen, die jeweils eigene grundlagentheoretische und methodologische Bezüge für sich beanspruchen, sich mehr oder weniger gegenüberstehen (vgl. Lüders, 2014, S. 831). Nicht zuletzt werden Theorien im wissenschaftlichen Diskurs immer wieder als ergänzungsbedürftig markiert (vgl. Wittenbruch, 2011, S. 238). Dadurch entstehen vermehrt Diskussionen darüber, ob es sich bei bestimmten Entwürfen überhaupt um (Unterrichts-)Theorien handelt, wie in der aktuellen Diskussion zum Modell der drei Basisdimensionen (Praetorius, Klieme et al., 2020; Vieluf & Klieme, 2023).

Um eine Definition von Unterricht für diese Arbeit vornehmen zu können, wird im Folgenden ein Überblick der wesentlichen unterrichtsbezogenen Bezugsdisziplinen der Erziehungswissenschaft gegeben. Vorgestellt werden dabei Ansätze der Allgemeinen Didaktik (Kapitel 2.2.1), der unterrichtlichen Lehr-Lern-Forschung (Kapitel 2.2.2) sowie Ansätze der qualitativ-rekonstruktiven Unterrichtsforschung (Kapitel 2.2.3). In diesem Überblick werden die verschiedenen Theorieansätze, die bislang zumeist getrennt betrachtet werden, verglichen und grundlegende Unterschiede, insbesondere aber Gemeinsamkeiten aufgezeigt.

2.2.1 Didaktische Modelle und Theorien

Die *Allgemeine Didaktik* stellt eine wichtige Grundlagendisziplin innerhalb der Erziehungswissenschaft dar und sie wird der Teildisziplin der Schulpädagogik zugeordnet (vgl. Bohl & Schnebel, 2023, S. 888). Definiert wird sie als die Wissenschaft vom Lehren und Lernen (vgl. Wittenbruch, 2011, S. 244), die Theorie des Lehrens und des Lernens (vgl. Lüders, 2014, S. 832) oder auch konkret als eine Theorie des Unterrichts (vgl. Bohl & Schnebel, 2023, S. 890). Im Kern wird dieser Teildisziplin innerhalb der Erziehungswissenschaft die Zuständigkeit für die Generierung einer Unterrichtstheorie zugesprochen (vgl. Lüders, 2014, S. 832). Neben dieser wissenschaftlichen Funktion wird die Disziplin außerdem als die zentrale Berufswissenschaft für Lehrkräfte angesehen (vgl. Bohl & Schnebel, 2023, S. 893). Demnach besitzt die Allgemeine Didaktik eine Doppelfunktion: Zum einen die Generierung wissenschaftlichen Wissens und einer Theorie des Unterrichts und zum anderen die Bereitstellung praktischer Handlungsempfehlungen für die Gestaltung von Lehr-Lern-Prozessen in der Schule.

Die Wurzeln der Didaktik reichen bis in das 17. Jahrhundert zurück. Als Begründer wird Johann Amos Comenius (2000) angesehen, dessen ‚Didactia magna', also die ‚Große Didaktik', als das erste große Werk in der Pädagogik erachtet wird (vgl. Seel & Hanke, 2015, S. 230) und eine „normative und deskriptive Theorie des Unterrichts und der Schule" (Seibert, 2009, S. 189) darstellt. Über die langjährige Tradition der Allgemeinen Didaktik haben sich über die Zeit unterschiedliche Strömungen herausgebildet, die sich in ihren Ansätzen, Modellen und Theorien unterscheiden. Sowohl ältere als auch neuere Ansätze beziehen sich dabei primär auf vier Kernströmungen (vgl. Terhart, 2019), die in Bezug auf Porsch (2019) und Terhart (2019) im Folgenden kurz skizziert werden.

(1) Die *bildungstheoretische Didaktik* hat ihre Ursprünge in den 1950er und den 1960er Jahren. Unterricht wird hier basierend auf den geisteswissenschaftlichen Traditionen der Pädagogik und einem hermeneutisch-pragmatischen Wissenschaftsverständnis betrachtet. Die zentrale Bezugsgröße dieser Strömung ist der Bildungsbegriff. Als prominentester Vertreter gilt Wolfgang Klafki (1975), der den Begriff der *kategorialen Bildung* einführte. Darin berücksichtigt er die beiden Bildungstheorien zur materialen Bil-

dung (Aneignung von Inhalten) und der formalen Bildung (Aneignung spezifischer Fähigkeiten) und betont das Zusammenspiel und die Bedeutsamkeit beider für die Planung und die Gestaltung von Unterricht, die wiederum als Kernaufgaben der Lehrkraft betrachtet werden. In neueren Ansätzen Klafkis (2007) wird die Aufgabe der Schule betont, Schüler*innen zu Selbstbestimmung, zu Mitbestimmung und zu Solidarität zu erziehen.

(2) Auch die *lehr-lern-theoretische Didaktik* hat ihren Ursprung in den frühen 1960er Jahren. Dieser Ansatz der Didaktik setzt auf Wertfreiheit und die empirische Überprüfung von Theorien mithilfe von Beobachtungen, Befragungen, Experimenten und Testungen. Ihr Ziel ist es, Unterrichtsprozesse konkret zu planen, Inhalte, Methoden und Medien gekonnt aufeinander zu beziehen und den Lernzuwachs der Schüler*innen zu steigern. Lehrpersonen sollen wissenschaftliche Erkenntnisse an die Hand geben werden, die sie bei der Analyse und der Planung des Unterrichts unterstützen. Die bekanntesten lehr-lern-theoretischen Ansätze mit praktischer Relevanz sind das Berliner Modell nach Heimann (1962) sowie das Hamburger Modell nach Schulz (1965, 1980). Diese Modelle zeichnen sich dadurch aus, dass sie Aspekte der Unterrichtsplanung mit denen der Unterrichtsanalyse verknüpfen. Schulz (1965) verweist bspw. auf das Prinzip der Variabilität, das darauf abzielt, auf nicht intendierte Situationen im Unterricht reagieren zu können. Das Prinzip der Kontrollierbarkeit hingegen erfordert eine Reflexion des Unterrichts, indem die Unterschiede zwischen der intendierten Planung und der tatsächlichen Durchführung von der Lehrkraft herausgearbeitet werden sollen.

(3) Die *(kritisch-)kommunikative Didaktik*, entstanden in den 1970er Jahren, basiert überwiegend auf einer gesellschaftskritischen Pädagogik. Das Neue an dieser Strömung waren die für die Didaktik eher ungewöhnlichen Theoriebezüge der Kommunikations-, der Interaktions- und der Handlungstheorie. Als kommunikativ wird sie bezeichnet, da Unterricht als ein kommunikatives Geschehen verstanden wird. Die Interaktion zwischen der Lehrkraft und den Schüler*innen rückt in den Vordergrund und untersucht werden die ihr zugrundeliegenden Regeln und Dialogmuster sowie deren Folgen. Zudem wird eine emanzipative Perspektive verfolgt – das asymmetrische Verhältnis zwischen Lehrkräften und Schüler*innen sollte aufgehoben werden. Die ursprünglich von Schäfer und Schaller (1976) entwickelte Didaktik bediente sich dabei an einer reformpädagogischen und schüler*innenorientierten Methodik, wie dem selbstständigen Lernen, dem Projektlernen oder anderen offenen Methoden der Unterrichtsgestaltung.

(4) Die *konstruktivistische Didaktik* ist eine der neueren Strömungen und geht überwiegend auf die Arbeiten von Reich (2008) zurück. Lernen wird als ein selbstständiger und ein selbstorganisierter Konstruktionsprozess ver-

standen, bei dem eine Umstrukturierung von bereits vorhandenem Wissen erfolgt. Lernen selbst kann nur von außen angestoßen, aber nicht kausal evoziert werden. Reich (2008) vertritt dabei insbesondere einen sozialen Konstruktivismus, bei dem die Anregung und die Durchführung von Konstruktionen immer auf den Austausch mit anderen angewiesen ist. Diese Form wird auch als gemäßigter Konstruktivismus bezeichnet (zur Unterscheidung unterschiedlicher konstruktivistischer Strömungen siehe Kapitel 3.2). Erst mit dieser gemäßigten Annahme wird es möglich, didaktische Theorien zu formulieren, da dann davon ausgegangen wird, dass das soziale Umfeld, bspw. die Lehrperson sowie die anderen Lernenden, Einfluss auf das Lernen eines Individuums nehmen kann. Eine solche Vorstellung kann umfangreiche Folgen für die unterrichtliche Gestaltung mit sich bringen. Überwiegend werden dabei selbstständige Arbeitsformen, problemorientiertes Arbeiten und kooperatives Lernen in den Blick genommen.

Bei einer Gesamtbetrachtung dieser Ansätze kann festgestellt werden, dass der Anspruch, eine universell gültige Theorie des Unterrichts zu entwickeln und gleichzeitig einen praxisrelevanten Beitrag zu leisten, bislang von der Allgemeinen Didaktik nicht vollständig eingelöst werden konnte (vgl. Lüders, 2014, S. 834). Zentral scheint immer noch das Problem, dass eine integrierende Theoriebildung aufgrund der vielen unterschiedlichen, eigenständig agierenden Ansätzen bislang ausgeblieben ist (vgl. Bohl & Schnebel, 2023, S. 890). Auch die begrenzte theoretische Reichweite und die fehlende Systematisierung wird kritisch angemerkt. Lüders (2014, S. 838) konnte bspw. beobachten, dass eine Nicht-Erklärbarkeit von Phänomenen mit dem Verweis auf Theorien anderer Fachdisziplinen begründet wird. Ferner wird die Wissenschaftlichkeit der Disziplin immer wieder infrage gestellt (vgl. Bohl & Schnebel, 2023, S. 888). Die allgemeindidaktischen Theorien und Modelle sowie die Wirkungen der Praxisempfehlungen wurden in den vergangenen Jahren nur selten empirisch geprüft (vgl. Klieme & Rakoczy, 2008, S. 225). Den durchgeführten Fallstudien fehle die Kraft der Generalisierung und sie stellten lediglich Vorstufen für weiterführende, quantifizierbare Studien dar (vgl. Terhart, 2019, S. 415 f.). Die Allgemeine Didaktik ist daher in Bezug auf die Erforschung von Unterricht in den Hintergrund gerückt und wurde in den vergangenen Jahren von der empirischen Lehr-Lern-Forschung mehr und mehr verdrängt (vgl. Reusser, 2020, S. 236 f.). Trotz oder gerade aufgrund dieser Desiderate schlägt Terhart (2019, S. 416) eine wechselseitige Ergänzung sowie die Herausarbeitung gemeinsamer Denkvoraussetzungen zwischen den unterschiedlichen Ansätzen der Unterrichtsforschung, bspw. der Lehr-Lern-Forschung, aber auch den sozialwissenschaftlichen Ansätzen, vor.

2.2.2 Unterrichtliche Lehr-Lern-Forschung

Die (unterrichtliche) Lehr-Lern-Forschung, als Teilprogramm der empirischen Bildungsforschung und der pädagogischen Psychologie (vgl. Lüders & Rauin, 2008, S. 717), befasst sich mit der empirischen Untersuchung von Lehr- und Lernprozessen im Unterricht und untersucht die Wirkungen von Lernumgebungen (vgl. Gräsel & Gniewosz, 2011, S. 22). Grundlegende Zielsetzung dieser Forschungsrichtung ist es, „die Wirksamkeit von Merkmalen der Gestaltung für die Lernergebnisse von Schülerinnen und Schülern zu untersuchen" (Rakoczy & Klieme, 2015, S. 331). Im Kern dieser Forschungstradition steht vorwiegend das Konzept eines ‚guten' oder ‚erfolgreichen' Unterrichts, womit sich der Blick der Lehr-Lern-Forschung verstärkt auf Gelingensbedingungen von Unterricht und die Erfüllung seiner vorab gesetzten Ziele richtet (vgl. Vieluf & Klieme, 2023, S. 59).

Methodologisch orientiert sich dieser Forschungsstrang am *Kritischen Rationalismus* nach Popper (2005), bei dem auf deduktive Weise Hypothesen generiert und überprüft werden. Hypothesen können, im Sinne Poppers, als vorläufig generierte wissenschaftliche Aussagen betrachtet werden, deren Gültigkeit im Rahmen wissenschaftlicher Forschung nachgegangen wird. Diese vorläufig aufgestellten Hypothesen können dann im Forschungsprozess widerlegt bzw. falsifiziert oder bestätigt, sprich verifiziert, werden. Während eine Falsifikation zur Folge hat, dass die Hypothese verworfen werden muss, hat eine Verifikation hingegen nur ‚echte' Gültigkeit für den vorliegenden Fall, bspw. eine Studie. Mit Blick auf die allgemeine Gültigkeit und den Wahrheitsanspruch dieser einzelnen Aussage kann nur eine vorläufige Stützung unterstellt werden, solange bis die Aussage an einem anderen Fall falsifiziert wird.

Die Lehr-Lern-Forschung verfolgt damit einen nomothethischen[3] Ansatz, bei dem das Vorgehen darin besteht, kausale Ursache- und Wirkungszusammenhänge erklären zu können. Das grundlegende Prinzip ist, dass beobachtbare Merkmale des Unterrichts in Relation zu den Outcomes der Schüler*innen gesetzt werden (Creemers & Kyriakides, 2015). Um den Lernerfolg im Unterricht untersuchen zu können, kommen überwiegend quantitative Methoden, wie Testungen, Fragebogenerhebungen, standardisierte Beobachtungen und teils auch Laborstudien, zum Einsatz. Der Komplexität des Unterrichts wird in diesem Forschungszugang begegnet, indem eine Separierung einzelner, überschaubarer Merkmale vorgenommen wird, die in einen Zusammenhang mit den gesetzten Zielen (bspw. Leistungs- oder Motivationsentwicklung) gesetzt werden können (vgl. Praetorius, Rogh et al., 2020, S. 305). Dabei orientiert sich der Zugang in seiner Tradition überwiegend an einer naturwissenschaftlich ge-

3 aus dem Griechischen nomos: ‚Gesetz' und thesis: ‚Setzen, Aufstellen', sprich: orientiert am Aufstellen von Gesetzen (vgl. Koller, 2017, S. 180)

prägten Psychologie, indem die Wirkungen mithilfe psychologischer Theorien und Methoden erklärt werden sollen.

Ihren Ursprung hat die Lehr-Lern-Forschung hauptsächlich in der amerikanischen Tradition der *teaching effectivness research* (TER), die wiederum an Traditionen der psychologischen Forschung Anfang des 20. Jahrhunderts anschließt. In Deutschland erlangte die Forschungstradition insbesondere durch die Gründung der Hochschule für Internationale Pädagogische Forschung (HIPF), heute besser bekannt unter dem Namen DIPF | Leibniz Institut für Bildungsforschung und Bildungsinformation (DIPF), an Relevanz. Hier war es Roth[4] (1963), der von 1956 bis 1961 als Professor am Institut tätig war, der in seiner Antrittsvorlesung an der Universität Göttingen die realistische Wende in der pädagogischen Forschung forderte. Damit sollte die bis dahin stärker von geisteswissenschaftlichen Traditionen geprägte Pädagogik durch empirische Methoden ergänzt werden.

Trotz dieses Aufrufes erfuhr die Lehr-Lern-Forschung ihren Aufschwung erst gegen Ende der 1990er Jahre im Kontext der Veröffentlichung der Ergebnisse der TIMS-Studie (Beaton et al., 1996), der TIMS-Videostudie (Stigler et al., 1999), sowie kurz danach die Ergebnisse der ersten PISA-Studie aus dem Jahr 2000 (Deutsches PISA-Konsortium, 2001). Diese Studien entfachten nicht nur in der Wissenschaft, sondern auch im politischen und im öffentlichen Raum zahlreiche Diskussionen (vgl. Reusser, 2020, S. 237). In Anlehnung an die Forderung von Roth (1963) wurde nun von einer neuen oder auch „zweiten empirischen Wende“ (Bohl & Kleinknecht, 2009, S. 147) gesprochen, die auch im *Rahmenprogramm zur Förderung der empirischen Bildungsforschung* des BMBF (2007) auf politischer Ebene manifestiert wurde, in dem u.a. auch die Bedeutsamkeit der Unterrichtsqualität hervorgehoben wurde (vgl. BMBF, 2007, S. 15).

Die empirische Unterrichtsforschung hat sich innerhalb der vergangenen Jahre zunehmend weiterentwickelt. Einsiedler (2017, S. 276) konstatiert, dass die Unterrichtsqualitätsforschung in den vergangenen 15 Jahren maßgeblich von der deutschen empirischen Unterrichtsforschung vorangebracht wurde. Auf nationaler Ebene wurde eine Vielzahl von Studien durchgeführt, die der

4 Roth stand in den vergangenen Jahren mehrfach im kritischen Diskurs. Zuletzt Anfang 2014, als im Rahmen des 50-jährigen Bestehens der Deutschen Gesellschaft für Erziehungswissenschaft (DGfE) ein zu verleihender Forschungspreis nach Roth benannt werden sollte. In einem Kommentar der taz (Brumlik, Micha: Das falsche Vorbild, 2014 [online] https://taz.de/!865727/ [Letzter Zugriff: 31. 08. 2023]) kritisierte Michael Brumlik, emeritierter Professor für Erziehungswissenschaft, die Benennung des Preises nach Roth mit dem Verweis auf seine Nazi-Vergangenheit als NSDAP-Mitglied und Heerespsychologe während des 2. Weltkriegs. Sechs Tage später zog die DGfE den Namen zurück. Der Forschungspreis wurde im gleichen Jahr noch an Eckhard Klieme verliehen, der in seiner Dankesrede (Klieme, 2014) bewusst auf die Wurzeln der Forschungstradition und den Einfluss von Roth hinwies, sich aber ebenfalls von dessen faschistischer Vergangenheit distanzierte.

Frage nach bedeutsamen Merkmalen des Lehrens und Lernens im Unterricht nachgehen (Lipowsky & Bleck, 2019), auch international ist das Interesse an der Erforschung von Unterrichtsqualität groß und bei zahlreichen Studien waren häufig auch deutsche Teams an der Konzeptionierung sowie der Durchführung dieser Studien beteiligt (Klieme & Nielsen, 2022). Hinsichtlich dieser Weiterentwicklung hat sich ein übergreifendes Verständnis herausgebildet. Rakoczy und Klieme (2015, S. 332 f.) benennen insgesamt sechs zentrale Annahmen, die in der derzeitigen Unterrichtsqualitätsforschung bedeutsam sind:

(1) *Merkmale der Lehrkraft:* Es werden persönliche Merkmale der Lehrkräfte identifiziert, die einen qualitätsvollen Unterricht ermöglichen.
(2) *Konstruktivistische Perspektive:* Lernen wird in dieser Perspektive als ein konstruktiver Prozess verstanden, der von Individuen selbstgesteuert ist und auf Interaktionen mit anderen angewiesen ist. Unterricht wird demnach nicht als bloßer Transfer von Wissen verstanden, sondern mehr als die Gestaltung einer Lernumgebung, die unterstützend bei der Konstruktion von Wissen durch die Schüler*innen wirken soll.
(3) *Schüler*innen als aktive Interpret*innen:* Lernende spielen eine aktive Rolle bei der Wahrnehmung und der Verarbeitung von Lernprozessen. Daher fand innerhalb der Unterrichtsforschung eine Erweiterung des Prozess-Produkt-Paradigmas um ein Mediations-Produkt-Paradigma statt. Bestimmte Merkmale der Lernumgebung können als Mediatoren agieren, die sich dann wiederum auf den Lernerfolg der Schüler*innen auswirken können.
(4) *Multikriterialität:* Die Wirksamkeit von Unterricht wird, neben einer Erfassung der Leistungsentwicklung bei Schüler*innen, vermehrt über nonkognitive Variablen erfasst, wie Motivation, Interesse oder Einstellungen der Schüler*innen.
(5) *Fachliche Einbettung:* Lernen findet im schulischen Kontext immer in einem bestimmten Fachkontext statt. Unterricht und dessen Inhalte sollten daher immer fachspezifisch ausgerichtet sein.
(6) *Unterscheidung von Sicht- und Tiefenstrukturen:* In der Unterrichtsforschung hat sich eine grundlegende Unterscheidung zwischen Sicht- und Tiefenstrukturen etabliert. Unter Sichtstrukturen werden Merkmale verstanden, die sich von außen leichter beobachten lassen, bspw. die eingesetzten Methoden oder die Sozialformen im Unterricht. Tiefenstrukturen hingegen beschreiben Merkmale der Lehr-Lern-Prozesse sowie die Art der unterrichtlichen Interaktion.

Trotz dieses übergreifenden Verständnisses verfügt die Unterrichtsqualitätsforschung bis heute nicht über ein einheitliches Modell zur Wirkungsbestimmung von Unterricht (vgl. Lüders & Rauin, 2008, S. 738). Praetorius und Charalambous (2018) haben hierzu jüngst mit ihrem Syntheseframework einen Vorschlag für ein international integrierendes Modell der Unterrichtsqualität vorgestellt (siehe auch Kapitel 2.4.3). Hinzu kommt, dass der Lehr-Lern-Forschung aus erziehungswissenschaftlicher Perspektive häufig ein simplifizierendes Gegenstandsverständnis vorgeworfen (Proske, 2017). Die wohl größte Kritik gilt dabei in der Annahme von kausalen Wirkungsbeziehungen, die zunehmend kritisch hinterfragt werden (Vieluf & Klieme, 2023). Auch der Frage nach einer grundlegenden, theoretischen Fundierung des Gegenstands ‚Unterricht' wurde lange Zeit nur wenig Aufmerksamkeit geschenkt (vgl. Eickhorst, 2011, S. 50). Eickhorst (2011, S. 51) betont jedoch, dass sich in den Jahren nach dem Aufschwung Wandlungstendenzen in der empirischen Lehr-Lern-Forschung beobachten ließen, mit denen der Versuch unternommen wurde, der Komplexität von Unterricht stärker Rechnung zu tragen. Einhergehend mit diesen Tendenzen sei auch ein ‚gewandeltes' Unterrichtsverständnis sichtbar, dass sich bislang aber nur implizit aus den Studien der Lehr-Lern-Forschung erarbeiten ließe. Erst jüngst wurde über das Leibniz-Netzwerk Unterrichtsforschung[5] im Rahmen eines Beihefts der Zeitschrift für Pädagogik (Praetorius, Grünkorn et al., 2020) eine konkrete Auseinandersetzung mit der Theorie der Unterrichtsqualität geführt (Praetorius, Klieme et al., 2020). Ferner finden sich zunehmend Arbeiten, in denen, zumindest theoretisch, über die Verknüpfung von Ansätzen der Lehr-Lern-Forschung mit überwiegend qualitativ-sozialwissenschaftlichen Ansätzen (siehe Kapitel 2.2.3) diskutiert wird (Praetorius et al., 2021; Vieluf & Klieme, 2023). Auch die vorliegende Arbeit kann als ein solcher Versuch aufgefasst werden.

2.2.3 Qualitativ-rekonstruktive Unterrichtsforschung

Die „Qualitative Unterrichtsforschung interessiert sich für Unterricht in seiner *sozialen Verfasstheit* und richtet den Blick auf die symbolisch, sprachlich, körperlich und materiell vermittelten *Wissenspraktiken bzw. Wissenskommunikationen*, die im Unterricht vollzogen werden" (Proske & Rabenstein, 2018, S. 8, Herv. i. O.). Es geht um die Rekonstruktion des sozialen Sinns, der zeitlich, räumlich und materiell hervorgebracht wird (ebd.). Untersucht wird dabei die Prozesshaftigkeit des Unterrichts und es wird danach gefragt, auf Basis welcher normativen Vorstellungen und habitualisierten Praktiken der Unterricht durch die Akteur*innen erzeugt wird (vgl. Praetorius et al., 2021, S. 15).

Diese rekonstruktiv-sinnverstehende Unterrichtsforschung verfolgt primär eine abduktive Forschungslogik und zielt auf eine empirisch basierte Theo-

5 Das Leibniz-Netzwerk Unterrichtsforschung ist ein von der Leibniz-Gemeinschaft gefördertes, interdisziplinäres Netzwerk, das sich im Rahmen der TALIS-Videostudie gebildet hat. Im Netzwerk sollen verschieden Themenschwerpunkte, darunter auch die theoretische Fundierung der Unterrichtsqualität, erarbeitet werden.

riebildung ab (vgl. Idel & Meseth, 2018, S. 64). In diesem Sinne können diese Ansätze als idiographische[6] Zugänge betrachtet werden, also als „eine methodische Vorgehensweise, der es darauf ankommt, eine Erscheinung oder einen Sachverhalt als Folge bestimmter Intentionen, Zielsetzungen oder Zwecke zu begreifen“ (Koller, 2017, S. 181). Statt kausale Wirkungszusammenhänge zu erforschen, wie es bei den Ansätzen der Lehr-Lern-Forschung der Fall ist, werden diese Verstehensansätze als teleologisch bezeichnet, da damit das Ziel verbunden ist, soziale Erscheinungen in ihrem Auftreten beschrieben zu können (vgl. ebd.). Demnach ist die Frage nach der qualitativen Gestaltung bzw. die Effektivität des Unterrichts, wie sie gerade in der Lehr-Lern-Forschung verfolgt wird, nicht das originäre Forschungsinteresse dieser Forschungszugänge (vgl. Praetorius et al., 2021, S. 10).

Ebenso wie die bereits vorgestellten Ansätze zur Erforschung von Unterricht ist auch die qualitativ-empirische Unterrichtsforschung ein recht heterogen aufgestelltes Feld. Es gibt unterschiedliche Zugänge, die sich jeweils in ihren grundlagentheoretischen und methodologischen Zugängen unterscheiden. Nach einer Übersicht von Praetorius und Kolleg*innen (2021, S. 10) und Proske (2018) umfasst das Feld: ethnographische (bspw. Breidenstein, 2006; Reh et al., 2015), systemtheoretische (bspw. Meseth et al., 2012), konversationsanalytische (bspw. Dinkelaker & Herrle, 2009), phänomenologische (bspw. Brinkmann & Rödel, 2018), strukturtheoretische (bspw. Gruschka, 2009) und wissenssoziologische Zugänge (bspw. Asbrand & Martens, 2018; Wagner-Willi, 2007).

Aufgrund dieser Vielzahl an Ansätzen werden im Folgenden drei qualitative Ansätze vorgestellt, die in der deutschsprachigen Unterrichtsforschung von besonderer Bedeutung sind und deren wesentliche Gemeinsamkeit in der Analyse von Unterricht anhand von Videoaufzeichnungen liegt. Bei den drei Ansätzen handelt es sich um qualitativ-rekonstruktive Verfahren, die sich im Wesentlichen in ihrer sozialen Konstitution von Sinn unterscheiden und unter dieser Prämisse auf unterschiedliche Methoden zurückgreifen. Die folgende Darstellung dieser drei Ansätze bezieht sich größtenteils auf die Übersicht bei Herrle und Dinkelaker (2016, Kapitel 2).

(1) *Wissenssoziologische Ansätze* zielen auf die Rekonstruktion der inkorporierten Wissensbestände der Akteur*innen im Unterricht ab. Diese Ansätze basieren methodologisch auf der Wissenssoziologie Karl Mannheims (1964), bei der grundlagentheoretisch und methodologisch zwischen zwei Wissensebenen unterschieden wird: dem kommunikativ-generalisierenden und dem konjunktiven Wissen. Das kommunikativ-generalisierende Wissen stellt dabei das versprachlichte, reflexiv verfügbare Wissen der

6 aus dem Griechischen idios: ‚eigen‘ und graphein: ‚schreiben‘, sprich: orientiert am Beschreiben einer Erscheinung (vgl. Koller, 2017, S. 181)

Akteur*innen dar. Dieses Wissen kann begrifflich expliziert werden und beinhaltet theoretische wie auch normative Aussagen in Bezug auf die Handlungspraxis. Das konjunktive Wissen hingegen ist nicht ohne Weiteres reflexiv verfügbar. Es handelt sich dabei um Wissen, das gemeinsame Erfahrungen voraussetzt, um ein unmittelbares Verstehen zu ermöglichen. Die Analyse dieser Wissensebenen erfolgt auf Grundlage der *Dokumentarischen Methode* nach Bohnsack (2021) und zielt primär auf die Rekonstruktion der konjunktiven Wissensbestände, genauer gesagt die Orientierungsrahmen, der Akteur*innen ab. Die *Dokumentarische Unterrichtsforschung* hat sich dabei in den vergangenen Jahren als wertvoll erwiesen, um Aneignungsprozesse von Schüler*innen im Unterricht rekonstruieren zu können (Martens & Asbrand, 2009). Gleichzeitig wird vermehrt die asymmetrische und komplementäre Kommunikations- und Interaktionsordnung zwischen den Lehrkräften und Schüler*innen hervorgehoben, die maßgeblich den Charakter der unterrichtlichen Interaktionen bestimmt (Martens & Asbrand, 2017).

(2) Die *ethnographischen Ansätze* der Unterrichtsforschung fragen überwiegend nach den Strukturen der Ausdrucks- und der Verhaltensweisen der Akteur*innen im Unterricht. Im Vordergrund steht dabei die Analyse sozialer und ritueller Praktiken. „Eine Praktik besteht aus bestimmten routinierten Bewegungen und Aktivitäten des Körpers“ (Reckwitz, 2003, S. 290). Es werden hierbei typische Muster der körperlichen Aktivität in den Blick genommen, die über einen längeren Zeitraum immer wieder praktiziert werden. Die Analyse zielt auf die Rekonstruktion von Verhaltensroutinen, bei denen davon ausgegangen wird, dass deren Wissen in den Körpern der handelnden Subjekte ‚inkorporiert‘ ist (ebd., S. 289). Unterricht konstituiert sich diesem Verständnis nach aus den Wiederholungen von Praktiken und dem Routinehandeln der Akteur*innen. Dabei können sich die gleichen Praktiken an verschiedenen Schulen oder in unterschiedlichen Klassen deutlich voneinander unterscheiden. Eine der bedeutsamsten ethnographischen Studien der vergangenen Jahre ist die Studie von Breidenstein (2006), der auf Grundlage von teilnehmenden Beobachtungen und Videoaufzeichnungen im Unterricht den Begriff des ‚Schülerjobs‘ geprägt hat. An diese Begrifflichkeit und das Konzept der Praktik wird mittlerweile auch in anderen qualitativ-rekonstruktiven Ansätzen angeschlossen (Martens & Asbrand, 2021).

(3) Bei den *konversations- oder interaktionsanalytischen Ansätzen* steht die Untersuchung von Mustern bzw. Strukturen im Vordergrund, die sich aus einer Situation heraus ergeben und in denen sich die Akteur*innen wechselseitig aufeinander beziehen. Die Annahme und die Ausgangsbasis für die Rekonstruktion der Strukturen bzw. der sozialen Interaktionen im Unterricht ist die Komplexität menschlicher Interaktionen. Routinehafte Inter-

aktionen können aufgrund ihrer Komplexität von den Akteur*innen selbst nicht expliziert werden, was einen Zugang zu diesen Routinen über Befragungen im Rahmen von Interviews oder Gruppendiskussionen nahezu unmöglich macht. In der Analyse von Unterrichtsvideographien kommt dem Zusammenspiel der unterrichtlichen Aktivitäten aller beteiligten Akteur*innen eine besondere Bedeutung zu. Daher wird mithilfe von Videodaten untersucht, wie soziale Interaktionen im Unterricht hervorgebracht werden bzw. wie diese gelingen können und welche Variationen sichtbar werden. Eine richtungsweisende Studie dieses Ansatzes ist die Studie von Mehan (1979), in der er grundlegende Strukturmerkmale der Lehrer*innen-Schüler*innen-Interaktion aufgezeigt hat. Geprägt hat er in dieser Studie das sogenannte IRE-Muster (initiation – reply – evaluation), das die grundlegende Vermittlung von Wissen im Unterricht beschreibt und mittlerweile paradigmenübergreifend bekannt ist (vgl. Herrle & Dinkelaker, 2016, S. 90 ff.).

Trotz der unterschiedlichen unterrichtstheoretischen Bestimmungen und der verschiedenen methodischen Herangehensweisen der einzelnen Ansätze lassen sich grundlegend einige Gemeinsamkeiten herausarbeiten. Ferner haben alle hier vorgestellten Ansätze gemein, dass sie „Unterricht als komplexes soziales, multimodal verfasstes, körperlich-materielles und prozesshaftes Geschehen betrachten und danach streben, es in seiner impliziten Strukturiertheit, Geregeltheit bzw. Sinnhaftigkeit zu verstehen und analytisch aufzuschließen" (Praetorius et al., 2021, S. 10). Wesentlich für die hier vorgestellten Ansätze ist zudem, dass sie Unterricht nicht als eine ausschließlich lehrerseitige Gestaltung ansehen, sondern vielmehr als „einen von Lehrpersonen, Schülerinnen und Schülern gemeinsam hervorgebrachten Interaktionszusammenhang" (Herrle & Dinkelaker, 2018, S. 103). Zudem liegt die Stärke dieser Ansätze darin, dass sie sich neben der sprachlich kommunizierten Ebene der Akteur*innen auch verstärkt auf die visuelle und damit auch auf die körperlich materielle Ebene in ihre Analyse beziehen. Unterricht kann auf dieser Grundlage *„nicht nur* [als] *ein sequentielles Geschehen, sondern auch ein Geschehen der simultan koordinierten Hervorbringung von Sequenzialität*" (Dinkelaker, 2020, S. 28, Herv. i. O.) verstanden werden.

Die Ansätze der qualitativen Unterrichtsforschung werden zum Teil aus den Reihen der Lehr-Lern-Forschung kritisiert. Durch die starke Fokussierung auf die Rekonstruktion von Interaktionsprozessen können keine Aussagen über die Wirkungen von Unterricht gemacht werden. Unterricht sei „dann bloß ein spezifisches Sprachspiel, dessen Muster in der Forschung rekonstruiert werden" (Klieme, 2019, S. 393). Dabei beanspruchen qualitativ-rekonstruktive Ansätze für sich vielmehr die Prozesshaftigkeit von Unterricht und beleuchten dabei „aufgrund welcher normativer Vorstellungen und habitualisierten Praktiken

Lehrpersonen und Schüler*innen Unterricht hervorbringen" (Praetorius et al., 2021, S. 15). Die Frage nach Wirkungen oder gar der *Qualität* von Unterricht wird im Rahmen der Analysen (vorerst) ausgeblendet. Dennoch zeigt sich auch in diesem Verständnis vermehrt ein Wandel. Proske et al. (2021, S. 18) etwa plädieren dafür, den Begriff der *Qualität* auch im Rahmen der rekonstruktiv-sinnverstehenden Unterrichtsforschung neu zu besetzen, damit die Erkenntnisse und die Ergebnisse der qualitativen Studien Eingang in die Aus- und Weiterbildung von Lehrkräften finden könnten.

2.3 Grundprinzipien der Angebots-Nutzungs-Modelle

Angebots-Nutzungs-Modelle sind aus der empirischen Lehr-Lern-Forschung stammende Modelle zur Erklärung von Wirkweisen im Unterricht (vgl. Vieluf et al., 2020, S. 63). Diese Modelle haben sich als integrative und systematische Modelle zur Erklärung von Schul- und Lernerfolg in den vergangenen Jahren in zahlreichen Studien etabliert und bewährt (vgl. Lipowsky, 2020, S. 78). Bezüge auf diese Modelle finden sich vorrangig in großangelegten Unterrichtsstudien, wie bei DESI (Klieme, 2008), der Pythagoras-Studie (Reusser & Pauli, 2010), COACTIV (Baumert et al., 2011) und nicht zuletzt auch in der TALIS-Videostudie Deutschland (Praetorius, Herbert et al., 2020). Weiterführend finden sich die Modelle aber bspw. auch in Studien zum kaufmännischen Unterricht (Götzl et al., 2013) oder der betrieblichen Weiterbildungsforschung (Tonhäuser, 2017).

In den Modellen werden sowohl schulische als auch außerschulische Einflussmerkmale auf den Unterricht auf einem hohen Abstraktionsniveau zusammengefasst. Die Art dieser Modelle operiert als eine Art Metamodell, das durch den hohen Abstraktionsgrad als Rahmenmodell für die Unterrichtsqualitätsforschung verstanden werden kann. Die Wahl eines spezifischen oder gar die eigene Adaption eines Modells hat daher hauptsächlich Implikationen für das Studiendesign (vgl. Vieluf et al., 2020, S. 74). Je nach Forschungsfrage bzw. -interesse kann das Modell mit spezifischen Merkmalen und Hypothesen passend zur jeweiligen Untersuchung belegt werden (vgl. Lipowsky, 2020, S. 78).

Ein erstes Angebots-Nutzungs-Modell wurde 1982 ursprünglich von Helmut Fend im Rahmen der Studie *Gesamtschule im Vergleich* (Fend, 1982) entwickelt. In seiner ursprünglichen Konzeption stellte es einen Ansatz zur Erklärung von Leistungsvariationen auf Ebene verschiedener Schulformen dar. Fend kritisierte aufgrund seines systemtheoretischen Blicks auf Unterricht, dass sich in den bis dato etablierten Modellen der Unterrichtsqualität (bspw. Bloom, 1976; Carroll, 1963; Harnischfeger & Wiley, 1976), keine Systemfaktoren, wie etwa die Schulform oder der familiäre Hintergrund der Schüler*innen, enthalten waren (siehe auch Kapitel 2.4.2). Im Vordergrund dieser Modelle standen primär

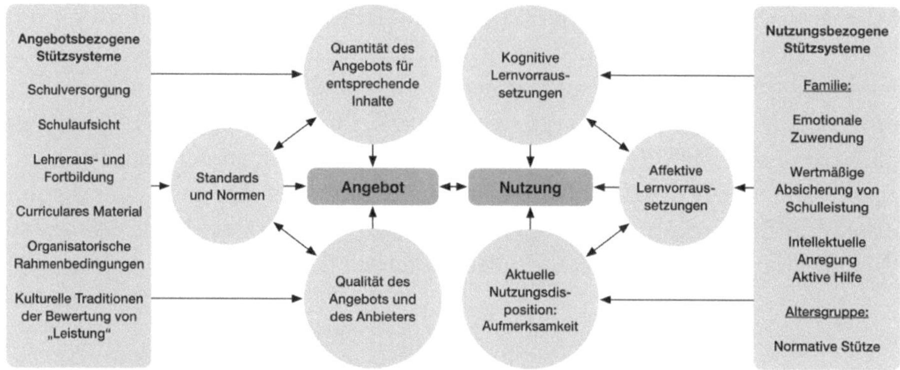

Abb. 1: Angebots-Nutzungs-Modell adaptiert nach Fend (1982, S. 215)

Faktoren, bspw. das Ausmaß der zur Verfügung stehenden Lernzeit, die den Unterricht direkt betreffen (vgl. Fend, 2019, S. 91).

Das von Fend entwickelte Angebots-Nutzungs-Modell (siehe Abb. 1) kann demnach als ein Versuch verstanden werden, der Komplexität von Unterricht im Sinne der Systemtheorie Luhmanns (2002) Rechnung zu tragen. Zudem wendet es sich gegen das zu diesem Zeitpunkt breit rezipierte Prozess-Produkt-Modell nach Gage und Needles (1989). Die Annahme kausaler Wirkungsbeziehungen, bei denen einzelne Personenmerkmale der Lehrkraft bzw. Merkmale des Unterrichts in eine direkte Beziehung zu den Lernergebnissen der Schüler*innen gesetzt wurden, sind zunehmend kritisiert worden. Das kausaldeterministische Verständnis dieser Input-Output-Modelle zeigte sich als nicht mehr anschlussfähig an das konstruktivistische Unterrichtsverständnis, das auch zu dieser Zeit stärker in den Vordergrund rückte (vgl. Rakoczy & Klieme, 2015, S. 332; Vieluf & Klieme, 2023, S. 63).

Allen Angebots-Nutzungs-Modellen gemein ist die kategoriale Trennung zwischen einer Angebots- und einer Nutzungsseite. In dieser Trennung zeigt sich der Bezug auf eine konstruktivistische Vorstellung, die inzwischen als zentraler Fortschritt in der deutschsprachigen Unterrichtsqualitätsforschung angesehen wird (vgl. Seidel, 2020b, S. 95). Auch Fend (2000) knüpfte in seinen späteren Arbeiten explizit an die sozial-konstruktivistische Tradition Vygotskys (1978) an, wenn er davon spricht, dass Lehrkräfte die Funktion einer „optimale[n] Stütze auf dem Weg zu einem höheren Lernniveau" (Fend, 2000, S. 57) hätten. Somit wird die Gestaltung der Lernumgebung durch die Lehrkraft, sprich die Planung und die Durchführung des Unterrichts, in den Angebots-Nutzungs-Modellen als ein unterrichtliches Angebot angesehen. Lehrkräfte werden nach diesem Verständnis als *operative Akteure* und Schüler*innen als *Nutzungsakteure* verstanden (vgl. Fend, 2008, S. 32 f.).

Die tatsächlichen Wirkungen dieser Angebote auf die Schüler*innen sind dabei jedoch nicht nur abhängig vom unterrichtlichen Angebot, bspw. dessen

Quantität oder Qualität, sondern vermehrt von der tatsächlichen Nutzung dieser Angebote durch die Lernenden selbst (Vieluf, 2022). Optimale Lernergebnisse sind dann zu erwarten, wenn das lehrerseitige Angebot maximal genutzt wird (vgl. Fend, 2000, S. 321). Zudem bedarf es für eine optimale Nutzung der unterrichtlichen Angebote einer intensiven Stütze von außen (vgl. Fend, 1982, S. 215). Diese sogenannten Stützsysteme werden häufig als Kontextfaktoren oder Rahmenbedingungen in die Modelle aufgenommen. Ferner beinhalten die Modelle zumeist weitere, auch außerunterrichtliche Faktoren der in den Unterricht eingebundenen Akteur*innen. Ob und wie ein unterrichtliches Angebot von den Schüler*innen genutzt wird, ist dieser Vorstellung entsprechend auch von diesen individuellen Merkmalen der Schüler*innen und Lehrkräfte sowie den sie umgebenden Kontextfaktoren abhängig.

Aufgrund der breiten Akzeptanz der Modelle und der vielfachen Anwendung in einer Vielzahl von Studien finden sich auch zahlreiche unterschiedlich formulierte Modelle, die jeweils andere Schwerpunkte zeigen. Einen Überblick über die konkreten Unterschiede einiger spezifischer Modelle findet sich bei Vieluf und Kolleg*innen (2020), eine eher abstraktere Einordnung zur Entwicklung der Modellstrukturen findet sich bei Fend (2019). Die Verwendung von Angebots-Nutzungs-Modellen in ihren unterschiedlichen Ausprägungsformen spiegelt sich bislang überwiegend in der deutschsprachigen Forschung wider (vgl. Lipowsky, 2020, S. 78; Vieluf & Klieme, 2023, S. 67). Ein vergleichbares Konzept wie das der Angebots-Nutzungs-Modelle kann im Rahmen der Studie *Survey of Mathematics and Science Opportunities* (SMSO) gefunden werden, die sich an der Vorgehensweise und den Instrumenten der TIMS-Studie orientierte. Das dort präsentierte „*conceptual model of educational opportunity*" (Cogan & Schmidt, 1999, S. S. 72, Herv. i. O.), das Ähnlichkeiten zu den Angebots-Nutzungs-Modellen aufweist, wurde als Grundlage für die Weiterentwicklung der im deutschsprachigen Raum bekannten Angebots-Nutzung-Modelle im Anschluss an die TIMS-Videostudie 1999 in der schweizerischen Videostudie herangezogen (vgl. Reusser & Pauli, 2003, S. 8).

Ein in der Forschung zur Unterrichtsqualität stark rezipiertes Angebots-Nutzungs-Modell ist die Erweiterung des Fendschen Modells durch Helmke (2017; vgl. auch Helmke & Klieme, 2008; Kunter & Voss, 2011; Reusser & Pauli, 2010). In dem Modell wird die Bedeutung der vermittelnden Prozesse aufseiten der Schüler*innen für die Wirksamkeit des Unterrichts besonders hervorgehoben. Daher lässt es sich als ein erweitertes kognitives Mediations-Paradigma beschreiben (vgl. Vieluf et al., 2020, S. 65). In der theoretischen Modellierung widmet Helmke der Nutzungsseite verstärkte Aufmerksamkeit. Neben familiären, kulturellen oder schulischen Kontexten hängt die Wirksamkeit des Unterrichts demnach stark von „zweierlei Typen von vermittelnden Prozessen auf Schülerseite ab: (1) davon, ob und wie die Erwartungen der Lehrkraft und unterrichtliche Maßnahmen von Schülerinnen und Schülern überhaupt wahr-

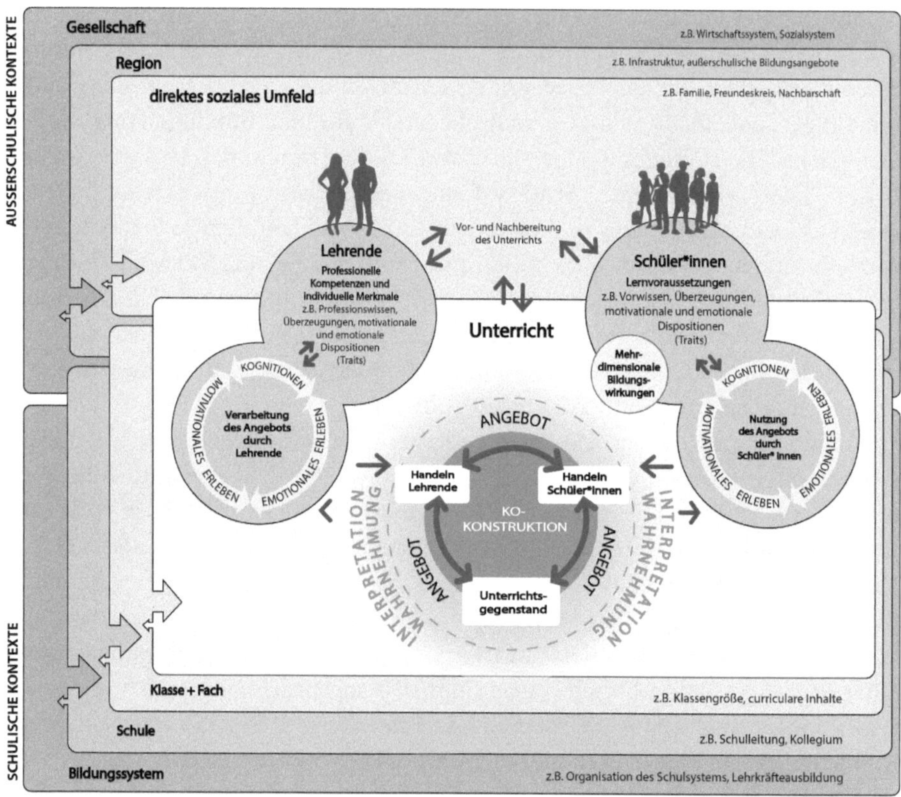

Abb. 2: Angebots-Nutzungs-Modell adaptiert nach Vieluf und Kolleg*innen (2020, S. 76)

genommen und wie sie interpretiert werden, sowie (2) ob und zu welchen motivationalen, emotionalen und volitionalen […] Prozessen sie auf Schülerseite führen" (Helmke, 2017, S. 71). Auch bei Seidel (2014) findet sich die stärkere Ausdifferenzierung der Nutzungsseite, die sie als Pendant zu den unterrichtlichen ‚Lehrprozessen' als äußere und als innere Lernaktivitäten umschreibt. Äußere, und dadurch beobachtbare Lernaktivitäten, sind „Zuhören, Ausprobieren, in Gruppen arbeiten, an Gesprächen beteiligen" (Seidel, 2014, S. 85), innere Lernaktivitäten, und dadurch nicht direkt beobachtbar sind entsprechend „Nachvollziehen, Elaborieren und Organisieren, Lernmotivation und Emotion" (ebd.).

In neueren Ansätzen wird die Entkoppelung einer festen Zuschreibung von Angebot und Nutzung an die etablierten Unterrichtsrollen diskutiert. Etwa wird die Frage aufgeworfen, inwiefern Beiträge von Schüler*innen als unterrichtliches Angebot sowohl für die Lehrkraft als auch die anderen Schüler*innen betrachtet werden können (vgl. Helmke, 2017, S. 76 f.; Seidel, 2020b, S. 96). Im Rahmen einer kritischen Auseinandersetzung mit den unterschiedlichen Angebots-Nutzungs-Modellen haben Vieluf und Kolleg*innen (2020) ein alternatives Modell entwickelt (siehe Abb. 2), bei dem ein breit gefasster Unterrichtsbegriff verwendet wird. Während Helmke (2017) und Seidel (2014) das Angebot mit Unterricht gleichsetzen, werden bei Vieluf und Kolleg*innen (2020) Schüler*innen und Lehrpersonen als Teil des unterrichtlichen Systems angesehen: „Nimmt man den Gedanken der interaktiven Koproduktion von Unterricht [...] ernst, so ist davon auszugehen, dass Schüler*innen noch viel grundsätzlicher an der Gestaltung der inhaltlichen Auseinandersetzung mit dem Unterrichtsgegenstand beteiligt sind" (ebd., S. 68). Die Beziehung zwischen Lehrperson und Schüler*innen und zwischen Angebot und Nutzung wird demnach als reziprok verstanden (ebd., S. 71). Insgesamt wird dabei erkennbar, dass sich in den Modellierungen von Unterricht eine zunehmende Berücksichtigung der komplexen Interaktionsstrukturen zwischen Lehrpersonen und Schüler*innen sowie zwischen Schüler*innen abzeichnet.

2.4 Begriffe, Entwicklung und Modelle der Unterrichtsqualitätsforschung

Die Entwicklung und die Relevanz von Unterrichtsqualitätsforschung ist eng mit der ihr übergeordneten Lehr-Lern-Forschung verknüpft. In den vergangenen drei Jahrzehnten haben die Diskussionen über Bildungs- und Unterrichtsqualität stark zugenommen (vgl. Grünkorn et al., 2019, S. 263; Sauerwein & Klieme, 2016, S. 264). Der Begriff der Bildungsqualität wurde nicht nur durch nationale Studien zur Schul- und Unterrichtsqualität (bspw. Fend, 2000, 2008), sondern auch durch eine globale und politische definierte Strategie zur Qualitätssicherung von Schulen (OECD, 1991) beeinflusst. Seitdem tragen große, internationale Wirksamkeitsstudien wie TIMSS und PISA ihren Diskurs auch zunehmend in Politik und Öffentlichkeit. Auch wenn der Begriff der Unterrichtsqualität vorrangig im Diskurs der quantitativen Unterrichtsforschung zu finden ist und die qualitative Unterrichtsforschung den Begriff eher meidet, findet eine konkrete Definition des Begriffs nur selten statt (vgl. Praetorius et al., 2021, S. 2).

Da im Rahmen der Arbeit mit der kognitiven Aktivierung, das ursprünglich dem Modell der drei Basisdimensionen entstammt, ein wesentliches Merkmal von Unterrichtsqualität bestimmt wird, bleibt eine Klärung des Qualitätsbegriffs und dessen Implikationen für die vorliegende Arbeit nicht aus. Daher skizziert der folgende Abschnitt die Entstehung und die Verwendung des Qualitätsbegriffs in der empirischen Lehr-Lern-Forschung, erläutert dessen Bedeutung in der Unterrichtsqualitätsforschung und befasst sich mit den Implikationen des Begriffs für die vorliegende Studie.

2.4.1 Definition des Qualitätsbegriffs

Der Begriff *Qualität* ist kein genuin wissenschaftlicher oder erziehungswissenschaftlicher (vgl. Heid, 2000, S. 41; Sauerwein & Klieme, 2016, S. 462). Vielmehr wird der Begriff häufig in der Alltagssprache und im wirtschaftlichen Kontext verwendet. Qualität wird laut DUDEN[7] u.a. definiert als die Gesamtheit der charakteristischen Eigenschaften einer Sache oder einer Person, sprich deren Beschaffenheit. Dabei handelt es sich eher um eine deskriptive Beschreibung des (Qualitäts-)Zustandes. Des Weiteren wird der Qualitätsbegriff aber auch mit einer stärker beurteilenden Form, im Sinne von Güte, definiert. Diese Beurteilung äußert sich meist in einer Einschätzung einer Sache oder einer Person als *gut* oder *schlecht*.

Im erziehungswissenschaftlichen Diskurs und in der Bildungsforschung wird der Begriff oft umschrieben und eine exakte Definition des Qualitätsverständnisses bleibt aus (vgl. Klieme & Tippelt, 2008, S. 8). In diesen Bereichen besteht Einigkeit darüber, dass sich Qualität, ähnlich der allgemeinsprachlichen Definition, in zwei unterschiedliche Komponenten aufteilen lässt. Einerseits kann Qualität als *deskriptiv-explikative* Komponente dienen, um die Eigenschaften eines Objekts oder einer Person zu beschreiben. Andererseits kann Qualität als *wertend-urteilende* Komponente in Form einer Einschätzung über die Beschaffenheit solcher Objekte oder Personen verwendet werden (vgl. Heid, 2013, S. 406 f.; Sauerwein & Klieme, 2016, S. 462). Sowohl die deskriptive als auch die wertende Komponente sind eng miteinander verbunden, da ohne eine deskriptive Beschreibung des Gegenstands keine Wertung vorgenommen werden kann, und anders kann keine Wertung des Objekts vorgenommen werden, ohne überhaupt zu wissen, um welches Objekt es sich handelt. Heid (2000) beschreibt Qualität nicht als eine „*beobachtbare Eigenschaft oder Beschaffenheit eines Objektes*, sondern *das Resultat einer Bewertung der Beschaffenheit eines Objektes*" (Heid, 2000, S. 41, Hervorh. i. O.).

Qualitätsfeststellungen bedürfen demnach einer normativen Grundlage. Ihr liegen daher mindestens implizite Setzungen bestimmter Gütekriterien zugrunde, die nicht intersubjektiv überprüfbar, also nicht als wahr oder falsch einzustufen, sind (vgl. Heid, 2013, S. 416). Vielmehr sollten diese Feststellungen der Qualität in den eingesetzten Bereichen legitimierbar und nützlich sein (vgl. Klieme, 2013, S. 437). Im Gegensatz zur Unterrichtsqualitätsforschung zeigt sich bspw. im Berufs- und Weiterbildungsbereich, als ein Teilbereich der Bildungsforschung, eine stärker ökonomisch orientierte Logik, bei der vermehrt betriebswirtschaftliche Konzepte bei der Einschätzung von Qualität zur Anwendung kommen (vgl. Hartz, 2011, S. 19; Klieme & Tippelt, 2008, S. 10 f.). Zusätz-

7 Bibliographisches Institut GmbH [online] https://www.duden.de/rechtschreibung/Qualitaet [Letzter Zugriff: 31. 08. 2023]

lich ist es bei der Bewertung von Qualitätsurteilen nicht unerheblich, wer die Beurteilungen vornimmt und zu welchem Zweck. Wissenschaftler*innen kommen bei der Beurteilung eines Unterrichts womöglich zu anderen Ergebnissen als eine Person einer Schulaufsichtsbehörde, die denselben Unterricht beobachtet und bewertet hat (vgl. Klieme, 2013, S. 434).

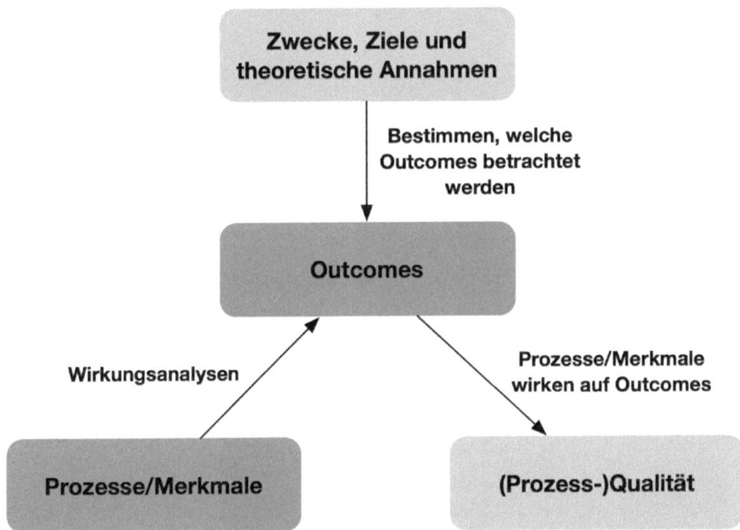

Abb. 3: Empirisch analytische Qualitätsbestimmung adaptiert nach Sauerwein und Klieme (2016, S. 465)

Innerhalb der Bildungsforschung können nach Sauerwein und Klieme (2016, S. 463) zwei Formen des Sprechens über Qualität und deren normative Setzungen unterschieden werden. Der erste dieser beiden Modi wird als *empirisch analytische Qualitätsbestimmung* (siehe Abb. 3) gerahmt. Die Einschätzung der Qualität findet im Sinne dieses Modus über die Analyse von Wirkungs- und Zusammenhangsanalysen statt. Konkret wird dabei der Zusammenhang bestimmter (Prozess-)Merkmale und vorab bestimmter Outcome-Variablen betrachtet. Diese Outcome-Variablen werden dabei durch normative Setzungen im Sinne einer Zielbestimmung, sprich einem wünschenswerten Ergebnis, bestimmt (vgl. Sauerwein & Klieme, 2016, S. 464 f.). Bezogen auf Unterrichtsqualität merken Klieme (2019, S. 395) und auch Einsiedler (2002, S. 195) an, dass erst dann von Unterrichtsqualität gesprochen werden kann, wenn die Ziele des Unterrichts durch bestimmte Merkmale positiv gefördert werden. Die Ziele und Erwartungen an Unterricht dienen demnach als normative Folie, an der die Qualität der Prozesse und die Ausgangsbedingungen des Unterrichts beurteilt werden.

Bei der *systematisch deskriptiven Qualitätsbestimmung* (siehe Abb. 4) besteht das Vorgehen darin, das Vorhandensein zuvor festgelegter Qualitätsmerkmale festzustellen. Eine Einschätzung der Qualität wird also nicht über die Bestim-

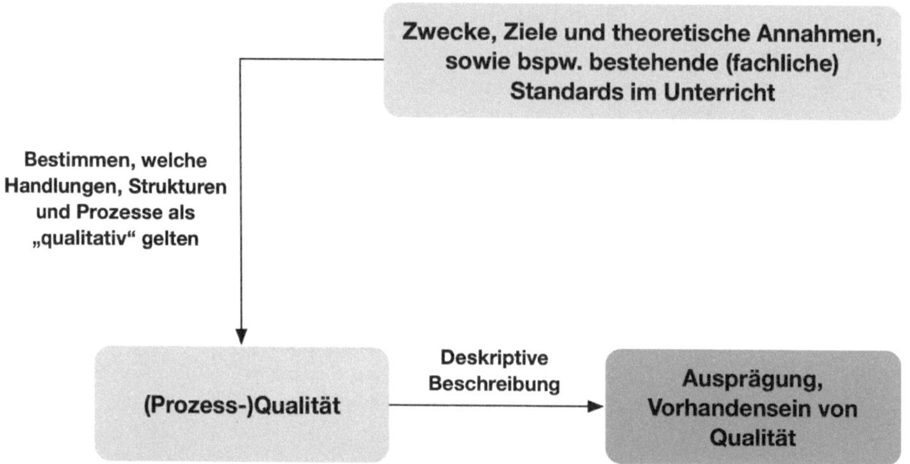

Abb. 4: Systematisch deskriptive Qualitätsbestimmung adaptiert nach Sauerwein und Klieme (2016, S. 467)

mung von Effektivität, im Sinne einer Messung des Outcomes bestimmt, vielmehr werden die Qualitätsmerkmale normativ-theoretisch abgeleitet und dadurch argumentativ gestützt (vgl. Sauerwein & Klieme, 2016, S. 466). Auch bei diesem Ansatz stützt sich die Verwendung einzelner Qualitätsmerkmale auf die Zielsetzung und den Zweck dieser Merkmale. Diese Qualitätskriterien beziehen sich demnach auf Setzung von Standards, bspw. Kompetenzen im Mathematikunterricht, oder theoretischen Annahmen, bspw. ko-konstruktivistische Lerntheorien, ohne diese jedoch empirisch abgesichert zu haben. Zusätzlich können aber empirische Ergebnisse über das entsprechende Merkmal, die dessen Funktion als Qualitätsmerkmal bereits wissenschaftlich nachgewiesen haben, herangezogen werden.

Für die Unterrichtsqualitätsforschung ist die Frage nach einem qualitativen Unterricht maßgeblich. Auf die bewertende Frage nach einem ‚guten‘ Unterricht antwortet Meyer (2014, S. 11): „Es gibt keinen Unterricht der Welt, der ‚an sich‘ gut ist.“ Auch Helmke (2014, S. 82) vertritt die Auffassung, dass es *den* guten Unterricht nicht gibt, wenn Merkmale nur normativ bestimmt, aber nicht empirisch abgesichert sind. Dies macht deutlich, dass die Bestimmung der Qualität von Unterricht, ähnlich wie die Bestimmung der Bildungsqualität, in zweifacher Weise erfolgen muss. Nach Ditton (2009, S. 177) kann die Einschätzung der Qualität einerseits über die Bewertung normativer Vorstellungen von Unterricht, wie sie bspw. in der Fachdidaktik üblich sind, erfolgen, andererseits kann die Qualität des Unterrichts an seinen Wirkungen bzw. Effekten bemessen werden. Als Wirkungen müssen dabei nicht nur Leistungen herangezogen werden, sondern auch weiterführende Kompetenzen der Schüler*innen, die im Unterricht und darüber hinaus eine wichtige Rolle spielen. Da auch die Bestimmung und die Einschätzung dieser Outcomes als normatives Urteil angesehen werden (Heid, 2000), kann insgesamt nur dann von Unterrichtsqualität gesprochen werden, „wenn normative Kriterien ausgewählt und angewandt werden“ (Klieme, 2019, S. 395).

Nach Berliner (2005) und Fenstermacher und Richardson (2005) gibt es zwei grundlegende Ansätze, die es erlauben, von Unterrichtsqualität zu sprechen: Ein *guter Unterricht* (good teaching) liegt dann vor, wenn dieser festgelegten, also normativ bestimmten Standards und Setzungen des Feldes folgt (vgl. Berliner, 2005, S. 207). Diese Annahmen stützen sich darauf, was von einer Lehrkraft im Sinne einer professionellen pädagogischen Praxis erwartet wird. Sauerwein und Klieme (2016, S. 463) sprechen in diesem Zusammenhang von einem „moralischen Qualitätsurteil“, bei dem sie nicht nur professionell gesetzte Standards fassen, sondern vielmehr ethische und moralische Vorstellungen mit einbeziehen. *Erfolgreicher Unterricht* (succesfull teaching) hingegen bezieht sich auf dessen Effektivität, sprich das Erreichen (vorab) gesetzter (Lern-)Ziele (vgl. Berliner, 2005, S. 207). Effektivität wiederrum kann über eine Vielzahl von möglichen Outputvariablen bestimmt werden. Die Gelingensbedingungen für einen qualitativen Unterricht seien dabei aber überwiegend an die Fähigkeiten und Kompetenzen der Lehrkraft geknüpft: „A high-quality teacher shows evidence of both good and effective teaching“ (Berliner, 2005, S. 207).

Insgesamt wird bei all diesen Bestimmung von Qualität in Bezug auf den Unterricht erkennbar, dass bei der Erforschung von Unterrichtsqualität normative Setzungen einfließen, entweder durch die Bestimmung bestimmter Wirkungen oder durch die Hinzunahme theoretischer, politischer oder gesellschaftlicher Normen. Die Unterrichtsqualitätsforschung hält dabei verstärkt an einem Qualitätsverständnis von Unterricht fest, bei dem weniger eine Orientierung an pädagogisch-gesellschaftlichen Normen vorgenommen wird, sondern stärker daran, ob Bildungsziele tatsächlich erreicht werden (Klieme, 2019; Kunter & Trautwein, 2013; Reusser, 2020). Dennoch zeigte sich in den vergangenen Jahren, dass die Normativität nur selten reflektiert wird (Lindmeier & Heinze, 2020; Praetorius et al., 2021) und Unterricht zunehmend an seiner Effektivität, im Sinne von Leistungen der Schüler*innen, bemessen wird (Klieme, 2019; Kunter & Trautwein, 2013). Praetorius und Kolleg*innen (2021, S. 15) sprechen auch von einer „beobachtenden Normativität“ in der deutlich wird, dass in der unterrichtlichen Lehr-Lern-Forschung und somit auch in der Unterrichtsqualitätsforschung überwiegend zentrale, normativ akzeptierte Merkmale er- und beforscht werden. Durch diese Festlegung bestimmter Merkmale werden eine Vielzahl anderer Merkmale nicht in den Blick genommen. Dieser Fokus auf bestimmte Merkmale wird besonders im Vergleich mit anderen Lehr-Lern-Kulturen deutlich. Interkulturelle Forschung aus dem Bereich der Unterrichtsqualität zeigt, dass die Werte und Normen in verschiedenen Kulturen andere sein können und dass dadurch unterschiedliche Beurteilungen der Qualität zustande kommen können (vgl. Berliner, 2005, S. 206; Lindmeier & Heinze, 2020, S. 260). Praetorius und Charalambous (2018) betonen, dass eine Vielzahl an Instrumenten zur Erfassung von Unterrichtsqualität eine stark konstruktivistische und somit eine eher westlich geprägte Auffassung von Lehren und Lernen widerspiegeln. Insgesamt bleibt daher festzuhalten, dass das Anliegen der Unterrichtsqualitätsforschung bzw. der Unterrichtsforschung im Allgemeinen darin bestehen sollte, die „Normativität [...] methodologisch, strukturell und gegenstandstheoretisch [...] zu reflektieren“ (Praetorius et al., 2021, S. 4 f.).

2.4.2 Historische Entwicklung

Bereits seit Mitte des vergangenen Jahrhunderts versuchen Forschende ausschlaggebende Merkmale für einen qualitätsvollen Unterricht empirisch zu erforschen und zu untersuchen. Die Ursprünge der Unterrichtsqualitätsforschung lassen sich bis in die 1960er zurückführen. Hier war es insbesondere Carroll (1963, 1973), der als Wegbereiter für diese Forschungstradition angesehen werden kann und dessen *Modell des schulischen Lernens* als eines der einflussreichsten Modelle zur Klärung schulischen Lernens angesehen wird (vgl. Gruehn, 2000, S. 5).

Die grundlegende Annahme des Modells ist, dass der Grad des Lernerfolgs in einem funktionellen Verhältnis zur tatsächlich benötigten Lernzeit und der tatsächlich aufgewendeten Lernzeit steht (vgl. Carroll, 1973, S. 245). Die tatsächlich aufgewendete Lernzeit wird dabei insbesondere durch die zugestandene Lernzeit bedingt. Diese beschreibt die für Lehr- und Lernvorgänge zur Verfügung gestellte Zeit, die zum einen durch die tatsächlich stattgefundenen Unterrichtsstunden beschrieben wird und zum anderen durch die von der Lehrkraft genutzte Zeit für Lernangelegenheiten im Unterricht. Die tatsächlich aufgewendete bzw. genutzte Lernzeit ist dann wiederrum abhängig von den Lernvoraussetzungen und den Dispositionen der Schüler*innen, wie etwa der Aufmerksamkeit, als auch von der Qualität des Unterrichts. Mögliche Qualitätsmerkmale bei Carroll sind die Klarheit von Begriffen und Erklärungen, die Strukturierung der Inhalte, die Präsentation der Lerngegenstände sowie das Feedback durch die Lehrperson.

Aufbauend auf diesem Modell ordnet Bloom (1976) in seinem Model des *Mastery Learning* der Lernzeit eine bedeutsame Rolle zu. Der Großteil aller Lernenden könne die gesetzten Lernziele dann erreichen, wenn ihnen so viel Zeit zugestanden wird, wie sie auf Basis ihrer individuellen Lernbedürfnisse und -voraussetzungen benötigen. Neben diesem Verständnis von Lernen in Bezug auf Zeit sieht das Mastery-Learning-Modell eine Lernkontrolle nach jeder durchgeführten Einheit vor, um Wissenslücken bei den Schüler*innen aufdecken zu können, mit dem Ziel, diese Lücken zu beseitigen und erst im Anschluss an die Beseitigung mit einer neuen Lehreinheit fortzufahren (vgl. Reinmann & Mandl, 2006, S. 620).

Nicht zuletzt ist das Modell der optimalen Nutzung von Lernzeit von Harnischfeger und Wiley (1978) ein Modell, in dem davon ausgegangen wird, dass die zur Verfügung stehende Lernzeit und dementsprechend die Nutzung der Unterrichtszeit durch die Schüler*innen eine bedeutsame Determinante bei der Bestimmung des Leistungszuwachses darstellt. Wesentlicher Unterschied des Modells, dass sich im Kern auf die Modelle von Carroll (1973) und Bloom (1976) bezieht, ist, dass die Bedeutsamkeit der schüler*innenseitigen Aktivitäten in das Modell mit aufgenommen wurde. Unter Aktivitäten verstehen die Autor*innen alle aktiven, aber auch scheinbar passiven Beschäftigungen, die auf den Lerngegenstand ausgerichtet sind. Dabei werden die Aktivitäten der Schüler*innen als eine kausale Zwischenstufe zwischen der Umsetzung des Lehrplans durch die Lehrperson und den Wissensaneignungen der Schüler*innen angesehen.

Die hier vorgestellten Modelle im Sinne Carrolls, die die Planung und die Gestaltung des Unterrichts beschreiben, werden im angloamerikanischen Raum überwiegend unter dem Begriff des *instructional design* zusammengefasst. Die Modelle entspringen in ihrem Kern stärker dem behavioristischen Lehr-Lern-Verständnis (vgl. Reinmann & Mandl, 2006, S. 619), sie fokussieren, im Gegensatz zu den vorherrschenden didaktischen Modellen des Unterrichts im deutschsprachigen Raum (siehe Kapitel 2.2.1), vermehrt die Lehr-Lern-Prozesse des Unterrichts und behandeln vorwiegend die Frage der Wirksamkeit (vgl. Lipowsky, 2020, S. 71). Um die Effekte unterschiedlicher Unterrichtsmerkmale zu untersuchen, wurden später vermehrt Übersichtsartikel (Brophy & Good, 1984) und Metaanalysen (Hattie, 2009; Seidel & Shavelson, 2007; Wang et al., 1993) verwendet, um die Wirkungen unterschiedlicher Modelle und Qualitätsmerkmale zusammenzufassen. Auf diese Weise konnten bspw. Wang und Kolleg*innen (1993) vier zentrale Merkmale identifizieren, die sich als besonders effektiv zeigten: die Klassenführung, das Klassenklima, die Klarheit des Unterrichts und eine stärkere Ausrichtung auf die Inhalte. Die Erforschung dieser Merkmale erfolgte dabei zunehmend im Rahmen des sogenannten Prozess-Produkt-Paradigmas, in dem die beschriebenen Unterrichtsmerkmale in einen Zusammenhang mit den Lernergebnissen der Schüler*innen gebracht wurden (vgl. Rakoczy & Klieme, 2015, S. 332).

Die auf diese Weise generierten, in den Metaanalysen zusammengefassten und empirisch überprüften Qualitätsmerkmale wurden dann vermehrt in Merkmalskataloge oder -listen überführt, in denen zum allgemeinen Überblick die wesentlichen Merkmale für einen qualitativen Unterricht präsentiert wurden. Sowohl auf internationaler (bspw. Borich, 2014; Brophy, 2000) als auch auf nationaler Ebene (bspw. Helmke, 2017; Meyer, 2014) lassen sich eine Vielzahl dieser Zusammenstellungen finden. Zwar bestehen bei diesen Zusammenstellungen vereinzelt Übereinstimmungen bei wenigen Merkmalen, überwiegend sind die Kataloge jedoch durch eine große Heterogenität geprägt. Gabriel (2013, S. 17) und auch Pietsch (2010, S. 124) kritisieren, dass durch eine bloße Zusammenstellung einzelner Merkmale die Unterrichtsqualität zu vereinfachend dargestellt wird und die Zusammenhänge zwischen den einzelnen Merkmalen dadurch missachtet werden. Auch Klieme und Kolleg*innen (2006) sehen diese Zusammenstellungen eher als eine Vorstufe für eine theoretisch fundierte und systematische Konzeptualisierung an.

Erst mit der Durchführung und der Auswertung der TIMS-Videostudie 1995 (Baumert et al., 1997; Stigler et al., 1999) ging eine weitreichende Wende in der deutschsprachigen Unterrichtsforschung einher, die einerseits die Grundlage für anschließende Reformen für daran anschließende wissenschaftliche Untersuchungen darstellte und anderseits ein Umdenken hinsichtlich der Erfassung und der Konzeptualisierung von Unterrichtsqualität bewirkte. Klieme und Kolleg*innen (2001) schlossen an die Kritiken der unsystematischen Merkmalszusammenstellungen an und entwickelten auf Basis der Daten der TIMS-Videostudie erstmalig ein systematisches Modell zur Beschreibung von Unterrichtsqualität, das Modell der drei Basisdimensionen. Die Entwicklung dieses Modells wird als ein erster Schritt in Richtung einer systematischen Strukturierung der Unterrichtsqualität verstanden (vgl. Einsiedler, 2017, S. 276). Zudem waren die Ergebnisse der Studie im Rahmen des daran anknüpfenden Schwerpunktprogramms der DFG zu „Bildungsqualität von Schule“ (für einen Überblick siehe Prenzel & Allolio-Näcke, 2006) der Anstoß für weitere, bis heute für die Bildungsforschung relevanter Studien, wie bspw. die Pythagoras-Studie (Klieme et al., 2009), das Projekt COACTIV (Baumert et al., 2010), aber auch weiterführende Studien im Rahmen der ab 2000 folgenden PISA-Studien (bspw. Klieme & Rakoczy, 2003).

2.4.3 Das Modell der drei Basisdimensionen

Mithilfe des Modells der drei Basisdimensionen werden die Befunde und die Erkenntnisse der unterrichtlichen Lehr-Lern-Forschung in systematischer Weise zusammengefasst. Das Modell „stellt eine analytische Verdichtung von Unterrichtsmerkmalen dar, die mehr oder weniger kontextabhängig erhoben werden“ (Klieme, 2019, S. 403) können. Nach Vieluf und Klieme (2023, S. 63) werden mithilfe des Modells zwei zentrale Punkte verfolgt: (1) Die grundlegenden Merkmale der Unterrichtsqualität werden in sparsamer Weise und in einer handhabbaren Anzahl an Dimensionen zusammengefasst und (2) mithilfe des Modells wird erfasst, ob und wie stark sich die Qualität dieser Dimensionen auf Schüler*innenmerkmale auswirkt.

In seiner analytischen Funktion schließt das Modell an Produkt-Prozess-Paradigmen sowie Mediations-Prozess-Paradigmen an (vgl. Rakoczy & Klieme, 2015; Vieluf & Klieme, 2023, S. 100). Aus unterrichtstheoretischer Perspektive orientiert sich das Modell überwiegend an pädagogisch-psychologischen Lehr-Lern-Theorien (Aebli, 1985; Piaget, 1976; Vygotsky, 1986) sowie an der Konzeption des Unterrichts im Sinne von Angebots-Nutzungs-Modellen (Fend, 2019; Vieluf et al., 2020). Das Modell umfasst drei generische Unterrichtsqualitätsdimensionen, die unabhängig von der Schulform, dem Fach oder der Klassenstufe erhoben und analysiert werden können. Mit dieser Verdichtung stellt das Modell die Antwort auf viele Kritikpunkte dar, die mit der teilweise willkürlichen und unsystematischen Zusammenstellung von Merkmalen der Unterrichtsqualität in Listen und Katalogen verbunden sind (vgl. Schilmöller, 2006, S. 75 ff.). Gleichzeitig war es der erste Versuch Unterrichtsqualität systematisch zu strukturieren (vgl. Einsiedler, 2017, S. 276). Statt der Listen und Kataloge, wie etwa die zehn Merkmale guten Unterrichts nach Mayer (2014) oder die international angesehene Merkmalszusammenstellung nach Brophy (2000), wurde ein überschaubares Set an Dimensionen präsentiert, das für eine empirische Erforschung von Unterricht geeignet schien.

Entwickelt wurde das Modell im Rahmen der TIMS-Studie und der TIMS-Videostudie aus dem Jahr 1995. In dieser ersten TIMS-Studie[8] (Beaton et al., 1996) wurden mehr als 500.000 Schüler*innen in 41 Ländern in Mathematik und den naturwissenschaftlichen Fächern befragt und getestet. Die TIMS-Videostudie, die als Ergänzung zur TIMS-Studie durchgeführt wurde, war eine internationale Videostudie, die den Mathematikunterricht der 8. Jahrgangsstufen in Deutschland, in Japan und in den USA auf Video aufzeichnete und untersuchte (Stigler et al., 1999). Die internationale Studie bezog sich dabei ausschließlich auf die Auswertung der Videos mithilfe von Codes, Ratings und der Analyse sogenannter Unterrichtsskripte.

Für die nationale Umsetzung beider Studien war zu dieser Zeit das Max-Planck-Institut (MPI) in Berlin rund um das Team von Jürgen Baumert beauftragt. Neben der Durchführung des international vorgesehenen Studiendesigns, erweiterten die Verantwortlichen die Studie national um weitere Designelemente (Baumert et al., 1997). (1) In 82 der 100 auf Video aufgezeichneten Klassen wurde im Anschluss an die internationalen Erhebungen ein Jahr später eine Follow-Up-Erhebung durchgeführt. Das ursprünglich querschnittlich angelegte Design der Studien wurde durch die zusätzlichen Test- und Fragebogenerhebungen national zu einem längsschnittlichen Design erweitert. (2) Darüber hinaus wurde die Wahrnehmung des Unterrichts der Lehrkräfte sowie die der Schüler*innen über Fragebogen erfasst. Hierfür wurden insgesamt 21 Merkmalsskalen verwendet, die im Rahmen der Dissertation von Gruehn (2000) entwickelt worden sind. Die Skalen enthielten unterschiedliche Merkmale aus den Bereichen der allgemeinen Didaktik, der Unterrichtsforschung, der Klimaforschung sowie der psychologischen Lehr-Lern-Forschung. (3) Nicht zuletzt wurde die Auswertung der Unterrichtsvideos um die Perspektive von externen

8 Die Erhebungen im Rahmen der TIMS-Studie werden seit 1995 alle vier Jahre durchgeführt.

Beobachter*innen erweitert. Die Skalen von Gruehn (2000) wurden hier zusätzlich angewandt, um sie in ein Beobachtungsinstrument zu überführen (Clausen, 2002).

Auf Grundlage dieser Datenbasis brachte eine Auswertung der Videocodes mittels einer explorativen Faktorenanalyse die dreidimensionale Struktur der Basisdimensionen hervor. Erstmalig publiziert wurden diese drei Dimensionen von Klieme und Kolleg*innen (2001) im Rahmen eines an die Praxis gerichteten Studienberichts. Die von den Autor*innen als „Grunddimensionen der Unterrichtsqualität" (Klieme et al., 2001, S. 50) bezeichneten Dimensionen waren: Unterrichts- und Klassenführung, Schülerorientierung und kognitive Aktivierung.

Diese aus den Analysen explorativ entwickelten Dimensionen werden von Klieme und Kolleg*innen (2001, S. 52) in Anlehnung an Diederich und Tenoth (1997) an eine Theorie der Allgemeinen Didaktik rückgebunden. In Bezug auf diese Theorie sei es die Aufgabe der Lehrkraft drei grundlegende Bedingungen im Unterricht herzustellen: (1) die Aufmerksamkeit und Disziplin, (2) die Motivation (3) sowie das Lernen und das Verstehen. Die Lehrkraft wird als Organisator und als Moderator betrachtet, die sicherstellt, dass die unterrichtlichen Abläufe störungsfrei und strukturiert verlaufen, sodass dadurch die Aufmerksamkeit der Schüler*innen gewährleistet werden kann. Eine zweite Funktion der Lehrkraft ist die eines*einer Erzieher*in, indem sie dafür Sorge trägt, dass sich die Schüler*innen in die Gruppe integriert fühlen und dadurch motiviert sind. Zuletzt wird die Lehrkraft als Gestalter*in der Lernumgebung gesehen. Es soll eine Umgebung geschaffen werden, in der verständnisvolles Lernen und die eigene kognitive Auseinandersetzung mit dem Gegenstand ermöglicht wird.

Die identifizierten Dimensionen im Rahmen der TIMS-Videostudie wurden anschließend in den vergangenen Jahren vielfach in weiteren empirischen Untersuchungen implementiert (Praetorius et al., 2018). Auch die theoretische Fundierung wurde, neben der Anbindung an die eben angeführte Rückbindung an allgemeindidaktische Theorien, um pädagogisch-psychologischen Lerntheorien erweitert, sodass die drei Dimensionen in ihrer heutigen Form wie folgt beschrieben werden können:

Die Klassenführung zeichnet sich durch einen reibungslosen sowie einen störungsarmen Unterrichtsfluss aus, der es ermöglicht, die zur Verfügung stehende Lernzeit im Unterricht maximal zu nutzen. Praetorius und Kolleg*innen (2018, S. 409) benennen zwei zentrale Aspekte der Klassenführung. Erstens das Erkennen und das Verstärken erwünschter Verhaltensweisen. Dies kann bspw. durch die Implementation von festen Routinen und Regeln im Unterricht erfolgen. Zweitens das Verhindern und die Prävention unerwünschter Verhaltensweisen. Störungen im Unterricht können entweder durch Disziplinierungsmaßnahmen gestoppt, oder besser noch, durch eine vorausschauende Haltung der Lehrperson und einem gezielten Monitoring schon vor ihrer Entstehung unterbunden werden (vgl. Seidel, 2020a, S. 121).

Die konstruktive[9] Unterstützung fokussiert auf das Lernklima im Unterricht und auf die Lehrer*innen-Schüler*innen-Beziehung, indem erörtert wird, wie herzlich, respektvoll und wertschätzend der Umgang zwischen den einzelnen Akteur*innen im Klassenraum ist. Theoretisch zurückzuführen lässt sich die Dimension auf die Selbstbestimmungstheorie nach Ryan und Deci (2017), in der die Autoren drei grundlegende, menschliche Bedürfnisse für die Motivation formulieren: das Bedürfnis nach Autonomie, das Bedürfnis nach Kompetenzerleben, sowie das Bedürfnis der sozialen Eingebundenheit. In Bezug auf die Selbstbestimmungstheorie wird der Lehrperson eine relevante Rolle hinsichtlich der sozialen und der emotionalen Unterstützung der Schüler*innen zugesprochen. Schüler*innen, die sich in ihrer Umgebung sicher fühlen, sind selbstständiger und wagen es eher Risiken einzugehen, da sie wissen, dass sie sich bei Problemen an die Lehrperson wenden können.

Die kognitive Aktivierung beschreibt inwieweit Schüler*innen „zum vertieften Nachdenken und zu einer elaborierten Auseinandersetzung mit dem Unterrichtsgegenstand" (Lipowsky, 2020, S. 92) angeregt werden. Unterricht ist dann kognitiv aktivierend, wenn er auf Verstehen und schlussfolgerndes Denken ausgerichtet ist, die Schüler*innen mit herausfordernden Aufgaben und Inhalten konfrontiert werden, und wenn an die Erfahrungswelt und das Vorwissen der Schüler*innen angeknüpft wird (vgl. Klieme, 2019, S. 402). Bei dem Begriff der Aktivität muss streng zwischen einer körperlichen und der kognitiven Aktivität unterschieden werden. Nach Mayer (2004, S. 17) kann (körperliche) Aktivität tiefergehendes Lernen zwar unterstützen, die grundlegende Bedingung für ein tiefergehendes Lernen sieht er jedoch in der kognitiven Aktivität. Theoretisch lässt sie die Dimension zurückführen auf ein Konglomerat verschiedener, konstruktivistischer Lehr-Lern-Theorien, wie bspw. Piaget (1976) aus dem kognitiv-konstruktivistischem Bereich, sowie Vygotsky (1986) in Bezug auf sozial-konstruktivistische Theorien, oder aber auch Aebli (1985) als Vertreter eines didaktischen Konstruktivismus. Da diese Dimension den Untersuchungsgegenstand dieser Arbeit darstellt, findet sich eine ausführliche Darstellung mit tieferen theoretischen Hintergründen und Einordnungen in Kapitel 3 dieser Arbeit.

Das Modell der drei Basisdimensionen prägt seit seiner Entstehung die deutsche Unterrichtsqualitätsforschung und wird als das maßgebliche Modell zur Erforschung von Unterrichtsqualität in den vergangenen 20 Jahren angesehen (vgl. Praetorius, Rogh et al., 2020, S. 304). Auf internationaler Ebene kamen die drei Basisdimensionen bereits im Rahmen von Large-Scale-Studien, wie PISA,

9 Oft findet sich auch der Begriff des unterstützenden Klassenklimas. Nach Kunter und Trautwein (2013, S. 95) sei *konstruktive Unterstützung* der geeignetere Begriff, da mit diesem Begriff Formen der Hilfe gemeint sind, die die Lernenden als eine selbstständige Person stärken und ihr eigenständiges Lernen fördern.

zum Einsatz (Klieme & Rakoczy, 2003; Kuger et al., 2017). Zudem konnten in anderen internationalen Studien dreidimensionale Strukturen modelliert werden, die denen der drei Basisdimensionen ähneln, aber unabhängig davon entwickelt wurden (OECD, 2020; Pianta & Hamre, 2009). In einer systematischen Analyse konnten Praetorius und Kolleg*innen (2018) insgesamt 39 Publikationen aus 21 unterschiedlichen Studien identifizieren, denen als theoretischer Rahmen das Modell der drei Basisdimensionen zugrunde lag. Neben der Vielzahl an Studien zeigt sich vorrangig die methodische Vielfalt, mit der Unterrichtsqualität bislang erfasst wurde. Die empirische Erfassung der Unterrichtsqualität erfolgt in der Regel über unterschiedliche Instrumente und Perspektiven. In einem Großteil der Studien wurde Unterrichtsqualität durch externe Beobachter*innen mithilfe standardisierter Videoaufzeichnungen beurteilt (bspw. DESI-Konsortium, 2008; Klieme et al., 2001; Lipowsky et al., 2009; Seidel, 2003). Ergänzend kamen häufig Fragebogen für die Lehrkräfte und die Schüler*innen zum Einsatz, oft auch in Kombination mit Videoerhebungen des Unterrichts (bspw. Baumert et al., 2011; Fauth et al., 2014a). Ansätze, die Unterrichtsqualität anhand von Aufgaben oder Unterrichtsmaterialien zu beurteilen, werden ebenfalls vermehrt genutzt (bspw. Herbert & Schweig, 2021; Neubrand et al., 2011). Ebenfalls werden experimentelle Methoden, wie die Thin-SLICES-Technik, bei der die Unterrichtsqualität anhand 30-sekündiger Videoausschnitte eingeschätzt wird (Begrich et al., 2017), eingesetzt, um Unterrichtsqualität in einer ökonomischen Weise erheben zu können.

Trotz dieser enormen Reichweite und der vielfachen Replikation des Modells in einer Vielzahl an Studien zeigt sich bislang nur partiell Unterstützung in Bezug auf die Wirkungszusammenhänge (Praetorius et al., 2018; Vieluf & Klieme, 2023). Überwiegend bestätigen die Befunde einen Zusammenhang zwischen der Klassenführung und dem Leistungszuwachs der Schüler*innen (Decristan et al., 2020; Kuger et al., 2017; Lipowsky et al., 2009) sowie mit der Motivation der Schüler*innen (Doan et al., 2020; Kunter & Voss, 2013). Hinsichtlich der kognitiven Aktivierung lassen sich Zusammenhänge mit dem Lernzuwachs der Schüler*innen, vor allem im Mathematikunterricht der Sekundarstufe (Dubberke et al., 2008; Kunter & Voss, 2013; Lipowsky et al., 2009), dem Deutschunterricht in der Sekundarstufe (Klieme et al., 2010) und dem naturwissenschaftlichen Unterricht in der Grundschule (Decristan et al., 2015) finden. Speziell für die Dimension der kognitiven Aktivierung lassen sich aber Befunde finden, in denen dieser Zusammenhang explizit nicht nachweisbar war (bspw. Fauth et al., 2014b; Pauli et al., 2008).

In der vergangenen Zeit wurde das Modell zunehmend als ergänzungsbedürftig markiert. Dabei wird einerseits das teils fehlende theoretische Fundament der einzelnen Dimensionen, speziell bei der Dimension der kognitiven Aktivierung (vgl. Praetorius & Gräsel, 2021, S. 177 f.), kritisiert. Ferner wird andererseits die fehlende Berücksichtigung bestimmter Aspekte von Unterricht, bspw. das Üben oder die Adaptivität, im Modell kritisiert (vgl. Praetorius, Rogh et al., 2020, S. 314). Dies könnte u. a. daran gelegen sein, dass die aus den Videocodes, im Rahmen einer explorativen Faktorenanalyse entwickelten drei Basisdimensionen im Rahmen der TIMS-Videostudie (Klieme et al., 2001), direkt im Anschluss recht unkritisch auf weitere Instrumente übertragen wurden (bspw. Klieme & Rakoczy, 2003). Die Methode der explorativen Faktorenanalyse war bereits zu dieser Zeit recht umstritten (Fabrigar et al., 1999), da sie vermehrt als eine abduktive Methode betrachtet werden kann. Sie verlangt also von den Forschenden eine Vielzahl an Entscheidungen, die folgenreich für die Ergebnisse sein können. Besonders bei der kognitiven Aktivierung kann dies dazu geführt haben, dass die Dimension als ein Sammelbegriff für eine Vielzahl von Skalen emergierte (vgl. Praetorius & Gräsel, 2021, S. 178).

Letztlich ist den vergangenen Jahren auch die Forderung nach fachspezifischeren Ergänzungen, also einer stärker auf die einzelnen Fächer angepasste Konzeptualisierung und Operationalisierung der Dimensionen, gewachsen. Dies trifft besonders auf die Dimension der kognitiven Aktivierung zu, der ein besonders hohes Maß an Fachlichkeit zugesprochen wird (vgl. Praetorius, Rogh et al., 2020, S. 307 f.).

2.4.4 Das Syntheseframework

Ein neuerer Ansatz zur Erforschung von Unterrichtsqualität, der an aktuelle Diskussionen zur theoretischen Weiterentwicklung der Unterrichtsqualitätsforschung anschließt (Praetorius, Klieme et al., 2020), ist das Syntheseframework[10] nach Praetorius und Charalambous (2018). Das Framework nimmt Bezug auf international bestehende Ansätze zur Erforschung von Unterrichtsqualität und fasst diese, im Sinne einer Synthese, in einem übergeordneten Framework zusammen. Es stellt eine Zusammenfassung verschiedener, mathematikbezogener Frameworks aus zwölf verschiedenen Ländern dar. Dabei sind sowohl generische, mathematikdidaktische, als auch gemischte Modelle, sprich Modelle, die sowohl generische als auch mathematikdidaktischen Merkmale enthalten, in die Entwicklung eingeflossen (vgl. Praetorius, Rogh et al., 2020, S. 308). Entwickelt wurde das Modell induktiv durch die Herausarbeitung insbesondere der Gemeinsamkeiten der zwölf einbezogenen Frameworks. Insgesamt wurden durch die Synthese 21 verschiedene Unterrichtsmerkmale identifiziert, die wiederum zu sieben übergeordneten Dimensionen zusammengefasst wur-

10 Der Begriff des Frameworks wurde hier aus dem angloamerikanischen Sprachgebrauch übernommen, in dem statt des Begriffs der theory häufiger der Begriff des frameworks verwendet wird. Der Begriff wird innerhalb dieses Kapitels übernommen, um Missverständnisse zu vermeiden.

den (vgl. Charalambous & Praetorius, 2020; Praetorius & Charalambous, 2018, S. 546):

(I) Auswahl und Thematisierung von Inhalten und Fachmethoden
(II) Kognitive Aktivierung
(III) Unterstützung des Übens
(IV) Formatives Assessment
(V) Unterstützung des Lernens
(VI) Sozio-emotionale Unterstützung (bspw. Differenzierung und Adaptivität)
(VII) Klassenführung

Die hier veranschaulichte Sequenzierung der Dimensionen ist eine bewusste Entscheidung der Autor*innen und orientiert sich an einer „prototypischen Lehr-Lernsequenz" (Praetorius, Rogh et al., 2020, S. 309). In jeder Dimension ist ein Set von mindestens zwei bis maximal vier Merkmalen enthalten. In Bezug auf Angebots-Nutzungs-Modelle (Vieluf et al., 2020) sind in den Dimensionen überwiegend angebotsseitige Merkmale enthalten, mindestens eins der Merkmale ist aber jeweils als Nutzungsmerkmal definiert.

Praetorius und Kolleg*innen (2020, S. 309) benennen eine Vielzahl an Vorteilen in Bezug auf das neu entwickelte Syntheseframework. Durch die Synthese aus verschiedenen, bereits bestehenden und oftmals bereits empirisch geprüften Ansätzen wird es zu einem umfassenden Framework, das sich aus jahrelanger Erfahrung und Expertise der internationalen Unterrichtsforschung speist und als „ein Maximalrahmen des aktuellen Verständnisses von Unterrichtsqualität" (Praetorius, Rogh et al., 2020, S. 309) angesehen werden kann. Demnach stellt das Framework eine Erweiterung bisheriger Ansätze dar, gerade auch, da es eine breite Abdeckung generischer und fachdidaktischer Merkmale beinhaltet. Ferner wird die Flexibilität des Frameworks hervorgehoben: je nach Forschungsinteresse kann sich auf verschiedene Aspekte des Frameworks fokussiert werden. Mit der Frage nach dem *What?* kann die Auswahl der zu untersuchenden Merkmale bestimmt werden und mit dem *How?* die Art der Konzeptualisierung und der Operationalisierung (vgl. Praetorius & Charalambous, 2018). Zusätzlich stehen die einzelnen Unterrichtsdimensionen in dem Modell in unterschiedlicher Relation zueinander. Dies wird in der Sequenzierung der Dimensionen sowie deren Hierarchisierung im Rahmen des darauf aufbauenden MAIN-TEACH-Modells (vgl. Praetorius & Gräsel, 2021, S. 182) deutlich (siehe Abb. 5). Durch eine derartige Hierarchisierung sollen die Relationen zwischen den einzelnen Dimensionen stärker hervorgehoben und eine bloße Auflistung von Dimensionen und Merkmalen vermiedenen werden.

Mithilfe des mehrschichtigen MAIN-TEACH-Modells (multi-layered and integrated character in conceptualizing the quality of teaching) wird zudem die empirische Überprüfbarkeit des Frameworks ermöglicht. Insgesamt umfasst das

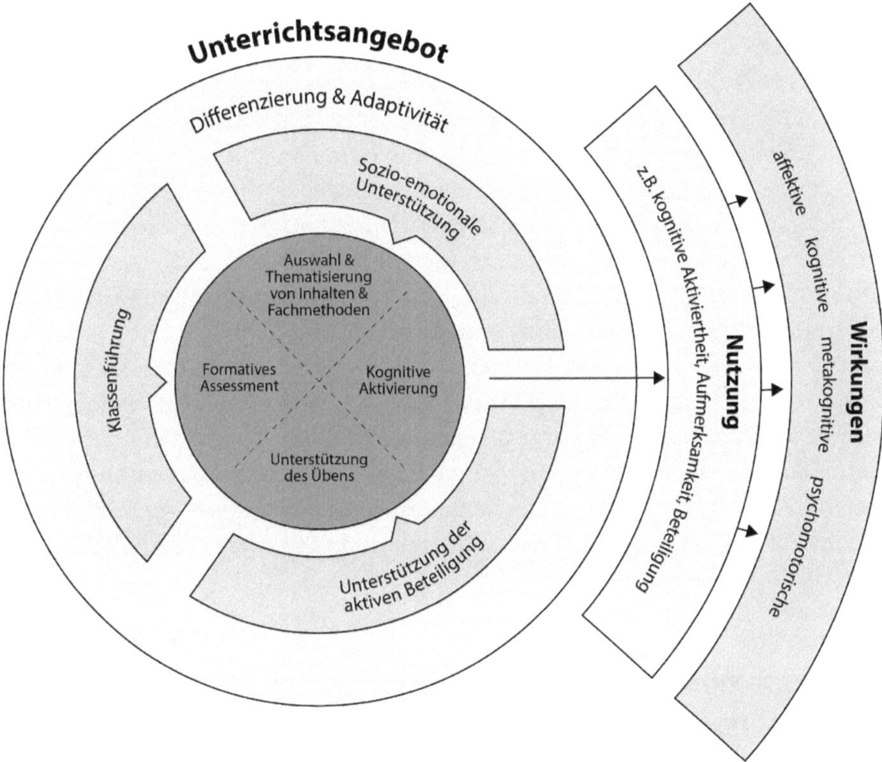

Abb. 5: MAIN-TEACH-Modell adaptiert nach Praetorius und Gräsel (2021, S. 182)

Modell drei unterschiedliche Schichten (vgl. Praetorius & Gräsel, 2021, S. 182): Die erste und äußerste Schicht beinhaltet die Differenzierung und die Adaptivität des Unterrichts. Dieses Merkmal wird als grundlegende Voraussetzung für alle anderen Dimensionen angesehen. In der mittleren Schicht befinden sich Klassenführung, kognitive Aktivierung, sozio-emotionale Unterstützung und Unterstützung der aktiven Beteiligung. Die letzte, innerste Schicht umfasst die Dimensionen, die auf die Lernprozesse der Schüler*innen ausgerichtet sind: Auswahl und Thematisierung von Inhalten und Fachmethoden, kognitive Aktivierung, Unterstützung des Übens und formatives Assessment. Weiterhin ist das Modell an Angebots-Nutzungs-Modellen ausgerichtet. Dies zeigt sich deutlich durch den direkten Zusammenhang zwischen den inneren Schichten und den potenziell initiierten Lernprozessen aufseiten der Schüler*innen. Die äußeren Schichten haben demnach einen indirekten Einfluss auf das Lernen, indirekt vermittelt über die innerste Schicht. Als mögliche Schüler*innenoutcomes werden kognitive, metakognitive und psychomotorische und affektive Outcomes bestimmt.

Die Autor*innen merken an, dass sich das Modell selbst noch in der Entwicklung befindet und empirische Befunde für die Bestätigung des Modells bislang fehlen (vgl. Praetorius, Rogh et al., 2020, S. 316). Auch die unidirektionale Wirkweise der Unterrichtsdimensionen auf die Outcomes der Schüler*innen wird als verbesserungsfähig angesehen, da sie nicht den aktuellen Diskussionen um ein konstruktivistisches Lehr-Lern-Verständnis entspricht (siehe Kapitel 3.2). Unklar bleibt zudem, inwieweit Anpassungen und Adaptionen in Bezug auf die zugrunde gelegten Messinstrumente und Operationalisierungen der einzelnen Merkmale möglich sind. Die Autor*innen offerieren zwar eine gewisse Flexibilität bei der Ausgestaltung des Modells (vgl. Praetorius & Charalambous, 2018), gleichzeitig wird die vielfache Konzeptualisierung und die Operationalisierung sowie der Einsatz unterschiedlicher Messinstrumente, bspw. im Rahmen des Modells der drei Basisdimensionen, kritisiert (vgl. Praetorius & Gräsel, 2021, S. 178). Auch wenn eine Anpassung der Operationalisierungen hauptsächlich auf der Ebene der vorgegebenen Indikatoren vorgesehen ist, kann dies, besonders unter der Perspektive einer fachspezifischen Ausgestaltung sowie einer stärker international ausgerichteten Unterrichtsforschung (Lindmeier & Heinze, 2020), dennoch die Vergleichbarkeit von Studien erneut erheblich einschränken.

2.5 Zusammenfassung der grundlagentheoretischen Bestimmung

Kommend aus einem Feld der quantitativ orientierten Lehr-Lern-Forschung, kann diese Arbeit als ein Vorhaben verstanden werden, in dem sich einem aus der Unterrichtsqualitätsforschung stammenden Merkmal im Sinne einer rekonstruktiven Forschungslogik empirisch genähert wird. Dabei werden im Kontext dieser Arbeit unter einer wissenssoziologischen Perspektive auf Unterricht Prozesse der interaktiven Herstellung und der Bearbeitung von kognitiver Aktivierung im Unterricht rekonstruiert. Das unterrichtstheoretische Verständnis dieser Arbeit schließt dabei primär an die Vorstellung von Unterricht als einen Raum der potenziellen Ermöglichung von Kompetenzentwicklung und Aneignungsprozessen an (Klieme, 2019; Proske & Rabenstein, 2018). Damit wird Unterricht in dieser Arbeit eine Zweckmäßigkeit zugesprochen, die jedoch im Rahmen der empirischen Analyse ausgeblendet und erst im Kontext der Diskussion unter dem Bezug normativer und theoretischer Annahmen erneut aufgenommen wird.

Im Weiteren wird in dieser Arbeit an die übergeordnete Gemeinsamkeit der aus der Erziehungswissenschaft stammenden Bezugsdisziplinen angeschlossen: das Verständnis einer hohen Komplexität des Unterrichts (Proske & Rabenstein, 2018, S. 7; Vieluf & Klieme, 2023). Die zunehmende Berücksichtigung der komplexen Interaktionsstrukturen zwischen der Lehrperson und den Schüler*innen sowie zwischen den Schüler*innen, wird dabei insbesondere auf Grundlage von

Angebots-Nutzungs-Modellen berücksichtigt (Fend, 2019; Vieluf et al., 2020). Diese Modelle sind anschlussfähig an eine Vielzahl von Untersuchungen und Fragestellungen (Lipowsky, 2020) und können in ihrem konstruktivistischen Unterrichtsverständnis als ein paradigmenübergreifender, gemeinsamer Nenner der Disziplinen betrachtet werden. Dies zeigt sich auch in der zunehmenden Berücksichtigung der Modelle in verschiedenen Bereichen (Martens & Asbrand, 2017; Pollmanns, 2019; Proske et al., 2021; Vieluf & Klieme, 2023).

Als anschlussfähig für diese Untersuchung erscheint dabei eine handlungstheoretische Interpretation des Angebots-Nutzung-Modells (vgl. Fend, 2019, S. 97 f.). Bei der grundlegenden Unterscheidung zwischen Angebot und Nutzung handelt es sich demnach nicht um „anonym handelnde Faktoren" (vgl. ebd.), sondern vielmehr stehen sich „Lehrende und Lernende […] in spezifischen Interaktionen gegenüber" (vgl. ebd.). In diesen Interaktionen „wird etwas von außen nicht unmittelbar ‚Sichtbares' produziert: Wissensstrukturen, Kompetenzen, Einstellungen und Haltungen" (vgl. ebd.). Enthalten in dieser Interpretation des Modells ist eine starke sozial-konstruktivistische Bedeutung des Lernens: Lernen findet immer im Austausch mit anderen statt. „Das Konzept der Ko-Konstruktion bildet den aktiven und interaktiven Zusammenhang zwischen Lehrenden und Lernenden, zwischen Angebot und Nutzung im schulischen Kontext am adäquatesten ab." (vgl. ebd., S. 98). Damit schließt die Arbeit im weiteren Sinne an eine übergeordnete Gemeinsamkeit der verschiedenen Bezugsdisziplinen eines konstruktivistischen Lehr-Lern-Verständnisses an (Martens & Asbrand, 2017; Rakoczy & Klieme, 2015; Reich, 2008). In diesem ko-konstruktiven Verständnis von Angebot und Nutzung wird die Bedeutsamkeit der eines „von Lehrpersonen, Schülerinnen und Schülern gemeinsam hervorgebrachten Interaktionszusammenhang[s]" (Herrle & Dinkelaker, 2018, S. 103) besonders betont. Dieses Verständnis und die Unterscheidung von Angebot und Nutzung soll es später in der Analyse ermöglichen, analysieren zu können, wie sich die Schüler*innen auf Basis ihrer spezifischen Lernhabitus auf die lehrerseitigen und weitere schüler*innenseitige Impulse, also Angebote, beziehen.

In Abgrenzung zur unterrichtlichen Lehr-Lern-Forschung, bzw. der ihr angehörigen Unterrichtsqualitätsforschung, wird im Rahmen dieser Arbeit weniger nach der konkreten Wirksamkeit eines bestimmten Merkmals gesucht (Rakoczy & Klieme, 2015), oder die konkrete Frage nach ‚gutem' oder ‚erfolgreichem' Unterricht gestellt (Vieluf & Klieme, 2023), vielmehr wird auf Basis der Analysen ein deskriptiver und interaktionsanalytischer Zugang zu den Wahrnehmungs- und Interpretationsprozesse in der Auseinandersetzung mit den unterrichtlichen Angebotsstrukturen rekonstruiert. Am geeignetsten für diesen Zugang erscheint dabei eine wissenssoziologische Perspektive, da diese im Gegensatz zu den anderen qualitativ-rekonstruktiven Ansätzen besonders nützlich ist, um die Aneignungsprozesse der Schüler*innen im Unterricht rekonstruieren zu können (Martens & Asbrand, 2009). Zudem fiel die Wahl auf diese Perspektive, da weniger sich wiederholende Praktiken, Muster oder Strukturen (Herrle & Dinkelaker, 2016; Reckwitz, 2003) im Fokus dieser Arbeit stehen sollen, sondern primär die Interaktionen und die Passungsverhältnisse in der unterrichtlichen Ko-Konstruktion sowie die asymmetrischen und die komplementären Rollenverteilungen zwischen Schüler*innen und Lehrpersonen (Asbrand & Martens, 2018; Martens & Asbrand, 2017).

Zusätzlich findet in dieser Arbeit ein stärkerer Einbezug der Körperlichkeit und der Materialität statt (Asbrand & Martens, 2018; Proske & Rabenstein, 2018), die in der bisherigen Unterrichtsqualitätsforschung im Rahmen von Produkt-Prozess-Paradigmen, aber auch in den erweiterten Mediationsmodellen bislang kaum berücksichtigt wurden. Die konventionelle Unterscheidung zwischen Sicht- und Tiefenstrukturen (Oser & Patry, 1990; Rakoczy & Klieme, 2015) kann auch durch die wissenssoziologische Perspektive aufgegriffen werden. Im Rahmen der Interpretation mit der *Dokumentarischen Methode* werden einerseits die deutlich sichtbaren Handlungen und expliziten Äußerungen der Beteiligten untersucht, während andererseits die tieferliegenden, impliziten Wissens- und Handlungsstrukturen in der Analyse rekonstruiert werden (siehe Kapitel 4.2).

Nicht zuletzt wird in dieser Arbeit eine fachliche Perspektive eingenommen (Rakoczy & Klieme, 2015). Besonders bei dem vorliegenden Untersuchungsgegenstand, der kognitiven Aktivierung, wird zunehmend eine fachliche Einordnung gefordert (siehe Kapitel 3.3). Die Dokumentarische Methode ist durch die starke Fokussierung auf kommunikative und konjunktive Wissensbestände besonders geeignet, um die Fachlichkeit des Unterrichtes zu erfassen (vgl. Martens & Asbrand, 2021), wie zahlreiche fachdidaktisch oder fachlich ausgerichtete Arbeiten aus diesem Bereich belegen. Diese decken eine Vielzahl von Themenbereichen und Fächern ab: Fachlich ausgerichtete Studien mit einer wissenssozilogischen Perspektive finden sich in den Fächern Biologie (Gresch, 2020; Gresch & Martens, 2019), Chemie (Bonnet, 2004), Deutsch (Hackbarth et al., 2022; Ludwig, 2021; Sturm, 2016), im Fremdsprachenunterricht Englisch (Kreft, 2020; Tesch, 2016), Geschichte (Martens, 2010b; Martens, Asbrand et al., 2015; Spieß, 2014), Mathematik (Baltruschat, 2014, 2018; Hericks, 2016; Wagner-Willi, 2007), dem Politikunterricht (Hempel et al., 2017) und speziell zum Lernbereich der Globalen Entwicklung (Asbrand, 2014; Kater-Wettstädt, 2015; Martens, 2014). Die in dieser Arbeit einbezogenen Unterrichtsvideos aus der TALIS-Videostudie Deutschland (Grünkorn et al., 2020) mit ihrem spezifischen Fokus auf die Unterrichtseinheit der quadratischen Gleichungen scheinen daher besonders geeignet zu sein, um auch fachliche Anschlüsse bieten zu können.

3 Kognitive Aktivierung als zentrales Merkmal der Unterrichtsqualitätsforschung

Kognitive Aktivierung gilt als eine zentrale Dimension der Unterrichtsqualität (Klieme, 2019; Praetorius & Gräsel, 2021; Stürmer & Fauth, 2019) und hat sich als eines der bedeutsamsten Merkmale in Bezug auf die Erforschung von Unterrichtsqualität in der deutschsprachigen Unterrichtsforschung etabliert (Praetorius et al., 2018). Das Merkmal, das im Rahmen der drei Basisdimensionen nach Klieme und Kolleg*innen (2001) entwickelt worden ist (siehe Kapitel 2.4.3), wurde in einer Vielzahl empirischer Untersuchungen (Praetorius et al., 2018), in unterschiedlichen Fächern untersucht (Praetorius, Herrmann et al., 2020) und findet sich mittlerweile auch im internationalen Diskurs sowie neueren Unterrichtsqualitätsmodellen wieder (Bell et al., 2019; Charalambous & Praetorius, 2020; Praetorius, Klieme et al., 2020).

In der Unterrichtsqualitätsforschung gilt die kognitive Aktivierung noch immer als ein „vergleichsweise junges Konstrukt" (Lipowsky, 2020, S. 92), doch die theoretische Konsolidierung der Qualitätsdimension und deren empirische Untersuchung im Unterricht stellen nach wie vor Herausforderungen in der empirischen Bildungsforschung dar. Dies hat zur Folge, dass das Konstrukt häufig unterschiedlich konzeptualisiert wird und die konkrete Operationalisierung der Dimension eine immense Spannbreite aufweist (Hugener, 2008; Praetorius et al., 2018). Die weiterführende theoretische Fundierung des Konstrukts wird jedoch als Ausgangsbasis für Ergänzungen und Anpassungen angesehen (vgl. Praetorius & Gräsel, 2021, S. 178).

Innerhalb dieses Kapitels soll der Gegenstand dieser Arbeit, die kognitive Aktivierung, theoretisch und empirisch dargestellt werden. Hierzu werden der Begriff definiert, die Zielsetzung beschrieben und drei verschiedene Betrachtungsebenen vorgestellt (siehe Kapitel 3.1). Um sich dem Thema überhaupt nähern zu können, werden kurz die theoretischen Grundlagen (siehe Kapitel 3.2) definiert. Im Anschluss daran findet eine fachlich-fachdidaktische Einordnung des Konstrukts statt (siehe Kapitel 3.3). Daraufhin werden (international) verwandte Konstrukte (siehe Kapitel 3.4) vorgestellt. Anschließend werden die Forschungsbefunde (siehe Kapitel 3.5) beleuchtet und es wird mit einer Zusammenfassung abgeschlossen, die eine Präzisierung der Fragestellung für die vorliegende Arbeit formuliert (siehe Kapitel 3.6)

3.1 Definition, Zielsetzung und Entstehung

In der Unterrichtsqualitätsforschung ist die Wirksamkeit bestimmter Unterrichtsmerkmale in Bezug auf das Lernen von Schüler*innen (vgl. Rakoczy & Klieme, 2015, S. 331) und die Förderung von Kompetenzen (vgl. Leuders & Holzäpfel, 2011, S. 216) bedeutsam. Die kognitive Aktivierung hat sich hinsichtlich des Lernzuwachses sowohl theoretisch als auch empirisch als bedeutsames Konstrukt herausgestellt, auch wenn die Befundlage hierzu nicht einheitlich ist (siehe Kapitel 3.5). In verschiedenen Studien hat sich die Dimension als prädiktiv für die fachliche Aneignung bei den Schüler*innen erwiesen (Baumert et al., 2010; Klieme et al., 2001; Kunter & Voss, 2013; Lipowsky et al., 2009). Aufgrund dieser Befunde liegt die Annahme nahe, dass kognitive Aktivierung einen wichtigen Aspekt für das Lernen von Schüler*innen darstellt.

Doch auch theoretisch lässt sich eine Lernwirksamkeit der kognitiven Aktivierung begründen. Im Kontext der Schule und des Unterrichts wird überwiegend ein ‚absichtliches' Lernen (vgl. Hasselhorn & Gold, 2017, S. 35) in den Blick genommen. Schulisches Lernen wird nach Gold (2015, S. 53) mit kognitivem Lernen gleichgesetzt und beschreibt „die fortlaufende Veränderung individueller Wissensstrukturen und mentaler Repräsentationen" (ebd.). In der Erziehungswissenschaft und der pädagogischen Psychologie ist es zudem weitgehend anerkannt, dass Lernen nicht auf einer passiven Übertragung von Wissen durch die Lehrenden beruht, sondern dass Lernen das Ergebnis eines aktiven und selbstgesteuerten Aneignungsprozesses der Lernenden darstellt (vgl. Hardy et al., 2006, S. 308), „bei dem nur Teile der Außenwelt wahrgenommen werden und Informationen bearbeitet und verändert werden" (Kunter & Trautwein, 2013, S. 30). Demnach wird Wissen zwar individuell, aber immer in wechselseitiger Auseinandersetzung mit der Umwelt aktiv von den Lernenden konstruiert. Dieses Verständnis basiert grundlegend auf kognitiv- und soziokulturelle Sichtweisen (siehe Kapitel 3.2), die als theoretische Ausgangsbasis der kognitiven Aktivierung angesehen werden können.

Im Folgenden wird der Begriff der kognitiven Aktivierung in seiner Entstehungsgeschichte beleuchtet und definiert (siehe Kapitel 3.1.1) und es wird die Zielsetzung, die mit einem kognitiv aktivierenden Unterricht verfolgt wird, skizziert (siehe Kapitel 3.1.2). Anschließend werden drei wesentliche Unterscheidungen hinsichtlich der Perspektive auf kognitive Aktivierung betrachtet. Dabei wird unterschieden zwischen einer Betrachtung des Potenzials zur kognitiven Aktivierung, zum einen über Aufgaben bzw. Unterrichtsmaterialien (siehe Kapitel 3.1.3) und zum anderen über Gestaltungsmerkmale des Unterrichts (siehe Kapitel 3.1.4), und der Betrachtung der kognitiven Aktivität aufseiten der Schüler*innen (siehe Kapitel 3.1.5).

3.1.1 Begriffsbestimmung eines abstrakten Konstrukts

Der Begriff der kognitiven Aktivierung wird mitunter als „schemenhaft" (Leuders & Holzäpfel, 2011, S. 213) oder „abstrakt" (Neubrand, 2015, S. 34) bezeichnet, da es sich um einen vielschichtigen Begriff handelt. Dabei wird die Dimension der kognitiven Aktivierung aktuell noch immer als „theoretisch unterspezifiziert" (Praetorius & Gräsel, 2021, S. 177) markiert, was sich darin zeigt, dass er vermehrt als ein Sammelbegriff für eine Vielzahl an unterschiedlichen Operationalisierungen und Konzeptualisierungen betrachtet werden kann.

Die Entstehung des Konzepts der kognitiven Aktivierung lässt sich, ähnlich wie die Entstehung der drei Basisdimensionen der Unterrichtsqualität (siehe Kapitel 2.4.3), auf die Arbeiten rund um das Team von Jürgen Baumert am MPI in Berlin und deren Arbeit an der Durchführung der TIMS-Videostudie 1995 zurückführen. Der Begriff *kognitive Aktivierung* taucht jedoch nicht, wie vielfach zitiert, erstmals im Bericht zur TIMS-Studie (Klieme et al., 2001) auf, sondern findet sich kurz zuvor im Tätigkeitsbericht des MPI (MPI, 2001). In Kapitel 3 ‚Learning and Instruction: Cognitive Activation and Cognitive Tools' des englischsprachigen Berichts werden die Aktivitäten im Bereich der Unterrichtsforschung des Instituts dargestellt. Die Autor*innen nehmen dabei in Bezug auf bestehende Unterrichtsqualitätsmodelle, wie das Produktivitätsmodell nach Walberg (1981), eine wesentliche Erweiterung dieser Modelle vor. Neben den als Grundbedingungen des Unterrichts bezeichneten Merkmalen, wie der Klassenführung, einem angemessenen Tempo, einer klaren Strukturierung der Inhalte und der positiven Lehrer*innen-Schüler*innen-Beziehung, werden die Modelle um „**specific didactic aspects**" (MPI, 2001, S. 92, Herv. i. O.) ergänzt. Die Ergänzungen sollen dabei helfen (1) die Umsetzung der Grundbedingungen des Unterrichts in den Aufgaben und den unterrichtlichen Interaktionen beschreiben zu können, (2) einen engeren Bezug zu den psychologischen Lernprozessen der Schüler*innen herzustellen und (3) fachspezifische Kriterien zu berücksichtigen (vgl. ebd., S. 92). Diese ‚didaktischen Aspekte' werden von den Autor*innen zusammenfassend als ‚cognitive activation' markiert:

> „In addition to the classic elements of good instruction [...] student surveys and video-based observations allow the identification of a further dimension of instructional quality, which can be termed **‚cognitive activation.'** This refers to teaching strategies, task settings, and patterns of interaction which allow students to **actively construct and cross-link knowledge**. Although [...] efficient classroom management is a necessary condition for instructional effectiveness in terms of learning outcomes, the level of cognitive activation, and hence the didactic quality of instruction, is of critical importance for performance gains." (MPI, 2001, S. 94, Herv. i. O.)

In dieser Darstellung werden die Bezüge zu den verschiedenen Disziplinen, der Unterrichtsqualitätsforschung, der pädagogischen-psychologischen Lehr-Lern-

Forschung, sowie den (Fach-)Didaktiken explizit hervorgehoben. Der Begriff der kognitiven Aktivierung diente dem Forschungsteam des MPI in diesem Sinne vorerst als eine theoretische Kategorie, die später auf das Modell der drei Basisdimensionen übertragen wurde. Das Modell wurde dann erstmalig auf der 58. Tagung der Arbeitsgruppe für Empirische Pädagogische Forschung (AEPF) in Nürnberg vorgestellt. Auf Basis erster Analysen der Daten aus der TIMS-Videostudie präsentierte Eckhard Klieme die drei grundlegenden Dimensionen.[1] Die dritte Dimension wurde dabei als ‚Didaktisches Anspruchsniveau' betitelt und bestand aus vier Merkmalen: der *Motivierungsfähigkeit des Lehrers*, einem *Genetisch-sokratischen Vorgehen*, dem *Anspruchsvollen Üben* und dem *Repetitiven Üben* als einen Negativindikator (siehe auch Klieme et al., 2001, S. 51). Diese historische Herleitung macht sichtbar, dass das Konstrukt der kognitiven Aktivierung bereits in seiner ursprünglichen Konzeption als ein vielschichtiges Konstrukt gedacht worden war. Neben den pädagogisch-psychologischen Aspekten der Unterrichtsqualitätsforschung wurden insbesondere auch didaktische und fachdidaktische Aspekte, die heute wieder verstärkt diskutiert werden (Praetorius & Gräsel, 2021), in die Konzeption mit aufgenommen.

In der heutigen Konzeptionalisierung besteht grundlegend Einigkeit darüber, dass kognitive Aktivierung den mentalen Anforderungsgehalt des Unterrichts kennzeichnet (vgl. Kunter & Trautwein, 2013, S. 86). Unterricht wird dann als kognitiv aktivierend bezeichnet, wenn er an das Vorwissen und die Erfahrungswelt der Schüler*innen anknüpft, wenn der Fokus auf dem Verstehen und einem schlussfolgenden Denken liegt und wenn die Schüler*innen mit herausfordernden Aufgaben konfrontiert werden (vgl. Klieme, 2019, S. 402). Nach Lipowsky (2020) ist Unterricht dann kognitiv aktivierend, „wenn er Lernende zum vertieften Nachdenken und zu einer elaborierten Auseinandersetzung mit dem Unterrichtsgegenstand anregt" (Lipowsky, 2020, S. 92). Wild und Möller (2020) definieren kognitive Aktivierung wie folgt:

> „In Abgrenzung zu handlungsorientierten Konzepten wird betont, dass der Wissenserwerb nicht von der sichtbaren Aktivität des Lerners (z.B. Experimentieren im Schülerlabor) abhängt sondern von dem Grad, indem er im Unterricht zu einer gedanklichen Auseinandersetzung mit dem Gegenstand motiviert wird. Zur kognitiven Aktivierung der Lernenden kann die Lehrperson beitragen, indem sie herausfordernde Aufgaben und Fragen stellt, kognitive Widersprüche und Konflikte ‚provoziert' und das Vorwissen und die Konzepte der Lernenden einbezieht." (Wild & Möller, 2020, S. 449 f.)

1 Der Vortrag ist nicht öffentlich zugänglich. Die Informationen über die Verwendung dieses Begriffs gehen aus internen Dokumenten des Autors hervor (E. Klieme, persönliche Mitteilung, 20. November, 2019).

In all diesen, und auch weiteren Definitionen (bspw. Kunter & Trautwein, 2013; Leuders & Holzäpfel, 2011), wird die Aktivierung des Vorwissens bei Schüler*innen als eine wichtige Facette der kognitiven Aktivierung hervorgehoben. Zudem besteht die Annahme, dass sich Schüler*innen nicht nur rein körperlich, sondern auch mental mit einem konkreten Gegenstand auseinandersetzen sollen. Dabei zeigt sich eine deutliche Abgrenzung zu stärker handlungsorientierten Konzepten (bspw. Brunnhuber, 1977) bei denen Unterricht stärker nach dem Prinzip des *learning by doing* konzeptualisiert wird.

Diese Unterscheidung verweist auf ein grundlegendes Problem im Unterricht und dem Verständnis von Lernen im Allgemeinen.

Die von Holzkamp (1987, S. 11) formulierte Kritik am „Lehr-Lern-Kurzschluss" macht darauf aufmerksam, dass reines Lehren nicht notwendigerweise zu effektiven Lernprozessen führt (Messner, 2019b, S. 29 f.). Bereits in der Didaktik wurde dieses Prinzip von Aebli (1961) erkannt, der darauf hinwies, dass Ideen, Konzepte und Vorstellungen nicht einfach ‚gegeben' werden können, sondern dass der Lernende diese selbst in seiner Psyche hervorrufen muss (vgl. Aebli, 1961, S. 26 f.). Das Prinzip schließt somit an die systemtheoretischen Perspektiven von Unterricht (Luhmann, 2002) an, der als nicht planbar beschrieben wird:

> „Unterricht stellt ein komplexes Zusammenspiel von Steuerung und Zufällen dar. – Unterricht offeriert Lern*angebote* – über das Lehren ist kein direkter Zu- und Durchgriff auf das Lernen möglich. – Das Lernangebot wird aufgrund der autopoietischen Grundstruktur der am Unterricht beteiligten psychischen Systeme selbstreferentiell verarbeitet." (Scheunpflug, 2001, S. 122, Herv. i. O.)

In Bezug auf ein pädagogisch-psychologisches Konzept von Lernen findet eine klare Differenzierung zwischen rein äußerlich sichtbaren, handlungsorientierten Aktivitäten und denen einer aktiven, mentalen Auseinandersetzung der Lernenden mit den Unterrichtsinhalten statt (vgl. Arnold & Neber, 2008, S. 113 f.). Mayer (2004) unterscheidet zwischen ‚behavioral activity' und ‚cognitive activity':

> „Activity may help promote meaningful learning, but instead of behavioral activity per se (e. g., hands-on activity, discussion, and free exploration), the kind of activity that really promotes meaningful learning is cognitive activity (e. g., selecting, organizing, and integrating knowledge)." (Mayer, 2004, S. 17)

Eine ähnliche Trennung dieser beiden Ebenen findet sich bei Renkl (2020), der ebenfalls zwischen einer rein körperlichen, der *Perspektive des aktiven Tuns*, und einer mentalen Aktivität, der *Perspektive der aktiven Informationsverarbeitung*, unterscheidet. Ein ‚aktives Tun' kann zwar zu einer äußerlichen Lernaktivität führen, jedoch erfordert eine aktive Informationsverarbeitung hingegen immer eine aktive, mentale Verarbeitung im Arbeitsgedächtnis, weshalb nur solche Aktivitäten ein erfolgreiches Lernen anregen können (vgl. Renkl, 2020, S. 9). Zusätzlich fügt Renkl (2020, S. 11 f.) mit der Perspektive der fokussierten Informationsverarbeitung einen stärkeren Fokus auf die Einbindung der zentralen Konzepte und Prinzipien hinzu, die vermittelt werden sollen.

Für die unterrichtliche Interaktion bedeutet das, dass eine ‚kognitive Aktivierung' durch die Lehrperson demnach nicht gleichbedeutend mit einer ‚kognitiven Aktivität' der Schüler*innen ist (vgl. Stürmer & Fauth, 2019, S. 9). Bei Niederkofler und Amesberger (2016, S. 188) wird kognitive Aktivierung daher eher als ein pädagogischer Akt verstanden. Die Schüler*innen sollen durch das intendierte Handeln der Lehrerperson in Bezug auf die Lerngegenstände aktiviert werden. Die kognitive Aktivität hingegen sind die kognitiven Prozesse, die in den Lernenden selbst vollzogen werden. Auch Helmke (2015, S. 205) unterscheidet zwischen einer kognitiven Aktivierung im Sinne einer Selbststeuerung des Lernens und eher äußerlichen Aktivitäten, wie der sozialen Aktivierung bezogen auf Formen kooperativen Lernens, der körperlichen Aktivierung und einer Aktivierung im Sinne der Teilhabe an der Planung und Durchführung von Unterricht. Hanisch (2018, S. 33) nimmt in Bezug auf das Angebots-Nutzungs-Modell nach Helmke (2015) zudem eine Unterscheidung zwischen *kognitiver Aktivierung*, *kognitiver Aktivität* und *interner Aktivierung* vor. Die interne Aktivierung wird verstanden als die Schnittstelle zwischen Angebot und Wirkung und beschreibt demnach die tatsächliche Nutzung einer möglichen durch die Lehrkraft initiierten kognitiven Aktivierung. Ferner sieht die Autorin auch eine Selbstaktivierung als eine Möglichkeit zur Induzierung interner Aktivierung an (vgl. Hanisch, 2018, S. 40 f.). Auf Basis dieser Erkenntnisse kann daher nicht davon ausgegangen werden, dass bestimmte Methoden oder Lernumgebungen per se als kognitiv aktivierender eingestuft werden können (vgl. Lipowsky & Bleck, 2019, S. 83).

3.1.2 Zielsetzung kognitiver Aktivierung – Verstehen statt Lernen

Leuders und Holzäpfel (2011) betonen: „Was aktiviert werden *soll*, hängt von den intendierten Zielen ab, was aktiviert werden *kann*, hängt von den Lernvoraussetzungen ab" (Leuders & Holzäpfel, 2011, S. 216, Herv. i. O.). Dem Unterricht werden aus einer normativen Sichtweise, oder einer Perspektive des qualitätsvollen Unterrichts (siehe Kapitel 2.4.1), multiple Ziele zugesprochen (vgl. Renkl, 2016, S. 206). Die grundlegenden Zielformulierungen in der Lehr-Lern-Forschung beziehen sich in erster Linie auf eine kognitive Leistungssteigerung bei den Schüler*innen (vgl. Vieluf & Klieme, 2023, S. 93). Zunehmend werden darüber hinaus ebenfalls affektive und psychomotorische Wirkungen berücksichtigt (Praetorius & Gräsel, 2021). Als ein zentrales Ziel von Unterricht betont Klieme (2019, S. 392) das Verstehen von Inhalten aufseiten der Schüler*innen. Laut Messner (2019a, S. 202) besteht das Hauptziel darin, höhere Denk- und

Verstehensleistungen bei den Schüler*innen zu befördern. Diese Zielsetzungen lassen sich auch auf das Konzept der kognitiven Aktivierung übertragen.

Ziel eines kognitiv aktivierenden Unterrichts ist es, die mentale Aktivität von Schüler*innen zu steigern, um Lernprozesse anzuregen und ein tieferes Verständnis des Gelernten begünstigen zu können (vgl. Kunter & Voss, 2013, S. 101; Leuders & Holzäpfel, 2011, S. 215). Mithilfe eines kognitiv aktivierenden Unterrichts soll auf diese Weise bei den Schüler*innen ein vertieftes Verständnis (vgl. Lipowsky, 2020, S. 92), ein „tiefes konzeptionelles Verstehen" (Reusser & Pauli, 2010, S. 176), bzw. verständnisvolles Lernen (vgl. Baumert et al., 2011, S. 12; Klieme et al., 2001, S. 49; Kunter et al., 2005, S. 502) angeregt werden. Nach Praetorius und Kolleg*innen (Praetorius et al., 2018, S. 410) lässt sich das Konzept der kognitiven Aktivierung auch mit dem Konzept des *teaching for understanding* (Cohen, 1993) in Verbindung bringen, bei dem ebenfalls der Fokus auf das Verstehen von Inhalten gerichtet ist.

Unter verständnisvollem Lernen verstehen Baumert und Kolleg*innen (2011) ein aktiven und individuell ablaufenden Konstruktionsprozess, bei dem bestehende „Wissensstrukturen verändert, erweitert, vernetzt, hierarchisch geordnet oder neu generiert werden" (Baumert et al., 2011, S. 12). Das verständnisvolle Lernen wird grundsätzlich durch die individuellen kognitiven Voraussetzungen der Lernenden bestimmt, insbesondere aber durch deren Vorwissensbestände. Reguliert werden die Prozesse des verständnisvollen Lernens durch aktuelle Dispositionen, wie die Motivation oder durch metakognitive Prozesse. Verständnisvolles Lernen im Kontext von Schule bzw. Unterricht wird dabei stets als situiert und kontextuiert angesehen.

Unter konzeptuellem Verstehen wird eine Form des Wissens verstanden, das nicht in isolierter Form im Gedächtnis vorliegt, sondern vielmehr in Form verschiedener Schemata, die zu einem übergeordneten Konzept miteinander verbunden werden (vgl. Kunter & Trautwein, 2013, S. 40). Ein besseres Verständnis kann dazu beitragen, das Wissen beständiger und stabiler zu machen, und es ermöglicht dessen flexible Anwendung in unterschiedlichen Situationen und Bereichen.

Trotz dieser vermeintlichen Einigkeit in der Zielsetzung in Bezug auf die kognitive Aktivierung zeigen sich Unterschiede in der Adressierung und der Verantwortlichkeit hinsichtlich dieser Ziele. Werden verständnisvolle Lernprozesse stärker als individuelle mentale Aktivitäten der Lernenden verstanden (Baumert et al., 2011; Klieme, 2019), wird die Verantwortung zum Verstehen implizit den Schüler*innen und deren Nutzung zugesprochen. Spricht man bzgl. des verständnisvollen Lernens eher von einer „Gelegenheitsstruktur für verständnisvolle Lernprozesse" (Kunter et al., 2005, S. 503), also als ein unterrichtliches Angebot, liegt die Verantwortung stärker bei der Lehrkraft.

3.1.3 Aufgaben und Materialien als Werkzeug kognitiver Aktivierung

Damit Lernende zu einem verständnisvollen Lernen angeregt werden, braucht es Anreize oder Impulse. Diese Impulse können zum Beispiel durch Aufgaben und Materialien ausgelöst werden, die von der Lehrkraft in den Unterricht eingebracht werden. Unterrichtsmaterialien werden als ein wichtiger Aspekt des unterrichtlichen Angebots betrachtet, mit ihnen können Rückschlüsse auf das Potenzial zur kognitiven Aktivierung gezogen werden können (vgl. Herbert & Schweig, 2021, S. 27 f.). Unterrichtsmaterialien sind vielseitig und können unter anderem Aufgabenblätter, Lehrbücher, Overheadfolien, digitale Medien wie PowerPoint-Präsentationen oder Videos, Tafelbilder und andere Unterrichtsgegenstände umfassen. Aufgaben gelten als ein weiteres grundlegendes Element der Unterrichtsgestaltung (vgl. Neubrand et al., 2011, S. 116) und bilden einen eigenen Unterbereich der Unterrichtsmaterialien. Sie sind „ein zentrales Instrument, mit dem Lehrkräfte sowohl den Unterrichtsverlauf als auch die mentalen Aktivitäten der Lernenden innerhalb des Lehr-Lern-Gefüges steuern" (Scheja, 2019, S. 10) können.

Die Erforschung von Aufgaben und Unterrichtsmaterialien hinsichtlich ihres kognitiven Aktivierungspotenzials hat in den vergangenen Jahren zunehmend an Bedeutung gewonnen (Herbert & Schweig, 2021; Jordan et al., 2008). Schon in der ursprünglichen Konzeptionierung der drei Basisdimensionen wurde betont, dass die „Komplexität von Aufgabenstellungen" (Klieme et al., 2001, S. 51) eine zentrale Bedeutung für die kognitive Aktivierung hat. Aufgaben können dann kognitiv aktivierend sein, wenn sie herausfordernd wirken oder kognitive Konflikte provozieren, Vorwissen aktivieren, mit bereits Gelerntem verknüpfen und die Schüler*innen zu einem fachlichen Diskurs anregen (vgl. Lipowsky, 2020, S. 92). Komplexe oder herausfordernde Aufgaben bestehen üblicherweise aus mehreren Komponenten. Dabei handelt es sich um Aufgaben, die nicht durch die Reproduktion von bereits bekanntem Wissen beantwortet werden können, sondern die vielmehr Problemlöseprozesse von den Schüler*innen erfordern. Ufer und Kolleg*innen (2015, S. 419 f.) sprechen in diesem Zusammenhang auch vom Niveau der im Unterricht eingesetzten Aufgaben. Ein hohes Niveau, oder auch ein hohes kognitives Aktivierungspotenzial, liegt dann vor, wenn die Aufgaben zu anspruchsvollen Denkprozessen anregen, wie dem Argumentieren, dem Vergleichen oder dem Analysieren. Überdies können Aufgaben als kognitiv aktivierend eingestuft werden, wenn bereits bekannte Konzepte mit neu zu erlernenden verknüpft oder auf neue noch unbekannte Situationen angewandt werden sollen (vgl. Lipowsky & Bleck, 2019, S. 224), oder wenn bei den Schüler*innen kognitive Konflikte ausgelöst werden, die Aufgaben mehrere Lösungsmöglichkeiten besitzen und zu deren Lösung fehlende Informationen erst erarbeitet werden müssen (vgl. Kunter & Trautwein, 2013, S. 87 f.).

Im Vergleich zu aufwändigeren Methoden wie Fragebögen oder Videos ist die Auswertung von Aufgaben zur Einschätzung des kognitiven Aktivierungspotenzials kosteneffizient und weniger zeitaufwendig. Die Materialien einer Stunde können vor oder nach der Lektion eingesammelt werden, ohne direkt in den Unterricht eingreifen zu müssen. Wie bei den Videos können die Materialien dann im Anschluss durch externe geschulte Beobachter*innen beurteilt werden (vgl. Herbert & Schweig, 2021, S. 956). Ein weiterer Vorteil liegt in der höheren Eindeutigkeit bei der Beurteilung von Unterrichtsmaterialien oder Aufgaben. Dadurch, dass die Inhalte und deren Qualitäten statisch in den Materialien festgehalten sind, ist die Erfassung und Einschätzung des Potenzials zur kognitiven Aktivierung merklich konkreter als bspw. die von Unterrichtsvideos. In der TALIS-Videostudie (Herbert, 2020; Klieme & Schreyer, 2020) zeigte sich diese Effizienz auch in den höheren Übereinstimmungsraten der externen Beobachter*innen bei der Auswertung der Unterrichtsmaterialien im Vergleich zur Auswertung der Videos.

Dennoch hat eine ausschließliche Betrachtung von Aufgaben oder Unterrichtmaterialien nur eine eingeschränkte Aussagekraft in Bezug auf die tatsächliche Qualität des Unterrichts. Bei bloßer Betrachtung der Materialien wird nicht ersichtlich, wie, und ob überhaupt, die Materialien in den Unterricht eingebracht worden sind und wie sie interaktiv bearbeitet worden sind. Nicht ausgeschlossen werden kann, dass eine Diskrepanz zwischen dem durch die Materialien eingebrachten Potenzial und der tatsächlichen Nutzung durch die Schüler*innen entstehen könnte. Neben dem kognitiv aktivierenden Potenzial von Aufgaben bzw. Unterrichtsmaterialien ist daher besonders die „Art der Behandlung“ (Klieme et al., 2001, S. 52) von Aufgaben bzw. die „Aufgabenimplementation“ (Kunter & Trautwein, 2013, S. 88) im Unterricht bedeutsam. Nicht auszuschließen ist daher, dass Aufgaben durch eine ungenügende Implementierung in den Unterricht ihr kognitiv aktivierendes Potenzial verwirken.

> „For example, a task could be set up to require high-level cognitive activity by students, but during the implementation phase it could be transformed in such a way that students' thinking focuses only on procedures, with no conceptual connections.“ (Henningsen & Stein, 1997, S. 529)

In der TIMS-Videostudie konnte beobachtet werden, dass zwar komplexe Aufgaben eingesetzt wurden, dass diese in der unterrichtlichen Interaktion aber eher kleinschrittig implementiert wurden (Klieme et al., 2001; Knoll, 2003).

Andere Untersuchungen haben ebenfalls festgestellt, dass für Lehrkräfte das Erstellen kognitiv aktivierender Aufgaben weniger problematisch ist als deren Implementation in den Unterricht (Stein et al., 2007).

Zusammenfassend lässt sich festhalten, dass die Analyse von Aufgaben und Unterrichtmaterialien als eine ergänzende Möglichkeit zur Einschätzung des kognitiv aktivierenden Potenzials von Unterricht genutzt werden kann (vgl. Baumert et al., 2011, S. 13). Für eine gelungene Implementierung müssen darüber hinaus weitere Faktoren in Betracht gezogen werden, denn bspw. steht die tatsächliche Verwendung und Implementierung von Aufgaben und Materialien in einem Zusammenhang mit den Überzeugungen und Kompetenzen der Lehrperson (Charalambous & Hill, 2012). Kunter und Kolleg*innen (2005, S. 504 f.) weisen zudem darauf hin, dass für ein verständnisvolles Lernen aufseiten der Schüler*innen herausfordernde Aufgaben allein nicht hinreichend sind. Aufgaben müssten auf eine unterstützende Weise, im Sinne einer Schüler*innenorientierung, implementiert werden, um eine bewusste aktive Auseinandersetzung bei den Schüler*innen zu evozieren.

3.1.4 Kognitive Aktivierung als unterrichtliches Angebot

Ein weiterer Ansatz zur Messung der kognitiven Aktivierung kann über Eigenschaften des Unterrichtsangebots erfolgen. Als kognitiv aktivierend werden konkrete Maßnahmen und Handlungen der Unterrichtsgestaltung durch die Lehrkraft bezeichnet, die die kognitive Aktivität aufseiten der Lernenden erhöhen und durch die „hochwertige kognitive Prozesse" (Möller, 2016, S. 51) ausgelöst werden können. Dadurch, dass die Lernprozesse der Schüler*innen nicht von außen steuerbar oder gar beobachtbar sind (vgl. Lipowsky & Hess, 2019, S. 79), bleibt oft fraglich, ob und wie stark bestimmte kognitiv aktivierende Maßnahmen letztlich eine kognitive Aktivität bei den Schüler*innen hervorrufen. Die Wahrscheinlichkeit für eine kognitive Aktivität kann jedoch durch eine entsprechende Unterrichtsgestaltung erhöht werden (vgl. Stürmer & Fauth, 2019, S. 9). Aufgrund dieser Nicht-Vorhersehbarkeit wird verstärkt auch vom *Potenzial* zur kognitiven Aktivierung gesprochen (vgl. Kunter & Voss, 2011, S. 88; Lipowsky & Bleck, 2019, S. 224).

Die Anregung zu einer kognitiven Aktivität aufseiten der Schüle*innen kann durch eine entsprechende Gestaltung der Lernumgebung und durch gezieltes Handeln der Lehrperson erreicht werden (vgl. Baumert et al., 2011, S. 13). Diese Aktivierung kann durch den Einsatz und die Implementation von herausfordernden Aufgaben im Unterricht erfolgen (vgl. Klieme et al., 2001, S. 52). Wie bereits in Kapitel 3.1.3 dargestellt wurde, ist dabei besonders die „Aufgabenimplementation" (Kunter & Trautwein, 2013, S. 88), also die konkrete Einführung und die Umsetzung der Aufgabe, gesteuert durch die Lehrperson von großer Bedeutung. Ein zusätzlicher Fokus bei der Gestaltung eines kognitiv aktivierenden Unterrichts liegt auf der Qualität der Kommunikation und der Art der Gesprächsführung. Dabei wird untersucht, wie Dialoge organisiert sind, wie Redebeiträge aufgeteilt werden und welches Niveau die Kommunikation im

Unterricht aufweist (vgl. Lipowsky & Bleck, 2019, S. 225). Als wenig kognitiv aktivierend werden Diskurse angesehen, bei denen die Schüler*innen bspw. überwiegend als Stichwortgeber*innen fungieren und Fragen der Lehrkraft mit ja oder nein beantworten können oder sich die Fragen der Lehrperson ausschließlich auf die Reproduktion von Faktenwissen richten. Für einen anregenden Diskurs hingegen sollten die Schüler*innen eine aktive Rolle im Unterricht einnehmen können, indem sie Fragen zum Verständnis stellen, Vorschläge und Ideen äußern und sich womöglich auch innerhalb der Schüler*innenschaft über die fachlichen Inhalte austauschen können (vgl. Klieme et al., 2001, S. 50 ff.). Als besonders kognitiv aktivierend werden daher Diskurse angesehen, bei denen die Lehrkraft Fragen stellt und Denkanstöße gibt, die die Schüler*innen dazu anregen, Argumente auszutauschen (vgl. Faust et al., 2011, S. 50).

Der Lehrperson wird insgesamt eine hohe Bedeutung in Bezug auf die eine kognitive Aktivierung zugemessen. Klieme und Kolleg*innen (2001, S. 48) betonen besonders die dramaturgische Gestaltung des Unterrichts. Wichtige dramaturgische Kennzeichnungen seien die Sicherung der Wissensvoraussetzungen und die darauf aufbauende Vorstellung eines Problems, verschiedene Unterrichtsphasen, wie Gruppen- oder Einzelarbeiten, das Präsentieren und das Diskutieren des im Unterricht Erarbeiteten und letztlich die Zusammenfassung des Gelernten durch die Lehrperson. Des Weiteren könne die Lehrkraft die Schüler*innen ermutigen, eigene Ideen, Lösungen und Konzepte zu erarbeiten und diese zu begründen oder zu vergleichen. Nach Messner (2019a, S. 202) kann das kognitive Potenzial der Schüler*innen herausgefordert werden, indem instruktive Vorträge der Lehrkraft durch Erarbeitungen, Übungen und Phasen der selbstständigen Arbeit ergänzt werden. Der Lehrperson kommt in diesen Phasen verstärkt eine unterstützende und moderierende Rolle zu.

Schaut man auf die Befundlage zur Erfassung von kognitiver Aktivierung, dann lässt sich ein verstärkter Fokus auf die Qualität des Handelns von Lehrpersonen erkennen (siehe auch Kapitel 3.5). In einer zusammenfassenden Darstellung einer Vielzahl von Operationalisierungen aus verschiedenen Studien arbeiteten Praetorius und Kolleg*innen (2018, S. 414 f.) die wesentlichen untersuchten Subdimensionen heraus:

- herausfordernde Aufgabenstellungen und Fragen – die Lehrkraft stellt offene Fragen, Schüler*innen sind dazu angehalten Lösungen zu vergleichen,
- das Erfragen und das Aktivieren von Vorwissen – Schüler*innen sind dazu angehalten, über ein Thema nachzudenken,
- das Ergründen der Denkweisen von Schüler*innen – die Lehrkraft versucht die Denkprozesse der Schüler*innen zu verstehen,
- ein rezeptives Verständnis der Lehrperson – als ein eher negativer Indikator, bspw. die Lehrkraft beschreibt, wie eine Aufgabe gelöst werden kann,

- Diskursives und ko-konstruktives Unterrichten – die Lehrkraft bezieht einzelne Schüler*innenbeiträge aufeinander,
- Generisch sokratisches Lehren – die Lehrkraft nutzt Fragen, um Schüler*innen dazu anzuregen, die Implikationen ihrer eigenen Antworten zu erkennen,
- Unterstützung von Metakognitionen – die Lehrkraft gibt den Schüler*innen Möglichkeiten für metakognitive Prozesse.

Neben den Eigenschaften der praktischen Unterrichtsgestaltung werden immer mehr auch persönliche Merkmale der Lehrperson als mögliche Faktoren für eine potenzielle kognitive Aktivierung der Schüler betrachtet. Im Rahmen der Angebots-Nutzungs-Modelle (vgl. Vieluf et al., 2020, S. 76) können diese Eigenschaften als professionelle Kompetenzen und individuelle Merkmale beschrieben werden. In Bezug auf die professionellen Kompetenzen der Lehrkräfte konnten Kunter und Kolleg*innen (2011) im Rahmen der COACTIV-Studie zeigen, dass das kognitive Aktivierungspotenzial im Unterricht mit dem fachdidaktischen und dem pädagogischen Wissen der Lehrkräfte zusammenhängt. Auch Lotz (2016, S. 455) sieht in den professionellen Kompetenzen der Lehrpersonen zur Unterrichtsplanung, Unterrichtsgestaltung und Unterrichtsreflexion wesentliche ‚Stellschrauben' für die Generierung eines kognitiv aktivierenden Unterrichts. Dabei werden diese Aspekte maßgeblich vom theoretischen Wissen der Lehrpersonen über und ihren Einstellungen zur kognitiven Aktivierung beeinflusst. Hinsichtlich individueller Merkmale der Lehrpersonen zeigt sich, dass solche mit stärker konstruktivistischen Einstellungen Unterricht kognitiv aktivierender gestalten. Eine solche Einstellung führt dazu, dass Lehrpersonen vermehrt kognitiv anspruchsvolle Aufgaben in ihrem Unterricht einsetzen (Staub & Stern, 2002), dass sie sich verstärkt in der Rolle eines Moderators bzw. einer Moderatorin sehen und über einen stärker diskursiven Unterrichtsstil verfügen (Voss et al., 2011).

3.1.5 Kognitive Aktivität als (mögliches) Resultat einer kognitiven Aktivierung

Wie bereits hervorgehoben wurde, stellt die kognitive Aktivität im Vergleich zur kognitiven Aktivierung ein zusätzliches, jedoch bislang weniger intensiv erforschtes Untersuchungsfeld dar. Die generelle Annahme ist, dass, wenn sich Lernende mental oder eben wörtlich genommen kognitiv aktiv mit einem Gegenstand beschäftigen, sie Konzepte besser verstehen können, was wiederum zu einem nachhaltigeren Lernen führen kann (vgl. Kunter & Trautwein, 2013, S. 86).

Aus einer pädagogisch-psychologischen Sichtweise wird von kognitiver Aktivität gesprochen, wenn Lernende sich „gedanklich mit einem Lerngegenstand auseinandersetzten“ (Gold, 2015, S. 55) oder genauer noch vertieft über einen Unterrichtsgegenstand nachdenken und sich elaboriert mit ihm auseinandersetzen (vgl. Klieme et al., 2001, S. 50 f.; Lipowsky, 2020, S. 92). Mühlhausen (2015) bezeichnet kognitive Aktivierung auch als eine „intensive geistige Anteilnahme“ (Mühlhausen, 2015, S. 42) und zielt in dieser Beschreibung vermehrt auf die tatsächliche kognitive Aktivität bei den Schüler*innen ab. Nach Gold (2015, S. 57) könnten aus dieser Perspektive mögliche kognitive oder mentale Aktivitäten sein: das Identifizieren oder Wiederidentifizieren, das Vergleichen, Differenzieren, Einordnen oder Verbinden von Eigenschaften, das Erkennen und Verstehen von Zusammenhängen sowie das Beurteilen, Schlussfolgern und das Identifizieren von Regelmäßigkeiten.

In Anlehnung an systemtheoretische Überlegungen und im Kontext von Angebots-Nutzungs-Modellen (siehe Kapitel 2.3) kann man die kognitiven Aktivitäten der Schüler*innen, die sich auf die angebotsseitigen Unterrichtsinhalte beziehen, als die Nutzung von kognitiv aktivierenden Potenzialen begreifen (vgl. Schönfeld, 2021, S. 65 f.). Lipowsky (2020) beschreibt ferner weitere Aktivitäten, die im Vergleich zu den von Gold (2015) skizzierten Aktivitäten eine stärkere wechselseitige Komponente beinhalten und als kognitiv anspruchsvoll für die Schüler*innen gelten können: „Argumente austauschen, Querverbindungen zu anderen Themen oder Konzepten herstellen, Lösungs- und Bearbeitungswege erläutern, vergleichen und beurteilen, Vermutungen formulieren, Fragen stellen, Antworten und Lösungen hinterfragen und ihr Wissen auf andere Situationen übertragen“ (Lipowsky, 2020, S. 92).

Tatsächlich ist die Perspektive der kognitiven Aktiviertheit noch unzureichend erforscht. Besonders in Studien, die auf dem Modell der drei Basisdimensionen aufbauen, wurden bislang überwiegend angebotsseitige Merkmale der kognitiven Aktivierung erhoben und ausgewertet (vgl. Praetorius et al., 2018, S. 414 f.). Aufgrund der Relevanz der Eigenaktivität der Schüler*innen in Bezug auf eine kognitive Aktivität und mögliche Aneignungsprozesse fordern Reusser und Pauli (2010, S. 18), aber auch Praetorius und Gräsel (2021, S. 183), dass die Erfassung der kognitiven Aktivierung stärker auf die primären Lernprozesse der Schüler*innen ausgerichtet werden muss.

Ein grundlegendes Problem bei der Messung der kognitiven Aktivität besteht darin, dass die mentalen Vorgänge der Schüler*innen von außen nicht direkt einsehbar sind. Dies macht die Operationalisierung der kognitiven Aktiviertheit im Rahmen einer pädagogisch-psychologischen Erfassung schwierig. Gleichzeitig kann nicht davon ausgegangen werden, dass allein eine angebotsseitige kognitive Aktivierung durch die Lehrkraft eine kognitive Aktivität bei den Schüler*innen auslöst (vgl. Lipowsky & Bleck, 2019, S. 224).

Angesichts dieser analytischen Schwierigkeiten empfiehlt Lipowsky (2020, S. 92), die kognitive Aktivierung approximativ durch mehrere, durch Beobachtung feststellbare Indikatoren zu ermitteln. Die kognitive Aktivität der Schüler*innen könne so über deren sichtbares Nutzungsverhalten in Bezug auf unterrichtliche Angebote eingeschätzt werden, etwa durch die Beobachtung der Bearbeitung von Aufgaben oder der aktiven Teilnahme an einer kognitiv aktivierenden Unterrichtsgestaltung durch die Lehrperson. Dabei könne u.a. beobachtet werden, inwieweit die Schüler*innen ihr Vorwissen in den unterrichtlichen Diskurs einbringen oder ob und wie sie sich diskursiv mit der Lehrperson oder anderen Schüler*innen austauschen (vgl. Lipowsky & Hess, 2019, S. 81). In der international angelegten TALIS-Video Study (Bell et al., 2020) etwa wurde über externe Videobeobachtungen beurteilt, inwieweit sich die Schüler*innen mit ‚cognitiv demanding subject matter' auseinandersetzten und ob sie am unterrichtlichen Diskurs teilnahmen.

Eine weitere Alternative zur Beobachtung einer ‚möglichen' kognitiven Aktivität bieten Befragungen durch Fragebögen oder Interviews, eine Methode, um indirekte Hinweise auf kognitive Aktivität zu erhalten. Schüler*innen sollen dabei selbst einschätzen, inwieweit sie sich als kognitiv aktiviert im Unterricht erlebt haben. Hierzu werden sie oft nach dem Unterricht befragt, ob sie mit herausfordernden Aufgaben konfrontiert und inwieweit sie zum Nachdenken angeregt wurden (Bell et al., 2020; Fauth et al., 2014a). Im Bereich Sportdidaktik finden sich unterschiedliche Studien, die verstärkt die kognitive Aktivität der Schüler*innen in den Blick nehmen (Niederkofler & Amesberger, 2016; Schönfeld, 2021). In der Studie von Schönfeld (2021) wurde die kognitive Aktivität mit Stimulated-Recall-Gesprächen erfasst. Bei dieser Form des lauten Denkens nutzte die Autorin zuvor aufgezeichnete Unterrichtsstunden der Schüler*innen als Eingangsstimulus für die Erzählungen der Schüler*innen. Bei der Methode des lauten Denkens sind die Schüler*innen angehalten, ihre Gedankengänge, Wahrnehmungen und Empfindungen direkt während der Bearbeitung einer Aufgabe oder eben im Anschluss an den Stimulus laut zu explizieren (vgl. Konrad, 2010, S. 476).

Der Nachteil bei den bisher vorgestellten Methoden ist, dass die Schüler*innen nur retrospektiv, also nach der Unterrichtsstunde bzw. nach der eigentlichen kognitiven Aktivität, über ihre Denkprozesse berichten können. Dieses nachträgliche Berichten kann dazu führen, dass einzelne Dinge bereits vergessen wurden oder dass in den Erzählungen Dinge fokussiert werden, die für das Forschungsinteresse weniger von Bedeutung sind. Gerade bei der Betrachtung interaktiver Handlungen im Unterricht kommt hinzu, dass „die Komplexität dieses routinehaft realisierten Interagierens weitaus höher ist, als dies von ihnen im Nachhinein erinnert oder beschrieben werden könnte" (Herrle & Dinkelaker, 2016, S. 90).

3.2 Bezüge zu konstruktivistischen (Lern-)Theorien

Die grundlagentheoretische Fundierung der kognitiven Aktivierung wird in zahlreichen Studien mit konstruktivistischen Lehr-Lern-Theorien begründet (bspw. Hanisch, 2018; Lotz, 2016; Praetorius, Rogh et al., 2020; Stürmer & Fauth, 2019). Weitgehender Konsens ist, dass Schüler*innen ihr Wissen eigenaktiv und selbstständig konstruieren (vgl. Reusser & Pauli, 2010, S. 18). Gleichzeitig wird betont, dass die Eigenaktivität auch von außen angeregt werden sollte (vgl. Stürmer & Fauth, 2019, S. 9). Insgesamt zeigt sich in der Literatur zur kognitiven Aktivierung, dass unterschiedlich stark und auch unterschiedlich breit auf diese konstruktivistischen Theorien Bezug genommen wird (Schreyer et al., 2022).

Der Wandel weg von einer behavioristischen Sichtweise zum Thema *Lernen* hin zu einer konstruktivistischen Sichtweise wird als bedeutsamer Schritt in der Erforschung von Unterrichtsqualität angesehen (vgl. Reusser & Pauli, 2010, S. 18). Insgesamt weisen die zahlreichen und verschiedenartigen konstruktivistischen Ansätze eine große, nahezu unüberschaubare Vielfalt auf. Während anfangs vermehrt radikale-konstruktivistische Ansätze im Vordergrund standen, haben sich während der 1990er Jahre verstärkt moderate Formen des Konstruktivismus etabliert. Der Begriff des Konstruktivismus, oder vielmehr die unterschiedlichen „Konstruktivismen" (Reich, 2001, S. 361), sind dabei so vielschichtig und komplex, dass auch in dieser Arbeit nur ein kurzer Auszug verschiedener Strömungen dargestellt werden kann. Hinsichtlich von Lehr-Lern-Prozessen im Unterricht lassen sich grundlegend drei wesentliche Strömungen des Konstruktivismus identifizieren, auf die besonders in der Unterrichtsforschung und in Bezug auf die kognitive Aktivierung kontinuierlich Bezug genommen wird (Gerstenmaier & Mandl, 1995; Reusser, 2006).

In den folgenden Kapiteln werden die einzelnen Strömungen näher vorgestellt. Die erste dieser Strömungen (siehe Kapitel 3.2.1) beschreibt den Konstruktivismus in seiner Entstehungsform, der überwiegend als Erkenntnistheorie oder auch als philosophischer Konstruktivismus verstanden wird (vgl. Reusser, 2006, S. 152). Die zweite Strömung (siehe Kapitel 3.2.2) charakterisiert eine stärker erkenntnispsychologische Ausrichtung, den kognitiven Konstruktivismus. Dieser wird gelegentlich auch als ‚neuer' Konstruktivismus bezeichnet (vgl. Gerstenmaier & Mandl, 1995, S. 870). Eine weitere bedeutsame, dritte Strömung fasst die soziokulturellen Ansätze zusammen (siehe Kapitel 3.2.3), die vermehrt die Interaktionen zwischen den Individuen in den Blick nehmen. Aus der Summe dieser unterschiedlichen Strömungen lässt sich eine weitere, vierte Strömung nachzeichnen: ein pädagogischer Konstruktivismus (siehe Kapitel 3.2.4).

3.2.1 Konstruktivismus als Erkenntnistheorie

Die Kernidee des Konstruktivismus diente von Beginn an als erkenntnistheoretische und philosophische Überlegung einer nominalistischen Vorstellung, in der die Weltanschauung eines einzelnen Subjekts stets aktiv konstruiert wird (vgl. Pörksen, 2015, S. 6). Wissen wird als ein höchst subjektiver Konstruktionsprozess verstanden, bei dem individuelle Erfahrungen, je nach bereits bestehenden Wissensstrukturen, eigenaktiv konstruiert werden. Unter dieser starken „subjektivistischen Orientierung" (Reich, 2001, S. 363) werden Wissen und Wirklichkeit als zwei voneinander getrennte Ebenen betrachtet. Der Begriff des Konstruktivismus selbst hat sich überwiegend zu Ende des 20. Jahrhunderts durch namhafte Vertreter*innen, wie von Glasersfeld (1997), Maturana (1987) und Kuhn (1976), ausgebildet. Der Konstruktivismus ist hauptsächlich auch als eine Gegenströmung zum damals in der Psychologie vorherrschenden Kognitivismus und dem Behaviorismus zu verstehen. Mit seiner Entwicklung sollte eine Abgrenzung von den behavioristischen Lerntheorien stattfinden, die von einer passiven Wissensaneignung ausgehen (vgl. Möller, 2001, S. 20).

Hauptsächlich wird beim Konstruktivismus zwischen dem radikalen Konstruktivismus und einem eher gemäßigten oder auch pragmatisch-moderaten Konstruktivismus unterschieden. Der radikale Konstruktivismus wurde hauptsächlich durch Ernst von Glasersfeld (1997, 1989), aber auch durch Maturana und Varela (1987) geprägt. Auch wenn nur von Glasersfeld den Begriff des *radikalen* in seine Schriften aufnahm, gingen Vertreter*innen der radikal orientierten Form davon aus, dass die persönliche Wahrnehmung die Realität nicht wiedergeben kann, sondern immer nur ein Abbild der eigenen Sinnkonstruktionen durch Eindrücke und bestehende Erfahrungen ist.

> „Die Kernthese des Konstruktivismus lautet: Menschen sind autopoietische, selbstreferenzielle, operational geschlossene Systeme. Die äußere Realität ist uns sensorisch und kognitiv unzugänglich. Wir sind mit der Umwelt lediglich strukturell gekoppelt, d.h., wir wandeln Impulse von außen in unserem Nervensystem ‚strukturdeterminiert', d.h. auf der Grundlage biografisch geprägter psycho-physischer kognitiver und emotionaler Strukturen, um. Die so erzeugte Wirklichkeit ist keine Repräsentation, keine Abbildung der Außenwelt, sondern eine funktionale, viable Konstruktion, die von anderen Menschen geteilt wird und die sich biografisch und gattungsgeschichtlich als lebensdienlich erwiesen hat. Menschen als selbst gesteuerte ‚Systeme' können von der Umwelt nicht determiniert, sondern allenfalls perturbiert, d.h., ‚gestört' und angeregt werden." (Siebert, 2005, S. 11)

Der philosophische Kerngedanke, dass die äußere Welt nur eine Abbildung des eignen Erkennens und Resultat der eigenen Erfahrungswelt ist, lässt sich wohl bis zu den Vorsokratikern (vgl. Reusser, 2006, S. 153) oder den Skeptikern des vorchristlichen Jahrhunderts (vgl. Pörksen, 2015, S. 16) zurückführen. Von Glasersfeld (1989) schreibt die erste konstruktivistische Theorie dem italienischen Philosophen Giambattista Vico aus dem frühen 18. Jahrhundert zu. Als eine der Grundideen von Vico beschreibt von Glasersfeld, dass ‚epistemic agents' nichts anderes wissen können als ihre selbst zusammen gesetzten kognitiven Strukturen (vgl. von Glasersfeld, 1989, S. 123). Vico selbst fand aber in der vergangenen und auch in der aktuellen Theoriebildung, im Sinne des Konstruktivismus, nur wenig bis kaum Beachtung (vgl. Duffy & Cunningham, 1996, S. 3).

Einen weiteren Ursprung moderner, konstruktivistischer Ansätze sehen Reusser (2006, S. 152) und Martinsen (2014, S. 4) bei Immanuel Kant. Mit der Lehre der Nicht-Erkennbarkeit des ‚Dings an sich' beschreibt Kant, dass „die Vernunft nur das einsieht, was sie selbst nach ihrem Entwurfe hervorbringt" (Kant, 2016, KrV, B XII). Naturgesetzliche Erscheinungen, all das, was als Realität wahrgenommen wird, wird nach Kant aktiv durch ‚Anschauungsformen des Raums' und die ‚Kategorien des Verstandes' durch das transzendentale Subjekt aktiv hervorgebracht (vgl. Reusser, 2006, S. 152).

Auch wenn bspw. von Glasersfeld (1991) selbst spezifische, radikal konstruktivistische Überlegungen für das Lernen im Mathematikunterricht vorstellte, steht der Ansatz seit vielen Jahren in der Kritik. Gerade aufgrund seiner stärker erkenntnistheoretischen Ausrichtung sei er weniger gut für die Erfassung und Erforschung von Lehr-Lern-Prozessen geeignet (vgl. Möller, 1999, S. 130). Zudem wird die starke Überbetonung des Individuellen und die gleichzeitige Vernachlässigung des Sozialen in der unterrichtlichen Interaktion kritisiert (vgl. Duit, 1995, S. 905). Schließlich stellt das Fehlen empirischer Belege für radikal konstruktivistische Ansätze ein Argument gegen deren Verwendung in der Unterrichtsforschung dar (vgl. Gerstenmaier & Mandl, 1995, S. 882 f.).

3.2.2 Kognitiver Konstruktivismus

Bei der kognitiv-konstruktivistischen Sichtweise auf das Lernen wird besonders dem Vorwissen eine hohe Bedeutung für den Aufbau neuer Wissensstrukturen beigemessen. Neue (Lern-)Gegenstände werden dabei nicht einfach nur wahrgenommen und in die mentalen Strukturen übernommen, vielmehr werden diese durch die Lernenden selbst konstruiert (vgl. Reusser, 2006, S. 152). Ausgehend von dieser „subjektorientierten" Perspektive (Reich, 2001, S. 362) geht man davon aus, dass jedes Individuum eine eigene, subjektive Wahrnehmung seiner Umwelt hat und das Wissen einer Person auf eigenaktive und individuelle Weise konstruiert wird.

Als wichtigster Vertreter des kognitiven Konstruktivismus zählt Jean Piaget (vgl. Reich, 2001, S. 362). Die von ihm entwickelte Erkenntnistheorie der ‚genetischen Epistemologie' versucht den Erwerb von Wissen in methodischer Anlehnung an den Erkenntnissen der Biologie zu erklären. Im Unterschied zu Kant fokussierte Piaget seine Annahmen nicht ausschließlich auf eine erkenntnistheoretische Dimension, sondern legte mehr Gewicht auf eine, wenn auch teilweise kontroverse, empirische und genetische Entwicklung. Dies wird deutlich in seinen vielen Monographien, die er ab den 1920er Jahren verfasste, in denen er die Begriffe Kants, wie den Begriff der Wirklichkeit, in ihrer Genese nachzeichnete (vgl. Reusser, 2006, S. 152). Piaget betonte die aktive Rolle eines Individuums bei der Entwicklung von Verständnis- und Wissensstrukturen, lange bevor der Begriff und die Theorien des Konstruktivismus geprägt wurden. Nach seiner Auffassung resultiert die erfahrbare Realität aus sukzessiv fortschreitenden Konstruktionsprozessen (vgl. ebd.). Piaget sah somit die äußere Umwelt nicht als eine feste Struktur, sondern als ein Resultat eines „ständige[n] Sich-in-Konstruktion-Befinden" (Piaget, 1973, S. 66). Diese Erkenntnistheorie zog sich über die gesamte Lebensspanne des Schweizer Psychologen und entstand kaum geradlinig, sondern vielmehr unzusammenhängend. Er selbst versuchte nur selten seinen Forschungsstand als Ganzes darzustellen. Einen Versuch dieser nachträglichen Zusammenstellung findet sich bei von Glasersfeld (2015), der sich vorwiegend mit den Originalwerken Piagets in französischer Sprache befasste (vgl. ebd., S. 81).

Im Kontext seiner Intelligenzstudien konstruierte Piaget (1973) ein vierstufiges Modell zur Beschreibung der Evolution kognitiver Strukturen, in dem die aktive Interaktion des Individuums mit seiner Umgebung von zentraler Bedeutung ist (zusammenfassend siehe Garz, 2006, Kapitel 4.3.1). Nach ihm ist die geistige Entwicklung ein Prozess aktiver Konstruktionen von Wissen in einer ständigen Auseinandersetzung des Individuums mit seiner Umwelt. Organismen sind demnach permanent bestrebt sich den äußeren Bedingungen der Umwelt anzupassen. Dieser Prozess, auch Adaption genannt, wird von der Geburt an durch zwei sich gegenüberstehende (komplementäre) Prozesse vorangetrieben: die Assimilation und die Akkommodation (vgl. Piaget, 1973, S. 62). Assimilation ist ein aus der Biologie stammender Begriff, der die Umwandlung von durch Nahrung aufgenommene Fremdstoffe in körpereigene Stoffe beschreibt. Im Sinne der kognitiv-konstruktivistischen Theorien wird Assimilation als die Integration von neuen Sinnessignalen in bereits bestehende mentale Strukturen verstanden. „Assimilation [ist] die Integration externer Elemente in die sich entwickelnden oder abgeschlossenen Strukturen eines Organismus" (Piaget, 1981, S. 41). Im Unterricht kann eine Assimilation stattfinden, wenn eine Schülerin der fünften Klasse eine schriftliche Malaufgabe vorgelegt wird. Die Schülerin wird dies erkennen, da sie Malaufgaben bereits in der Grundschule kennengelernt hat und wird sie dementsprechend lösen.

Die Akkommodation bezeichnet den Prozess der Veränderung oder Neugestaltung von bestehenden mentalen Schemata als eine Reaktion auf äußerliche Einflüsse. Im Gegensatz zur Assimilation, bei der neue Informationen in bestehende Schemata integriert werden, führt die Akkommodation oft zu einer grundlegenden Anpassung der kognitiven Strukturen (vgl. von Glasersfeld,

2015, S. 86). Beispielsweise wäre die Assimilation im Kontext des Sprachenlernens die Aufnahme neuer Vokabeln in ein bereits bekanntes Sprachschema. Die Akkommodation wäre dann relevant, wenn neue grammatische Regeln oder Konzepte eingeführt werden, die eine Überarbeitung des bisherigen Verständnisses der Sprache erfordern. In diesem Sinne sind Assimilation und Akkommodation komplementäre Mechanismen in der kognitiven.

Die Konfrontation mit divergenten Sichtweisen und Meinungen und eine Initiierung von Widersprüchen stellt für Piaget (1976) die Voraussetzung für die Entstehung kognitiver Konflikte dar, die als Antrieb für die Weiterentwicklung kognitiver Strukturen betrachtet werden. Wenn die gewünschte Handlung nicht zum gewünschten Ergebnis führt, können durch eine solche Perturbation, also eine Störung, die Prozesse einer Adaption angestoßen werden. Dabei wird zwischen zwei Arten der Perturbation unterschieden:

- Die erwartete Folge auf eine Handlung bleibt aus. Die Enttäuschung darüber kann zu einer Akkommodation der mentalen Modelle oder einer Änderung der Handlungsweise führen.
- Ein unerwartetes, aber nützliches Ergebnis tritt ein. Das auf diese Weise durch Zufall erfahrene oder entdeckte Handlungsschema wird als brauchbar beurteilt und beibehalten (vgl. von Glasersfeld, 2015, S. 86).

Die Basis dieser Theorie ist die Annahme über das Bestreben eines Organismus, ein kognitives Gleichgewicht zwischen bereits vorhandenen Vorstellungen und Konzepten und den neuen Eindrücken und Erfahrungen herzustellen. Dieses Konzept nennt Piaget (1976) auch Äquilibration.[2]

Das Äquilibrationskonzept lässt sich ebenfalls auf unterrichtliche Situationen übertragen. Lernende können durch eine Konfrontation mit neuen Informationen oder Phänomenen, die im Kontrast zu den bisherigen Konzepten stehen, dazu angeregt werden, neue kognitive Strukturen aufzubauen und weiterzuentwickeln. Diese kognitiven Konflikte im schulischen Rahmen können dazu führen, dass die bisherigen Vorstellungen als nicht mehr tragbar anerkannt und die neuen, plausibler erscheinenden Konzepte übernommen werden (vgl. Lipowsky, 2020, S. 92).

Eine der Hauptkritiken an den Modellen Piagets sei, dass die kognitive Entwicklung in seinem Werk als ein nahezu rein individueller Prozess eines Kindes verstanden wird. Äußere Einflussfaktoren durch Umwelt und Gesellschaft werden dabei nicht in Betracht gezogen (bspw. Duit, 1995, S. 995). Piaget verweist darauf, dass der Kern der Akkommodation gerade darin bestehe, dass sowohl soziale als auch sprachliche Interaktionen Aspekte hervorrufen, die nicht ohne Weiteres assimiliert werden können (vgl. von Glasersfeld, 2015, S. 93 f.).

---

2 vom lateinischen für Gleichgewicht

Dennoch finden unter der Sichtweise Piagets Interaktionen und Emotionen im Rahmen seiner universellen Grundprinzipien und seiner strukturalistisch gedachten Entwicklungstheorie zu wenig Beachtung, sodass im Rahmen der Sozialforschung soziokulturelle Bezüge einbezogen werden sollten (vgl. Reich, 2001, S. 363). Ferner kann die Kopplung der stufenweisen Entwicklung an feste Altersstufen, deren Entwicklung im Alter von 14 bis 15 Jahren abgeschlossen sei, besonders im schulischen Kontext kritisch betrachtet werden.

3.2.3 Soziokultureller Konstruktivismus

Der soziokulturelle oder auch sozial-kulturtheoretische (vgl. Reich, 2001, S. 365) Konstruktivismus richtet den Fokus neben den individuellen Konstruktionsprozessen eines Individuums zudem vermehrt auf die Einwirkungen der Umwelt, hierbei besonders auf den Einfluss sozialer Interaktionen. Was als Wirklichkeit erlebt und verstanden wird, ist auf Basis dieser Anschauung das Produkt sozialer Interaktionen. Diese Ansätze lassen sich primär unter dem Label des Sozialkonstruktivismus zusammenfassen, bei dem primär die Annahme vorherrschend ist, dass die Umwelt eines jeden Individuums eine sozial konstruierte ist. Klassische Vertreter*innen dieser Strömungen sind Berger und Luckmann (2003) oder Knorr-Cetina (1981).

Lev Vygotsky[3] stellt eine prominente Figur in diesem Ansatz dar, vorrangig im Bereich der pädagogischen Psychologie und im Hinblick auf kognitive Aktivierung (vgl. Lipowsky et al., 2009, S. 529; Lotz, 2016, S. 29 f.). Der früh verstorbene Psychologe vertrat die These der Priorität des Sozialen vor dem Individuellen und somit den „Zusammenhang von Kognition und Sozialisation“ (Reich, 2008, S. 72). Der Prozess des Lernens erweckt unter der Perspektive Vygotskys (1978, S. 90) eine Vielzahl an internen Entwicklungsprozessen, die sich nur dann wirklich entfalten können, wenn der Lernende mit anderen Menschen interagiert. Kognitive Konflikte, bzw. Perturbationen im Sinne Piagets (1976) treten unter dieser Auffassung nicht ohne Weiteres bei den als autonom gedachten Lernenden auf, sondern entstehen gerade durch den Austausch mit anderen (vgl. Lipowsky, 2020, S. 92). Dazu benötigt es soziale Impulse, wie Widersprüche, Meinungsdifferenzen oder produktive Lerndialoge.

Lernen hat nach Vygotsky (1978) immer eine Vorgeschichte, denn noch bevor Kinder zur Schule gehen und erste Rechenoperationen kennenlernen, haben sie in der Regel bereits Erfahrungen mit Mengen machen können. Das Lernen in der Schule muss daher, laut Vygotsky (1978, S. 85), stets auf diesem bereits bestehenden und aktuellen geistigen Entwicklungsstand eines Lernenden aufbauen. Damit grenzt er sich explizit von der bis dato klassischen, stärker

3 Schreibweise häufig auch Wygotsky.

formalen Stufentheorie Piagets (1976) ab, wonach Kinder bestimmte geistige Entwicklungsstufen in bestimmten fest vorgesehenen Altersstufen durchlaufen. Vielmehr unterscheidet Vygotsky (1978) zwei geistige Entwicklungsstufen des Kindes, die sich fortlaufend anpassen und weiterentwickeln. Das *actual development level* beschreibt das Niveau der geistigen Entwicklung, das sich aus bereits abgeschlossenen Entwicklungen ergeben hat. Es stellt somit den aktuellen Entwicklungsstand eines Lernenden dar. Das *level of potential development* beschreibt einen Zustand, den ein Kind mithilfe der Unterstützung von kompetent anderen, wie Lehrkräften, aber auch mit (kompetenteren) Gleichaltrigen, erreichen kann. Der Abstand zwischen dem *„actual developmental level as determined by independent problem solving and the level of potential development as determined through problem solving under adult guidance or in collaboration with more capable peers"* (Vygotsky, 1978, S. 86, Herv. i. O.) wird als die *Zone der proximalen Entwicklung* bezeichnet. Die Förderung eines Kindes sollte sich daher weniger am *actual development level*, in dem die geistige Entwicklung vermehrt retrospektiv betrachtet wird, orientieren, sondern vielmehr sollte vom Lehrenden das *level of potential development*, bei dem die geistige Entwicklung prospektiv betrachtet wird, in den Blick genommen werden (vgl. Vygotsky, 1978, S. 86 f.).

Vygotsky (1978, S. 88 f.) hebt zudem den Aspekt der Nachahmung als relevant hervor. Der verstärkte Fokus auf ein eigenständiges und selbstaktives Lernen im Sinne der kognitiv-konstruktivistischen Theorien wird von ihm kritisiert, da Lernende aus seiner Sicht nur das selbstständige Lösen beherrschen, das ihrem tatsächlichen Entwicklungsstand entspricht. Dies würde bedeuten, dass die Lernenden auf ihrem aktuellen geistigen Niveau stehen bleiben würden. Durch Nachahmung hingegen könnten Lernende über ihre bestehenden kognitiven Fähigkeiten hinausgehen, wenn sie in kollektiven Tätigkeiten eingebunden sind oder durch Erwachsene angeleitet werden. Grundlegend hierfür ist jedoch, dass die Tätigkeit, die zum Nachahmen animiert, auch an den tatsächlichen Entwicklungsstand der Lernenden anschließt.

Ein wesentlicher Aspekt dieses Verständnisses ist, dass in der unterrichtlichen Interaktion auf das Vorwissen der Schüler*innen aufgebaut werden muss. Zudem erlaubt die Betrachtung des Niveaus der möglichen Entwicklung zukünftige Reifungsprozesse von Schüler*innen in den Blick zu nehmen und einen möglichen Zielzustand zu verstehen, auf den innerhalb der unterrichtlichen Interaktion hingearbeitet wird.

3.2.4 Pädagogischer Konstruktivismus – Instruktion vs. Konstruktion

Die lernpsychologischen Erkenntnisse über Konstruktionsprozesse beim Wissenserwerb wurden in den Forschungen der Pädagogik und der Didaktik weitgehend unkritisch auf Prozesse des Lehrens übertragen (vgl. Möller, 2012, S. 38). Radikal konstruktivistische Positionen gehen dabei durch die starke Akzentuierung der Rolle der Schüler*innen als autonome und selbstreferenzielle Systeme sogar so weit, dass die Rolle und die Funktion der Lehrperson (nahezu) als entbehrlich betrachten wurde (vgl. Reusser, 2006, S. 151). Dabei ist es gerade in Bezug auf Lehr-Lern-Theorien entscheidend, zwischen den verwendeten Termini von Lehren und Lernen zu unterscheiden.

Seit den 1990er Jahren hat sich daher besonders im Bereich der Lehr-Lern-Forschung ein eher gemäßigter oder auch pragmatisch moderater Konstruktivismus durchsetzen können (vgl. Gerstenmaier & Mandl, 1995, S. 881; Widodo & Duit, 2004, S. 233). Im Unterschied zum radikalen Konstruktivismus (siehe Kapitel 3.2.1), hinterfragt dieser als *pädagogisch* bezeichnete Ansatz des Konstruktivismus (vgl. Reusser, 2006, S. 157) nicht die Existenz einer Realität (vgl. Widodo & Duit, 2004, S. 234). Gerstenmaier und Mandl (1995), die den Ansatz des gemäßigten Konstruktivismus im deutschsprachigen Raum maßgeblich prägten (vgl. Möller, 2012, S. 38), schlossen sich mit ihrer Positionierung verstärkt an die Sozialpsychologie Deweys an. Bei diesem wird das handelnde Subjekt als ein aktiver, selbstgesteuerter und selbstreflexiver Lerner in den Vordergrund gestellt. Sie sahen darin einen fruchtbaren Ansatz für die Analyse von Wissenserwerbsprozessen in verschiedenen Kontexten (vgl. Gerstenmaier & Mandl, 1995, S. 882 ff.). Eine ähnliche Sichtweise findet sich auch in der Unterscheidung Duffy und Cunninghams (1996): „(1) learning is an active process of constructing rather than acquiring knowledge, and (2) instruction is a process of supporting that construction rather than communicating knowledge“ (Duffy & Cunningham, 1996, S. 2). Der pädagogische Konstruktivismus kann dementsprechend als die Summe der einzelnen, hier vorgestellten konstruktivistischen (Teil-)Strömungen verstanden werden, da in ihm die unterschiedlichen Perspektiven zusammentreffen. Unklar bleibt bei der primären Gegenüberstellung von Konstruktion und Instruktion die Balance zwischen der Eigenaktivität von Schüler*innen und dem Eingreifen oder der Unterstützung des Lernprozesses durch die Lehrkraft.

Die schnelle Verbreitung der konstruktivistischen Ansätze führte zu Beginn zu einigen Herausforderungen. Das Verhältnis zwischen der ‚klassischen‘ Instruktion und der ‚neueren‘ Konstruktion im Unterricht wurde dabei immer stärker herausgestellt. Während bei der Instruktion die Lehrperson als die aktive Person, insbesondere durch eine aktive Vermittlung von Inhalten im Unterricht verstanden wurde, sind es bei konstruktivistischen Ansätzen hingegen die Schüler*innen selbst, die aktiv, in diesem Fall durch selbstgesteuerte Konstruktionsprozesse, am Unterricht teilnehmen. Renkl (2015, S. 212) weist dabei auf die Gefahr hin, die Konstruktion über die Instruktion zu stellen. Demnach könnten gut geplante und durchgeführte Instruktionen gerade bei geringem Vorwissen von Vorteil sein. In der Metaanalyse von Alfieri (2011) zum entdeckenden Lernen konnten die Autor*innen zeigen, dass ein angeleitetes Entdecken in Bezug auf den Wissenserwerb effizienter ist als ein reines Entdecken.

Während also zu Beginn der konstruktivistischen Wende verstärkt eine Gegenüberstellung der beiden Positionen zu beobachten war (vgl. Möller, 2012, S. 37), werden in jüngerer Zeit vermehrt integrierende Ansätze verfolgt und vorgeschlagen. Mehr und mehr wird davon ausgegangen, dass sich Instruktion und Konstruktion wechselseitig positiv beeinflussen können. Reinmann und Mandl (2006, S. 616) bspw. sprechen dabei von einer *praxisorientierten Position*, bei der sie die *technologische Position* (Instruktion) mit der *konstruktivistischen Position* in Verbindung bringen. „Im Rahmen einer solchermaßen praxisorientierten Position [...] sind Lernumgebungen so zu gestalten, dass aktiv-konstruktive, situative, selbstgesteuerte und soziale Prozesse des Lernens angeregt und gefördert werden, ohne dass man dabei auf instruktionale Unterrichtsanteile wie Anleiten, Darbieten und Erklären verzichtet“ (Reinmann & Mandl, 2006, S. 656). Die Verbindung der beiden Positionen zeigt sich auch im Ansatz der kognitiven Strukturierung nach Einsiedler und Hardy (2010, S. 197 f.) bei dem die Selbstständigkeit der Schüler*innen beim Wissensaufbau durch eine instruktionale Unterstützung und eine Steuerung der kognitiven Prozesse durch die Lehrperson befördert werden soll. Ebenso betonen Felten und Stern (2014, S. 144), dass Lehrpersonen sich aus dem Unterrichtsgeschehen nicht zurückziehen sollten, sondern vermehrt steuerungsaktiv tätig sein müssten.

Insgesamt wird bei dieser Kombination der beiden Positionen von Instruktion und Konstruktion, Möller (2012) spricht auch von einer *konstruktionsfördernden Instruktion*, deutlich, dass die Lernenden mit ihren kognitiven Prozessen und Aktivitäten stärker in den Blick genommen werden (vgl. Reusser & Pauli, 2010, S. 18). Zudem wird die Bedeutsamkeit der Lernumgebung bei der Konstruktion von Wissen stärker hervorgehoben. Sowohl die individuellen Konstruktionen der Lernenden als auch die sozialen und materiellen Gegebenheiten der Lernumgebung stellen einen wesentlichen Bestandteil für die Ko-Konstruktion von Wissen im Unterricht dar (vgl. Widodo & Duit, 2004, S. 234). Dabei kommt vor allem der Lehrperson eine aktive und bedeutsame Rolle zu, indem neben der Aufgabe zur Steuerung und Instruktion im Unterricht verstärkt auch die Begleitung und Förderung der selbstgesteuerten Lernaktivitäten der Schüler*innen sowie die Initiierung sinnstiftender Gespräche im Unterricht in den Vordergrund rückt (vgl. Reusser & Pauli, 2010, S. 19). Gerade für eine kognitive Aktivierung im Unterricht scheint daher das Zusammenspiel beider Ebenen, die kognitive Aktivierung durch die Lehrperson (Instruktion) und die kognitive Aktivität der Schüler*innen (Konstruktion), von besonderer Bedeutung zu sein. Demnach sollten die beiden Ansätze der Instruktion und Konstruktion nicht als dichotome, sich einander ausschließende Kategorien verstanden werden, sondern vielmehr als komplementär, einander ergänzende Begriffspaare.

3.3 Forderung zur fachspezifischen Ausgestaltung

In den vergangenen Jahren wird besonders in den Fachdidaktiken kritisiert, dass die vermehrt generisch konzeptualisierten Unterrichtsqualitätsmerkmale stärker fachspezifisch ausdifferenziert werden müssen, um die Qualität von Unterricht adäquat einschätzen zu können (Brunner, 2018; Leuders & Holzäpfel, 2011; Lindmeier & Heinze, 2020). Besonders der *kognitiven Aktivierung* wird hierbei eine zentrale Rolle zugesprochen, da sie, neben der Klassenführung und der konstruktiven Unterstützung, den größten Bezug zu den fachlichen Inhalten des Unterrichts aufweist (Bruder, 2018; Klieme & Rakoczy, 2008). Leuders und Holzäpfel (2011, S. 214 f.) kritisieren zudem, dass sich die empirischen Untersuchungen zur Unterrichtsqualität vorwiegend auf den Leistungszuwachs bei den Schüler*innen beschränken. Das Problem bei der Konzeptualisierung und Operationalisierung der kognitiven Aktivierung besteht darin, dass sie „von Fach zu Fach und vermutlich je nach Bildungsstufe unterschiedlich ausfallen“ (Klieme & Rakoczy, 2008, S. 229). In jüngster Vergangenheit gab es daher vermehrt Diskussionen darüber, wie die kognitive Aktivierung an die verschiedenen Fachdomänen angepasst und adaptiert werden kann (Praetorius, Herrmann et al., 2020; Praetorius, Rogh et al., 2020). Diese als „zeitgemäß, qualitätsvoll“ (Seidel et al., 2021, S. 295) bezeichnete Debatte spiegelt sich zudem vermehrt auch in den stärker fachlich ausgerichteten Studien wider, die überwiegend interdisziplinär bearbeitet werden (Grünkorn et al., 2020; Künsting et al., 2016; Zülsdorf-Kersting & Praetorius, 2017). Auch in dieser Arbeit wird, zumindest ansatzweise, versucht, eine fachliche Perspektive in die Analysen zu integrieren. Ermöglicht wird dies dadurch, dass sich der primäre Fokus der in die Analyse einbezogenen Daten auf die Unterrichtseinheit der quadratischen Gleichungen im Fach Mathematik beziehen. Dennoch muss betont werden, dass es sich hier primär um eine erziehungswissenschaftliche Arbeit handelt, die jedoch ggf. Anschlüsse an fachdidaktische Fragestellungen ermöglichen kann.

In der Forschung zur Unterrichtsqualität zeigt sich eine wachsende Forderung nach einer stärkeren fachdidaktischen Ausrichtung bestimmter Merkmale (bspw. Lipowsky & Bleck, 2019; Praetorius, Herrmann et al., 2020; Reusser & Pauli, 2021). Insbesondere im Kontext des Prozess-Produkt-Paradigmas wurden Qualitätsmerkmale zwar in verschiedenen Fachbereichen erhoben, jedoch immer in einer generischen Weise operationalisiert und interpretiert (vgl. Reusser & Pauli, 2021, S. 191). Auch wenn innerhalb der Unterrichtsqualitätsforschung die fachdidaktische Perspektive bislang weder gänzlich ignoriert noch explizit mit in die Forschung einbezogen wurde (vgl. Lindmeier & Heinze, 2020, S. 265), zeigt sich erst jüngst eine verstärkte Debatte darum, welche und wie unterschiedliche Unterrichtsqualitätsmerkmale in verschiedenen Fächern fachdidaktisch konzeptualisiert und operationalisiert werden können (Praetorius, Herrmann et al., 2020). Ferner werden vereinzelt mehr Studien durchgeführt, die stärker fachdidaktisch ausgerichtet sind, bzw. es durch ihr Forschungsdesign ermöglichen, fachdidaktische Fragestellungen zu beantworten (Lipowsky et al., 2018; OECD, 2020; Schlesinger et al., 2018; Szogs et al., 2016). Diese Bemühungen und die stärker fachlich-inhaltlichen Ausrichtungen der Studien werden von Reusser und Pauli (2021, S. 192) als *fachdidaktische Wende* bezeichnet. Beleuchtet man diesen Diskurs genauer, lassen sich zwei Kernaspekte bzw. Leitfragen identifizieren:

Die erste der beiden Leitfragen dreht sich um eine angemessene Einbeziehung fachspezifischer Qualitätsmerkmale im Unterricht (vgl. Praetorius, Rogh et al., 2020, S. 307). Im Kern geht es um die Differenzierung zwischen allgemeingültigen Qualitätskriterien für den Unterricht und solchen, die fachspezifisch konzeptualisiert und operationalisiert wurden. Brunner (2018, S. 261) bspw. kritisiert die fehlende Berücksichtigung der fachlichen Korrektheit in den Konzeptualisierungen von Unterrichtsqualität. Die Autorin konnte in ihrer Studie aufzeigen, dass eine Unterrichtsstunde, die mit unterschiedlichen Instrumenten analysiert wird, zu unterschiedlichen Einschätzungen bei der Unterrichtsqualität führen kann. Es zeigen sich dabei wesentliche Unterschiede zwischen einer fachdidaktischen und einer stärker generischen Beurteilung.

Die zweite Leitfrage im Diskurs um die fachdidaktische Wende bezieht sich auf die *Domänenspezifität* (vgl. Bruder, 2018, S. 203; Brunner, 2018, S. 258). In Bezug auf das Modell der drei Basisdimensionen wird hierbei häufig das Verhältnis zwischen den generischen Basisdimensionen und einer eher fachlichen Perspektive auf Unterricht diskutiert (vgl. Bruder, 2018, S. 204; Lipowsky et al., 2018, S. 184). Die leitende Frage dabei ist, inwieweit im Modell der drei Basisdimensionen, das in seinem Ursprung fachunspezifisch entwickelt wurde,[4] fachspezifische Merkmale berücksichtigt werden und ob es nicht einer Erweiterung um fachspezifische Aspekte bedarf (vgl. Brunner, 2018, S. 276). Ein Vorschlag lautet, das Modell um eine vierte Dimension, nämlich eine Dimension der Fachlichkeit, zu ergänzen (vgl. Lindmeier & Heinze, 2020, S. 259). Dabei werden Überlegungen angestellt, ob eine fachliche Dimension gleichberechtigt zu den anderen Dimensionen existiert oder ob sie in einer Hierarchie zu diesen steht (vgl. Bruder, 2018, S. 204). Brunner (2018, S. 278) stellt ein solches hierarchisches Modell vor. Für einen wirkungsvollen Fachunterricht wird in diesem Modell die Klassenführung als grundlegende Voraussetzung angesehen. Auf der zweiten Ebene verordnet die Autorin die fachliche Korrektheit, gefolgt von Merkmalen, wie der kognitiven Aktivierung und der konstruktiven Unterstützung. Praetorius und Gräsel (2021, S. 178) sehen entweder die Ergänzung um eine einzelne Dimension von Sachlichkeit als eine Option an oder eine Ergän-

4 Auch wenn das Modell im Rahmen der TIMS-Studie im Mathematikunterricht entstanden ist, wurde das Modell nach Klieme und Kolleg*innen (2001) in seinen Ursprüngen als generisches Modell verstanden und konzeptualisiert (vgl. Praetorius, Klieme et al., 2020, S. 20).

zung auf der Ebene individueller Fächer. In neueren Unterrichtsqualitätsmodellen (bspw. Charalambous & Praetorius, 2020) werden fachdidaktische Aspekte daher bereits in der Konzeptualisierung abgedeckt.

Besonders der kognitiven Aktivierung wird aus fachdidaktischer Perspektive eine Nähe zum jeweiligen Lerninhalt unterstellt. Nach Bruder (2018, S. 216) sollte die kognitive Aktivierung grundlegend nur noch fachspezifisch operationalisiert werden, dabei muss jedoch den unterschiedlichen Fächerdomänen Rechnung getragen werden, da diese jeweils unterschiedliche Zieldimensionen verfolgen. Eine weitere mögliche Schwierigkeit bei fachspezifischer Erfassung kognitiver Aktivierung zeigt sich hinsichtlich der empirisch nachgewiesenen mangelnden Stabilität des Konstrukts. Besonders die kognitive Aktivierung weist im Vergleich zu anderen Dimensionen eine höhere Schwankungsbreite über mehrere Unterrichtsstunden auf (Gabriel-Busse & Lipowsky, 2021; Praetorius et al., 2014), etwa abhängig davon, ob die betrachtete Unterrichtsstunde eine Einführungs- oder eine Vertiefungsstunde ist (vgl. Reusser, 2020, S. 243).

Als ein wesentlicher Bezugspunkt in dieser Diskussion wird die Zielperspektive des Unterrichts angesehen (vgl. Bruder, 2018, S. 211). Lindmeier und Heinze (2020, S. 264) plädieren dafür, dass die Betrachtung des Unterrichts und die Einschätzung der Unterrichtsqualität von dessen Zielsetzungen her ausgerichtet sein müsste. „Was aktiviert werden *soll*, hängt von den intendierten Zielen ab“ (Leuders & Holzäpfel, 2011, S. 215). Es zeigt sich also, dass die Operationalisierungen der kognitiven Aktivierung viel stärker auf das ausgerichtet werden müsste, was über die jeweiligen Lerninhalte vermittelt werden soll. Ein naheliegender nächster Schritt wäre für Lindmeier und Heinze (2020, S. 265) daher, die fachdidaktische Perspektive vermehrt mit in die empirische Forschung einzubeziehen. Zudem wird ein stärkerer interdisziplinärer Austausch zwischen Bildungsforscher*innen und Fachdidaktiker*innen gefordert (vgl. Praetorius & Gräsel, 2021, S. 178).

Im Hinblick auf das Fach Mathematik gibt es bereits vermehrt Ansätze, die bemüht sind, den oben genannten Anforderungen gerecht zu werden. Besonders in dieser Fächerdomäne wurde die Forderung nach einer stärkeren Berücksichtigung der fachlichen Aspekte in Studien zur Unterrichtsqualität eingelöst. Als ein möglicher Wegbereiter kann hier die deutsch-schweizerische Pythagoras-Studie (Lipowsky et al., 2018) angesehen werden, in der 40 Klassen aus Deutschland und der Schweiz analysiert und verglichen wurden. Ein besonderes Merkmal dieser Studie war, dass über alle aufgezeichneten Unterrichtsvideos hinweg eine gemeinsame Unterrichtseinheit fokussiert wurde: der Satz des Pythagoras. Auf Grundlage dieser Studie untersuchte Drollinger-Vetter (2011) die Kohärenz der präsentierten Inhalte sowie die Präsenz von Verstehenselementen. Als Verstehenselemente werden diejenigen Teilelemente eines Konzepts verstanden, die man verstanden haben muss, um ein Konzept zu begreifen. Diese Elemente sind kognitionspsychologisch und fachdidaktisch relevant, da sie sowohl das Vorwissen der Lernenden als auch die fachliche Seite des zu verstehenden Konzepts berücksichtigen. Bei weiteren Analysen dieser Verstehenselemente konnten Lipowsky und Kolleg*innen (2018) feststellen, dass diese stärker fachdidaktische Konzeption der Verstehenselemente und die generische Einschätzung der Unterrichtsqualität sich als weitgehend unabhängig voneinander erwiesen, was in Einklang mit den Befunden von Brunner (2018), die bereits vorgestellt wurden, steht. Ein der Pythagoras-Studie ähnliches, aber deutlich ausdifferenzierteres Design findet sich in der TALIS-Video Study (OECD, 2020), in der insgesamt acht Länder auf drei Kontinenten untersucht wurden. Auch in dieser Studie wurde ein vorab festgelegtes Thema im Mathematikunterricht identifiziert und untersucht – *Quadratische Gleichungen*. Diese Studie bietet große Anschlussmöglichkeiten an fachdidaktische Fragestellungen. Etwa wurden die aufgezeichneten Unterrichtsstunden und auch die eingesammelten und ausgewerteten Unterrichtsmaterialien nach ihrer Akkuratheit beurteilt. Des Weiteren finden sich Codes, die die Verknüpfungen zwischen verschiedenen Repräsentationsformen, bspw. einer Gleichung und einem Graph, oder zwischen den aufgezeichneten Unterrichtsstunden und den Unterrichtsmaterialien beurteilen (vgl. Opfer et al., 2020, S. 36 f.).

3.4 Verwandte Ansätze und Konzepte

Das Merkmal der kognitiven Aktivierung stellt primär ein im deutschsprachigen Raum entwickeltes und angewandtes Konzept dar (Faust et al., 2011; Fauth et al., 2014b; Klieme et al., 2009; Klieme & Rakoczy, 2003; Klieme et al., 2001; Kunter & Voss, 2013). Auch wenn das Merkmal als ein Konstrukt der Unterrichtsqualität vermehrt Eingang in internationale Konzeptualisierungen und Modelle der Unterrichtsqualität findet (Bell et al., 2019; Charalambous & Praetorius, 2020) und vereinzelt auch in internationalen Studien zur Anwendung kommt (bspw. Sigurjónsson & Gísladóttir, 2020), bleibt die internationale Reputation überschaubar.

Die Idee eines auf das Verstehen ausgerichteten Lehren und Lernens, die die kognitive Aktivierung charakterisiert, ist dennoch keine neue. Vielmehr baut das Konstrukt auf einer Vielzahl von Ideen auf, die sich im internationalen Diskurs entwickelt haben und die eine hohe Ähnlichkeit zur kognitiven Aktivierung aufweisen. In der folgenden Ausführung werden knapp vier bedeutsame Ansätze vorgestellt, die eine enge Beziehung zum Konzept der kognitiven Aktivierung aufweisen oder die in diesem Kontext häufig zitiert werden.

Instructional Support

Der Terminus *instructional support* (Hamre et al., 2013; Pianta & Hamre, 2009) oder der umfassendere Begriff *instruction* (Bell et al., 2020) wird oft im Zusammenhang mit Konstrukten und Operationalisierungen diskutiert, die der kognitiven Aktivierung ähnlich sind. Ein charakteristisches Attribut dieser theoretischen Ansätze liegt in ihrer hohen Kongruenz oder nahezu identischen Ausrichtung auf kognitiv-konstruktivistische sowie sozial-konstruktivistische Lehr-Lern-Theorien (siehe Kapitel 3.2.3).

Insbesondere zeigt das *Teaching Through Interactions* (TTI) Framework (Hamre et al., 2013), welches auf den Operationalisierungen des *Classroom Assessment Scoring System* (CLASS) basiert, deutliche Parallelen zum Modell der drei Basisdimensionen auf (siehe Kapitel 2.4.3). Auch dieses Modell umfasst drei zentrale Dimensionen: *classroom organization, emotional support und instructional support.* Obwohl die Dimensionen zwischen den beiden Frameworks konzeptuell ähnlich sind, sind sie nicht identisch {Praetorius, 2018 #384;Praetorius, 2018 #242;Bell, 2019 #1124. Ein primärer Unterschied zwischen den Dimensionen des deutschsprachigen Modells zur Unterrichtsqualität und dem amerikanischen TTI Framework besteht darin, dass die Konstrukte dort stärker kanonisiert sind, während sie im Modell der drei Basisdimensionen flexibler an den jeweiligen Forschungskontext angepasst werden können.

Die theoretische Fundierung der Dimension *instructional support* basiert in erster Linie auf empirischen Untersuchungen zur kognitiven und sprachlichen Entwicklung von Kindern, einschließlich der Arbeiten Vygotskys {, 1978 #816}. In dieser Forschung wird betont, dass die kognitive und sprachliche Entwicklung eines Schülers eng mit den Möglichkeiten verknüpft ist, die von Lehrenden geschaffen werden, um bestehende und komplexere Fähigkeiten zu fördern. Ferner wird die Ausprägung metakognitiver Fähigkeiten als wesentlicher Faktor für die Entwicklung von Kindern betrachtet (vgl. Pianta & Hamre, 2009, S. 113).

In der Dimension *instructional support*, konzeptualisiert durch Hamre und Kolleg*innen (2013), werden vier Subdimensionen formuliert: (1) *concept development* analysiert das Ausmaß, in dem Unterrichtsaktivitäten und -diskussionen höhere kognitive Fähigkeiten bei den Lernenden fördern. (2) *quality of feedback* konzentriert sich auf die Evaluierung der Art von Rückmeldungen, die von Lehrkräften gegeben werden, wobei der Fokus auf der Erweiterung des Verständnisses und nicht ausschließlich auf der Korrektheit liegt. (3) *language modeling* beurteilt die Qualität und Quantität der sprachlichen Anregung und Förderung durch die Lehrkraft in verschiedenen Interaktionen mit den Lernenden. (4) *richness of instructional methods* evaluiert die Breite der von Lehrkräften eingesetzten didaktischen Strategien, die darauf abzielen, ein tieferes und komplexeres Verständnis des Lernstoffs bei den Schüler*innen zu fördern.

Insbesondere zeigen die Subdimensionen *concept development* und *richness of instructional methods* deutliche Parallelen zur Dimension der kognitiven Aktivierung. Dies wird etwa dann sichtbar, wenn es darum geht, die Lernenden mit anspruchsvollen Inhalten zu konfrontieren oder wenn Lehrkräfte bestrebt sind, die Denkprozesse der Schüler*innen zu ergründen und ein tiefergehendes Verständnis des Lehrstoffs zu fördern (Praetorius et al., 2018).

Higher Order Thinking Skills

Im angloamerikanischen Raum gibt es verschiedene Konzepte, die spezifische Aspekte des Denkens der Schüler*innen betrachten und Ähnlichkeiten zur kognitiven Aktivierung aufweisen (vgl. Lipowsky, 2020, S. 92). Das Konzept des *higher order thinking* umfasst eine Vielzahl solcher Konzepte, die im 20. Jahrhundert geprägt wurden (vgl. Newmann, 1991, S. 3).

Das *critical thinking* beinhaltet etwa die Fähigkeit, die Glaubwürdigkeit von Quellen zu beurteilen, Meinungen zu bilden und zu verteidigen, angemessene Fragen zu stellen und offen für andere Standpunkte zu sein (vgl. Ennis, 1993, S. 180). Beim *thoughtful discourse* werden Schüler*innen durch Gespräche im Unterricht angeregt, zu reflektieren, Zusammenhänge zu erkennen und kritisch nachzudenken (vgl. Brophy, 2000, S. 19). Der Ausdruck des *higher order thinking* in sich bezeichnet die anspruchsvolle Nutzung des Verstandes bei der Lösung eines Problems, während *lower order thinking* routinemäßige Denkprozesse aktiviert (vgl. Newmann, 1988, S. 57). Im Unterricht sind beide Ebenen eng miteinander verbunden. Was genau für eine Person als *higher order* eingestuft werden kann, kann für eine andere Person *lower order* sein. Zentral sind dabei die Aufnahmen und die Verarbeitung neuer Informationen durch die Schüler*innen, die dadurch mit bereits bestehendem Wissen verknüpft werden können (vgl. Lewis & Smith, 1993, S. 132).

Gleichzeitig wird mit dem Konzept des *teaching thinking* das lehrerseitige Lehren von *higher oder thinking skills* bezeichnet. Die Aufgabe der Lehrkraft sei es, die Schüler*innen zu einem *higher order thinking* anzuleiten (vgl. Underbakke et al., 1993, S. 139). Diese Unterscheidung zwischen schülerseitigem *higher order thinking* und dem lehrerseitigem *teaching thinking* ist vergleichbar mit der Unterscheidung zwischen dem Potenzial zur kognitiven Aktivierung und der kognitiven Aktivität der Schüler*innen (siehe Kapitel 3.1).

Scaffolding

Bei der Konzeptualisierung von kognitiver Aktivierung wird vereinzelt auch immer wieder auf das *scaffolding* verwiesen (vgl. Blum, 2019, S. 192; Einsiedler & Hardy, 2010, S. 200 f.; Lotz, 2016, S. 30). Dieses Konzept, das auf den Theorien von Bruner (1961) und Vygotsky (1978) basiert, beschreibt, wie erfahrene Lehrende weniger erfahrene Lernende unterstützen können. Dabei werden sechs grundlegende Elemente identifiziert, wie (1) das Interesse der Lernenden geweckt wird, (2) die Anzahl möglicher Lösungen reduziert und (3) die Motivation aufrechterhalten wird. Auch (4) das Hervorheben relevanter Aspekte der Aufgabe, (5) die Vermeidung von Frustration und (6) die Demonstration einer idealisierten Lösung spielen eine Rolle (vgl. Wood et al., 1976, S. 98). Das Konzept wurde in der Zusammenarbeit mit Vorschulkindern entwickelt und hat sich als prominentes Konstrukt in der Unterrichtsforschung etabliert (siehe zusammenfassend Van de Pol et al., 2010). Es gibt jedoch keine einheitliche Konzeptualisierung und Operationalisierung des *scaffolding* (vgl. Lipowsky, 2020, S. 98; Van de Pol et al., 2010, S. 272).

Einsiedler und Hardy (2010) sprechen aufgrund dieser Unbestimmtheit vermehrt von einer *kognitiven Strukturierung*. Sie sehen dabei die kognitive Aktivierung als eine Teilmenge der kognitiven Strukturierung. Kognitive Aktivierung verstehen die Autor*innen stärker als ein fachdidaktisch und ein interaktives Gestaltungselement des Unterrichts, während die kognitive Strukturierung auch Maßnahmen zur Steuerung und Sequenzierung der Inhalte umfasst (vgl. Einsiedler & Hardy, 2010, S. 200 f.). Pauli und Schmid (2019, S. 175) hingegen vergleichen das Konzept mit dem Prinzip der minimalen Hilfe von Aebli (1985), sprich die Lehrkraft sollte nur dann in den Lernprozess der Schüler*innen eingreifen, wenn es unbedingt erforderlich scheint. In Anlehnung an Angebots-Nutzungs-Modelle des Unterrichts (siehe Kapitel 2.3) versteht Möller (2012, S. 45) Scaffolding-Maßnahmen durch die Lehrperson grundlegend als angebotsseitige Merkmale, die auf der Nutzungsseite eine Beobachtung der kognitiven Aktivität ermöglichen.

Conceptual Change

Bei Kunter und Voss (2011, S. 29) wird das Potenzial zur kognitiven Aktivierung u. a. mit dem Ansatz des *conceptual change* theoretisch begründet. Dieser Ansatz beruht auf den Theorien von Piaget (1973) und Kuhn (1976) und zielt darauf ab, bei Schüler*innen eine Änderung ihrer bestehenden Alltagskonzepte im Austausch gegen wissenschaftliche Konzepte zu bewirken (vgl. Vosniadou, 2013, S. 11). Um diesen Wandel zu ermöglichen, müssen vier Bedingungen erfüllt sein: Unzufriedenheit mit den bestehenden Vorstellungen, logische und verständliche neue Vorstellungen, plausible alternative Vorstellungen und Anschlussfähigkeit der neuen Vorstellung an weitere Überlegungen (vgl. Posner et al., 1982, S. 214). Kritikpunkte an diesem Ansatz sind, dass der Konzeptwandel ein fortlaufender Prozess ist und nicht plötzlich stattfindet, und dass Fehlvorstellungen nicht als falsche Vorstellungen, sondern als erweiterungsfähige Alltagstheorien betrachtet werden sollten. Neuere Ansätze unterscheiden daher zwischen Präkonzeptionen und Fehlvorstellungen und betonen die Bedeutung von kognitiven, motivationalen und affektiven Prozessen im Wandlungsprozess (Vosniadou, 2013). In der Mathematikdidaktik wird der Fokus mehr auf die *didaktische Rekonstruktion* als auf einen Wandel gelegt. Dabei wird Wert auf die Verknüpfung der Vorstellungen der Schüler*innen mit den fachlichen Inhalten gelegt, um auf diese Weise konkrete Anleitungen oder didaktische Strukturierungen für lernförderliche Umgebungen zu schaffen (vgl. Prediger, 2005, S. 5). Hierzu werden überwiegend Interviewstudien und diagnostische Tests mit den Schüler*innen durchgeführt, um deren Vorstellungen zu erfassen (vgl. Vollstedt et al., 2015, S. 582). Dabei bildet oft das Konzept der Grundvorstellungen (Hofe, 1995) eine zentrale Rolle, bei dem es sich um sogenannte primäre, vorunterrichtliche Vorstellungen der Schüler*innen handelt, die im Verlauf der Schulzeit durch sekundäre, mathematische Vorstellungen ergänzt werden sollen.

Abschließend kann festgehalten werden, dass das Konzept der kognitiven Aktivierung nicht exklusiv im deutschsprachigen Diskurs verhandelt wird. Andere theoretische Ansätze weisen sowohl in der Konzeptualisierung als auch in der Operationalisierung wesentliche Parallelen auf. Ein gemeinsamer Fokus aller dieser Konzepte ist die verstärkte Orientierung auf die gezielte Unterstützung und Strukturierung der Lernprozesse der Schüler*innen durch die Lehrkraft (Lipowsky, 2020). Wesentliche Differenzen ergeben sich in den Zielsetzungen, die durch die pädagogischen Interventionsmaßnahmen der Lehrkräfte erreicht werden sollen, ähnlich wie dies auch bei der Konzeptualisierung und Operationalisierung der kognitiven Aktivierung im deutschsprachigen Kontext der Fall ist. Die konzeptuellen Überschneidungen der verschiedenen Ansätze werden insbesondere durch international vergleichende Studien verstärkt. Solche Forschungsarbeiten führen oftmals zur Integration von Aspekten der kognitiven Aktivierung in empirische Messinstrumente oder zur Übernahme spezifischer Dimensionen und Begriffe in den globalen wissenschaftlichen Diskurs (Bell et al., 2019; Klieme & Nielsen, 2022), wodurch klare Abgrenzungen immer mehr an Schärfe verlieren.

3.5 Forschungsstand

Die Forschungsbefundlage ist, ähnlich wie das Konstrukt der kognitiven Aktivierung selbst, heterogen. Im Sinne eines Angebots-Nutzungs-Modells des Unterrichts wurde das Konzept bisher überwiegend als angebotsseitiges Potenzial für die kognitive Aktivierung der Schüler*innen und als fachlicher Anforderungsgehalt konzeptualisiert. In der quantitativen Lehr-Lern-Forschung wurde die Qualität der kognitiven Aktivierung im Unterricht überwiegend mithilfe standardisierter Beobachtungsverfahren (bspw. Bell et al., 2020; Klieme et al., 2001; Lipowsky et al., 2009), über Lehrer- und Schüler*innenbefragungen (bspw. Fauth et al., 2014a; Kunter et al., 2013) sowie über die Analyse von

Aufgaben im Unterricht (bspw. Herbert & Schweig, 2021; Jordan et al., 2008) beurteilt. Des Weiteren gibt es vermehrt Untersuchungen, die sich dem Konstrukt der kognitiven Aktivierung mit qualitativen Forschungsansätzen nähern (Hanisch, 2018; Schönfeld, 2021). Darüber hinaus wurden Untersuchungen geführt, die die Validität und auch die Stabilität des Konstrukts näher untersuchen (Clausen, 2002; Gabriel-Busse & Lipowsky, 2021; Praetorius, 2013).

Die methodische Vielfalt bei der Erfassung und die Untersuchungen aus verschiedenen Forschungsperspektiven resultieren in vielseitigen Konzeptualisierungen und Operationalisierungen von kognitiver Aktivierung (Praetorius et al., 2018), was wiederum zu einer Vielzahl an unterschiedlichen Erhebungsinstrumenten mit jeweils spezifischen Fokussierungen führt. Zudem wird vermehrt eine fachspezifische Ausgestaltung der kognitiven Aktivierung für bestimmte Unterrichtsfächer vorgenommen (Praetorius, Herrmann et al., 2020). Dies erhöht zwar zum einen die Qualität der Studien in Bezug auf die untersuchten fachlichen Inhalte, erschwert zum anderen aber den Vergleich einzelner Studien untereinander. Eine Vielzahl an Studien wird in mathematisch-naturwissenschaftlichen Fächern durchgeführt, was zum einen damit zusammenhängen kann, dass die Inhalte dieser Fächer inhaltlich linearer aufeinander aufbauen und zum anderen auch damit, dass sich die Inhalte diese Fächer im Rahmen großer internationaler Large-Scale-Studien besser miteinander vergleichen lassen (bspw. OECD, 2020). Die überwiegende Mehrheit der Studien findet sich daher im Fach Mathematik (bspw. Bell et al., 2020; Klieme et al., 2001; Kunter & Voss, 2011; Lipowsky et al., 2009; Neubrand et al., 2011), gefolgt von Studien aus dem Sachunterricht (bspw. Decristan et al., 2015; Fauth et al., 2014b; Kleickmann, 2012; Ranger, 2017) oder der Physik (Szogs et al., 2016; Ziegelbauer et al., 2010). Vermehrt finden sich aber auch Studien im Fach Deutsch (bspw. Hanisch, 2018; Klieme et al., 2010; Lotz, 2016; Winkler, 2017), dem Sportunterricht (bspw. Niederkofler & Amesberger, 2016; Schönfeld, 2021; Stahns, 2013), dem Religionsunterricht (bspw. Pirner, 2013), dem Geschichtsunterricht (Zülsdorf-Kersting & Praetorius, 2017) und im Fach Musik (bspw. Gebauer, 2016). Diese methodische und fächerübergreifende Vielfalt zeigt die Relevanz der kognitiven Aktivierung für die Erforschung der Unterrichtsqualität auf. Nachfolgend werden einige zentrale Befunde auf Basis verschiedener Aspekte näher vorgestellt.

Die Wirksamkeit kognitiv aktivierender Lernumgebungen

In der Unterrichtsqualitätsforschung wird vielfach die Wirksamkeit kognitiv aktivierender Lernumgebungen auf den Lernzuwachs der Schüler*innen untersucht. Die Befundlage diesbezüglich scheint ambig und es lässt sich keine eindeutige Aussage zur generellen Wirksamkeit der kognitiven Aktivierung treffen (vgl. Praetorius, 2013, S. 13; Vieluf & Klieme, 2023, S. 99). Ein Großteil der Studien, in denen sich positive Zusammenhänge mit dem Lernzuwachs der Schüler*innen belegen lassen konnten, stammen aus Untersuchungen zum Mathematikunterricht in der Sekundarstufe I (Dubberke et al., 2008; Gruehn, 2000; Klieme et al., 2001; Kunter & Voss, 2011; Lipowsky et al., 2009). Weitere positive Befunde ließen sich ebenfalls im Naturwissenschaftsunterricht der Grundschule (Decristan et al., 2015; Fauth et al., 2014b; Ranger et al., 2015) und für den Deutschunterricht der Sekundarstufe I (Klieme et al., 2010) finden. Im Pythagoras-Projekt zeigte sich zudem, dass insbesondere an der Mathematik interessierte Schüler*innen am stärksten von einem kognitiv aktivierenden Unterricht profitieren (Klieme et al., 2006).

In einer Vielzahl weiterer Studien ließ sich dieser Zusammenhang zwischen den Lernzuwächsen der Schüler*innen und einer kognitiven Aktivierung mitunter nicht bestätigen. Während in der TALIS-Video Study (Doan et al., 2020) ein statistisch signifikanter Zusammenhang mit Merkmalen der kognitiven Aktivierung auf die Leistung der Schüler*innen in bspw. Chile oder Shanghai (China) gefunden werden konnte, war dieser Zusammenhang in Deutschland nicht signifikant. Bei Kunter (2005) wurde unter der Kontrolle der Schulformen kein Hinweis auf einen Zusammenhang zwischen der Leistungsentwicklung der Schüler*innen und der kognitiven Aktivierung gefunden. Auch Hugener (2008) konnte keinen lernförderlichen Effekt in Bezug auf unterschiedlich kognitiv aktivierende Inszenierungsmuster im Unterricht nachweisen.

In weiteren Studien werden die Wirkungen eines kognitiv aktivierenden Unterrichts auf die Motivation und das Interesse der Schüler*innen untersucht. Ähnlich, wie bei den Leistungsentwicklungen, ist die Befundlage auch hier uneindeutig. Während sich in der TALIS-Video Study (Doan et al., 2020) in Shanghai (China) ein Zusammenhang der Motivation mit der in den Unterrichtsvideos beobachteten kognitiven Aktivierung zeigte, bestätigte sich dieses Bild bei den anderen sieben teilnehmenden Ländern nicht. Bei Dorfner und Kolleg*innen (2018) konnte ein mediierender Effekt der kognitiven Aktivierung ermittelt werden. Eine erhöhte Klassenführung (siehe Kapitel 2.4.3) wirkte sich demnach positiv auf die kognitive Aktivierung und diese wiederum auf das Interesse der Schüler*innen aus. Vermehrt zeigen die Studien aber eher keinen Zusammenhang zwischen einem kognitiv aktivierenden Unterricht und der Motivation bzw. dem Interesse der Schüler*innen (Hochweber et al., 2012; Klieme & Rakoczy, 2008; Klieme et al., 2010; Kunter & Voss, 2011; Ziegelbauer et al., 2010).

Neben Merkmalen der reinen Unterrichtsgestaltung wurden besonders in der COACTIV-Studie (Baumert & Kunter, 2011) Personenmerkmale der Lehrpersonen erhoben. Während das Fachwissen der Lehrpersonen keinen Prädiktor für den Lernzuwachs der Schüler*innen darstellt, zeigt sich ein Effekt des fachdidaktischen Wissens der Lehrkräfte auf die Lernleistungen der Schüler*innen, der über die kognitiv aktivierenden Aufgaben im Unterricht vermittelt wird.

Das Potenzial kognitiv aktivierender Aufgaben

In der empirischen Lehr-Lern-Forschung sowie in den Fachdidaktiken wurden in den vergangenen Jahren vermehrt Instrumente entwickelt, um Aufgaben oder auch gesamte Unterrichtsmaterialien hinsichtlich ihres kognitiven Aktivierungspotenzials zu untersuchen (Herbert & Schweig, 2021; Jordan et al., 2008; Maier et al., 2010). Insgesamt zeigt sich, dass im Unterricht viele verschiedene Aufgaben eingesetzt werden (Herbert, 2020; Jordan et al., 2008) und dass ein hoher Zeitaufwand aufgebracht wird, diese zu bearbeiten (Jatzwauk et al., 2008), weswegen die Bedeutsamkeit kognitiv aktivierender Aufgaben umso höher erscheint. Der Einsatz kognitiv aktivierender Aufgaben trägt zu einem Lernzuwachs bei den Schüler*innen bei (Hiebert & Grouws, 2007; Kunter et al., 2006) und ein vermehrter Einsatz von Aufgaben führt besonders bei Klassen mit geringem Vorwissen zu einem höheren Lernzuwachs (Jatzwauk et al., 2008). Dennoch ist das Niveau und das kognitive Aktivierungspotenzial von Aufgaben im deutschen Unterricht eher niedrig einzustufen (Herbert & Schweig, 2021; Jordan et al., 2008; Neubrand et al., 2011; Scheja, 2017). Die Aufgaben erfordern entweder nur kurze Antworten (Jatzwauk et al., 2008) oder es werden nahezu keine Argumentationen oder Verknüpfungen bei der Beantwortung gefordert (Jordan et al., 2008). Hinzu kommt, dass potenziell kognitiv aktivierende Aufgaben durch eine misslingende Implementation durch die Lehrkraft ihre Wirkung im Unterricht verlieren können (Hillje, 2011).

In der TALIS-Videostudie Deutschland (vgl. Herbert, 2020, S. 28 f.) zeigte sich deskriptiv, dass in 62 % der untersuchten Mathematikstunden zum Themenkomplex *Quadratische Gleichungen* die Schüler*innen dazu aufgefordert wurden, mathematische Repräsentationsformen miteinander zu verknüpfen. In nahezu der Hälfte der Unterrichtsstunden ließen sich Modellierungsaufgaben finden. Auch Begründungen bzw. Erklärungen wurden nahezu in jeder zweiten untersuchten Unterrichtsstunde von den Schüler*innen eingefordert. Selten wurden jedoch die individuellen Lernvoraussetzungen berücksichtigt. Außer in England ließen sich Differenzierung für leistungsschwächere oder leistungsstärkere Schüler*innen nur selten in den Materialien beobachten.

In einer quasi-experimentellen Studie im Physik-Unterricht konnten Hofer und Kolleg*innen (Hofer et al., 2018) belegen, dass durch optimierte Unterrichtsmaterialien, in denen die Schüler*innen besonders angehalten waren, eigene Erklärungen zu formulieren, ein deutlich besseres Verständnis der Inhalte und bessere Leistungen beim Lösen von rechnerischen Aufgaben bei den Schüler*innen zu beobachten waren, als in einer Vergleichsgruppe, bei der übliche Unterrichtsmaterialien zum Einsatz kamen. Diese Effekte erwiesen sich auch drei Monate später noch als stabil.

Erfassung der kognitiven Aktivierung über externe Beobachtungen

Die Beobachtung durch externe Personen wird als eine der validesten Methoden zur Erfassung der kognitiven Aktivierung oder ihres Potenzials betrachtet (vgl. Leuders & Holzäpfel, 2011, S. 2). In Übersichtsarbeiten konnten sowohl Praetorius und Kolleg*innen (2018) als auch Schreyer und Kolleg*innen (2022) aufzeigen, dass Beobachtungsstudien vorrangig Merkmale der kognitiven Aktivierung untersuchen, die überwiegend angebotsseitige Merkmale der Lehrkraft abbilden (siehe auch Kapitel 3.1.4). Demnach wird vermehrt danach geschaut, welche Handlungen die Lehrkraft vollzieht, um die Schüler*innen im Unterricht potenziell kognitiv zu aktivieren.

In der TIMS-Videostudie (Klieme et al., 2001) wurde auf Basis der Skalen der Dissertation von Gruehn (2000) ein Beobachtungsinstrument entwickelt, mit dem die Offenheit von Aufgabenstellungen und Lösungswegen, die Rolle der Lehrperson als Mediator, sowie die Fokussierung durch die Lehrkraft, sprich die Benennung von Zielen oder das Zusammenfassen der Inhalte, als Merkmale der kognitiven Aktivierung erfasst wurden. Anschließend an die TIMS-Videostudie entwickelte Kunter (2005) in ihrer Dissertation ein Beobachtungsinstrument, mit dem die kognitive Aktivierung über Indikatoren, wie bspw. den evolutionären Umgang mit Schüler*innenvorstellungen, die Exploration des Vorwissens oder die Implementation herausfordernder Probleme, erfasst wurde. In der Pythagoras-Studie entwickelten Rakoczy und Pauli (2006) wiederum in Anlehnung an die Arbeit von Kunter (2005) ein hoch-inferentes Beobachtungsinstrument mit einer Skala zur Erfassung der kognitiven Aktivierung. In ihm enthalten sind u.a. Items, wie die Exploration des Vorwissens, die Exploration der Denkweisen, herausfordernde Probleme, die Lehrperson als Mediator und ein rezeptives Lernverständnis als ein Negativindikator. Ähnliche Operationalisierungen finden sich ebenfalls im Rahmen der PERLE-Studie (Persönlichkeits- und Lernentwicklung von Grundschulkindern): Unterricht gilt dann als kognitiv aktivierend, wenn die Lehrpersonen die Schüler*innen zu einem vertieften Nachdenken anregten, wenn sie versuchten, das Vorwissen oder die Denkweisen der Schüler*innen zu ergründen oder wenn kognitiv aktivierende und herausfordernde Aufgaben eingesetzt wurden (Denn et al., 2019; Lauterbach et al., 2013).

Auch international lassen sich ähnliche, verstärkt angebotsseitige Operationalisierungen der kognitiven Aktivierung finden. In der Metaanalyse von Hattie (2009) sind Merkmale der kognitiven Aktivierung enthalten, wie bspw. die Anregung zum lauten Denken und das Stellen herausfordernder Aufgabenstellungen. In dem Beobachtungsinstrument der TALIS-Video Study (Bell et al., 2020) sind ebenfalls Items enthalten, die den Fokus darauf legen, ob die Lehrkraft die Denkweisen der Schüler*innen ergründet oder ob sie ihren Unterricht adaptiv auf die Beiträge der Schüler*innen anpasst. Gleichwohl finden sich in der Studie auch Merkmale, die vermehrt eine schüler*innenseitige Perspektive, oder zumindest eine hybride Perspektive zwischen Angebot und Nutzung, abdecken. Ferner wird beleuchtet, inwieweit sich die Schüler*innen mit anspruchsvollen Themen oder Aufgaben beschäftigen oder inwieweit die Schüler*innen sich an den Verstehensprozessen des Unterrichts beteiligen. Im Sinne der von Lipowsky (2020, S. 92) beschriebenen approximativen Erfassung einer kognitiven Aktivität (siehe Kapitel 3.1.5) könnte man argumentieren, dass in dieser Beobachtungsperspektive auch die (kognitiven) Aktivitäten der Schüler*innen berücksichtigt werden. Diese sind dabei stets in einer Rückkopplung zum Handeln der Lehrkraft verankert. In diesen Codes spiegelt sich daher ein Verständnis für die wechselseitigen Bedingungen zwischen den Handlungen der Lehrkraft und denen der Schüler*innen wider.

Untersuchungen zur kognitiven Aktivität der Schüler*innen

Während es eine Vielzahl an Studien gibt, die kognitive Aktivierung mittels Fragebögen erfassen (Fauth et al., 2014b; Klieme & Nielsen, 2022; OECD, 2020), sind diese oft nicht direkt mit einer spezifischen Unterrichtsstunde oder einem konkreten Ereignis im Unterricht verknüpft. Ferner fokussieren viele dieser Untersuchungen primär auf die kognitiv aktivierenden Handlungen der Lehrkräfte (Fauth et al., 2020), anstatt sich explizit der kognitiven Aktivität der Schüler*innen im Sinne einer aktiven mentalen Auseinandersetzung zu widmen. Insgesamt wird die Erfassung der kognitiven Aktivitäten generell als herausfordernd angesehen (siehe Kapitel 3.1.5). Im Weiteren werden ausgewählte Studien präsentiert, die der von Lipowsky (2020, S. 92) skizzierten, approximativen Erfassung kognitiver Aktivität am nächsten kommen.

In einer explorativen Interventionsstudie untersuchten Ranger und Kolleg*innen (2015) Grundschüler*innen der dritten Klasse zum Themengebiet des Magnetismus bezüglich ihrer kognitiven Aktivität in kooperativen Lernphasen. In den vier untersuchten Klassen wurden insgesamt 93 Schüler*innen mittels Fragebogen und Leistungstests befragt. Zusätzlich wurden 16 kooperative Lernphasen aus dem Unterricht auf Video aufgezeichnet. In den Videos wurden anschließend anhand eines induktiv entwickelten Kategorienschemas verschiedene Prozessdimensionen kodiert. Die Ergebnisse zeigen, dass sich die Schüler*innen in den kooperativen Lernphasen als kognitiv aktiviert wahrnehmen. Auch die Analyse der Videos zeigte, dass sich nahezu die Hälfte aller Gesprächsinhalte auf kognitiv aktivierende Merkmale beziehen. In den Phasen des kooperativen Lernens brachten die Schüler*innen größtenteils Lösungsvorschläge ein, die auch untereinander diskutiert wurden. In einer qualitativ-rekonstruktiven Untersuchung im Sportunterricht ging Schönfeld (2021) der Frage nach, wie sich Schüler*innen mit potenziell kognitiv aktivierenden Aufgaben auseinandersetzen. Dabei wurden von dem Autor vier Modi kognitiver

Aktivitäten vorgestellt, die die Art und Weise dieser Auseinandersetzung beschreiben: „ein explorativ-analytischer Modus bei den Erkundenden, ein explorativ-kinästhetischer Modus bei den Ausprobierenden, ein unterstützungsorientiert-analytischer Modus bei den Zögernden und ein unterstützungsorientiert-kinästhetischer Modus bei den Nachmachenden" (Schönfeld, 2021, S. 229). Als zentrales Ergebnis hebt die Autorin hervor, dass sich einerseits in Bezug auf Angebots-Nutzungs-Modelle unterschiedliche Arten der Nutzung von kognitiv aktivierenden Aufgaben beobachten lassen und sich anderseits die kognitive Aktivierung als ein stark fachspezifisches Merkmal herausgestellt hat, besonders im Rahmen des untersuchten Sportunterrichts.

Ein Unterricht, der auf kognitive Aktivierung abzielt, kann eine positive Auswirkung auf die Beteiligung der Schüler*innen haben. Es ist jedoch zu beachten, dass die in den nachfolgenden Studien operationalisierte (körperliche) Aktivität nicht zwangsläufig als Indikator für kognitive Aktivität herangezogen werden kann. In der Pythagoras-Studie konnte beobachtet werden, dass je kognitiv aktivierender der Unterricht gestaltet ist, desto länger waren die Redebeiträge der Schüler*innen (Lipowsky et al., 2008). Ähnliches zeigte sich in der Studie von Stipek (2002). Die Aufmerksamkeit und die Partizipation von Schüler*innen der Primarstufe stand in einem positiven Zusammenhang mit der Qualität des unterrichtlichen Diskurses, der Verarbeitungstiefe und der Förderung abstrakterer Denkprozesse. Auch in einer qualitativen Studie im Mathematikunterricht der fünften und sechsten Klassenstufen zeigte sich bei kognitiv aktivierenden Unterrichtsgesprächen eine hohe Beteiligung der Schüler*innen (Turner et al., 1998). Nicht bestätigt werden konnte ein Zusammenhang zwischen der kognitiven Aktivierung im Unterricht und den Meldungen von Schüler*innen im Mathematikunterricht der Grundschule (Denn et al., 2019).

3.6 Zusammenfassung und Präzisierung der Fragestellung

Die kognitive Aktivierung hat sich als eine bedeutsame Dimension der Erforschung von Unterrichtsqualität etabliert (Praetorius & Gräsel, 2021). Die Bedeutsamkeit des Merkmals drückt sich in seiner „Initiierung von Verständnisprozessen bei den Lernenden" (Stürmer & Fauth, 2019, S. 9) aus. Das aus der deutschen Unterrichtsqualitätsforschung stammende Merkmal (Klieme et al., 2001) findet sich auch in der internationalen Forschungslandschaft in Form ähnlicher Konzepte und Ansätze (Newmann, 1991; Vosniadou, 2013) sowie ausdifferenzierter Modelle der Unterrichtsqualität (Charalambous & Praetorius, 2020; Praetorius, Klieme et al., 2020) wieder. Gleichzeitig wird oftmals noch die Ungenauigkeit der Begrifflichkeit (Leuders & Holzäpfel, 2011; Neubrand, 2015) und die fehlende theoretische Grundlage des Konzepts kritisiert (Praetorius & Gräsel, 2021).

Ungeachtet dessen hat sich das Merkmal in den vergangenen Jahren theoretisch wie empirisch als eines der wichtigsten Merkmale für die Erforschung von Wissensaneignungs- und Kompetenzerwerbsprozessen bei den Schüler*innen in der Unterrichtsqualitätsforschung (Klieme, 2019; Praetorius & Gräsel, 2021) als auch in den Fachdidaktiken (Bruder, 2018; Leuders & Holzäpfel, 2011) erwiesen. Theoretisch fundiert wird das Merkmal überwiegend mit kognitiv-konstruktivistischen und soziokulturellen Lehr-Lern-Theorien (Mayer, 2004; Piaget, 1976; Vygotsky, 1978) und findet sich dabei eingebettet in ebenso konstruktivistisch ausgerichteten Angebots-Nutzungs-Modellen zur Wirkweise des Unterrichts (Fend, 1982; Vieluf et al., 2020). Im Rahmen dieser Modelle wurde die kognitive Aktivierung bislang überwiegend als das angebotsseitige Potenzial für die kognitive Aktivität der Schüler*innen und als fachlicher Anforderungsgehalt konzeptualisiert.

Auch wenn im Rahmen dieser Modelle bereits eine Unterscheidung zwischen dem Potenzial zur kognitiven Aktivierung im Sinne der lehrerseitigen Stimulierung und der kognitiven Aktivität als der aktiven Nutzung dieser Stimulierung durch die Schüler*innen vorgenommen wird (Hanisch, 2018; Klieme, 2019; Kunter & Voss, 2011), spiegelt sich diese Unterscheidung bislang nur selten in den Operationalisierungen wider. Vielmehr fokussiert sich in Beobachtungsstudien die Analyse vorwiegend auf verbale und lehrer*innenseitige Interaktionen. Dazu gehören Aspekte wie die Ergündung des Vorwissens oder der Denkweise der Schüler*innen durch die Lehrkraft (Denn et al., 2019; Rakoczy & Pauli, 2006) sowie der Einsatz von anspruchsvollen und kognitiv anregenden Aufgaben im Unterricht (Kunter, 2005; Lauterbach et al., 2013). Dadurch wird die kognitive Aktivierung durch die Lehrperson primär als ein Impuls für die potenziell mögliche kognitive Aktivität der Schüler*innen konstruiert. Die kognitive Aktivität der Schüler*innen wird dabei selbst nur selten Gegenstand der unterrichtlichen Analysen. Die kognitive Aktivierung lässt sich auf Basis dieser Konzeptionalisierung und der Operationalisierung in der Unterrichtsqualitätsforschung als das Potenzial einer möglichen kognitiven Aktivierung bei den Schüler*innen verstehen und lässt vermehrt auf ein didaktisches Konzept schließen, das auf der Angebotsseite des Unterrichts verortet wird und in der Verantwortung der Lehrperson liegt.

Zwar lassen sich die Potenziale zur kognitiven Aktivierung im Besonderen über die Analyse von Aufgaben und Unterrichtsmaterialien (Herbert & Schweig, 2021; Jordan et al., 2008) sowie über Beobachtungen im Unterricht (Bell et al., 2020; Lipowsky et al., 2009) erfassen, jedoch hat sich gezeigt, dass die so eingestuften Impulse durch ungenügende Umsetzung in der Interaktion ihr Potenzial verwirken können (Hillje, 2011; Klieme et al., 2001). Die tatsächliche Implementationsqualität von kognitiv aktivierenden Aufgaben und Impulsen und die individuellen Voraussetzungen der Schüler*innen in Bezug auf die Bearbeitung dieser sind bislang nur wenig erforscht (Renkl, 2015; Schreyer et al., 2022). Diese müssten vor dem Hintergrund der Unterscheidung zwischen Sicht- und Tiefenstrukturen als nicht direkt zu beobachtende Lehr-Lern-Prozesse im Rahmen der Analyse erst rekonstruiert werden (Decristan et al., 2020; Oser & Patry, 1990). Darüber hinaus stellt die Komplexität der unterrichtlichen Interaktion sowie die oftmals fehlende Betrachtung der Sequenzialität, der Körperlichkeit und der Materialität in den quantitativ ausgerichteten Studien eine weitere Einschränkung in der Analyse dar (Asbrand & Martens, 2018; Vieluf & Klieme, 2023).

In dieser Studie wird bei der Gegenstandbestimmung der kognitiven Aktivierung an die theoretischen Unterrichtsqualitätsperspektiven angeschlossen, durch die Einblicke in die soziale Emergenz und Kontingenz der kognitiven Aktivierung in der Interaktion zwischen Lernenden und Lehrenden ermöglicht wird. Kognitive Aktivierung wird verstanden als ein wissensbasierter und wissenskommunizierender Zusammenhang im Unterricht und somit als ein wesentliches Merkmal der Angebots- *und* der Nutzungsseite. Dabei wird gleichermaßen davon ausgegangen, dass Angebot und Nutzung kategorial voneinander zu trennen sind und dass die beiden Elemente in einem nicht deterministischen Verhältnis zueinanderstehen. Als ein interaktiver Prozess beinhaltet die kognitive Aktivierung im Unterricht die Erzeugung kognitiver Aktivierungspotenziale auf der Seite des Angebots und die Aufnahme, das Verstehen und das kognitive Verarbeiten dieser Impulse auf der Seite der der Nutzung. Zwar legen etwa gestellte Aufgaben im Unterricht den inhaltlichen und methodischen Rahmen fest, aber „dessen konkrete Ausgestaltung findet erst in der Interaktion zwischen Lehrkraft und Schülerinnen und Schülern statt" (Kater-Wettstädt, 2015, S. 96). Auf Basis der Annahme fehlender Wirkungskausalitäten ist die kognitive Aktivierung daher nicht nur das bloße Einbringen kognitiv aktivierender Impulse in den Unterricht, sondern auch die interaktionale Verhandlung sowie die Ko-Konstruktion der Bedeutung und der Gehalte zwischen den Akteur*innen im Unterricht. Ferner wird dabei angenommen, dass die Zuständigkeiten für die Erzeugung eines Angebots bzw. die Nutzung dessen nicht an strikte Rollen der Akteur*innen gebunden sind. Lehrkräfte als auch Schüler*innen können Angebote im Unterricht erzeugen und diese nutzen. Zudem wird davon ausgegangen, dass die Gestaltung des Angebots und dessen Nutzung durch Merkmale des Unterrichts, aber auch durch außerunterrichtliche Merkmale bestimmt sind.

In dieser Arbeit wird kognitive Aktivierung daher als ein Merkmal der Lehrer*innen-Schüler*innen-Interaktion untersucht und rekonstruiert. Im Rahmen dieser als explorativ zu charakterisierenden Studie wird eine für die Unterrichtsqualitätsforschung neue Perspektive im Sinne einer qualitativ-rekonstruktiven Unterrichtsforschung mit der kognitiven Aktivierung eingenommen. Dabei stehen im Rahmen der Analyse weniger die Qualitäten bzw. die Wirkungen der Interaktionen im Vordergrund, vielmehr wird in einem weitgehend deskriptiven Ansatz danach gefragt, in welchem Zusammenhang aktivierende Impulse und die empirisch zu beobachtenden Reaktionen in der Interaktion stehen. Die grundlegende Frage dieser Arbeit lautet daher, wie an die Äußerungen oder die Stimuli des Unterrichts, die als Impulse zur kognitiven Aktivierung der Schüler*innen hervorgebracht werden, durch die einzelnen Akteur*innen angeschlossen wird. Anders könnte die Frage lauten: *Wie wird kognitive Aktivierung in der Interaktion zwischen Lernenden und Lehrenden hergestellt und prozessiert?*

Unter Anwendung der wissenssoziologisch fundierten *Dokumentarischen Methode* (Bohnsack, 2021) werden die im Unterricht kommunizierten und handlungsleitenden, impliziten Wissensbestände rekonstruiert, die diese Hervorbringung und Prozessierung in der Interaktion begünstigen. Dabei wird in Bezug auf diesen unterrichtlichen Handlungszusammenhang danach gefragt, *was* in den Interaktionen kommuniziert wird und *wie* bzw. in welcher Art und Weise die kognitive Aktivierung in der Interaktion hervorgebracht wird und wie an sie angeschlossen wird. Dabei sind insbesondere die Wahrnehmungs- und Interpretationsprozesse der Schüler*innen und Lehrpersonen von Bedeutung, die ebenfalls im Rahmen der Angebots-Nutzungs-Merkmale als zentrale Bedingungsfaktoren herausgestellt werden (Vieluf et al., 2020). Im Sinne der *Dokumentarischen Methode* liegt dabei der Fokus auf den praktischen, erfahrungsbasierten und handlungsleitenden Wissensbeständen. Mithilfe der dokumentarischen Interpretation ist es möglich, die impliziten Lehr- und Lernhabitus der Akteur*innen zu rekonstruieren, die primär auf das Lehren und Lernen bzw. auf die Unterrichtsgestaltung und die Unterrichtsteilnahme bezogene, implizite Wissensbestände und Werthaltungen darstellen, die als eine wesentliche Bedingung für Unterricht gelten können (Asbrand & Martens, 2018; Martens & Asbrand, 2009). In der dokumentarischen Unterrichtsforschung wird der Zusammenhang zwischen Angebot und Nutzung als ein Passungsverhältnis von Lehr- und Lernhabitus rekonstruiert (Martens & Asbrand, 2017; Praetorius et al., 2021). In Bezug auf die Angebots-Nutzungs-Modelle des Unterrichts lassen sich diese „Übersetzungs- und Anpassungsleistungen zwischen den habituell strukturierten Anforderungen des Unterrichts und deren ebenfalls habituell strukturierten Umsetzungen als Nutzung von Angeboten empirisch rekonstruieren“ (ebd., S. 87). Durch die Rekonstruktion der Differenz und der Passung der Lehr- und Lernhabitus wird es ermöglicht, die Bedingungen für die Lernprozesse im Unterricht empirisch in den Blick zu nehmen (vgl. ebd.). Mit dieser theoriebilden Perspektive werden im Rahmen dieser Arbeit empirisch rekonstruierte Zusammenhänge bzw. Passungsverhältnisse diesbezüglich beschrieben, in kontrastiven Fallvergleichen abstrahiert und zu einer Typenbildung verdichtet.

Der hauptsächliche Fokus der folgenden Analysen liegt dabei auf den Interaktionsprozessen zwischen Lehrpersonen, Schüler*innen und initialen Impulsen im Mathematikunterricht der Sekundarstufe I zum Themenbereich der quadratischen Gleichungen. Die primäre Fokussierung auf ein bestimmtes Thema stellt dabei einen Versuch dar, der geforderten fachlichen Ausgestaltung und Analyse des Konstrukts gerecht zu werden (Bruder, 2018; Praetorius & Gräsel, 2021). Aufgrund der erziehungswissenschaftlichen Ausrichtung der vorliegenden Arbeit kann diesem Anspruch nur ansatzweise entsprochen werden, da der Autor selbst keine mathematisch-fachdidaktische Expertise aufweist. Für die Interpretation ging jedoch eine fachliche Bestimmung des Themas voraus (siehe Kapitel 4.6), die in der Diskussion erneut aufgegriffen wird.

4 Methodologie und Methodik: Videographie und dokumentarische Unterrichtsforschung

Im Rahmen dieser Untersuchung wurden auf Video aufgezeichnete Unterrichtsstunden mithilfe der *dokumentarischen Videographieanalyse* (Asbrand & Martens, 2018) interpretiert und ausgewertet. Basierend auf der *Dokumentarischen Methode* nach Bohnsack (2021) stellt die Videographieanalyse ein Verfahren dar, das speziell für die Analyse von Unterrichtsvideographien adaptiert und weiterentwickelt wurde. Der Ansatz, der dem Teilbereich der dokumentarischen Unterrichtsforschung zugeordnet werden kann, eignet sich besonders, um „fachdidaktische, erziehungswissenschaftliche oder soziologische Fragestellungen, aber auch Forschungsgegenstände der psychologischen Lehr-Lernforschung qualitativ empirisch bearbeiten" (Asbrand & Martens, 2018, S. 1) zu können.

Auch wenn das Konstrukt der kognitiven Aktivierung innerhalb der Lehr-Lern-Forschung bereits vielfältig empirisch untersucht wurde (siehe Kapitel 3.5), zeigt sich dennoch eine defizitäre Befundlage hinsichtlich der konkreten interaktiven Prozessierung kognitiv aktivierender Impulse im Unterricht und deren wechselseitige Bearbeitung sowohl durch die Schüler*innen als auch durch die Lehrkräfte. Das Forschungsinteresse dieser Untersuchung ist daher ein exploratives, indem neue Erkenntnisse darüber gewonnen werden, wie kognitive Aktivierung im Unterricht hergestellt und prozessiert wird.

Im Folgenden wird der methodologisch-methodische Zugang der vorliegenden Untersuchung dargestellt. In einem ersten Schritt wird die Erhebungsmethode, die Videographie des Unterrichts, beschrieben und methodisch eingeordnet (siehe Kapitel 4.1). Anschließend daran wird das qualitativ-rekonstruktive Verfahren der Dokumentarischen Methode nach Bohnsack (2021) mit ihren wesentlichen methodischen Prinzipien näher vorgestellt (siehe Kapitel 4.2). Aufbauend darauf folgt eine Darstellung der Erweiterung dieser Methode um eine dokumentarische Unterrichtsforschung (siehe Kapitel 4.3) nach Asbrand und Martens (2018). Die konkreten methodischen Schritte der dokumentarischen Videographieanalyse in ihrer Abfolge werden anschließend (siehe Kapitel 4.4) beschrieben. Abschließend wird der Projektkontext, in dem diese Arbeit entstanden ist, vorgestellt und es werden die Datenerhebungen und das verwendete Sampling dargelegt (siehe Kapitel 4.5).

Bei den in dieser Arbeit vorgestellten Sequenzen handelt es sich überwiegend um Unterrichtsaufzeichnungen aus der TALIS-Videostudie Deutschland (Grünkorn et al., 2020). Das übergeordnete Thema dieser Sequenzen ist *Quadratische Gleichungen.* Um einen inhaltlichen Überblick über das Thema zu erhalten, wird in Kapitel 4.6 ein mathematisch-fachlicher Exkurs gegeben.

4.1 Videographie als Erhebungsmethode in der Unterrichtsforschung

Videobasierte Beobachtungsdaten helfen dabei, empirische Erkenntnisse über den Unterricht als ein komplexes Interaktionsgeschehen zu erzeugen (vgl. Herrle et al., 2016, S. 9). Die Videographie als Erhebungsmethode eignet sich besonders, „um das kommunikativ aufeinander bezogene Handeln – die Interaktion – von Akteuren in verschiedenen Situationen zu untersuchen" (Tuma et al., 2013, S. 63). Mithilfe einer Videographie wird es durch die Beobachtung der Alltagspraxis im Unterricht möglich, die handlungsleitenden Orientierungen der Akteur*innen zu rekonstruieren (Asbrand & Martens, 2018; Bohnsack, 2021). Die Methode ermöglicht daher einen direkten Zugang zur unterrichtlichen Interaktion und der performativen Performanz (vgl. Bohnsack, 2017, S. 93) des Unterrichts.

Prinzipiell handelt es sich bei einer *-graphie*[1] der Etymologie entsprechend, um etwas Geschriebenes oder Aufgezeichnetes. Die Videographie beschreibt das Datum einer Aufzeichnung in Form eines Videos, das auf einem Magnetband oder, in der heutigen Zeit üblicher, einem digitalen Datenträger festgehalten und gespeichert wird. Der Kern einer wissenschaftlichen videographischen Analyse ist jedoch „[n]icht die technische Aufzeichnung mit einer Kamera, sondern die eingehende Untersuchung dessen, was in einer untersuchten Situation sichtbar ist" (Dinkelaker, 2020, S. 20). Somit ist die eigentliche (technische) Aufzeichnung, wie die Erhebung einer Unterrichtsstunde, nur ein Mittel zum Zweck. Zentral für eine wissenschaftliche Analyse ist, welche empirischen Gehalte, bzw. welche Daten, aus dem Medium des Videos gewonnen werden können (vgl. Erickson, 2006, S. 572). Üblich ist es daher, dass bspw. Standbilder, die auch als ‚Stills' bezeichnet werden, Skizzen, szenische Beschreibungen (vgl. Dinkelaker, 2020, S. 20), Transkriptionen, Interpretationen (vgl. Asbrand & Martens, 2018, Kapitel 5) oder Datensätze (vgl. Appel & Rauin, 2016, S. 130) auf Basis von aufgezeichneten Videos erzeugt werden.

Die Erfassung und Auswertung von Videomaterial bietet diverse Vorteile, da sie im Gegensatz zu textbasierten Analysen die Dimensionen von Zeit und Raum intensiver einbezieht und betont sowie die Flüchtigkeit der Situation einfängt (vgl. Herrle & Breitenbach, 2016, S. 30). Videos bieten auch im Gegensatz zu audiographisch erhobenen Daten auf der inhaltlichen, zeitlichen sowie sozialen Ebene enorme Vorteile. Inhaltlich werden mithilfe eines Videos Dinge, Gesten, Positionierungen und Ausrichtungen überhaupt erst sichtbar und können in der Analyse berücksichtigt werden. Die Erfassung und Auswertung von Videomaterial ermöglicht auf der zeitlichen Ebene eine Analyse der Simultani-

1 aus dem Griechischen gráphein: ‚schreiben' oder ‚zeichnen'

tät und Synchronizität von Interaktionen. In Bezug auf die soziale Ebene lassen sich mithilfe von Videos die kollektiven Hervorbringungen von Positionen in deren wechselseitiger Bezugnahme in den Blick nehmen (vgl. Corsten et al., 2020, S. 33). Zusätzlich können Videos als Grundlage für Forschungswerkstätten herangezogen und auf diese Weise die Plausibilität von Interpretationen überprüft und abgesichert werden (vgl. Asbrand & Martens, 2018, S. 185 ff.), aber auch eine nachträgliche Prüfung dieser Plausibilität ist durch externe Personen möglich, sofern die Personen Zugriff auf die Videos erhalten können.

Gleichzeitig bringen die Erhebung und die Analyse von Videos auch einige Herausforderungen mit sich. Neben den hohen Auflagen zur Einhaltung des Datenschutzes der zu Beforschenden (vgl. Herrle & Breitenbach, 2016, S. 32) sind videobasierte Erhebungen zudem mit einem erheblichen Kosten- und Zeitaufwand verbunden. Zum einen, da das entsprechende Equipment angeschafft werden muss, zum anderen aber auch, da die Durchführung und die Nachbereitung der Videos mit einem hohen personellen Aufwand verbunden sind (vgl. Herrle & Breitenbach, 2016, S. 36). In analytischer Hinsicht stellen Videos durch ihre „überkomplexe Fülle" (Dinkelaker, 2010, S. 92) einen Datenkorpus dar, der erst durch die weiterführende Bearbeitung entsteht und im Rahmen der Aufbereitung und der Analyse erschlossen werden muss. Dies zeigt sich besonders in der überaus aufwendigen Postproduktion, bei der die auf Kamera aufgezeichneten Videos geschnitten und anschließend in ein passendes Format konvertiert werden müssen. Zudem kann es dazu kommen, dass verschiedene Perspektiven miteinander kombiniert oder unterschiedliche Tonspuren in einem Video miteinander verknüpft werden müssen. Neben der Transkription der Videos, die für eine Vielzahl an Methoden weiterhin unabdingbar ist (bspw. Asbrand & Martens, 2018; Breidenstein, 2006; Lotz, 2016), kann es zudem hilfreich sein, inhaltliche Beschreibungen zum Verlauf der Videos anzufertigen. Spätestens bei der Analyse sind dann neben der verbal sprachlichen Ebene, vermehrt auch die visuell non-verbale Ebenen der Akteur*innen von Bedeutung. Das kann dazu führen, dass neben den Transkripten auch bspw. Partituren (Moritz, 2011) oder non-verbale Beschreibungen (Martens & Asbrand, 2018) angefertigt werden müssen.

Der Diskurs um videogestützte Beobachtungen steht methodisch sowie methodologisch noch weitestgehend am Anfang (vgl. Baltruschat & Wagner-Willi, 2018, S. 245). Dies wird besonders deutlich im Hinblick auf die lange Tradition der textbasierten Erhebungs- und Auswertungsmethoden in der qualitativen Sozialforschung. Historisch ist diese Ausrichtung dem linguistic turn (Rorty, 1997) zuzuschreiben, bei dem das Medium der Sprache und dessen Übersetzung in Texte vordergründig Teil der Analyse war und zum Teil auch noch ist. Seit Mitte bis Ende der 1990er Jahre hat verstärkt der Einsatz und die Analyse videobasierter Daten in die Sozialforschung Einzug gehalten (vgl. Baltruschat & Wagner-Willi, 2018, S. 155; Reh, 2012, S. 154). Diese Entwicklung lässt sich zum einen auf den vermehrt vorherrschenden pictorial turn (Mitchell, 1997), zum anderen auf die steigende Bedeutsamkeit ethnographischer Studien (Amann & Hirschauer, 1997) zurückführen. Zusätzlich hat besonders der Übergang von analoger zu digitaler Videoerhebungen die Erhebung stark ökonomisiert (vgl. Herrle & Breitenbach, 2016, S. 37).

Nach Bohnsack (2021, S. 178 f.) können im Wesentlichen zwei Arten von Videographien unterschieden werden: (1) Videographien als Erhebungsinstrument und (2) Videographien als Alltagsprodukte. Bei Letzterem rückt grundlegend die Gestaltungsleistung der abbildenden Bildproduzenten, also den Akteur*innen hinter der Kamera, in den Vordergrund. Bei diesen Videodaten handelt es sich üblicherweise um Eigenprodukte der Erforschten, die zum Gegenstand wissenschaftlicher Untersuchung gemacht werden. Bei den Videographien als Erhebungsinstrument werden insbesondere die abgebildeten Bildproduzenten, also die Akteur*innen, die vor der Kamera agieren, für die Analyse relevant. Dabei handelt es sich i. d. R. um speziell für Forschungszwecke angefertigte Videoaufzeichnungen von Alltags- oder auch Laborsituationen. Obwohl die Rolle der abbildenden Personen, etwa der Forschenden, bei dieser Methode scheinbar weniger relevant für den Forschungsgegenstand erscheint, kann es dennoch nützlich sein, grundlegende Entscheidungen wie die Kameraplatzierung, Kameraführung, Bildausschnitt und nachträgliche Bearbeitung der Aufnahmen zu reflektieren.

In der Erziehungswissenschaft haben sich nach Dinkelaker und Herrle (2009, S. 10 f.) drei grundlegende Strömungen herausgebildet: die Filmanalyse, die videogestützte Unterrichtsqualitätsforschung und die erziehungswissenschaftliche Videographie. Bei Filmanalysen ist überwiegend das Video oder der Film selbst, sprich sowohl was in den Videos gezeigt wird als auch wie es gezeigt wird, Gegenstand der Forschung (vgl. Bohnsack et al., 2015, S. 13). Speziell für die Unterrichtsforschung sind besonders die beiden letztgenannten Ansätze von besonderer Bedeutung. Die videogestützte Unterrichtsqualitätsforschung, die auch als systematisch-standardisierter Ansatz bezeichnet wird (vgl. Gröschner, 2019, S. 489), lässt sich dabei überwiegend der pädagogisch-psychologisch orientierten Lehr-Lern-Forschung (siehe Kapitel 2.2.2) zuordnen. Während die erziehungswissenschaftliche Videographie vermehrt im Bereich der qualitativ-rekonstruktiven Unterrichtsforschung (siehe Kapitel 2.2.3) vorzufinden ist.

In der Lehr-Lern-Forschung hat sich die videobasierte Unterrichtsqualitätsforschung in den vergangenen Jahrzehnten als eine weit verbreitete Methode zur Untersuchung von Lehr-Lern-Prozessen im Unterricht und zur Bewertung der Unterrichtsqualität etabliert. Erste Anfänge dieser vermehrt pädagogisch-psychologisch orientierten Forschung fanden sich bereits bei Kounin (1970), der mithilfe videogestützter Erhebungen die Interaktionen Studierender in universitären Lehrveranstaltungen untersucht und damit maßgeblich zur Entwicklung des Unterrichtsqualitätsmerkmals der Klassenführung beigetragen hat. In den vergangenen Jahren wurden videogestützte Analysen innerhalb der Unterrichtsqualitätsforschung, aber vor allem in größeren, teils international angelegten Studien durchgeführt. Bekannte Studien sind bspw. die TIMS-Videostudie 1995 (Stigler et al., 1999), die IPN-Videostudie (Seidel et al., 2006), die Pythagoras-Studie (Klieme et al., 2009), die DESI-Studie (DESI-Konsortium, 2008), die IGEL-Studie (Fauth et al., 2014a) und zuletzt auch die TALIS-Video Study (OECD, 2020). Diesen Studien liegen oft multimethodische Erhebungsdesigns zugrunde, in denen neben den Videoaufzeichnungen oft auch Fragebogenerhebungen und Leistungstests durchgeführt werden, um diese später im Rahmen statistischer Analysen multikriterial miteinander verknüpfen und auswerten zu können (vgl. Gröschner, 2019, S. 487). Das Ziel der Videoerhebungen ist es, den auf Video aufgezeichneten Unterricht und dessen Qualität mithilfe zumeist deduktiv entwickelter Kodier- und Beobachtungsprotokolle durch externe, trainierte Beobachter*innen beurteilen zu lassen (vgl. Praetorius, 2013), um auf diese Weise schließlich einen Datensatz zu generieren (vgl. Appel & Rauin, 2016, S. 128).

Auch die erziehungswissenschaftliche Videographie hat in den vergangenen Jahren stark an Bedeutung gewonnen. Dieser Ansatz findet sich überwiegend in Studien, die einem stärker qualitativen Paradigma zugeordnet werden können. Ihre Anfänge findet dieser Ansatz in der ethnographischen Filmtradition, mit dessen Hilfe die Verhaltensweisen und die Ausdrucksformen von Akteur*innen fremder Kulturen dokumentiert wurden und deren Anfänge sich bis zur Entstehung und zur Entwicklung der ersten Video- und Filmtechnik zurückführen lassen (vgl. Tuma et al., 2013, S. 24). Im Sinne dieser Forschungstradition wird untersucht, wie Unterricht als eine soziale Praxis hergestellt wird und wie, also in welcher Art und Weise, die Akteur*innen in der unterrichtlichen Interaktion aufeinander Bezug nehmen (vgl. Herrle et al., 2016, S. 12). Das Feld der erziehungswissenschaftlichen Videographie ist methodologisch und methodisch breit aufgestellt. Wesentliche Strömungen sind hier Studien aus dem Bereich der Ethnomethodologie (Breidenstein, 2006; Reh et al., 2015), der Konversationsanalyse (Dinkelaker & Herrle, 2009) und der Wissenssoziologie (Asbrand & Martens, 2018; Wagner-Willi, 2007). Zentrales Merkmal dieser Ansätze ist der verstärkte Fokus auf die Interaktion der Akteur*innen, bei dem nach den „sinnhaft strukturierten Mustern der Interaktion und des Handelns im Unterricht“ (Herrle & Dinkelaker, 2016, S. 77) gefragt wird. Neben der Betrachtung der sprachlichen Interaktion wird dabei zunehmend auch die Körperlichkeit und die Materialität des Unterrichts in den Blick genommen (vgl. Asbrand et al., 2013, S. 173). Die Auswertung der Daten wird dabei üblicherweise auf Basis von Transkripten, Feldnotizen, Fallbeschreibungen, Interpretationen, Audioaufzeichnungen und letztlich auch mit den Videos selbst durchgeführt. Das Ziel der erziehungswissenschaftlichen Videographie „ist die Exploration und Rekonstruktion zeitlich und räumlich gebundenen Verhaltens von Lehrpersonen und Schülerinnen und Schülern im Unterricht sowie deren verbale und nonverbale Verfasstheit“ (Gröschner, 2019, S. 490).

4.2 Dokumentarische Methode

Bei der *Dokumentarischen Methode* handelt es sich um ein rekonstruktives Verfahren zur Analyse qualitativer Daten. Entwickelt wurde die Methode von Ralf Bohnsack (1989) im Rahmen seiner Dissertation. Die metatheoretische Rahmung der Dokumentarischen Methode bildet die Wissenssoziologie nach Karl Mannheims (1964, 1980) die Ethnomethodologie Garfinkels (1961, 1967) und die Kultursoziologie Bourdieus (2006). Die ursprünglich für eine textbasierte Analyse von Gruppendiskussionen entwickelte Methode wurde in den vergangenen Jahren um die Analyse von Bildern und Videos bzw. Filmen erweitert (Bohnsack, 2011; Bohnsack et al., 2015). Eine weitere Ausdifferenzierung und die Erweiterung zur dokumentarischen Videographieanalyse speziell für die Analyse von Unterrichtsvideos wurde durch Asbrand und Martens (2018) vorgenommen.

Die Dokumentarische Methode und generell die rekonstruktive Sozialforschung versteht sich primär als *theoriegenerierende Forschung* (vgl. Bohnsack, 2021, S. 31; Glaser & Strauss, 1967). Das Ziel von qualitativ-rekonstruktiver Verfahren ist nicht, theoretische Vorannahmen im Sinne von Hypothesen zu überprüfen, sondern vielmehr diese zu generieren (vgl. Bohnsack, 2017, S. 16). Die grundlegende Annahme dieser Verfahren ist die einer gesellschaftlichen Konstruktion von Wirklichkeit (vgl. Meuser, 2018, S. 206), die vermehrt sozialkonstruktivistische Theorien (siehe Kapitel 3.2.3) im Sinne Bergers und Luckmanns (2003) betrachtet. Qualitativ-rekonstruktive Methoden versuchen im Rahmen der empirischen Analyse daher, „die (sinnhaften) Konstruktionen der Wirklichkeit zu rekonstruieren, welche die Akteure in und mit ihren Handlungen vollziehen“ (Meuser, 2018, S. 207). Die Konstruktionen im Alltagshandeln werden von den Akteur*innen oft intuitiv und unhinterfragt vollzogen, es handelt sich dabei also um implizite Wissensbestände, die den Akteur*innen selbst nicht direkt verfügbar sind (vgl. Bohnsack, 2021, S. 27). Diese wissenschaftlichen Rekonstruktionen der alltäglichen Konstruktionen werden daher im Sinne von Schütz (1971) auch als *Konstruktionen zweiten Grades* bezeichnet, da es sich dabei um Rekonstruktionen der von den Akteur*innen sprachlich und handelnden Konstruktionen handelt (vgl. Schütz, 1971, S. 7). Die wissenschaftliche Analyse fragt daher auch vermehrt „nach dem *Wie* der Herstellung gesellschaftlicher Tatsachen“ (Bohnsack, 2017, S. 27, Herv. i. O.).

Arbeiten im Rahmen des qualitativ-rekonstruktiven Paradigmas grenzen sich dadurch oft explizit von Verfahren und Methoden ab, die als „hypothesenprüfende Verfahren“ (Bohnsack, 2017, S. 90; Przyborski & Wohlrab-Sahr, 2014,

S. 28 f.) bezeichnet werden. Diese als dichotom wahrgenommene Unterscheidung der Paradigmen beschränkt den Umfang der quantitativen Verfahren zu einem gewissen Grad. In der quantitativen Forschung gibt es ebenfalls Verfahren, die sich stärker als abduktiv bzw. explorativ beschreiben lassen. Ein prominentes Beispiel für diese Arbeit sind die drei Basisdimensionen (siehe Kapitel 2.4.3), zu denen auch die Dimension der kognitiven Aktivierung gehört. Diese wurden mithilfe einer explorativen Faktorenanalyse generiert, und erst nach ihrer Generierung erfolgte die empirische, hypothesenzentrierte Überprüfung. Grundlegend kann bei der Unterscheidung jedoch festgehalten werden, dass mithilfe von ‚hypothesenprüfenden Verfahren' vermehrt kausale Ursache- und Wirkungszusammenhänge erklärt werden können (vgl. Koller, 2017, S. 180). Die Rahmenbedingungen bei den Erhebungen sind dabei mehrheitlich standardisiert, weswegen die Verfahren besser auch als „standardisierte Verfahren" (vgl. Bohnsack, 2021) zu bezeichnen sind. Wohingegen mit den ‚qualitativ-rekonstruktiven Verfahren' primär eine abduktive Forschungslogik verfolgt wird, die auf eine empirisch basierte Theoriebildung abzielt (vgl. Idel & Meseth, 2018, S. 64). Im Rahmen der Erhebungen wird den Erforschten die Möglichkeit gegeben, ihre Relevanzsysteme entweder verbal durch Sprache oder non-verbal durch beispielsweise Mimik, Gestik oder Positionierung selbst zu entfalten. (vgl. Przyborski & Wohlrab-Sahr, 2014, S. 17).

Im Folgenden werden die wesentlichen metatheoretischen Grundlagen der Dokumentarischen Methode dargestellt, die für ein Verstehen des methodischen Vorgehens und den Nachvollzug der Interpretationsschritte bedeutsam sind.

Kommunikatives und konjunktives Wissen

Mannheim (1964, 1980) unterscheidet in seinen Werken grundlegend zwischen *kommunikativ-generalisierendem* und *konjunktivem* Wissen. Dieses Begriffspaar erlaubt es, eine Differenzierung zwischen dem Verstehen und dem Interpretieren von menschlichen Äußerungen und Handlungen vorzunehmen (vgl. Bohnsack, 2021, S. 62 f.). Menschen, die einen gemeinsamen Ehrfahrungsraum miteinander teilen, bspw. da sie familiär zusammen aufgewachsen sind oder weil sie einer bestimmten Gruppe an Personen angehören, die, wie etwa Schüler*innen, durch institutionelle Rahmungen ähnliche Erfahrungen sammeln konnten, können sich auf der Basis dieser Gemeinsamkeiten unmittelbar verstehen. Personen, die eine solche gemeinsame Erfahrungsbasis nicht teilen, verstehen sich nicht unmittelbar, sondern müssen einander erst interpretieren (vgl. ebd.).

Die *genetischen Analyseeinstellung* der Dokumentarischen Methode fragt nun nach dem *modus operandi* der Akteur*innen. Mit ihr soll es möglich werden, die Herstellung von Wissen und Praktiken in der Alltagspraxis zu rekonstruieren (vgl. Asbrand & Martens, 2018, S. 15). Dabei steht die Frage im Vordergrund, *wie* gesellschaftliche Tatsachen hergestellt werden (vgl. Bohnsack, 2021, S. 61).

Dieses implizite oder auch konjunktive Wissen, das den Alltagspraktiken zugrunde liegt und üblicherweise nicht reflexiv verfügbar ist, wird von Mannheim als *Dokumentsinn* bezeichnet (vgl. Bohnsack, 2021, S. 65). Bei diesem Wissen handelt es sich demnach um erfahrungsbasiertes und habitualisiertes Wissen, in dem sich bspw. Werthaltungen und Routinen zeigen. Das kommunikativ-generalisierende oder auch explizite Wissen hingegen spiegelt die Ebene des Selbstverständlichen wider. Eine Verständigung auf dieser Ebene zwischen Menschen mit unterschiedlichen Erfahrungsräumen ist möglich, jedoch findet auf dieser Ebene kein gegenseitiges Verstehen, sondern vermehrt ein gegenseitiges Interpretieren statt (vgl. Asbrand & Martens, 2018, S. 15 f.). Die als *objektiver Sinn* bezeichnete Ebene (vgl. Mannheim, 1964, S. 104 ff.) umfasst theoretische Erklärungen, Orientierungstheorien und Reflexionen über die Handlungspraxis (vgl. Asbrand & Martens, 2018, S. 16). Auf dieser Ebene werden auch bewertende und normative Aspekte der Handlungspraxis einbezogen.

In Bezug auf Unterricht zählen etwa fachkulturelle, pädagogische und didaktische Handlungsmuster und Routinen, Orientierungen und Werthaltungen als Elemente des konjunktiven oder des atheoretischen Wissens (vgl. Asbrand & Martens, 2018, S. 21 f.). Dieses in den Äußerungen und Handlungsvollzügen von Lehrpersonen und Schüler*innen implizit bleibende Wissen bedarf der Rekonstruktion. Das Fachwissen der Schüler*innen und Lehrpersonen oder auch ihre pädagogischen, fachlichen und fachdidaktischen Normen werden als kommunikatives Wissen gefasst und können von den Akteur*innen auch explizit geäußert werden. Die Rekonstruktion von kommunikativen und von konjunktiven Wissensbeständen ist im Hinblick auf Unterrichtsvideographien nicht nur über die sprachlichen Äußerungen der Akteur*innen möglich, sondern auch über das praktische Handeln und die non-verbalen Interaktionen in der soziomateriellen Ordnung des Unterrichts (vgl. Martens, Petersen et al., 2015, S. 51).

Wechsel der Analyseeinstellung

Für die Dokumentarische Methode ist eine spezielle Beobachterhaltung grundlegend, die Mannheim (1980, S. 85) als eine *genetische Analyseeinstellung* bezeichnet. Mannheim (1964, S. 134) unterscheidet dabei prinzipiell, *was* kulturelle oder gesellschaftliche Tatsachen sind und *wie* diese Tatsachen sozial hergestellt werden. Die Prozesse der sozialen Herstellung von Realität werden durch die Analyseeinstellung empirisch beobachtbar, während die Realität selbst unbeobachtet bleibt (vgl. Bohnsack, 2018, S. 53). Durch einen „Wechsel der Analyseeinstellung" (Bohnsack, 2021, S. 162) wird der Zugang zu den konjunktiven Wissensbeständen bzw. dem modus operandi der Handlungspraxis der Akteur*innen möglich. Dadurch wird in der Interpretation der Schritt weg von den theoretischen *Common-Sense*-Konstruktionen der Akteur*innen hin zu einer Konstruktion des modus operandi, also der Art und Weise der interaktiven bzw. erlebnismäßigen Herstellung sozialer Wirklichkeit, vollzogen (vgl. Bohnsack, 2014, S. 212). Dieser Wechsel der Analyseeinstellung ist mit Luhmanns (2002, S. 168 f.) Unterscheidung von Beobachtungen erster und Beobachtungen zweiter Ordnung[2] vergleichbar.

Einklammerung des Geltungscharakters

Im Rahmen der wissenschaftlichen Interpretation wird dabei die *Einklammerung des Geltungscharakters* besonders betont (vgl. Bohnsack, 2021, S. 62; Mannheim, 1980, S. 88). Die dokumentarische Interpretation entzieht sich dabei einer Bewertung des immanenten Gehalts, es wird also nicht von dem beurteilt, was in den Interaktionen gesagt und getan wird. Die Interpretationen gehen also weniger der Frage nach, *was* in der Interaktion als gut oder schlecht zu beurteilen ist, sondern vielmehr wird beleuchtet, *wie* und auf welche Art und Weise die Akteur*innen interagieren. Die Dokumentarische Methode im Rahmen der Unterrichtsforschung versteht sich dadurch vermehrt als eine deskriptive Methode zur Beschreibung von Phänomen und Interaktionsstrukturen (vgl. Asbrand & Martens, 2018, S. 30).

Orientierungsschema und Orientierungsrahmen

Um zu den handlungsleitenden Orientierungen zu gelangen, ist eine analytische Trennung der beiden Ebenen des kommunikativen und des konjunktiven Wissens notwendig. Diese Trennung zeigt sich in der Unterscheidung zwischen dem Orientierungsschema und dem Orientierungsrahmen. Der Begriff des Orientierungsschemas bezeichnet das explizit verbalisierte oder das kommunikative Wissen der Beforschten. In ihm werden die Common-Sense-Theorien und das institutionalisierte und das rollenförmige Handeln sichtbar (vgl. Bohnsack, 2017, S. 54) – im Unterricht könnten dies von der Lehrkraft explizierte schulische Normen, didaktische Konzepte oder pädagogische Programmatiken sein (vgl. Asbrand & Martens, 2018, S. 21 f.). Der Orientierungsrahmen oder synonym auch der Habitus hingegen bezeichnet das inkorporierte und das habitualisierte Wissen der Beforschten (vgl. Bohnsack, 2017, S. 104). Dieser Habitus steht dabei in einem permanenten Spannungsverhältnis zum Orientierungs-

---

2 Mit Beobachtungen zweiter Ordnung sind Beobachtungen von Beobachtungen gemeint. Diese Form der Beobachtung beschreibt eine Kybernetik, bei der ein Wechsel stattfindet von der Beschreibung des *Was* wird beobachtet zu *Wie* wird beobachtet (vgl. Bohnsack, 2021, S. 221).

schema. Die Gleichzeitigkeit von Orientierungsschema und Orientierungsrahmen wird dabei als *Orientierungsmuster* bezeichnet, das die Handlungen bzw. die Interaktionen der Akteur*innen maßgeblich bestimmt (vgl. Asbrand & Martens, 2018, S. 21 f.).

4.3 Dokumentarische Unterrichtsforschung

Unterricht ist im Wesentlichen, wie in Kapitel 2.1 aufgezeigt werden konnte, durch seine Komplexität geprägt (vgl. Proske & Rabenstein, 2018, S. 7; Vieluf & Klieme, 2023, S. 94). Diese Komplexität stellt im Rahmen der videobasierten Unterrichtsanalyse eine Herausforderung dar, weshalb bei der Analyse eine Reduzierung der Komplexität vorgenommen werden muss (vgl. Asbrand & Martens, 2018, S. 87 f.). Im Rahmen der Dokumentarischen Unterrichtsforschung werden systemtheoretische Überlegungen Luhmanns (1984, 2002) herangezogen, um Unterricht beschreiben und analysieren zu können. Die systemtheoretische Perspektive bietet durch ihr hohes Abstraktionsniveau vielfältige theoretische Anschlüsse, einerseits für genuin erziehungswissenschaftliche oder grundlagentheoretische Fragestellungen, aber auch für stärker fachlich bzw. fachdidaktische ausgerichtete Untersuchungen (vgl. Asbrand & Martens, 2018, S. 89).

Unterricht als eine komplexe, soziale Interaktion verschiedener Akteur*innen ist durch Selbstreferenzialität und eine doppelte Kontingenz gekennzeichnet ist (vgl. Asbrand & Martens, 2018, S. 90; Luhmann, 2002, S. 102 ff.). Diese doppelte Kontingenz beschreibt die Unbestimmtheit und den Zufall durch die Interaktionen in sozialen Situationen bestimmt sind (vgl. Asbrand & Martens, 2018, S. 90). Auf Grundlage einer systemtheoretischen Betrachtung von Unterricht stellt sich weniger die Frage, was konkret Unterricht ist, sondern viel mehr, was das Interaktionssystem des Unterrichts im Gegensatz zu anderen Interaktionssystemen ausmacht. Dadurch kann das kommunikative Geschehen im Klassenraum klar von bspw. einem Gespräch in einer Alltagssituation abgegrenzt werden (vgl. Hollstein et al., 2016, S. 45). Die systemtheoretische Perspektive bietet daher eine Möglichkeit, sich der Komplexität des Systems Unterricht auf methodische Weise zu nähern.

Im Folgenden werden die unterschiedlichen (Sinn-)Dimensionen nach Luhmann (1984) in Bezug auf den Unterricht aufgezeigt: die Sachdimension, die Zeitdimension und die Sozialdimension. Die Dimensionen selbst bestehen nicht unabhängig voneinander, dennoch ist eine analytische Trennung möglich. Die einzelnen Dimensionen werden nachfolgend aufgeführt und durch weitere Charakteristiken der einzelnen Ebenen ergänzt. Demzufolge wird der Dimensionsbegriff um den Begriff der Struktur erweitert (vgl. Asbrand & Martens, 2018, Kapitel 4.2), um die komplexen Strukturen der einzelnen Dimensionen weiter anzureichern.

Unterrichtliche Sozialstruktur

Unterricht ist unter der systemtheoretischen Perspektive als ein System von Interaktionen unter Anwesenden zu verstehen. Ein besonderes Merkmal dieses Systems ist das „Reflexivwerden des bewußten […] Wahrnehmens“ (Luhmann, 2002, S. 103). Im Unterricht findet ein „Wahrnehmen des Wahrgenommenwerdens“ (ebd.) statt. Das bedeutet, dass alle Akteur*innen im Unterricht sich dessen bewusst sind, dass sie wahrgenommen werden. Ausgehend von dieser Wahrnehmung geht eine Form der Disziplinierung aus, die gleichzeitig den Anreiz bietet, das System des Unterrichts zu stören. Die Planung von Unterricht ist aus dieser Perspektive nur schwer möglich, da Lehrpersonen immer mit dem Paradox aus Routine und Zufall konfrontiert sind. Grundlegend für die Sozialdimension ist, dass Schüler*innen als kognitiv Lernende adressiert werden (vgl. Hollstein et al., 2016, S. 55). Sinn wird nach Luhmann (1984, S. 162) ganz im Sinne des Konstruktivismus (siehe Kapitel 3.2) unterschiedlich erlebt und hergestellt.

Eine grundlegende Bedingung für Unterricht nach Luhmann (2002, S. 107 f.) ist, dass das System auf einer Unfreiwilligkeit der Akteur*innen basiert. Schüler*innen haben selbst keine Möglichkeit, die klassengemeinschaftliche Zusammensetzung zu wählen. Auch Zu- und Abgänge werden im System des Unterrichts geregelt und kontrolliert. Hinzu kommt die „komplementäre, aber asymmetrische Rollenstruktur“ (ebd., S. 108) zwischen Lehrperson und den Schüler*innen. Diese Asymmetrie zeigt sich vornehmlich in der ungleichen Verteilung der Autorität, der Situationskontrolle und der Redezeit zugunsten der Lehrperson. Die Kommunikation im Unterricht erfordere daher „***gleichzeitiges*** Reden und zuhörendes Schweigen“ (ebd., S. 105, Herv. i. O.). Durch die Komplexität, die dem System innewohnt, müssen Regeln für die interne Kommunikation im System des Unterrichts vorliegen. Auch die Zuteilung der Redebeiträge wird durch die Rollenstruktur bestimmt. Der Lehrperson ist es immer möglich zu sprechen, während sich die Schüler*innen melden müssen, um einen Redebeitrag zu signalisieren.

Unterrichtliche Sachstruktur

Die Sachdimension beschreibt primär die Gegenständlichkeit in Bezug auf Sachen, aber auch in Bezug auf Personen (vgl. Luhmann, 1984, S. 114). Im Unterricht wird innerhalb der Sachdimension geschaut, „welche Inhalte mit welchem Ziel und mit welchen Mitteln an eine bestimmte Gruppe von Schülern[*innen] vermittelt werden sollen“ (vgl. Meseth et al., 2011, S. 227). Es stellt sich weniger die Frage, *wer* kommuniziert, sondern *was* kommuniziert wird. In der unterrichtlichen Interaktion ist das Thema eher verbindlich und für einen längeren zeitlichen Rahmen festgelegt (vgl. Hollstein et al., 2016, S. 45 f.). Die Anordnung der Unterrichtsinhalte folgt zudem eher den institutionellen Vorgaben der Schule bzw. des Bildungssystems als den persönlichen Interessen der Schüler*innen (vgl. Breidenstein, 2006, S. 65 ff.). Diese Vorgaben erzeugen daher eine Erwartung seitens der Lehrperson, bei dem ‚die Lücke' zwischen dem bereits bekannten und dem noch unbekannten Wissen der Schüler*innen zu schließen gilt (vgl. Luhmann, 2002, S. 53).

Grundsätzlich kann zwischen der Vermittlung und der Aneignung von Wissen unterschieden werden. Vermittlung stellt übergeordnet ein kommunikatives Geschehen dar, während Aneignung überwiegend auf einem kognitiven Prozess der Schüler*innen fußt. Wohingegen sich das kommunikative Geschehen beobachten lässt, bleiben die kognitiven Aktivitäten auch in der Kommunikation unsichtbar. Ferner lassen sich die kognitiven Prozesse in den Köpfen der Schüler*innen von Lehrkräften und auch von externen Beobachter*innen nur indirekt über verbale, aber auch nonverbale Kommunikation erschließen. Ein Rückschluss auf mögliche Aneignungen von Schüler*innen im Unterricht wird jedoch als notwendig angesehen, auch wenn dieser mit fehlerhaften Einschätzungen einhergehen kann (vgl. Proske, 2017, S. 34). Die Differenz zwischen Vermittlung und Aneignung genauer gesagt einem intendierten didaktischen Handeln und der Umsetzung des Lehr-Lernarrangements in der unterrichtlichen Interaktion führt zu einem prekären Status (vgl. Asbrand & Martens, 2018, S. 96), der von Luhmann und Schorr (1988) auch als das *Technologiedefizit* der Pädagogik bezeichnet wird. Es verweist auf die Kontingenz, die sich hinsichtlich der Sache im Unterricht ergibt und es steht die Frage im Raum, wie Erziehung und Unterricht möglich sind, wenn fraglich ist, ob die Lehrkraft auf die Schüler*innen einwirken kann. Ferner ist dieses Verständnis der Unvorhersehbarkeit von Wirkungen im Unterricht auch kompatibel mit den konstruktivistisch orientierten Angebots-Nutzungs-Modellen (siehe Kapitel 2.3), die ebenfalls dieser Arbeit zugrunde liegen.

Unterrichtliche Zeitstruktur

Unter der Zeitdimension wird die zeitliche Abfolge von Unterricht, also dessen Sequenzialität, erfasst. Luhmann (2002, S. 108) unterscheidet hierbei zwischen Perioden und Episoden. Unter Perioden sind institutionell gerahmte Intervalle, wie einzelne Unterrichtsstunden oder Schulhalbjahre zu verstehen. Episoden hingegen verweisen auf die Beschäftigung mit einem Thema über einen zeitlichen Verlauf. Die Beschäftigung innerhalb einer Episode ist unabhängig von der periodischen Zeiteinteilung. Die Kommunikation über mehrere Perioden hinweg stellt kein Problem dar.

Ein weiteres Merkmal der Zeitstruktur ist seine Gleichzeitigkeit, die sich aus seiner doppelten Kontingenz ergibt. Die wechselseitige Wahrnehmung der einzelnen Akteur*innen erfordert ein gleichzeitiges Reden und zuhörendes

Schweigen (vgl. ebd., S. 105). Von den Akteur*innen können demnach niemals alle parallel und gleichzeitig ablaufenden Interaktionen erfasst werden. Würde die Lehrperson alle Interaktionen im unterrichtlichen Geschehen wahrnehmen, würde sie die Übersicht und die Kontrolle über die Situation verlieren (vgl. ebd., S. 104). Dabei finden die verschiedenen Aktivitäten nicht nur zeitlich parallel (synchron), sondern auch aufeinander bezogen (simultan) statt (vgl. Asbrand & Martens, 2018, S. 102).

Aus diesen systemtheoretischen Überlegungen zum Unterricht ergeben sich für die dokumentarische Analyse von Unterrichtsvideographien grundlegende Aspekte, die bei der Bearbeitung und der Interpretation berücksichtigt werden müssen.

Ein Aspekt, der sich aus dem systemtheoretischen Verständnis des Unterrichts ergibt, ist die *Multimodalität* (Kress, 2010) des Unterrichts. Unter Multimodalität werden die körperlichen Bezugnahmen, Gestiken, Mimik, Bewegungen und Positionierungen im Raum als auch der Umgang mit Dingen im Unterricht verstanden (vgl. Asbrand & Martens, 2018, S. 114). Durch den Einbezug der Multimodalität wird besonders die non-verbale Ebene des Unterrichts stärker in der Analyse hervorgehoben. Während verschiedene Ansätze vermehrt die sprachliche Ebene des Unterrichts in den Blick nehmen (bspw. Gruschka, 2009), soll gerade im Kontext der dokumentarischen Videographieanalyse durch die Einbeziehung der non-verbalen Ebene der Komplexität des Unterrichts verstärkt Rechnung getragen werden. Überdies wird verstärkt auf die Mensch-Ding-Interaktion Bezug genommen (vgl. Asbrand & Martens, 2018, S. 124). Auf Basis der Akteur-Netzwerk-Theorie nach Latour (2002) wird dabei die interaktive Verbundenheit von Mensch und Ding in den Interaktionen hervorgehoben. Im Unterricht werden unterschiedliche Dinge, wie bspw. Arbeitsblätter, Zeichengeräte oder fachliche Gegenstände eingebracht, die auf unterschiedliche Weise integriert werden und die durch ihre Rekrutierung bzw. Mobilisierung zu neuen unterrichtlichen Akteur*innen emergieren (vgl. Asbrand & Martens, 2018, S. 124; Latour, 2002). Demnach sind es nicht nur Personen, die am Unterricht beteiligt sind, sondern vielmehr auch Artefakte, Materialien, Architekturen und Körper (vgl. Röhl, 2016, S. 329 f.).

In Bezug auf die zeitliche Struktur des Unterrichts lassen sich drei grundlegende Merkmale ableiten, die die Unterrichtsanalyse maßgeblich bestimmen: Sequenzialität, Synchronizität und Simultanität (vgl. Asbrand & Martens, 2018, S. 104 f.). Die *Sequenzialität* beschreibt den zeitlichen Verlauf des Unterrichts. Über diesen Verlauf wird bspw. deutlich, wie Themen oder Inhalte im Verlauf der Zeit aufgebaut werden oder in welchen Schritten eine Interaktion zwischen Akteur*innen verläuft. *Synchronizität* beschreibt den Umstand, dass Interaktionen gleichzeitig, aber unverbunden miteinander ablaufen können. Eine Gruppenarbeit etwa bringt je nach Anzahl der Gruppen dementsprechend vielen synchrone Interaktionseinheiten hervor. Als eine synchrone Interaktion kann auch das Sprechen zweier Schüler*innen über ein unterrichtsfremdes Thema bezeichnet werden. Mit *Simultanität* werden Interaktionen charakterisiert, die gleichzeitig bestehen und miteinander verknüpft sind. Dies kann bspw. dann der Fall sein, wenn die Lehrperson an der Tafel etwas erklärt und zwei Schüler*innen an ihren Tischen sich gemeinsam über das Präsentierte unterhalten.

Im Hinblick auf die Sozialdimension des Unterrichts und der damit einhergehenden asymmetrische Rollenstruktur zwischen den Schüler*innen und der Lehrperson nehmen Asbrand und Martens (2018, S. 134 ff.) eine Erweiterung der Modi der Diskurs- bzw. Interaktionsorganisationen im Rahmen der Dokumentarischen Methode vor (Przyborski, 2004). Die Autor*innen stellten im Rahmen empirischer Untersuchungen vermehrt fest, dass die Interaktionen im Unterricht den Anschein antithetischer Verläufe zeigten, während sich am Ende der Interaktionen dennoch keine geteilten Orientierungsrahmen, also kein inkludierender Modus, rekonstruieren ließ. Trotz der differenten Orientierungsrahmen konnten ebenfalls keine rituellen Konklusionen beobachtet werden, denn vielmehr wurden die Interaktionen im Unterricht häufig einvernehmlich abgeschlossen. Interaktionen, in denen keine geteilten Rahmen rekonstruiert werden können, aber auch keine Rahmeninkongruenzen, also Abbrüche, Fremdrahmungen oder rituelle Konklusionen, werden daher als komplementär bezeichnet. Die Differenz zwischen dem Lehr- und dem Lernhabitus, also zwischen den Orientierungsrahmen der Lehrkräfte einerseits, und die der Schüler*innen andererseits, wird demnach als eine Grundstruktur des Unterrichts angesehen. Mithilfe dieses *komplementären Modus* lassen sich im Rahmen der dokumentarischen Interpretation und der Beschreibung der Diskurs- bzw. Interaktionsorganisation mögliche Passungsverhältnisse zwischen diesen komplementären Habitus herausarbeiten (vgl. Asbrand & Martens, 2018, S. 141).

4.4 Dokumentarische Videointerpretation

Innerhalb dieses Kapitels werden die Arbeitsschritte der Dokumentarischen Methode (vgl. Bohnsack, 2021, Kapitel 10) genauer gesagt der dokumentarischen Videographieanalyse (vgl. Asbrand & Martens, 2018, Kapitel 5) vorgestellt, mit der die empirischen Daten dieser Studie ausgewertet wurden. Die Interpretation der Daten verläuft dabei in unterschiedlichen Schritten, die sich im Wesentlichen auf die Analyse im Sinne der Dokumentarischen Interpretation nach Bohnsack (2021) beziehen, für die Analyse von Unterrichtsvideographien im Rahmen der Videographieanalyse nach Asbrand und Martens (2018) aber noch weitere zusätzliche Schritte umfasst. Die konkreten Arbeitsschritte werden im Folgenden vorgestellt und beschrieben. Da die Datenerhebung und die Auswertung üblicherweise parallel und in Zyklen laufen (vgl. Asbrand, 2009, S. 47), müssen die hier vorgestellten Schritte nicht als linear ablaufender Prozess verstanden werden. Vielmehr zeigt sich in der Forschungspraxis, dass es immer wieder hilfreich sein kann, die Arbeitstexte im Rahmen des Forschungsprozesses anzupassen und zu ergänzen.

In einem ersten Abschnitt wird die Auswahl der für die Interpretation herangezogenen Sequenzen näher eingeordnet (siehe Kapitel 4.4.1). Es folgt eine Darstellung der Aufbereitung der Videodaten in Form von Transkriptionen (siehe Kapitel 4.4.2). Danach wird die Interpretation von einzelnen Fotogrammen der Unterrichtsvideos beschrieben (siehe Kapitel 4.4.3). Anschließend werden die für die Dokumentarische Methode zentralen Schritte der formulierenden (siehe Kapitel 4.4.4) und der reflektierenden Interpretation (siehe Kapitel 4.4.5) charakterisiert. Zur Veranschaulichung der einzelnen Schritte werden jeweils ausgewählte, empirische Beispiele zur Illustration herangezogen und es werden die Interaktionsbeschreibungen (siehe Kapitel 4.4.6), die später das Ergebniskapitel bilden, näher beschrieben. Abschließend wird das Vorgehen der Typenbildung im Rahmen der Dokumentarischen Methode kurz dargestellt (siehe Kapitel 4.4.7).

4.4.1 Auswahl von Sequenzen

Aufgrund der hohen Komplexität von Unterrichtsaufzeichnungen wird anlässlich der Analyse eine Selektion ausgewählter Ausschnitte bzw. Sequenzen aus den Videos getroffen. Eine Sequenz stellt dabei immer eine abgeschlossene Interaktionseinheit dar, die aus dem Dreischritt von Proposition, Elaboration und Konklusion besteht (vgl. Asbrand & Martens, 2018, S. 177; Przyborski, 2004, S. 51). Sequenzen können demnach unterschiedlich lang sein. Insbesondere bei der Analyse von Unterrichtsvideographien kann sich eine Sequenz über einen längeren Zeitraum erstrecken oder von weiteren Interaktionseinheiten überlagert werden.

Wesentliche Merkmale bei der Auswahl von Sequenzen sind deren interaktive Dichte, der Fokus der Interaktion, das Vorhandensein von Diskontinuitäten und die thematische Relevanz (vgl. Asbrand & Martens, 2018, S. 187 f.). Sequenzen gelten dann als interaktiv dicht, wenn besonders viele Akteur*innen an einem Gespräch oder einer Diskussion beteiligt sind, wenn ausführliche Narrationen zu beobachten sind oder wenn selbstläufige Passagen entstehen. In solchen fokussierten Sequenzen werden die übergreifenden Orientierungsrahmen besonders sichtbar (vgl. Bohnsack, 2021, S. 127). Der Fokus der Interaktion, Bohnsack (2021, S. 128) spricht dabei auch von sogenannten Fokussierungsmetaphern, zeigt sich besonders in Passagen oder Sequenzen, in denen sprachlich-metaphorische, gestische oder materielle Verdichtungen beobachtbar sind. Auch Diskontinuitäten, meist Themenwechsel oder Abbrüche innerhalb der Interaktion, können ein zusätzliches Auswahlkriterium für Sequenzen darstellen.

Im Hinblick auf das Forschungsinteresse ist zudem die thematische Relevanz einer Passage oder Sequenz ein bedeutsames Kriterium für die Auswahl.

4.4.2 Transkription der Videoaufzeichnungen

Vor der Interpretation werden die ausgewählten Sequenzen für die weitere Analyse transkribiert. Das für die Dokumentarische Methode übliche Transkriptionssystem zur Analyse von Videodaten MoViQ (vgl. Bohnsack, 2021, S. 279 f.; Przyborski & Wohlrab-Sahr, 2014, S. 172 ff.) ist für die Analyse von Unterrichtsvideographien weniger geeignet (vgl. Asbrand & Martens, 2018, S. 182; Hackbarth, 2017, S. 68). Grund dafür ist einerseits die hohe Anzahl an Sprecher*innen im Unterricht, die ein Transkript nach MoViQ unübersichtlich erscheinen ließen. Anderseits sind die ausgewählten Sequenzen in der Unterrichtsforschung, durch den Fokus auf Lehr- und Lernprozesse, im Gegensatz zur Filmanalyse bedeutend umfangreicher. Eine technisch erzeugte Abfolge von bspw. sekündlichen Abfolgen von Einzelbildern würde die Bearbeitung und die Analyse des Transkripts unübersichtlich machen.

Aufgrund der spezifischen Beschaffenheit von Unterricht und der Simultanität und der Synchronizität einzelner Interaktionen empfehlen Asbrand und Martens (2018) daher eine Unterscheidung der verbalen und der nonverbalen Ebene. Um diese Unterscheidung abbilden zu können, hat sich in der bisherigen Forschungspraxis eine tabellarische Darstellungsweise mit zwei Spalten als effektiv erwiesen (bspw. Hackbarth, 2017; Petersen, 2016). Mithilfe dieser Aufspaltung wird die sprachliche Ebene von der visuellen getrennt, was auch für die weiteren Schritte im Verlauf der Interaktion hilfreich ist. In der linken Spalte findet sich das Verbaltranskript, wie es auch für Interviews oder Gruppendiskussionen üblich ist. Statt der üblichen Zeilennummerierungen (vgl. Bohnsack, 2021) werden am Ende eines Sprechaktes und in unregelmäßigen Abständen von zwei bis drei Zeilen innerhalb des Sprechaktes Zeitmarken in der Form #HH:MM:SS# (Stunden, Minuten, Sekunden) für eine bessere Orientierung angefügt. Fotogramme der jeweiligen Sequenz zum sequenziellen Verlauf werden auf der rechten Seite dargestellt. Auch diese werden mit einer Zeitmarke nach dem Format #HH:MM:SS# versehen. Bei der Auswahl der Fotogramme werden die gleichen Kriterien herangezogen, wie bei der Auswahl ganzer Sequenzen (vgl. Asbrand & Martens, 2018, S. 187 f.). Im Rahmen dieser Arbeit wurde ein zusätzliches Notationszeichen ergänzt. Mithilfe eines Piktogramms (🖼) wird eine Verknüpfung zwischen der zeitlichen Zuordnung des Verbaltranskripts und den Fotogrammen hergestellt. Dadurch wird beim Lesen des verbalen Transkripts erkennbar, an welcher Stelle die abgebildeten Fotogramme zu verorten sind.

Für die verbale Transkription wurde die Transkriptionssoftware *f4transkript*[3] verwendet. Als Richtlinien für die Erstellung des verbalen Transkripts wurde sich an den für rekonstruktive Forschung üblichen System Talk in Qualitative Research (TiQ) (vgl. Bohnsack, 2021, S. 255 ff.; Przyborski & Wohlrab-Sahr, 2014, S. 167 ff.) orientiert. Die einzelnen Notationen des Systems sind in Tabelle 1 aufgeführt. Großschreibung von Wörtern wird im Transkript nur bei Hauptwörtern und dem Beginn von Sprecher*innenwechsel angewandt. Dadurch, dass es keine grammatikalische Zeichensetzung gibt, sondern bspw. Punkte und Kommata die Intonationsbewegungen der Sprache markieren (vgl. Bohnsack, 2021, S. 256), wird auch nach Setzung einzelner Satzzeichen klein weitergeschrieben.

Ein weiterer wichtiger Aspekt bei der Erstellung von Transkripten ist die Anonymisierung und die Maskierung von personenbezogenen Daten. Hierfür wurden allen beteiligten Personen eines Unterrichtsvideos Abkürzungen zugewiesen. Die Lehrkraft wird in allen Transkripten mit dem Kürzel ‚Lf' (für weibliche Personen) oder ‚Lm' (für männliche Personen) markiert. Dadurch, dass in dieser Untersuchung nie mehr als eine Lehrperson oder eine pädagogische Fachkraft Teil der Unterrichtsaufzeichnung war, ist eine weitere Ausdifferenzierung des Kürzels nicht notwendig. Die Schüler*innen hingegen werden mit einem ‚S' und einer zweistelligen Nummerierung gekennzeichnet. Zusätzlich dazu werden die Schüler*innen nach dem Geschlecht mit ‚f' (weiblich) und ‚m' (männlich) gekennzeichnet (bspw. Sf01 oder Sm02). Personen, die sich weder über die Tonspur noch das Video selbst identifizieren lassen, oder Personen ohne Einverständniserklärung, werden im Transkript bei der Sprecher*innenkennung mit einem ‚?' markiert. Externe Personen, etwa die Testleiter*innen der Videoaufzeichnungen, wurden mit dem Kürzel ‚A' (Andere), gekennzeichnet. Die Zuteilung aller Kürzel bleibt bei der gleichen Lehrperson und einer gleichen Klassenzusammensetzung über mehrere Videos hinweg bestehen. Des Weiteren wurden Ortsangaben, bspw. Städte oder Straßen, durch eckige Klammern und, soweit rekonstruierbar, durch eine kurze Beschreibung der Lokalität gekennzeichnet, also bspw. [Ort der Schule]. Namen anderer Personen, die nicht Teil der Aufzeichnung sind, werden ebenfalls unkenntlich gemacht und, wenn möglich, in ihren Kontext eingeordnet, also bspw. [Name der Klassenlehrerin].

4.4.3 Fotogrammanalyse

Mittels der Fotogrammanalyse werden die körperlichen Ausdrucksformen, Gesten, Positionierungen im Raum und der Umgang mit Dingen dokumenta-

3 dr. dresing & pehl GmbH [online] https://www.audiotranskription.de/f4transkript/ [Letzter Zugriff: 31. 08. 2023].

Tab. 1: Transkriptionsnotation

Zeichen	Erläuterung
⌞	Beginn einer Überlappung
(.)	Kurze Pause, bis zu einer Sekunde
(2)	Pause (Dauer in Sekunden)
nein	Betonung
nein	laute Sprechweise (in Relation zur üblichen Lautstärke)
°nee°	leise Sprechweise (in Relation zur üblichen Lautstärke)
.	stark sinkende Intonation
;	schwach sinkende Intonation
?	stark steigende Intonation
,	schwach steigende Intonation
viellei-	Abbruch eines Wortes, Abbruch einer Phrase
nei::n	Dehnung, die Häufigkeit vom ‚:' entspricht der Länge der Dehnung
jaaa	Dehnung
@nein@	Lachend gesprochene Äußerung
@(.)@	Kurzes Auflachen
@(3)@	Lachen (Dauer in Sekunden)
(kein)	Unsicherheit bei Transkription (vermuteter Wortlaut)
( )	Unverständliche Äußerung (Länge der Klammer entspricht der etwaigen Dauer)
[hustet]	Parasprachliche Äußerung
(Bild-Icon)	Markierung für Fotogramm aus der rechten Transkript-Spalte
#00:01:02#	Zeitmarke

risch interpretiert (vgl. Asbrand & Martens, 2018, S. 199). Von Bedeutung ist dabei die Interpretation der szenischen Choreographie (vgl. Bohnsack, 2011, S. 39), also die Analyse der einzelnen Akteure und der Gegenstände im Raum, wie sie angeordnet und aufeinander bezogen sind und wie sie ggf. in die Interaktion einbezogen werden.

Die Fotogrammanalyse für Unterrichtsaufzeichnungen schließt an die dokumentarische Bild- und Filminterpretation nach Bohnsack (2011) an und wurde im Rahmen der Videographieanalyse nach Asbrand und Martens (2018) zur Analyse von Unterricht modifiziert. Sie kann als ein weiterer Zwischenschritt von formulierender und reflektierender Interpretation angesehen werden. Gleichzeitig kommt ihr eine ergänzende Funktion zur sequenziellen Analyse der videographierten Interaktion zu (vgl. Asbrand & Martens, 2018, S. 200). Die in der Unterrichtsanalyse und im Vergleich zur Filmanalyse eher wenigen, ausgewählten Fotogramme werden daher viel mehr als eine Ergänzung zur sequenziellen Interaktionsanalyse angesehen. Die Ergebnisse der reflektierenden Interpretation aus der Fotogrammanalyse können und sollten jedoch mit denen der Gesamtinterpretation relationiert werden.

Für die Analyse werden einzelne Fotogramme (auch als Stills bezeichnet) ausgewählt, die einer formulierenden und reflektierenden Analyse unterzogen werden. Die Fotogramme können anschließend zusätzlich für eine ausführlichere Illustration der Ergebnisse herangezogen werden. Die Interpretation ist dabei verstärkt auf die Rekonstruktion der habituellen Handlungspraxis der abgebildeten Personen und deren Interaktionen untereinander oder mit Dingen im Raum gerichtet. Der Habitus der Bild- und Filmproduzierenden, sprich der abbildenden Personen, steht dabei weniger im Vordergrund. Fotogramme bieten darüber hinaus die Möglichkeit, die Abbildungsleitung der Forschenden und deren modus operandi zu reflektieren. Eine Analyse und Reflektion dieser Ebene findet sich bspw. bei Baltruschat (2018, Kapitel 1.2.1), hier wurde eine Videosequenz aus der TIMS-Videostudie hinsichtlich des Forschendenhabitus interpretiert. Auf die Rekonstruktion der Perspektivität und der planimetrischen Komposition wird im Rahmen dieser Arbeit verzichtet, da der Orientierungsrahmen der abbildenden Bildproduzenten nicht Gegenstand der Untersuchung ist (vgl. Asbrand & Martens, 2018, S. 107). Unterrichtsvideographien, die für den Zweck einer wissenschaftlichen Fragestellung erhoben wurden, sind nicht als mediales oder künstlerisches Medium generiert worden. Vielmehr handelt es sich um technisch aufgezeichnete Alltagsinteraktionen, die im Mittelpunkt der Analyse stehen und die sich somit von der üblichen Bild- und Filmanalyse unterscheidet.

4.4.4 Formulierende Interpretation

Grundlegend für die Analyse im Rahmen der Dokumentarischen Methode ist die Unterscheidung zwischen dem immanenten und dem dokumentarischen Sinngehalt (vgl. Bohnsack, 2021, S. 45; Mannheim, 1980, S. 132). Diese Unterscheidung wird im Rahmen der Analyse durch eine Trennung von formulierender und von reflektierender Interpretation herbeigeführt. Die formulierende Interpretation markiert dabei den Schritt des immanenten Sinngehalts, in dem das kommunikative Wissen der Untersuchten herausgearbeitet wird (vgl. Bohnsack, 2021, S. 136 f.).

In einem ersten Schritt wird sich durch das Abhören der Tonaufzeichnung und dem Sichten der Unterrichtsvideos ein erster Überblick über den thematischen Verlauf der Interaktionen verschafft. Dadurch lassen sich einzelne Ober- und Unterthemen identifizieren, die eine thematische Strukturierung des Datenmaterials ermöglichen. In einem zweiten Schritt werden die für die reflektierende Interpretation relevanten Sequenzen ausgewählt und einer näheren Interpretation unterzogen. Die auf diese Weise ausgewählten Sequenzen werden dann einer feingliedrigen, formulierenden Interpretation unterzogen. Dazu wird das Gesagte der Akteur*innen und die daraus entstehende thematische Struktur der untersuchten Sequenz herausgearbeitet und in eine möglichst allgemeinverständliche verständliche Sprache überführt (vgl. Bohnsack, 2021, S. 138 f.; Przyborski, 2004, S. 53). Diese Überführung hat die Funktion einer Übersetzung der Sprache der Erforschten in eine Sprache der Forschenden (vgl. Bohnsack, 1989, S. 344). Um die thematische Struktur etablieren zu können, ist eine Bestimmung der kommunizierten Ober- und Unterthemen erforderlich (Przyborski, 2004, S. 54). Ziel ist es dabei, das übergeordnete Thema des Textes bzw. des gewählten Interaktionsabschnittes herauszuarbeiten. Durch die Untergliederung der ausgewählten Sequenz in einzelne Oberthemen (OT) und Unterthemen (UT) erhält man eine thematische Feingliederung der Passage und eine zusammenfassende Formulierung des Gesagten (vgl. Przyborski, 2004, S. 54).

In Bezug auf die Analyse von Unterrichtsvideographien wird in diesem Analyseschritt zusätzlich die Struktur der Interaktionen und der soziomateriellen Ordnung des Unterrichts herausgearbeitet. Die übergeordnete Frage dieser Analyse ist, wer wir und mit welchen Dingen interagiert (vgl. Asbrand & Martens, 2018, S. 192 f.). Auf der Ebene der nonverbalen formulierenden Interpretationen werden die einzelnen Handlungen der untersuchten Personen beschrieben. Hier findet ebenfalls eine Unterteilung in Oberaktionen (OA) und Unteraktionen (UA) statt.

Für die Darstellung der beiden zu trennenden Ebenen (verbal und nonverbal) hat sich ebenfalls eine Darstellung in tabellarischer Form als geeignet erwiesen (vgl. Asbrand & Martens, 2018, S. 193). Auf der linken Seite der Tabelle findet sich die formulierende Interpretation der verbalen Äußerungen, die nach den grundlegenden Prinzipien der Dokumentarischen Methode in Ober- und in Unterthemen unterteilt sind. Auf der rechten Seite daneben finden sich zumeist mehrere Spalten, die die nonverbalen Interaktionen formulierend beschreiben. Die Anzahl der Spalten richtet sich nach der Anzahl der simultan stattfindenden Interaktionen oder der Anzahl der beteiligten Akteur*innen. Forschungspraktisch hat sich hierbei eine grundlegende Trennung zwischen Lehrperson und den Schüler*innen als eine Gruppe bewährt. Weitere Ausdifferenzierung der Schüler*innen als einzelne Gruppe sind je nach Interaktionsvielfalt und auch der übergeordneten Fragestellung möglich und teilweise auch notwendig.

4.4.5 Reflektierende Interpretation

Die reflektierende Interpretation ist der Schritt innerhalb der Interpretation, bei dem der Wechsel der Analyseeinstellung, also vom immanenten zum dokumentarischen Sinn (Mannheim, 1964), vollzogen wird. Während bei der formulierenden Interpretation die Frage nach dem was verfolgt wurde, geht es in der reflektierenden Interpretation vermehrt darum, wie und in welcher Art und Weise mit den Akteur*innen und den Dingen interagiert wird, wie diese Interaktionen in ihrer Struktur gerahmt sind und was sich in diesen dokumentiert (vgl. Bohnsack, 2021, S. 139). Ziel dieses Analyseschrittes ist es demnach, die inkorporierten Wissensbestände der Handelnden aufzudecken, um auf diese Weise die handlungsleitenden Orientierungsrahmen zu rekonstruieren.

Zentral für die reflektierende Interpretation ist die Analyse der Diskursorganisation nach Przyborski (2004, S. 61 ff.). Für die Analyse von Unterrichtsaufzeichnungen schlagen Asbrand und Martens (2018, S. 206) ein Verfahren vor, dass die Analyse um den Begriff der Interaktionen erweitert. Anders als bei rein textbasierten Interpretationen, also bspw. Gruppendiskussionen, bezieht sich die reflektierende Interpretation auf Basis von Unterrichtsvideographien von Beginn an auf die verbalen und die nonverbalen Anteile der Interaktionen, sowie die Interaktion mit Dingen. Insbesondere die reflektierende Interpretation bezieht sich daher neben den Arbeitstexten (Transkript, Fotogrammanalyse, formulierende Interpretation) zunehmend ebenfalls auf die zugrundeliegende Unterrichtsaufzeichnung. Beide Ebenen werden grundlegend in einem Arbeitstext für die reflektierende Interpretation verarbeitet (vgl. ebd., S. 208).

Die Analyse der Diskurs- und Interaktionsorganisation folgt einem Dreischritt bestehend aus unterschiedlichen Diskurs- und Interaktionseinheiten: Proposition, Elaboration und Konklusion. Als Proposition werden Sprechakte identifiziert, die einen impliziten Bedeutungs- oder Orientierungsgehalt entfalten, auf den in der darauffolgenden Interaktion Bezug genommen wird (vgl. Bohnsack, 2021, S. 129). Auf eine Proposition folgen im allgemeinen Elaborationen, die in Form von bspw. Beschreibungen, Exemplifizierungen oder Enaktierungen spezifischer ausgearbeitet werden. Elaborationen können auf verschiedene Weise die in einer Proposition dargelegten Inhalte aufgreifen, bestätigen oder ihnen zustimmen. Es ist jedoch ebenso möglich, diese Inhalte abzulehnen oder sie ganz zu übergehen (vgl. Przyborski, 2004, S. 69). Im letzten Schritt der Konklusion zeigt sich dann, ob und inwieweit die aufgeworfenen Orientierungsgehalte von den Akteur*innen geteilt werden. Ein vollständiges Begriffsglossar zur dokumentarischen Gesprächsanalyse findet sich bei Przyborski (2004) und ein erweitertes Glossar in Bezug auf die unterrichtliche Interaktionsanalyse bei Asbrand und Martens (2018).

Anschließend an die Interpretation lassen sich im Rahmen der Gesprächsanalyse (Przyborski, 2004) zwei Interaktionsmodi und im Rahmen der Interaktionsanalyse (Asbrand & Martens, 2018) drei dieser Modi unterscheiden. Die für die Gesprächsanalyse typischen Diskursmodi sind der inkludierende und der exkludierende Modus. Bei einem inkludierenden Modus wird von allen Beteiligten ein gemeinsam geteilter Orientierungsrahmen hervorgebracht, während sich bei einem exkludierenden Modus unvereinbare Orientierungsgehalte bei den Untersuchten rekonstruieren lassen (vgl. Przyborski, 2004, S. 98). Aufgrund der für den Unterricht typischen asymmetrischen und institutionell gerahmten Interaktionen schlagen Asbrand und Martens (2018, S. 210) einen weiteren Interaktionsmodus, den komplementären Modus, vor. Dieser komplementäre Modus beschreibt Interaktionen, die besonders aufgrund ihrer institutionellen Rahmung und trotz der hierarchischen Rollenverteilung und den unterschiedlichen Orientierungsrahmen von Lehrpersonen und den Schüler*innen reibungslos und einvernehmlich ablaufen.

4.4.6 Interaktionsbeschreibung

Für die Veröffentlichung und die Darstellung der Forschungsergebnisse bietet sich die sogenannte Interaktionsbeschreibung an. Mithilfe von Interaktionsbeschreibungen werden die wesentlichen Aspekte aus formulierender und aus reflektierender Interpretation sowie den Fotogrammanalysen zu einem zusammenhängenden Fließtext zusammengefügt. Die Ergebnisse der einzelnen Interpretationen werden in diesen Beschreibungen in verdichteter Form dargestellt und anhand ausgewählter Sequenzen illustriert (vgl. Asbrand & Martens, 2018, S. 51). Dieser Schritt ist vergleichbar mit den Diskursbeschreibungen bei Gruppendiskussionen (Przyborski, 2004). Die Aufgabe dieser Beschreibungen ist die Vermittlung der Ergebnisse an Personen, die die einzelnen Interpretationsschritte selbst nicht vollzogen haben und die auch nicht mit den einzelnen Arbeitstexten vertraut sind. Zentral ist dabei die vermittelnde Darstellung, die Zusammenfassung und die Verdichtung eines Falls. Nachdem der Diskurs- bzw. Interaktionsverlauf, im Rahmen der formulierenden und reflektierenden Interpretation in einzelne Bestandteile unterteilt wurde, werden diese Ebenen innerhalb der Beschreibung wieder zusammengebracht. Die auf diese Weise erstellte Verdichtung stellt dann eine Nacherzählung des Diskurs- bzw. Interaktionsverlaufs dar (vgl. Bohnsack, 2021, S. 143).

Eine Interaktionsbeschreibung beginnt mit der Beschreibung des Interaktionsverlaufs, die der formulierenden Interpretation ähnelt und die thematische Struktur der Sequenz darstellt. Dabei soll den Leser*innen ein verständlicher Überblick über das Interaktionsgeschehen vermittelt werden. Das fallvergleichende Vorgehen wird anschließend durch die Ergebnisse der reflektierenden Interpretationen ergänzt. Anders als in den Arbeitstexten der einzelnen Interpretationstexte, die auch üblicherweise als Vorlage in Interpretationswerkstätten eingesetzt werden, wird in den Interaktionsbeschreibungen methodisches Vokabular möglichst vermieden. Für die Nachvollziehbarkeit dieser knapperen Interpretationsdarstellung werden die Beschreibungen mit Transkriptionsausschnitten und Fotogrammen unterlegt.

4.4.7 Typenbildung

Ein letzter, oftmals zentraler Schritt im Rahmen der Dokumentarischen Methode ist die Typenbildung. Mithilfe der Typenbildung wird eine Abstrahierung von den einzelnen Fällen und somit eine Generalisierung der Ergebnisse verfolgt (vgl. Asbrand & Martens, 2018, S. 33; Bohnsack, 2021, S. 145 ff.). Die Typenbildung geht zurück auf die Arbeiten von Glaser und Strauss (1967), die im Rahmen ihrer Grounded Theory die *constant comparative method* (vgl. Glaser & Strauss, 1967, S. 101) vorgestellt haben, bei der während des gesamten Forschungs- und Interpretationsprozesses maximale und minimale Kontraste innerhalb, aber besonders auch über die Fälle hinweg herausgearbeitet werden konnten. Der „Kontrast in der Gemeinsamkeit" (Bohnsack, 2021, S. 147) wird als ein fundamentales Prinzip bei der Generierung einer Typologie herausgestellt. „Eine Typenbildung beginnt dort, wo der Orientierungsrahmen – sei es im weiteren oder im engeren Sinne – als homologes Muster an unterschiedlichen Fällen identifizierbar ist, sich also von der fallspezifischen Besonderheit gelöst hat" (Bohnsack, 2020a, S. 31, Herv. i. O.).

Ein wesentliches Merkmal der Typenbildung in der Dokumentarischen Methode ist die mehrdimensionale, komparative Analyse empirischer Vergleichshorizonte. In der Analyse werden dabei strukturelle Zusammenhänge zwischen den untersuchten Fällen rekonstruiert. Die einzelnen rekonstruierten Typen haben den Charakter von Idealtypen im Sinne Webers (1968) und sollen Unterschiede und Gemeinsamkeiten der verschiedenen Fälle im Umgang mit einem bestimmten sozialen Phänomen systematisieren und erklären (vgl. Bohnsack, 2021, S. 154). Der komparativen Analyse kommt im Rahmen der Interpretationen die Funktion einer Erkenntniskontrolle und der Erkenntnisgenerierung zu (vgl. Nohl, 2013a, S. 22 f.). Im Vergleich empirischer Fälle, in denen die theoretischen, normativen oder assoziativen Vergleichshorizonte der Wissenschaftler*innen schrittweise durch empirische Vergleichshorizonte ersetzt werden, ergibt sich die Erkenntniskontrolle. Die Erkenntniskontrolle beschreibt den Prozess, bei dem die vorerst theoretischen und gedankenexperimentellen Vergleichshorizonte im Rahmen der voranschreitenden Interpretation mehr und mehr durch empirische Vergleichshorizonte aus den interpretierten Sequenzen ersetzt werden (vgl. Asbrand & Martens, 2018, S. 30). Gleichzeitig führen diese empirischen Vergleiche zu einer Kontrolle der Standortgebundenheit und erfüllen dadurch die Funktion einer methodischen Kontrolle (vgl. Bohnsack, 2021, S. 193). Bei Untersuchungen im Rahmen der Unterrichtsforschung ist für die Interpretationen nicht das standortgebundende Wissen der Forschenden leitend, sondern vielmehr „die Gemeinsamkeiten und Differenzen des Unterrichts, die im empirischen Material deutlich werden" (Asbrand & Martens, 2018, S. 31, Herv. i. O.).

Das Prinzip des Fallvergleichs gleicht dabei einer ständigen Suche nach Kontrasten und Gemeinsamkeiten in den Fällen (vgl. Bohnsack, 2021, S. 145 ff.). Im Rahmen der komparativen Analyse werden dabei die unterschiedlichen Orientierungsrahmen der Fälle herausgearbeitet und miteinander verglichen. Im fallinternen Vergleich zeigen sich zumeist Homologien, die Orientierungsrahmen der einzelnen Akteur*innen werden also innerhalb einer Sequenzen als eine homologe Struktur sichtbar. Im fallübergreifenden Vergleich sollten hingegen, wenn möglich, unterschiedliche Orientierungsrahmen in Bezug auf die zuvor herausgearbeiteten Vergleichshorizonte bzw. -dimensionen erkennbar werden. Das Besondere eines Falls wird somit im kontrastierenden Fallvergleich herausgearbeitet (vgl. Asbrand & Martens, 2018, S. 33). Ein wesentlicher Aspekt der Typenbildung im Rahmen der Dokumentarischen Methode ist dabei, dass „nicht über Fälle, sondern über Orientierungen typisiert wird“ (Schäffer, 2020, S. 70).

Während der Analyse von (neuen) Fällen können sich neue empirische Vergleichshorizonte ergeben. Dadurch kann es vorkommen, dass ein zu Beginn interpretierter Fall später noch einmal zur Vertiefung herangezogen wird. Wohingegen zu Beginn einer Analyse zumeist noch das übergeordnete Thema bzw. die Fragestellung der Untersuchung die Rekonstruktion der Orientierungsrahmen bestimmt, werden diese im Rahmen der ersten Fallvergleiche stärker systematisch gegenübergestellt. Die Typenbildung erfolgt demnach nicht erst, nachdem alle Fälle gänzlich interpretiert worden sind, sondern vollzieht sich parallel zum gesamten Forschungsprozess (vgl. Loos & Schäffer, 2001, S. 71). Dieser Umstand ist Teil eines theoretical samplings: erst im Laufe des Forschungsprozesses ergibt sich, welche Vergleichshorizonte herangezogen werden und der Prozess ist erst abgeschlossen, wenn sich empirisch keine weiteren Vergleichshorizonte mehr offenbaren, es also eine sogenannte Sättigung gibt (vgl. Asbrand, 2009, S. 47).

Die Dokumentarische Methode unterscheidet zwischen drei Formen der Typenbildung: die sinngenetische Typenbildung, die soziogenetische Typenbildung und die relationale Typenbildung.

Die sinngenetische Typenbildung ist der Interpretationsschritt, an dem die Orientierungsrahmen abstrahiert und spezifiziert werden. Sie beginnt, sobald ein fallintern rekonstruierter Orientierungsrahmen im Rahmen eines fallübergreifenden Vergleichs vom Einzelfall und dessen Besonderheiten gelöst wird. Der dadurch abstrahierte Orientierungsrahmen, auch als Typus bezeichnet, fungiert im Rahmen der weiteren Analyse als *Tertium Comparationis*, also als strukturierendes Vergleichselement (vgl. Bohnsack et al., 2018, S. 25). Das heißt, dass anhand dieses Typus alle weiteren Sequenzen auf Gemeinsamkeiten und Unterschiede hin untersucht werden. Die im Rahmen dieses Vergleichens herausgearbeitete Gemeinsamkeit wird als Basistypik bezeichnet. Diese Basistypik richtet sich oft auch an der zugrunde gelegten Fragestellung einer Untersuchung aus. Mithilfe dieser Basistypik werden erste Orientierungsrahmen in einzelnen Fällen rekonstruiert, die dann bei mehrfacher Identifizierung in mehreren Fällen von den konkreten Fällen abstrahiert und sinngenetisch typisiert werden (vgl. Schäffer, 2020, S. 67). Bohnsack (2020a) beschreibt die Konstruktion eines solchen Typus auch als einen komplexen hermeneutischen Zirkel bei dem nach „Gemeinsamkeiten im Kontrast und von Kontrasten in der Gemeinsamkeit“ (Bohnsack, 2020a, S. 34, Herv. i. O.) gesucht wird.

Die soziogenetische Typenbildung stellt einen Schritt dar, der auf der sinngenetischen Typenbildung aufbaut. Dabei werden die rekonstruierten sinngenetischen Orientierungsrahmen mit den konjunktiven Erfahrungsräumen in Verbindung gebracht und dadurch typisiert (vgl. Bohnsack, 2021, S. 156). Dieser Schritt ermöglicht es bspw. geschlechts-, alters-, oder milieuspezifische Besonderheiten aus den einzelnen Fällen herauszuarbeiten. Eine sozigenetische Typenbildung ist in der Unterrichtsforschung nur schwer zu realisieren. Damit strukturell übergreifende Erfahrungsräume miteinander verglichen werden können, braucht es eine Vielzahl an Daten aus bspw. unterschiedlichen Fächern, Schulformen oder Klassen. Diese schiere Datenmenge ist im Rahmen kleinerer Projekte häufig nicht zu generieren, geschweige denn zu bearbeiten und zu interpretieren (vgl. Asbrand & Martens, 2018, S. 227).

Die letzte Form der Typenbildung, die relationale Typenbildung, kommt vor allem dann zum Einsatz, wenn im Rahmen einer Untersuchung eine sinngenetische Typenbildung nicht in eine soziogenetische Typenbildung überführt werden kann, bspw. weil sich aus den Daten selbst keine soziogenetischen Besonderheiten ergeben, wie etwa eine Geschlechts- oder Milieuspezifik. Aus diesem Umstand heraus hat Nohl (2013b) die relationale Typenbildung entwickelt, die als Ergänzung oder auch Alternative zur soziogenetischen Typenbildung angesehen werden kann (vgl. Nohl, 2013b, S. 43). Dabei werden verschiedene, sinngenetische Orientierungsrahmen in Relation zueinander gebracht. Eine Typisierung der Relationen unterschiedlicher Orientierungen bietet sich besonders dann an, „wenn sich Orientierungen zu verschiedenen Dimensionen der sozialen Interaktionen des Unterrichts, also hinsichtlich unterschiedlicher konjunktiver Erfahrungsräume, überlagern und in ihrer Relationierung als relevant für das Unterrichtsgeschehen rekonstruiert werden“ (Asbrand & Martens, 2018, S. 231).

4.5 Projektkontext, Datenerhebung und Sampling

Im folgenden Kapitel wird der Projektkontext, in dem diese Arbeit entstanden ist, näher beschrieben (siehe Kapitel 4.5.1). Anschließend daran wird die Datenerhebung der im Rahmen dieser Arbeit verwendeten unterrichtlichen Videosequenzen verdeutlicht (siehe Kapitel 4.5.2). Des Weiteren wird ein Überblick über die Auswahl und die Zusammenstellung des Samples gegeben (siehe Kapitel 4.5.3). Abschließend wird eine Reflexion der Beobachtungsgrundeinstellungen vorgenommen (siehe Kapitel 4.5.4), um die hier vorliegenden Unterrichtssequenzen und die Auswahl bestimmter weiterer Sequenzen besser nachvollziehen zu können.

4.5.1 Projektkontext: TALIS-Videostudie Deutschland

Die vorliegende Arbeit ist als Dissertationsprojekt im Kontext der *TALIS-Videostudie Deutschland* (Grünkorn et al., 2020) entstanden, die von 2017 bis 2020 durchgeführt wurde. Die TALIS-Videostudie Deutschland ist ein von der Leibniz-Gemeinschaft gefördertes Projekt und wurde federführend vom DIPF | Leibniz-Institut für Bildungsforschung und Bildungsinformation in Kooperation mit dem IPN – Leibniz-Institut für die Pädagogik der Naturwissenschaften und Mathematik und der Technischen Universität München durchgeführt. Die nationale Studie ist dabei eng verbunden mit der international durchgeführten TALIS-Video Study (OECD, 2020), später auch benannt als *Global Teaching InSights: A video study of teaching*, in der neben Deutschland insgesamt acht Länder von drei Kontinenten teilnahmen: China, Chile, England, Kolumbien, Japan, Mexiko, Spanien. Ziel beider Studien war es, multiperspektivisch zu erfassen, welche Unterrichtsmerkmale zu einem gelingenden Unterricht beitragen.

Die Studie zeichnet sich durch ein innovatives Studiendesign aus, dass an internationale Large-Scale-Studien, wie etwa die PISA-, die TALIS- und die TIMS-Studie, anschließt. Der Mathematikunterricht wurde international anhand eines vorab festgelegten Unterrichtsthemas, den *Quadratischen Gleichungen*, untersucht. Die Untersuchung fand multiperspektivisch statt, indem der Unterricht auf Video aufgezeichnet wurde, die Unterrichtmaterialien der untersuchten Unterrichtsstunden eingesammelt und Befragungen und Tests, sowohl vor als nach der Unterrichtseinheit, mit den Schüler*innen und den Lehrkräften durchgeführt wurden.

Die im Kontext der TALIS-Videostudie Deutschland entstandenen Unterrichtsvideos und Unterrichtsmaterialien bilden die Grundlage für die hier vorliegende Studie zur Erforschung von kognitiver Aktivierung. Die Videos ermöglichen eine besonders gute Einsicht in die performative Performanz des täglichen Unterrichtsgeschehens (vgl. Bohnsack, 2017, S. 129). Daher eignen sie sich optimal für eine explorative Untersuchung, die den Fokus auf die Interaktionen zwischen Lehrkräften und Schüler*innen legt.

4.5.2 Datenerhebung

Die Datenerhebungsphase der TALIS-Videostudie Deutschland (Grünkorn et al., 2020) erstreckte sich von Oktober 2017 bis Dezember 2018. Die Erhebungen liefen standardisiert ab und orientierten sich an den Vorgaben der übergeordneten TALIS-Video Study (OECD, 2020). Für die bundesweiten Erhebungen wurde das Hamburger Studienzentrum der International Association for the Evaluation of Educational Achievement (IEA) beauftragt, das die unterschiedlichen Erhebungen koordinierte und das benötigte Personal für die Erhebungen rekrutierte und schulte.

Die Erhebungsleitungen wurden in einer etwa dreistündigen Schulung durch Mitarbeitende der IEA im Bereich der Fragebogen- und Testerhebungen geschult. Im Anschluss, in einer weiteren eintägigen Schulung, wurden die Personen durch Mitarbeitende des Projektteams am DIPF im Bereich der standardisierten Videoerhebungen geschult. In einem ersten Teil wurden die Erhebungsleiter*innen mit den wesentlichen Standards der videobasierten Erhebungen vertraut gemacht und lernten anschließend das Videoequipment kennen. In einer praktischen Übungsphase wurde die Möglichkeit gegeben, Probeaufnahmen anzufertigen und auch die Daten gemäß der Datenschutzbestimmungen auf verschlüsselten Laufwerken zu sichern.

Die Rekrutierung der Schulen wurde von Mitarbeitenden der TALIS-Videostudie am DIPF übernommen. Die anschließende Kommunikation mit den Schulen und den Lehrpersonen wurde dann vom Studienzentrum der IEA übernommen. Bei den Videoerhebungen in den Schulen waren jeweils zwei Erhebungsleiter*innen vor Ort. Eine dieser Personen übernahm die Haupterhebungsrolle, indem sie primär für die Kommunikation mit der Schule bzw. der Lehrkraft verantwortlich war und zudem die Daten der Erhebungen an das Studienzentrum weiterleitete. Die zweite Person war überwiegend beim Aufbau und bei der Durchführung der Videoerhebungen unterstützend tätig.

Die Videoaufzeichnungen wurden mit zwei unterschiedlichen Kameraperspektiven durchgeführt. Die Verwendung von zwei Kameras im Unterricht stellt dabei eine übliche, aber auch eine sparsame Variante der Erhebungen dar (vgl. Asbrand & Martens, 2018, S. 158 ff.; Dinkelaker & Herrle, 2009, S. 25). Eine statische Kamera wurde im vorderen Bereich des Raums positioniert, zumeist in der Nähe der Tafel. Diese Kamera, auch als Klassen- oder Schüler*innenkamera bezeichnet, war maßgeblich dazu gedacht, die Interaktionen der Schüler*innen einzufangen. Eine zweite, dynamisch geführte Kamera wurde auf gleicher Höhe im hinteren Teil des Raumes platziert. Diese Kamera, auch als Lehrkräftekamera bezeichnet, fokussierte den vorderen Teil des Klassenraums und war dabei überwiegend in die Richtung der Tafel oder dem Whiteboard gerichtet. Mithilfe dieser Perspektive sollte überwiegend die Lehrperson, aber auch mindestens die Hälfte bis zwei Drittel der Schüler*innen abgebildet werden. Durch die dynamische Führung der Kamera auf einem beweglichen Stativkopf waren die Erhebungsleiter*innen angehalten die Lehrperson stets im Bildausschnitt zu behalten und, wenn möglich, Anschriebe der Tafel durch einen Zoom von wenigen Sekunden einzufangen. Bei den Aufnahmen wurde in der Regel eine totale

Kameraeinstellung gewählt, um ein weites Sichtfeld zu gewährleisten, sodass möglichst viele Interaktionen auf dem Video festgehalten werden können. Die Kameras wurden, technisch bedingt, zumeist auf einer Linie, sprich entweder entlang der linken oder der rechten Linie des Raumes parallel zueinander aufgestellt (siehe Abb. 6).

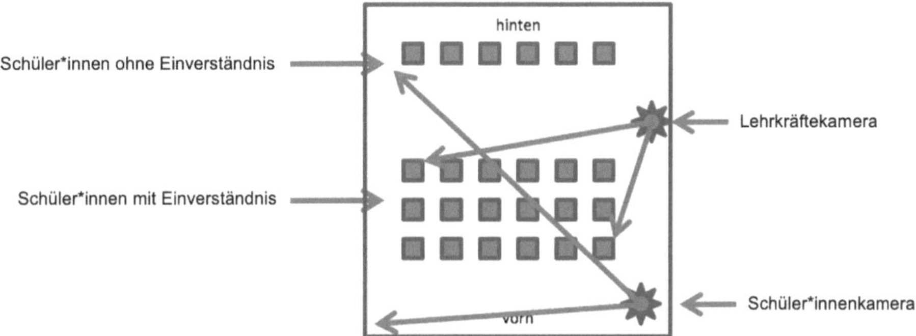

Abb. 6: Aufstellung der Kameras im Rahmen der TALIS-Videostudie Deutschland (Abbildung aus dem Schulungsmaterial)

Der Ton wurde über drei unterschiedliche Mikrofone aufgezeichnet. Auf der im vorderen Bereich des Raumes platzierten Kamera wurde ein mobiler Audiorecorder aufgesetzt, der mit zwei eingebauten Stereomikrofonen ausgestattet war. Über ein an der Seite des Klassenraumes platziertes Grenzflächenmikrofon wurde vermehrt der Ton aus dem hinteren bzw. mittleren Bereich des Raums aufgezeichnet. Die Lehrperson wurde mit einem drahtlosen Lavaliermikrofon ausgestattet, das an der Kleidung nahe dem Kopf befestigt wurde. Dadurch ist der Ton der Lehrperson in den Aufzeichnungen fast immer gut zu verstehen.

Schüler*innen, von denen keine Einverständniserklärung vorlag, erhielten entweder die Möglichkeit am Unterricht teilzunehmen und außerhalb des Bildbereichs platziert zu werden, oder sie konnten, sofern möglich, am Unterricht in einer Parallelklasse teilnehmen. Sollten dennoch Personen auf dem Video zu sehen sein, von denen keine Einverständniserklärung vorlag, wurden diese in der Postproduktion der Videos nachträglich unkenntlich gemacht.

Zusätzlich zu den Videoaufzeichnungen wurden auch die von den Lehrkräften verwendeten Unterrichtsmaterialien eingesammelt. Dabei wurden die Lehrkräfte gebeten sowohl die konkret im Unterricht eingesetzten Materialien, wie Arbeitsblätter, PowerPoint-Folien, Tests, einzureichen, sowie dem Unterricht vorausgehende Dokumente, bspw. ihren Unterrichtplan. Die Materialien wurden vor Ort von den Erhebungsleiter*innen kopiert oder eingescannt.

Die Lehrkräfte aus der TALIS-Videostudie waren zudem angehalten, einen Protokollbogen zur Dokumentation der Unterrichtseinheit auszufüllen (siehe Anhang 1). In diesem Protokollbogen wurde die Anzahl der Stunden innerhalb der Einheit sowie die übergeordneten Themen festgehalten. Die Themen waren dabei durch den Protokollbogen vorgegeben, sodass sich die Lehrkräfte an diesen orientieren mussten. Im Rahmen der Interaktionsbeschreibung in Kapitel 5 und 6 werden diese Angaben für die thematische Einordnung der Stunden als Kontextinformationen hinzugezogen.

4.5.3 Sampling

Als primäre Datenquelle dienten die Videos der TALIS-Videostudie Deutschland (Grünkorn et al., 2020), in denen Mathematikunterricht der Sekundarstufe I zum Thema *Quadratische Gleichungen* aus sieben Bundesländern aufgezeichnet wurden. An der Studie nahmen insgesamt 50 Lehrkräfte aus 38 verschiedenen Schulen mit ihren Klassen teil. Die Unterrichtseinheit wurde zu zwei Zeitpunkten, einmal in einer beliebigen Stunde der ersten Hälfte der Einheit und einmal in einer beliebigen Stunde der zweiten Hälfte der Einheit, aufgezeichnet. Der Datenkorpus umfasst damit 100 aufgezeichnete Unterrichtsstunden, sowohl Einzel- als auch Doppelstunden, innerhalb der Unterrichtseinheit. Zusätzlich zu Videos wurden im Rahmen der Studie ebenfalls die im Unterricht eingesetzten Unterrichtmaterialien erhoben. Überdies nahmen 44 der Lehrkräfte an einer weiteren Videographie teil, bei der eine Unterrichtsstunde zu einem beliebigen Thema aufgezeichnet wurde. Je nach Bundesland und Schulform fand die Aufzeichnung von der 8. bis zur 10. Jahrgangsstufe statt. Insgesamt waren 41 gymnasiale Klassen, sieben weitere Klassen stammen aus Schulen mit Abschlüssen der Mittleren Reife und eine Klasse gehörte einer berufsbildenden Schule an. Hauptschulen kommen im gesamten Sample nicht vor, was u. a. auch an der thematischen Fokussierung lag, denn die quadratischen Gleichungen sind nicht in allen Bundesländern Bestandteil des Curriculums in Hauptschulen (siehe auch Kapitel 4.6).

Aus diesem übergeordneten Sample wurde für die qualitativ-rekonstruktive Analyse anhand des Erkenntnisinteresses dieser Arbeit ein weiteres Subsample gebildet. Für die qualitativ-rekonstruktive Forschung ist die Frage danach „Was ist der Fall?“ (Pieper et al., 2014) von zentraler Bedeutung. Ein Fall im Rahmen der Unterrichtsforschung muss demnach nicht zwingend eine einzelne Klasse oder Lehrperson darstellen, vielmehr kann ein Fall bspw. auch durch ein Bundesland, durch eine Schulform, eine Lerngruppe, durch eine bestimmte Sozialform oder einen bestimmten Lernaspekt, gekennzeichnet sein (vgl. Tesch, 2016, S. 92 ff.). Im Rahmen dieser Arbeit handelt es sich um unterrichtliche Fälle. Ein Fall steht dabei in den kommenden Kapiteln synonym für eine Sequenz. Diese Sequenz oder der Fall bildet eine eigenständige Interaktionseinheit. Eine Proposition, sei sie in Form einer Frage oder Aufgabe von den Beteiligten oder durch Materialien im Raum initiiert, dient als Ausgangspunkt. Diese wird im

Verlauf der Interaktion von den beteiligten Akteur*innen gemeinsam elaboriert und schließlich konkludiert.

Als zentrales Auswahlkriterium für die zu analysierenden Fälle bzw. Sequenzen standen dabei unterrichtliche Situationen im Vordergrund, in denen Impulse, in Form von Aufgaben, Aufforderungen oder Nachfragen, durch die Lehrkräfte initiiert wurden, die dann überwiegend klassenöffentlich, teils mit vereinzelten Einschüben von Einzel-, Partner- oder Gruppenarbeiten, bearbeitet wurden. Das Fokussieren auf die Impulse der Lehrkraft ist sogleich ein empirisches Ergebnis, da keine Sequenzen identifiziert werden konnten, in denen ein Impuls für eine umfassende thematische Diskussion vonseiten der Schüler*innen ausging. Im Sinne der Kontrastierung wurde dabei versucht, eine Balance zwischen verschiedenen ‚Arten von Impulsen' abzubilden. Demnach finden sich in dem Sample sowohl Einführungssequenzen zu einem neuen Thema, die Bearbeitung unterschiedlicher Aufgaben auf Basis von Arbeitsblättern, lehrerseitig induzierte Fragen, die die Schüler*innen zu Begründungen auffordern, diskursive Gesprächssituationen als auch authentisch-konstruierte Problemstellungen, die von den Schüler*innen bearbeitet werden sollen. Aufgrund der Selektivität der Aufnahmen (siehe Kapitel 4.5.4) wurden zudem überwiegend Sequenzen mit klassenöffentlichen Gesprächen ausgewählt, in denen die Interaktion zwischen der Lehrkraft und den Schüler*innen besonders sichtbar wurde. Je Lerngruppe wurden in der Regel zwei Sequenzen von unterschiedlicher Länge einer Analyse unterzogen. Dieser Vergleich innerhalb einer Lerngruppe diente primär der Herausarbeitung der homologen Strukturen der Orientierungsrahmen (vgl. Asbrand & Martens, 2018, S. 32), gleichzeitig aber auch einer Kontrastierung verschiedener initialer Impulse von ein und derselben Lehrkraft.

Dabei wurde im Forschungs- und Interpretationsprozess erkennbar, dass im Rahmen der TALIS-Videostudie weitgehend gleichförmiger und in seinen Strukturen vergleichbarer Unterricht erhoben wurde. Angesichts dessen wurde das Sample um weitere Videos bzw. Sequenzen aus anderen Studien erweitert. Zum einen wurde eine Sequenz aus dem Projekt *Pythagoras – Unterrichtsqualität und mathematisches Verständnis in verschiedenen Unterrichtskulturen* (Klieme et al., 2009) ausgewählt, das gemeinsam vom DIPF und dem Pädagogischen Institut der Universität Zürich durchgeführt wurde. Diese Sequenz einer Klasse einer Realschule (RS) stellte vor allem einen thematischen Kontrast zu den quadratischen Gleichungen innerhalb der Mathematik dar. Zudem wurde ein Video aus dem Sachunterricht zum Thema Schall der Grundschule (GS) in die Analyse aufgenommen. Diese Sequenz stammt aus dem Projekt *Videobasierte Unterrichtsanalyse (ViU): Early Science – Theoretische Modellierung und empirische Erfassung der Kompetenzen zur Analyse der Lernwirksamkeit von naturwissenschaftlichem Unterricht* der Westfälischen Wilhelms-Universität Münster. Mithilfe dieser Sequenz war es möglich, sowohl einen fachlichen

Kontrast zur Mathematik als auch einen alters- und schulformspezifischen Kontrast zu den Sequenzen der TALIS-Videostudie herzustellen.

In Tabelle 2 ist das Sample der Untersuchung im Überblick dargestellt. Die maßgeblich für die Typenbildung relevanten und in dieser Arbeit dargestellten Sequenzen sind grau unterlegt. Alle diese Sequenzen wurden im Rahmen von Forschungswerkstätten (vgl. Asbrand & Martens, 2018, S. 52; Bohnsack, 2021, S. 220) oder vereinzelt auch mit den Betreuenden dieser Arbeit und (Mathematik-)Fachdidaktiker*innen besprochen. Die weiß hinterlegten Sequenzen stellen teilweise analysierte Sequenzen dar, mit denen einerseits Homologien innerhalb von Lerngruppen herausgearbeitet wurden und anderseits handelt es sich um Sequenzen, die im Sinne einer ‚Sättigung' keine neuen Erkenntnisgewinn bzgl. der Typenbildung ergeben haben. Gleichwohl lassen sich die einzelnen Sequenzen bestimmten Typen im Rahmen dieser Arbeit zuordnen. In der Spalte *FDZ ID/DOI* sind die IDs sowie die DOIs der einzelnen Videos, wie sie beim Forschungsdatenzentrum Bildung (FDZ)[4] hinterlegt sind angegeben. Die Videos sind dort nach vorheriger Registrierung und nach Stellung eines Antrags mit entsprechendem Forschungsinteresse für wissenschaftliche Zwecke nutzbar. Lediglich ein Video aus der TALIS-Videostudie Deutschland (Sequenzen: *Mal zwei gerechnet* und *Der Trick*) ist aufgrund datenschutzrechtlicher Auflagen nicht beim FDZ hinterlegt. Das Video aus der Grundschule (Sequenzen: *Kann das Wackeln wandern?* und *Die Trommel*) lässt sich über die Plattform *ViU: Early Science – Videobasierte Unterrichtsanalyse*[5] ebenfalls nach einer Anmeldung bei der Plattform abrufen.

4 DIPF | Leibniz-Institut für Bildungsforschung und Bildungsinformation [online] https://www.fdz-bildung.de/home [Letzter Zugriff: 31. 08. 2022]

5 Westfälische Wilhelms-Universität Münster – ViU: EarlyScience [online] https://www.uni-muenster.de/Koviu/ [Letzter Zugriff: 31. 08. 2023]

Tab. 2: Überblick über das Sample der Studie

Name der Sequenz	*Schulform*	*Jahrgang*	*Fach/Thema*	*FDZ ID/DOI*
Wie sieht das aus?	Gym.	9. Klasse	Mathematik/ quadr. Gl.	S352_obs022/ 10.7477/352:1:22
Der Ansatz	Gym.	9. Klasse	Mathematik/ quadr. Gl.	S352_obs004/ 10.7477/352:1:4
Spannende Frage	Gym.	9. Klasse	Mathematik/ quadr. Gl.	S352_obs022/ 10.7477/352:1:22
Sag mal 'ne Zahl	Gym.	9. Klasse	Mathematik/ quadr. Gl.	S352_obs124/ 10.7477/352:1:124
Mal zwei gerechnet	Gym.	9. Klasse	Mathematik/ quadr. Gl.	-/-
Kaninchengehege I	Gym.	9. Klasse	Mathematik/ quadr. Gl.	S352_obs121/ 10.7477/352:1:121
Gruppen	Gym.	9. Klasse	Mathematik/ quadr. Gl.	S352_obs004/ 10.7477/352:1:4
Kann das Wackeln wandern?	GS	4. Klasse	Sachunterricht/ Schall	Viu-Early Science/ Link[6]
Bauer Piepenbrink	RS	9. Klasse	Mathematik/ Satz d. Pythagoras	A20-P-1225-Lek1/ -
Kaninchengehege II	Gym.	9. Klasse	Mathematik/ quadr. Gl.	S352_obs125/ 10.7477/352:1:125
Der Trick	Gym.	9. Klasse	Mathematik/ quadr. Gl.	-/-
Der Zaun	Gym.	9. Klasse	Mathematik/ quadr. Gl.	S352_obs121/ 10.7477/352:1:121
Aufgabenvariation	Gym.	9. Klasse	Mathematik/ quadr. Gl.	S352_obs044/ 10.7477/352:1:44
Das Dreieck	Gym.	9. Klasse	Mathematik/ quadr. Gl.	S352_obs060/ 10.7477/352:1:60
Die Trommel	GS	4. Klasse	Sachunterricht/ Schall	Viu-Early Science/ Link (siehe Fn. 23)

6 Aufzurufen ist das Video nach vorheriger Anmeldung beim Videoportal unter: Westfälische Wilhelms-Universität Münster [online] https://vsso.uni-muenster.de/Koviu/video/#1UE_Schall_Klasse_2DS [Letzter Zugriff: 31. 08. 2023].

4.5.4 Reflexion der Beobachtungsgrundeinstellung

Dieser Abschnitt reflektiert die grundlegenden Beobachtungsgrundeinstellungen, die dieser Arbeit zugrunde liegen. Dabei wird neben der Invasivität und der Selektivität (vgl. Herrle & Breitenbach, 2016, S. 33 f.) auch die Reaktivität (Praetorius et al., 2017) in Bezug auf die videographischen Erhebungen reflektiert. Die folgenden Beschreibungen in Bezug auf diese Grundeinstellungen gelten vor allem für die Videos, die im Rahmen der TALIS-Videostudie Deutschland aufgenommen wurden, die einen Großteil des empirischen Materials dieser Arbeit ausmachen. Ähnliche Grundeinstellungen sind jedoch auch für die in anderen Studien erhobenen Videos zu erwarten, auch wenn diese nach anderen Vorgaben erhoben wurden.

Invasivität beschreibt „wie stark in die Alltagspraxis eingegriffen wird, um interessierende Phänomene erheben zu können“ (Herrle & Breitenbach, 2016, S. 32 f.). Besonders, wenn Forschende bestimmte Themen, Merkmale oder Handlungspraxen untersuchen wollen, empfiehlt es sich in die Handlungspraxis einzugreifen, um bestimmte Bedingungen herzustellen, die das Auftreten der Merkmale oder Handlungspraxen wahrscheinlicher machen. Das Ziel der TALIS-Video Study war es, die routinierte Handlungspraxis der Erforschten in den Blick zu nehmen (Opfer, 2020). Auch wenn das zu videographierende Unterrichtsthema durch die Studie vorgegeben war, war eine Beobachtung ohne weitere Instruktionen und Eingriffe in den Unterricht möglich. Das Unterrichtsthema selbst war eines, dass ohnehin in den Curricula aller beteiligten Länder verankert war. Den Lehrkräften wurden weiterhin keine konkreten Impulse durch die Forscher*innen vorgegeben. In einem Anschreiben an die Lehrkräfte wurde darauf hingewiesen, dass die Lehrkräfte ihren Unterricht *wie gewohnt* durchführen. Die Definition der Unterrichtseinheit und der Hinweis, den Unterricht möglichst natürlich durchzuführen, findet sich auf dem *Merkblatt für Lehrkräfte/Testleitungen* (Anhang 2). Zudem wurden die Erhebungsleiter*innen u. a. dahingehend geschult, während der Videoaufzeichnungen eine möglichst passive Beobachter*innenrolle einzunehmen, um die Natürlichkeit der Situation so wenig wie möglich zu beeinflussen. Prinzipiell kann von einer geringen Invasivität in den ausgewählten Sequenzen ausgegangen werden.

Selektivität beschreibt „wie stark bei der Erhebung der Daten bereits bestimmte Aspekte des Geschehens fokussiert und (im Unterschied zu anderen) hervorgehoben werden“ (Herrle & Breitenbach, 2016, S. 33). Die Selektivität der Videoaufzeichnungen war besonders durch die Standardisierung, die auf internationaler Ebene vorgegeben war, geprägt. Die Erhebungen erfolgten auf Basis eines international entwickelten und für alle Länder gültigen Erhebungsmanuals. Die Selektivität zeigte sich insbesondere in der Platzierung der Kameras. Zwar war das übergeordnete Ziel der Erhebungen, möglichst viele Interaktionen innerhalb des Klassenraums einzufangen, jedoch wird bei der Platzierung der Kameras am äußeren Rand des Geschehens auch nur dieses selbst sichtbar. Das führt dazu, dass vermehrt einzelne Schüler*inneninteraktionen, wie bspw. der Austausch zwischen Schüler*innen oder die konkrete Bearbeitung von Aufgaben- oder Arbeitsblättern, sich nur schwer bzw. selten mithilfe der Videos beobachten ließen. Erschwert wird dieser Umstand zudem durch die Selektivität der Tonaufnahmen. Die überwiegend äußerlich platzierte Mikrofonierung zeigte sich für diese Arbeit oft als hinderlich. Dadurch, dass der aufgezeichnete Ton vermehrt auf die Klassenöffentlichkeit ausgerichtet war, ließen sich Gespräche an den Tischen der Schüler*innen dadurch nicht in die Analyse einbeziehen.

Reaktivität beschreibt die Verhaltensänderungen und die Reaktionen von Personen, die durch eine künstliche Beobachtungssituation erzeugt wird (vgl. Praetorius et al., 2017, S. 51). Diese Verhaltensveränderung kann im Rahmen von Unterrichtsbeobachtungen dazu führen, dass eine mögliche Verzerrung der Ergebnisse gegeben ist. Gleichzeitig kann die ‚Störung' durch die Aufzeichnenden auch einen Vorteil darstellen. Die Interaktion zwischen den Beobachteten, den Kameras bzw. der Technik und den Feldforscher*innen kann dadurch ebenfalls festgehalten und innerhalb der Interpretation berücksichtigt werden. Damit wird gleichzeitig der Einfluss der Erhebung auf die beobachtete Situation reflektiert, indem die Frage aufgestellt wird, was kann daraus gelernt werden, wenn die Störung, die im Feld erzeugt wird, analysiert wird (vgl. Herrle & Breitenbach, 2016, S. 35).

Erfahrungsbasiert lässt sich nach der Sichtung einer Vielzahl von Unterrichtsvideos in den vergangenen Jahren feststellen, dass die Interaktion mit den Kameras und den Erhebungsleiter*innen in den Videos insgesamt gering ausfällt. Betrachtet man bspw. die Videos der TIMS-Videostudie (Stigler et al., 1999) aus dem Jahr 1995 und die Videos der TALIS-Videostudie aus den Jahren 2017/2018, dann lässt sich beobachten, dass die Interaktionen der Schüler*innen mit den Kameras und den forschenden Personen vor Ort in den älteren Videos deutlich ausgeprägter waren, es lassen sich also in den Videos der TALIS-Videostudie weniger offensichtliche Interaktionen mit den Kameras beobachten, als dies noch in der TIMS-Videostudie der Fall war. Als ein Grund könnte zum einen der technische Fortschritt angesehen werden, da in den vergangenen Jahren die Technik handlicher geworden ist und Kameras in den 1990er Jahren durch ihre massive Bauweise viel mehr Aufmerksamkeit auf sich gezogen haben. Zum anderen ist das Filmen in Zeiten von Smartphones nahezu alltäglich geworden, sodass gerade für junge Menschen in der heutigen Zeit eine Kamera nicht mehr eine solche Besonderheit darstellt, wie etwa vor 30 Jahren.

Anders zeigt sich jedoch die Interaktion der Lehrpersonen mit den Kameras und den extern beobachtenden Personen. In einer Vielzahl der Videos lässt sich beobachten, dass Lehrpersonen die Kamera als eine Art Kontrollinstanz inszenieren, indem sie zu Beginn der Aufzeichnung darauf verweisen, sich möglichst von der besten Seite zu zeigen oder den Appell an die Schüler*innen richten, sich angemessen zu verhalten (vgl. Herrle & Breitenbach, 2016, S. 36).

Im Kontext der TALIS-Videostudie wurde die Reaktivität über einen Lehrkräftefragebogen erfasst. Auf einer vierstufigen Skala konnten die Lehrkräfte bewerten, wie typisch eine aufgezeichnete Unterrichtsstunde im Vergleich zu einer regulären Unterrichtsstunde war. Deskriptiv betrachtet, verdeutlichen die Daten, dass die Lehrkräfte die erste (M = 3.27; SD = 0.63) und die zweite (M = 3.38; SD = 0.67) aufgezeichnete Unterrichtsstunde recht hoch mit *Zum größten Teil typisch* einstuften. Auch wenn die Werte der zweiten Aufzeichnung leicht höher sind, unterscheiden sich diese Werte nicht signifikant von denen der ersten Aufzeichnung ($t(49) = -1.137, p = .26$). Betrachtet man die Werte der einzelnen Unterrichtsstunden der in diese Arbeit einbezogenen Stichprobe, dann zeigen sich deskriptiv leicht höhere Werte (M = 3,71, SD = 0.45) im Vergleich zum Gesamtmittel der Stichprobe aller Lehrkräfte. Demnach kann davon ausgegangen werden, dass die vorliegenden Unterrichtsstunden, zumindest aus Sicht der Lehrpersonen, überwiegend als *sehr typisch* eingestuft werden können.

Prinzipiell ist davon auszugehen, dass die Effekte der Reaktivität in den hier vorliegenden Videos eher gering sind (vgl. Stigler et al., 1999, S. 6). Zudem demonstrieren Studien, dass die Irritation durch die Kameras im Verlauf des Unterrichts abnehmen (Herrle & Breitenbach, 2016; Praetorius et al., 2017). Gleichwohl kann nicht ausgeschlossen werden, dass besonders Reaktivitätseffekte im Rahmen der Vorbereitung des Unterrichts durch die Lehrkräfte stattgefunden haben, indem sie die Unterrichtsstunde, anders als sonst, konzeptioniert und geplant haben, sodass eine Art ‚idealisierte' Stunde durch die Lehrpersonal inszeniert wird (vgl. Stigler et al., 1999, S. 6).

4.6 Exkurs: quadratische Gleichungen

Innerhalb dieses Exkurses soll ein kurzer Überblick über das Thema der *Quadratischen Gleichungen* gegeben werden. Die meisten der interpretierten Sequenzen dieser Arbeit stammen aus der TALIS-Videostudie Deutschland (Grünkorn et al., 2020), in der alle an der Studie teilnehmenden Lehrkräfte, wie die der übergeordneten internationalen TALIS Video Study (OECD, 2020), dieses Thema in den aufgezeichneten Unterrichtsstunden unterrichteten. Um besser nachvollziehen zu können, was in den einzelnen Sequenzen fachlich verhandelt wird, soll hier grob dargestellt werden, welche Relevanz die quadratischen Gleichungen im deutschen Mathematikunterricht haben. Anschließend werden die quadratischen Gleichungen fachlich definiert und wesentliche Lösungsverfahren werden vorgestellt.

Auf Grundlage der Bildungsstandards im Fach Mathematik ist das Lösen quadratischer Gleichungen fester Bestandteil für den Mittleren Schulabschluss (KMK, 2004) sowie für die Allgemeine Hochschulreife (KMK, 2012). Die formale Behandlung aller Arten von Gleichungen wird in den Bildungsstandards in dem Kompetenzbereich *K5: Mit symbolischen, formalen und technischen Elementen der Mathematik umgehen* abgebildet. Die Spannbreite der Anforderungsbereiche in diesem Kompetenzbereich reicht vom Erlernen und Anwenden routinemäßiger Berechnungsverfahren bis hin zu komplexeren Verfahren sowie deren Reflexion. Zudem wird die Aneignung von Fakten- und Regelwissen als Grundlage für eine zielgerichtete Bearbeitung von Aufgaben angesehen (KMK, 2004, S. 8 f., 2012, S. 16).

Ein konkreter Bezug zu den quadratischen Gleichungen ist in den Bildungsstandards für den Mittleren Schulabschluss in Leitidee *L4: Funktionaler Zusammenhang* festgehalten: Die Schüler*innen „untersuchen Fragen der Lösbarkeit und Lösungsvielfalt von linearen und quadratischen Gleichungen sowie linearen Gleichungssystemen und formulieren diesbezüglich Aussagen" (KMK, 2004, S. 12). In den Bildungsstandards für die allgemeine Hochschulreife ist der Umgang mit Gleichungssystemen im Allgemeinen in der Leitidee *L1: Algorithmus und Zahl* enthalten: Die Schüler*innen können „geeignete Verfahren zur Lösung von Gleichungen und Gleichungssystemen auswählen" (KMK, 2012, S. 18).

Auch auf curricularer Ebene ist die Anwendung und die Bearbeitung von quadratischen Gleichungen im Rahmen der Lehrpläne enthalten. Exemplarisch zeigt sich am Beispiel der hessischen Lehrpläne, dass quadratische Gleichungen im Bildungsgang der Realschule (HKM, o.J.-b), dem gymnasialen Bildungsgang (HKM, o.J.-c) sowie an schulformübergreifenden (integrierten) Gesamtschulen (IGS) (HKM, o.J.-a) gelehrt werden. Für alle oben genannten Schulformen erfolgt dies in Jahrgangsstufe 9 und der Umfang der Unterrichtseinheit beläuft sich dabei auf 20 bis 24 Schulstunden.

Im Lehrplan bspw. der hessischen Gymnasien sind unter dem Inhaltsbereich *9.3 Funktionen* die *quadratischen Gleichungen und quadratischen Funktionen* als obligatorisch zu behandelnde Inhalte aufgeführt. Die Behandlung der quadratischen Gleichungen umfasst dabei u. a. die Anwendung graphischer und rechnerischer Lösungsverfahren, die quadratische Ergänzung, die Anwendung der Lösungsformel, das Lösen durch Faktorisierung sowie die Bearbeitung von Sachproblemen (vgl. HKM, o.J.-c). Deutlich wird, dass das Thema der quadratischen Gleichungen eng mit der Behandlung der quadratischen Funktionen verschränkt ist. Die enge Verschränkung der beiden Themen zeigte sich auch im internationalen Vergleich im Rahmen der TALIS-Video Study (OECD, 2020). Während in einigen Ländern, bspw. in Japan, eine strikte Trennung der beiden Themenbereiche stattfindet, kann die Verschränkung der Themen als Charakteristik für Deutschland angesehen werden. Zudem wird die Unterrichtseinheit in Deutschland üblicherweise mit den quadratischen Funktionen eingeführt und es wird erst im späteren Verlauf auf die quadratischen Gleichungen eingegangen (vgl. Klieme & Schweig, 2020).

Die quadratischen Gleichungen stellen demnach für die Schüler*innen, insbesondere der mittleren und höheren Bildungsgänge, einen verpflichtenden Lerngegenstand in deutschen Schulen dar. Bei der Implementation und der Behandlung dieser Inhalte in den Unterricht lässt sich zudem eine enge Verschränkung mit den quadratischen Funktionen erwarten. Die Schüler*innen sind dabei im Rahmen der Unterrichtseinheit angehalten sowohl einfachere als auch komplexere Lösungsverfahren im Umgang mit quadratischen Gleichungen kennen zu lernen.

Definition

„Eine quadratische Gleichung oder Gleichung zweiten Grades ist eine algebraische Gleichung, in der die Variable x in keiner höheren als der zweiten Potenz vorkommt“ (Kemnitz, 2010, S. 54). Dadurch enthält die Gleichung den Ausdruck ‚x hoch zwei‘ oder ‚x Quadrat‘ (vgl. Walz, 2018, S. 8) und grenzt sich damit klar von linearen Gleichungen ab, deren Variable x linear, also in der ersten Potenz, vorkommt. Zudem sind quadratische Gleichungen Teil der Polynomgleichungen und nehmen mit der Exponenten 2 eine Sonderstellung ein.

Allgemeine Form

Jede quadratische Gleichung lässt sich durch äquivalente Umformung in eine allgemeine Form überführen. Die Gleichung der allgemeinen Form lautet:

$$ax^2 + bx + c = 0$$

Grundlegende Bedingung dieser Gleichung ist, dass $a \neq 0$, denn sonst würde es sich um eine lineare Gleichung handeln. Die Koeffizienten a, b und c entsprechen dabei reellen Zahlen. Aus der allgemeinen Form lassen sich mehrere Sonderfälle ableiten, wenn unterschiedliche Koeffizienten den Wert 0 annehmen. Eine reinquadratische Funktion liegt dann vor, wenn das lineare Glied fehlt, $ax^2 + c = 0$, oder das lineare und das absolute Glied fehlen, $ax^2 = 0$. Von einer gemischtquadratischen Gleichung spricht man dann, wenn das absolute Glied fehlt, $ax^2 + bx = 0$.

Normalform

Die Normalform erhält man, indem man die allgemeine Form durch $a \neq 0$ dividiert. Die Gleichung der Normalform lautet:

$$x^2 + px + q = 0$$

Die Koeffizienten p und q stehen für reelle Zahlen. Die Umbenennung der beiden Koeffizienten in p und q hat sich konventionell eingebürgert (vgl. Walz, 2018, S. 10).

Faktorisierte Form

Die faktorisierte Form einer quadratischen Gleichung besteht aus einer Malkette zweier Klammern, in denen jeweils die Variable x enthalten ist. Durch Ausmultiplizieren lässt sich die Form in eine allgemeine Form überführen.

$$a(x+u)(x+v)=0$$

Je nach Art und Form der quadratischen Gleichung lassen sich unterschiedliche Lösungsmethoden anwenden, die auch unterschiedlich effizient sind. Schüler*innen der Sekundarstufe I sind angehalten, flexible algebraische Methoden beim Lösen von quadratischen Gleichungen anzuwenden (vgl. Block, 2016a, S. 392). Im Umgang mit den quadratischen Gleichungen besteht die Aufgabe der Schüler*innen darin, zu erkennen, wann welche Methode zum Lösen einer Gleichung angewandt werden kann (Identifizieren) und im Anschluss daran das ausgewählte Verfahren korrekt zur Anwendung bringen (Realisieren; vgl. Bruder, 2018, S. 208).

Die Wahl eines bestimmten Verfahrens hängt dabei zum einen von der Form einer quadratischen Gleichung ab und zum anderen auch davon, ob die Gleichung gleich 0 gesetzt wurde, oder ob sich Zahlen und/oder Variablen auf beiden Seiten der Gleichung befinden. Diese unterschiedlichen Formen und die entsprechenden Lösungsmöglichkeiten lassen sich in Gestalt einer didaktischen Landkarte für quadratische Gleichungen (siehe Abb. 7) darstellen.

Block (2016a, S. 393) unterscheidet in der Landkarte zwischen zwei Klassen: den quasi-arithmetischen und den algebraischen Lösungsverfahren. Gleichungen aus der quasi-arithmetischen Klasse können ohne ein Operieren mit der Variablen gelöst werden, bspw. durch die Verwendung inverser Elemente, des Radizieren, oder mit dem Satz vom Nullprodukt[7]. Bei den Gleichungen der algebraischen Klasse hingegen ist ein Operieren mit der Variable, sprich die Anwendung algebraischer Prozeduren, erforderlich. Bei der Gleichung aus der ersten Subgruppe (1. cognitive step) muss explizit eine Faktorisierung vorgenommen werden, anschließend kann auch hier wieder der Satz vom Nullprodukt angewandt werden. Bei den Gleichungen der zweiten Subgruppe (2. cognitive step) ist das algebraische Verfahren nicht direkt sichtbar, weshalb diese Gruppe auch als implizit bezeichnet wird. Bei dieser Subgruppe erfolgt die Lösung der Gleichungen überwiegend durch die Anwendung der pq-Formel.

7 Ein Produkt ist genau dann Null, wenn einer der Faktoren Null ist.

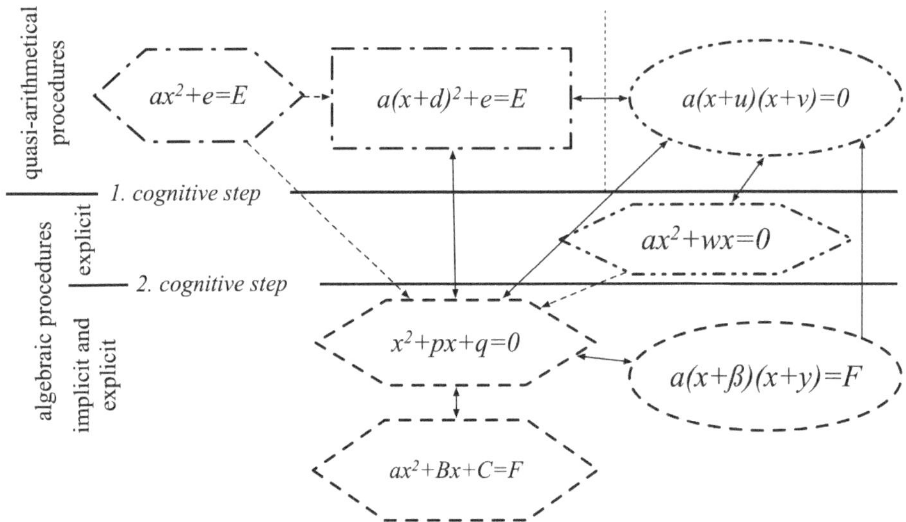

Abb. 7: Didaktische Landkarte quadratischer Gleichungen adaptiert nach Block (2016a, S. 393)

Mit den Pfeilen werden die verschiedenen Transformationsmöglichkeiten der Gleichungen untereinander angedeutet, bei den gestrichelten Pfeilen handelt es sich jeweils um Spezialfälle der Gleichungen. Die Formen der Umrandungen deuten auf den Typ des Terms hin. Unterschieden wird zwischen Summe (Sechseck), Produkt (Ellipse) und dem Spezialfall der Scheitelpunktform (Rechteck). Letztlich unterscheiden sich noch die Formen der Gleichungen, die über die Art der Umrandung unterschieden werden. Die verschiedenen Umrandungslinien weisen auf die möglichen Lösungsverfahren in Bezug auf die Gleichungen hin. Unterschieden wird hier zwischen dem Wurzelziehen (Punkt-Strich), dem Faktorisieren (Punkt-Punkt-Strich) und dem Lösen mithilfe der pq-Formel (Strich). Diese Veranschaulichung mithilfe der didaktischen Landkarte macht die komplexe Struktur beim Lösen von quadratischen Gleichungen sichtbar. Dabei reicht es für die Auswahl einer geeigneten Lösungsmethode nicht aus, nur die Struktur der Terme bzw. den Typ der quadratischen Gleichung in den Blick zu nehmen, es ist zudem notwendig die Struktur der Gleichung zu betrachten und zu schauen, ob Zahlen auf verschiedenen Seiten der Gleichung vorhanden sind (vgl. Block, 2016a, S. 392). Im Folgenden werden die wesentlichen lösungsverfahren kurz vorgestellt.

Lösung per Wurzel ziehen

Reinquadratische Gleichungen, also quadratische Gleichungen ohne lineares Glied (und ohne absolutes Glied), lassen sich durch Wurzelziehen lösen.

$$x^2 = 9x_{1/2} = \pm\sqrt{9} = \pm 3$$

Insgesamt ergeben sich zwei Lösungen, da das Ziehen der Wurzel einer Zahl immer das positive und negative dieser Zahl ergibt. Wenn die Wurzel aus einer negativen Zahl gezogen werden muss, dann hat diese Gleichung keine Lösung, da aus einer negativen Zahl keine Quadratwurzel gezogen werden kann.

Faktorisierung (auch Faktorzerlegung)

Die Faktorisierung einer Gleichung bedient sich am Satz vom Nullprodukt, der Folgendes besagt: Ein Produkt ist immer dann null, wenn mindestens einer der beiden Faktoren null ist.

$$(x+3)(x-2) = 0$$

$$\swarrow \qquad \searrow$$

$$x + 3 = 0; \quad x - 2 = 0$$

$$x_1 = -3; \quad x_2 = 2$$

Allgemeine Lösungsformel

Die allgemeine Lösungsformel wird häufig auch als Lösungsformel oder abc-Formel bezeichnet. In einigen Teilen Deutschlands und der Schweiz ist sie auch bekannt als Mitternachtsformel: Schüler*innen sollten diese Formel auch mitten in der Nacht aufsagen können, wenn man sie weckt (vgl. Walz, 2018, S. 15).[8] Diese Erklärung scheint die geläufigste, auch wenn es bei einem Gerücht bleibt, da die tatsächliche Herkunft des Begriffs nicht geklärt ist.

$$x_{1/2} = \frac{-b \pm\sqrt{b^2 - 4ac}}{2a}$$

8 Im Unterricht kann es für die Schüler*innen punktuell sinnvoll sein, bestimmte Inhalte auswendig zu lernen (vgl. Reinhardt, 2021, S. 31). Wichtig darüber hinaus ist aber die Verknüpfung neuer Inhalte mit dem bestehenden Wissen (vgl. Lipowsky 2020, S. 92). Anzumerken sei hier auch, dass sich die allgemeine Lösungsformel mithilfe der quadratischen Ergänzung und den binomischen Formeln herleiten lässt, sodass ein Auswendiglernen der Formel nicht zwingend notwendig wäre. Aufgrund des hohen zeitlichen Aufwands dieser Herleitung kann dies aber sinnvoll sein.

pq-Formel[9]

Mithilfe der pq-Formel können quadratische Gleichungen der Normalform gelöst werden. Die Formel stellt eine verkürzte Form der allgemeinen Lösungsformel dar. Die Voraussetzung für die Anwendung der Formel ist, dass der Koeffizient a den Wert 1annehmen muss.

$$x_{1/2} = -\frac{p}{2} \pm \sqrt{(p/2)^2 - q}$$

Graphische Lösung

Die graphische Lösung einer quadratischen Gleichung der Form $ax^2+bx+c=0$ besteht darin, den Funktionsgraphen der zugehörigen quadratischen Funktion $f(x) = ax^2 + bx + c = 0$ in ein Koordinatensystem zu zeichnen und die Punkte zu identifizieren, an denen der Graph die x-Achse schneidet. Diese Schnittpunkte entsprechen den Nullstellen der quadratischen Gleichung und sind somit deren Lösungen. Typischerweise wird entweder eine Wertetabelle für die Funktion angefertigt oder visuelle Hilfsmittel wie Grafikrechner und spezialisierte Softwareprogramme wie GeoGebra[10] zur graphischen Darstellung herangezogen.

9 Die pq-Formel zeigte sich in den Videos der TALIS-Videostudie Deutschland (Grünkorn et al., 2020) als primär angewandte Lösungsformel beim Lösen quadratischer Gleichungen. Ähnlich wie die Metapher der Mitternachtsformel ließ sich dabei auch häufig ein Auswendiglernen der Formel im Unterricht beobachten. Bspw. nutzten drei der an der Studie teilnehmenden Lehrpersonen zum leichteren Einprägen der Formel das Video eines Songs über die pq-Formel: DorFuchs [online] https://www.youtube.com/watch?v=tRblwTsX6hQ [Letzter Zugriff: 31. 08. 2023]. Zudem hat sich im Rahmen der internationalen TALIS Video Study (OECD, 2020) herausgestellt, dass Deutschland neben den sieben anderen Ländern das Einzige ist, indem diese verkürzte Lösungsformel zur Anwendung kommt.

10 GeoGebra ist eine Web- und App-basierte, dynamische Lern- und Lehrsoftware für den Mathematikunterricht der Sekundarstufen. Mehr Informationen unter: https://www.geogebra.org/ [Letzter Zugriff: 31. 08. 2023]

5 Sinngenetische Rekonstruktionen: Interaktionsbeschreibungen ausgewählter Sequenzen

In diesem Kapitel werden drei ausgewählte Sequenzen aus dem Sample dieser Untersuchung detailliert vorgestellt. Die hier vorgestellten Sequenzen stellen wesentliche Kernfälle dar, deren Auswahl nach ausschlaggebenden Vergleichshorizonten erfolgte, die später in Kapitel 6 zu einer Typologie zusammengeführt werden. Die Darstellung der einzelnen Fälle erfolgt im Sinne der Fall- bzw. Interaktionsbeschreibung (siehe Kapitel 4.4.6) und stellt eine zusammenfassende Darstellung der Interpretationen dar (vgl. Asbrand & Martens, 2018, S. 51; Bohnsack, 2021, S. 143 ff.). Mithilfe dieser Interaktionsbeschreibungen wird ein umfassender Überblick über die Sequenzen gegeben, um auf diese Weise die Interpretationen und die einzelnen Analyseschritte im Rahmen der Dokumentarischen Methode für Außenstehende nachvollziehbar zu machen. Neben der Darstellung der primären Orientierungsrahmen innerhalb der Beschreibungen wird besonders die *dramaturgische Entwicklung* der Sequenzen und ansatzweise auch die Interaktionsorganisation verdeutlicht (vgl. Bohnsack, 2021, S. 143).

Zu Beginn der Darstellungen steht eine Einordnung in den Kontext der Unterrichtsstunde, aus der die interpretierte Sequenz stammt. Anhand einer Fotogrammanalyse wird daraufhin das unterrichtliche Setting beschrieben. Daran schließt sich eine kurze fachliche Einordnung an. Im Rahmen der Interaktionsbeschreibung werden dann die Interpretationen der Sequenzen in ihrer Sequenzialität dargestellt. Am Ende der Darstellung werden die Sequenz und die rekonstruierten Orientierungsrahmen in ihrer Gesamtheit zusammengefasst. Die komparative Analyse ist dabei nicht Teil dieses Kapitels, dennoch werden einzelne komparative Vergleiche im Rahmen der Interaktionsbeschreibungen vorgenommen, um die Interpretationen transparenter darlegen zu können. Die Entwicklung einer Typologie und die stärker dargestellte komparative Analyse sind Teil des sechsten Kapitels dieser Arbeit.

5.1 Sequenz: Mal zwei gerechnet

*(Unterrichtseinheit: Quadratische Gleichungen, Stunde 10 von 12 innerhalb der Einheit, Klassenstufe 9, Gymnasium, Metropole, 30 Schüler*innen [13 w, 14 m, 3 o. A.], Lehrerfahrung: 31 Jahre)*

Bei der hier vorgestellten Sequenz handelt es sich um eine 90-minütige Unterrichtsstunde zum Themengebiet *Quadratische Gleichungen.* Es ist die 10. von insgesamt zwölf Unterrichtsstunden innerhalb der Unterrichtseinheit. Im studienbegleitenden Protokollbogen zur inhaltlichen Dokumentation der Unterrichtseinheit gab die Lehrkraft die *Diskussion verschiedener Fälle von $ax^2+bx+c=0$ in Abhängigkeit von Werten für a, b und c* als Schwerpunkt der Unterrichtsstunde an. In der Aufzeichnung zeigt sich, dass verschiedene Spezialfälle quadratischer Gleichungen klassenöffentlich besprochen und anschließend Beispielaufgaben durch die Schüler*innen in Einzelarbeit berechnet werden.

Zu Beginn des Unterrichts begrüßt die Lehrerin kurz die Schüler*innen, die nun nach einer dreiwöchigen Auslandsreise zum ersten Mal wieder am Unterricht teilnehmen. Die doppelstündige Unterrichtslektion wird dann von der Lehrerin als Wiederholungs- und Vorbereitungsstunde auf die bevorstehende Klassenarbeit gerahmt. Alles, was die Schüler*innen zum Lösen quadratischer Gleichungen benötigen, soll unter der Überschrift „Lösen quadratischer Gleichungen" noch einmal zusammengefasst werden. Die Wiederholungen haben, nach Aussage der Lehrerin, den Zweck, dass in „der Klassenarbeit nix schief geht". In einem ersten Schritt bittet die Lehrerin die Schüler*innen die allgemeine Form der quadratischen Gleichung $ax^2 + bx + c = 0$ aus ihren Aufzeichnungen im Heft zu diktieren. Die Gleichung hält sie schriftlich am interaktiven Whiteboard (IWB) fest. In einem weiteren Schritt wird diese allgemeine Form in Interaktion mit den Schüler*innen in eine Normalform überführt. Hierfür wird die Gleichung durch *a* dividiert, was dazu führt, dass der Faktor a den Wert 1 annimmt und somit das x^2 ohne Vorfaktor steht. Durch Umbenennungen der beiden anderen Faktoren wird die allgemeine Form in die Normalform $x^2+px+q = 0$ überführt. Die Lehrerin fragt im Anschluss daran, wie diese Form der Gleichung gelöst werden kann und lässt sich daraufhin von einem weiteren Schüler die pq-Formel diktieren, der diese aus seinen Aufzeichnungen vorliest. Noch bevor der Schüler diese Formel fertig vorgelesen hat, wurde die Gleichung von der Lehrerin bereits vollständig angeschrieben. Die interpretierte Sequenz beginnt anschließend daran, als die Lehrerin „Bsp.:" an das IWB schreibt.

Fotogrammanalyse

Die räumliche Anordnung der parallel zueinander aufgestellten Tischreihen und die nach vorn ausgerichtete Sitzrichtung der Schüler*innen in Richtung des IWB (siehe Abb. 8) deutet auf ein lehrerzentriertes Setting hin. Dies wird dadurch verstärkt, dass die Schüler*innen kaum Möglichkeiten haben einander anzusehen. Überdies lässt sich vermuten, dass es sich aufgrund der Mittelkonsolen an den Tischen, den Vitrinen im hinteren Bereich des Raumes sowie den Waagen auf dem Schrank im vorderen Bereich, um einen primär fachlich-naturwissenschaftlichen Raum der Schule handelt.

In der gleichförmigen körperlich-räumlichen Positionierung der Schüler*innen, abgewandt zur Lehrperson und jeweils in individueller Interaktion mit den vor

Abb. 8: Fotogramm 1 Sequenz *Mal zwei gerechnet* #00:09:40#

Abb. 9: Synchrones Fotogramm 1 Sequenz *Mal zwei gerechnet* #00:09:40#

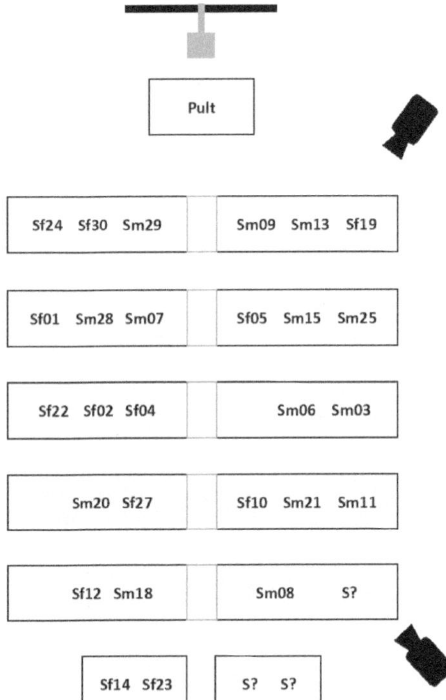

Abb. 10: Sitzplan Sequenz *Mal zwei gerechnet*

ihnen liegenden Schreib- und Rechenutensilien bzw. dem IWB (siehe Abb. 9), dokumentiert sich eine Einzelarbeitssituation. Dies wird durch die Positionierung der Lehrerin in der Nische des Türrahmes und außerhalb des Sichtfeldes der Schüler*innen unterstrichen, wodurch für die Schüler*innen ein freies Sichtfeld hin zum IWB entsteht. Die am IWB angeschriebene Berechnung, die mit „Bsp." gekennzeichnet ist, deutet auf eine Berechnung oder ein Abschreiben der Berechnung vom IWB hin.

In der räumlichen Positionierung der Lehrerin dokumentiert sich in Bezug auf die Einzelarbeit eine Zurücknahme gegenüber den Interaktionen der Schüler*innen. Vordergründig wird jedoch die kontrollierende und beobachtende Haltung der Lehrerin sichtbar. Durch ihre Position baut sie eine räumliche Nähe zu den Schüler*innen der vorderen Tischreihen auf. Die Positionierung in der Türnische ermöglicht es ihr eine zunehmend beobachtende Haltung einzunehmen. In der Nische hat sie einen guten Überblick über den gesamten Raum und ist selbst, aufgrund der schattigen Lichtverhältnisse und ihrer dunklen Kleidung innerhalb der Türnische, von den anderen Akteur*innen dadurch selbst weniger beobachtbar. Die Beobachtungsmöglichkeiten der Lehrerin werden dabei nicht nur durch ihre Positionierung, sondern besonders auch durch die gleichförmige und parallele Aufreihung der Tische, die die Form eines Rechtecks annimmt (siehe Abb. 10), und die relativ enge Zusammensetzung der Schüler*innen in diesem Rechteck erleichtert. An den beiden Wandseiten, jeweils rechts und links der Tischreihen, ergeben sich zwei Gänge, durch die die Lehrerin, wie im Video weiter erkennbar wird, mehrfach hin und her geht und die Schüler*innen dabei stets im Blick behält.

Aufseiten der Schüler*innen dokumentiert sich eine Orientierung an Aufgabenerledigung in Bezug auf die Berechnung von Rechenaufgaben. Dies wird durch die auf die Arbeitsmaterialien ausgerichtete Haltung, die Interaktion mit Schreibutensilien und der Verwendung von Taschenrechnern sowie die am IWB angeschriebenen mathematischen Inhalte deutlich. Die Interaktionen der Schüler*innen sind fast ausschließlich auf die vor ihnen befindlichen Schreibutensilien und vereinzelt auf das IWB im vorderen Bereich des Raumes gerichtet. Die Schülerin Sf30 zeigt durch ihren Blick auf das Heft eines Mitschülers eine Orientierung an der Mitschrift von Mitschüler*innen.

Fachliche Einordnung

Bei der von der Lehrerin angeschriebenen Gleichung $0 = 0,5x^2 + 3x - 8$ handelt es sich um eine Gleichung der allgemeinen Form und demnach um eine Gleichung, die der Klasse der (impliziten) algebraischen Lösungsverfahren zugeordnet werden kann (siehe Kapitel 4.6). Bei dieser Gleichung ist demnach ein Operieren mit der Variablen, sprich die Anwendung von algebraischen Prozeduren, erforderlich. Gelöst werden kann die Gleichung entweder mithilfe der allgemeinen Lösungsformel oder durch ein Umstellen der allgemeinen Form in eine Normalform auch mithilfe der pq-Formel. Der notwenige Schritt hierfür ist das Dividieren der Gleichung durch den Koeffizienten a. Im vorliegenden Beispiel würde dies bedeuten, dass die gesamte Gleichung durch 0,5 dividiert werden muss. Äquivalent dazu ist es ebenfalls möglich den Dezimalbruch 0,5 als Bruch in der Form $1/2$ zu schreiben. Die Division eines Bruches erfolgt dann über die Multiplikation des Kehrwerts dieses Bruches, sprich $2/1 = 2$. Auf beide Wege, sprich der Division der Gleichung durch 0,5 einerseits sowie der Multiplikation der Gleichung mit 2 andererseits, erhält man die Gleichung $0 = x^2 + 6x - 16$. Über das Einsetzen der beiden Werte $p = 6$ und $q = -16$ in die pq-Formel erhält man auf diese Weise die beiden Lösungen $x_1 = -8$ und $x_2 = 2$.

Interaktionsbeschreibung

Nach der schrittweisen Erarbeitung von allgemeinen Lösungsschritten zum Lösen quadratischer Gleichungen mithilfe der pq-Formel schreibt die Lehrerin eine Beispielaufgabe, und zwar die Gleichung $0 = 0,5x^2 + 3x - 8$, an das IWB und fordert die Schüler*innen auf, die Gleichung anhand der zuvor erarbeiteten Schritte abzuarbeiten.

Sequenz Mal zwei gerechnet, 00:05:34–00:08:58

Lf: Ok und zur Erinnerung lösen wir dafür ein Bei- eine <u>Beispielaufgabe</u>, die da heißt; (.) #00:05:42# Null ist gleich; Null Komma fünf x Quadrat (.) plus drei x minus acht. (2) ihr arbeitet erstmal <u>alleine</u>; (8) arbeitet die Schritte ab, die vorne dran stehen #00:06:07# (53) #00:07:01# machste das vorne ohne zu reden? #0:07:03# (114) danke #0:08:58#

Der initiale Impuls besitzt durch die vorangegangene Erarbeitung der allgemeinen Lösungsschritte zur Berechnung von Gleichungen mithilfe der pq-Formel sowie die von der Lehrerin angeschriebene Aufgabe einen innenmathematischen Charakter. Anders als die Bearbeitung, bei der die einzelnen Lösungsschritte in allgemeiner Form an das IWB angeschrieben wurden, handelt es sich bei diesem Beispiel um eine konkrete Gleichung mit eingesetzten Werten. Die Rahmung des Beispiels als „Erinnerung" deutet darauf hin, dass ähnliche Aufgaben bereits in der Vergangenheit behandelt wurden und unterstreicht zudem die Rahmung der Stunde durch die Lehrerin als eine Wiederholungsstunde. Das Lösen der Beispielaufgabe wird dadurch als bereits bekanntes Wissen gerahmt, dass hier von den Schüler*innen zur Anwendung gebracht werden soll.

Der Anforderungsgehalt der verbal diktierten und am IWB festgehaltenen Gleichung ist in doppelter Hinsicht auf eine Reproduktion von Rechenschritten gerichtet. Zum einen handelt es sich bei diesem Beispiel um eine Aufgabe, mit der die Schüler*innen in der Form bereits vertraut sind, sodass die konkrete Berechnung und die Lösung einer solchen Aufgabe an dieser Stelle eine Wiederholung darstellen. Zum anderen sind die Schüler*innen angehalten, die Aufgabe anhand der allgemein formulierten Lösungsschritte am IWB abzuarbeiten. Hierin dokumentiert sich eine Orientierung der Lehrerin am Rechnen, der Anwendung mathematischer Regeln und der Herstellung von Lösungen, indem die Schüler*innen dazu angehalten sind, bereits bekannte und kurz zuvor wiederholte Lösungsschritte anzuwenden.

Unter der Rahmung der Stunde als eine Wiederholungsstunde in Vorbereitung auf die Klassenarbeit wird zudem deutlich, dass der hier eingeführte Aufgabentypus und das schrittweise mathematische Vorgehen beim Lösen der Gleichung für die bevorstehende Klassenarbeit von Bedeutung sind. Zusätzlich hebt die Aufforderung der Lehrerin, die Aufgabe in Einzelarbeit zu bearbeiten, diesen vorgezogenen Prüfungscharakter in Bezug auf die zukünftige Leistungsbeurteilung hervor. Unterstrichen wird der Prüfungscharakter zudem durch die körperlich-räumliche Positionierung der Lehrerin. Während die Schüler*innen die Aufgabe bearbeiten, steht sie zunächst in der Türrahmennische am linken Rand des Klassenraums. Sie selbst entzieht sich damit dem direkten Blickfeld der Schüler*innen nimmt dabei aber selbst die Schüler*innen in den Blick (siehe Abb. 8). Hierin dokumentiert sich eine beobachtende und kontrollierende Haltung der Lehrerin.

Aufseiten der Schüler*innen dokumentiert sich eine Orientierung an Aufgabenerledigung, die auf die Berechnung der am IWB angeschriebenen quadratischen Gleichung gerichtet ist. Im Modus des Berechnens geht es dabei primär um das formale Operieren mit der quadratischen Gleichung und um das Ausrechnen der Lösung mithilfe der pq-Formel. Die Blicke der Schüler*innen sind dabei fast überwiegend auf die vor ihnen liegenden Blätter bzw. Hefte gerichtet. Vereinzelt greifen die Schüler*innen dabei nach kurzer Zeit zum Taschenrechner oder schauen bei der Bearbeitung zwischen dem Heft und dem IWB hin und her. Insgesamt wird ein routinierter Umgang in der Bearbeitung und der Berechnung der Aufgabe durch die Schüler*innen sichtbar.

Die Lehrerin bewegt sich dann erneut zum IWB und scrollt den Anschrieb ein wenig nach oben, sodass nur noch der untere Teil der zuvor angeschriebenen Schritte zu sehen ist und im unteren Drittel der Projektion eine freie Fläche entsteht. Dadurch, dass sie nicht erfragt, ob die Schüler*innen die Schritte bereits in ihre Hefte übernommen oder gar verstanden haben, werden diese als bereits bekanntes und gesichertes Wissen markiert.

Anschließend geht die Lehrerin an der äußeren Tischreihe entlang in Richtung des Schülers Sm25, der seinen Stift bereits beiseitegelegt hat. Sie bleibt bei ihm stehen und schaut auf sein Blatt. Flüsternd fordert sie den Schüler auf, die Aufgabe an das IWB zu schreiben, ohne dabei zu sprechen. In dieser Aufforderung wird erkennbar, dass sie den Schüler bittet, die korrekte Lösung, die sie durch einen kurzen Blick auf dessen Blatt validiert, anzuschreiben. Dadurch, dass die anderen Schüler*innen nicht in diese Interaktion einbezogen werden und durch die Aufforderung des stillen Anschreibens, zeigt sich eine Verlagerung der Einzelarbeit von Sm25 nach vorn an das IWB. Es entstehen zwei synchrone Interaktionseinheiten in denen sich die anderen Schüler*innen, unabhängig von der Interaktion zwischen der Lehrerin und Sm25 und der Interaktion von Sm25 mit dem IWB (siehe Abb. 11), weiterhin mit der Bearbeitung und der Berechnung der quadratischen Gleichung beschäftigt sind. Vielmehr ist die Interaktion von Sm25 mit der Lehrerin eingelagert in die übergeordnete Interaktion des Aufgabenbearbeitens der anderen Schüler*innen. Während Sm25 seine Berechnung am IWB festhält, schreibt und rechnet der Großteil der Schüler*innen ebenfalls. Das Beenden der eingelagerten Interaktion führt nicht dazu, dass die anderen Schüler*innen ihre Berechnungen beenden.

Sm25 entspricht dabei der Aufforderung der Lehrerin, indem er die Aufgabe an das IWB anschreibt. Hierfür nimmt er seine Aufzeichnung, aufgeschrieben auf einem Blatt, mit nach vorn. Auf das Blatt selbst blickt er nur auf dem Weg zum IWB und kurz bevor er die beiden Lösungen x_1 und x_2 notiert. Dadurch, dass er die überwiegenden Lösungsschritte frei am IWB erarbeitet, zeigt sich der flüssige Vollzug der Berechnung am IWB. Der Anschrieb des Schülers (siehe Abb. 12) ist dabei durch eine schrittweise Durchführung und einer gewissen Akkuratheit gekennzeichnet. Die Akkuratheit zeigt sich in der Benen-

Abb. 11: Fotogramm 2 Sequenz *Mal zwei gerechnet* #00:07:47#

nung einzelner Schritte, bspw. „in p-q Formel einsetzen", und dem doppelten Unterstreichen der Lösungen. Das Unterstreichen kann gleichzeitig auch als eine Entsprechung der formalen Anforderungen der Lehrerin gedeutet werden. In der Interaktion mit dem IWB zeigt Sm25 zudem einen routinierten Umgang mit dem Medium, indem er seine Berechnung nahtlos an die von der Lehrerin angeschrieben Aufgabe fortsetzt und den Ausschnitt beim Anschreiben der einzelnen Schritte selbstständig weiter scrollt.

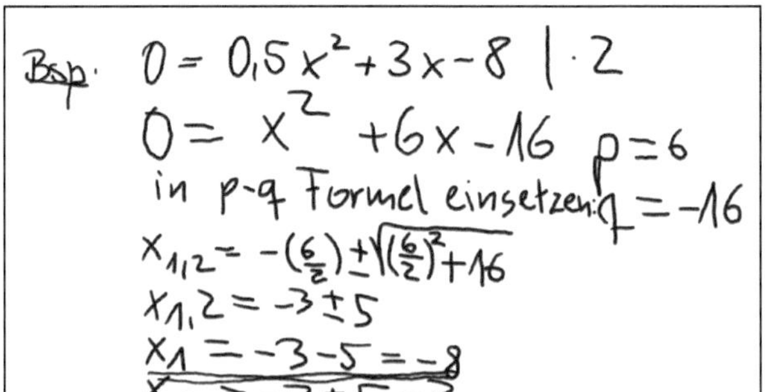

Bsp. $0 = 0{,}5x^2 + 3x - 8 \quad | \cdot 2$

$0 = x^2 + 6x - 16 \quad p = 6$

in p-q Formel einsetzen: $q = -16$

$x_{1,2} = -\left(\frac{6}{2}\right) \pm \sqrt{\left(\frac{6}{2}\right)^2 + 16}$

$x_{1,2} = -3 \pm 5$

$\underline{x_1 = -3 - 5 = -8}$

$\underline{\underline{x_2 = -3 + 5 = 2}}$

Abb. 12: Rekonstruktion des Tafelanschriebs Sequenz *Mal zwei gerechnet* #00:09:13#

Nachdem die Berechnung vollständig von Sm25 mit der korrekten Lösung am IWB angeschrieben wurde, übergibt er den Stift an die Lehrerin und geht zurück an seinen Platz. Die Interaktionseinheit zwischen Sm25, der Lehrerin und dem IWB wird dann durch die Validierung der Lehrerin beendet und konkludiert. Die Lehrerin scrollt den Anschrieb von Sm25 ein Stück nach oben, sodass die komplette Berechnung nun mittig auf dem Projektionsfeldfeld platziert erscheint. Anschließend positioniert sie sich erneut in der Türnische. Während der überwiegende Teil der Schüler*innen noch mit der Verschriftlichung beschäftigt ist, richtet sich die Lehrerin, nach einer kurzen Interaktion mit der Schülerin Sf01, die erst jetzt den Unterrichtsraum betreten hat, erneut klassenöffentlich an alle Schüler*innen.

Sequenz Mal zwei gerechnet, 00:09:41–00:10:09

Lf:	Gibt es irgendwelche Fraagen zu der Lösung die Sm25 angeschrieben hat? (3) oder ist da alles klaar? #0:09:49# (7) alles klar? nicken? Sm11 dann sag mir doch mal warum er als ersten Schritt mal zwei gerechnet hat. #0:10:02#
Sm11:	Ähm oben jetzt? #0:10:05#
Lf:	Mhm janz oben mhm #0:10:06#
Sm11:	Ähm wenn man durch a rechnet. #0:10:09#

Die Lehrerin beendet an dieser Stelle das individuelle Arbeiten der Schüler*innen an der Aufgabe. Die Nachfrage der Lehrerin offenbart in doppelter Hinsicht eine Strukturierung. Zum einen strukturiert sie den zeitlichen Ablauf, indem sie sich am Arbeitstempo von Sm25 orientiert. Dies wird darin sichtbar, dass ein Großteil der Schüler*innen weiterhin mit der Erarbeitung der Rechenaufgabe beschäftigt ist, nachdem Sm25 den Anschrieb am IWB beendet hat. Hierin wird deutlich, dass nicht die individuelle Bearbeitung der Schüler*innen im Vordergrund steht, sondern die Gleichschrittigkeit und die Synchronisation von Tätigkeiten mit einem Vorrang für ein klassenöffentliches Gespräch. Andererseits strukturiert die Lehrerin den Verlauf des Unterrichts inhaltlich, indem sie mit dem Verweis auf den Rechenschritt von Sm25 ein Problem induziert, das von den Schüler*innen an dieser Stelle selbst nicht als ein solches erkannt oder adressiert wurde. Es zeigt sich insgesamt ein gleichschrittiges und lehrpersonenzentriertes Vorgehen sowie die Initiierung eines Prüfungsgesprächs, bei dem vordergründig die Anwendung mathematischer Regeln und Schritte gefordert wird.

Die Lehrerin stellt in ihrer Nachfrage zudem einen konkreten Bezug zu dem Anschrieb von Sm25 her, der eine Wahrnehmung und das Durchdenken der Rechenschritte durch die Schüler*innen voraussetzt. In dieser Interaktionsbewegung wird eine Transition des Anschriebs von Sm25 am IWB sichtbar, indem dieser zu einem Gegenstand für ein klassenöffentliches Gespräch transformiert wird. Das Nicht-Melden der Schüler*innen und das Nicken einzelner Schüler*innen kann als ein Zeichen interpretiert werden, dass in Bezug auf die Darstellung und die Berechnung von Sm25 am IWB keine Unklarheiten bestehen. Dadurch, dass die Lehrerin Sm11 unaufgefordert adressiert und ihn nun auffordert den Rechenschritt von Sm25 näher zu erläutern, wird erneut eine lehrpersonenzentrierte Vorgehensweise mit einem prüfungsähnlichen Charakter sichtbar. Die Nachfrage der Lehrerin ist dabei auf die Wiedergabe von Rechenregeln ausgerichtet. Insgesamt zeigt sich der Prüfungscharakter in der Situation in doppelter Weise: Zum einen musste Sm25 seine rechnerischen Fähigkeiten zum Lösen der Aufgabe klassenöffentlich unter Beweis stellen und zum anderen muss nun auch Sm11, und im weiteren Verlauf der Sequenz auch weitere Schüler*innen, nachweisen, dass er den vollzogenen Rechenschritt begründen kann. Von Sm25 wird das nicht erwartet. Auch wenn er sich während der folgenden Sequenz mehrfach meldet, wird er nicht noch einmal von der Lehrerin aufgerufen.

Die Induzierung von Unklarheit, die die Lehrerin trotz der Klarheitsbekundung durch die Schüler*innen hier initiiert, deutet auf eine Fremdrahmung durch die Lehrerin hin, in der sich ein mangelndes Vertrauen in die Fähigkeiten der Schüler*innen, die einzelnen Rechenschritte von Sm25 am IWB nachvollziehen zu können, dokumentiert. Dass es sich hier um mangelndes Vertrauen handelt, wird besonders im komparativen Vergleich zur Sequenz *Kaninchengehege I* (siehe Kapitel 5.3) sichtbar, bei dem sich eine Orientierung des Lehrers in ein Zutrauen in die Fähigkeiten und der Konstruktion von Wissen in der Interaktion zeigte. In der Suchbewegung von Sm11 zur Lokalisierung der von der Lehrerin adressierten Stelle des Rechenschritts in der Berechnung am IWB und der beschreibenden Vorgehensweise, bspw. „wenn man durch a rechnet“, zeigt sich eine Orientierung an Aufgabenerledigung, indem er die Fremdrahmung durch die Lehrerin akzeptiert und sie auf die Beantwortung der Frage einlässt. Die Antwort von Sm11 entspricht dabei dem Anforderungsgehalt der von der Lehrerin aufgeworfenen Frage: In Bezug auf das Rechenbeispiel nimmt er mit seinem Verweis auf den Koeffizienten *a* eine Generalisierung hinsichtlich der allgemeinen quadratischen Gleichung vor und verweist somit auf die mathematische Regelhaft der Gleichung. Durch den Blick in sein Heft zeigt sich zudem, dass er sich an den zuvor behandelten Schritten vom Beginn der Stunde orientiert. Die Lehrerin selbst erkennt diese aber nicht als korrekte Antwort an und wendet sich weiterhin klassenöffentlich an alle Schüler*innen, gleichzeitig beginnt Sf04 sich zu melden.

Sequenz Mal zwei gerechnet, 00:10:10–00:10:45

Lf: Aber durch a würde doch durch null Komma fünf heißen? (2) Sf04 #0:10:14#
Sf04: Äh damit das äh x alleine steht? #0:10:18#
Lf: Ja ja ist richtig aber, da müsste er doch durch a teilen und a ist null Komma fünf also müsste er doch durch null Komma fünf hingeschrieben haben oder nich? (.) hach Sm29 #0:10:29#
Sm29: Aber null Komma fünf durch null Komma fünf wären nicht eins deswegen das wäre ( )– #0:10:34#

Lf: Na aber sicher doch wäre null Komma fünf durch null Komma fünf eins. da kann er doch nicht einfach mal zwei rechnen. (2) Sm09 #0:10:45#

In der Rückfrage der Lehrerin, die nun wieder an alle Schüler*innen gerichtet ist, wird deutlich, dass die Antwort von Sm11 als unzureichend markiert wird. Dabei bringt sie den vermehrt allgemein beschriebenen Schritt des Schülers mit dem konkreten Aufgabenbeispiel in Verbindung. In der konkretisierten Nachfrage der Lehrerin offenbart sich die Diskrepanz zwischen der Aussage von Sm11 und dem durchgeführten Schritt von Sm25, die darin besteht, dass Sm25 am IWB etwas multipliziert hat und Sm11 mit der Division im gleichen Schritt begründet. Dadurch führt die Lehrerin die Erklärung von Sm11 selbstständig fort und begibt sich in einen Modus der Fremdrahmung, bei der nicht die individuelle Beantwortung der Frage durch Sm11 im Vordergrund steht, sondern vielmehr die klassenöffentliche Inszenierung, bei der die anfängliche Frage der Lehrerin danach, warum Sm25 in seinem ersten Rechenschritt mal zwei gerechnet hat, in eine Frage transformiert wird, die danach fragt, warum er nicht durch 0,5 gerechnet hat.

Der Beitrag von Sf04 schließt dabei weniger an den von Sm11 und die daraus resultierende Differenzierung durch die Lehrerin an, sondern bezieht sich vielmehr auf die Anschlussproposition der Lehrerin kurz zuvor und die Frage danach, warum Sm25 die Gleichung mal zwei multipliziert habe. Mit der Antwort, „damit das äh x allein steht", fokussiert Sf04 an dieser Stelle verstärkt auf eine allgemeine Regel beim Anwenden der pq-Formel, und zwar, dass für die Berechnung mit der Formel der Koeffizient a den Wert 1 annehmen muss. Fachlich betrachtet kann die Aussage von Sf04 als unvollständig eingestuft werden, da sie sich in ihrer Beschreibung auf das x^2 in der Gleichung bezieht und nicht nur auf das lineare Glied x. Ihre Aussage wird in ihrer fachlichen Unvollständigkeit von der Lehrerin zwar validiert, es zeigt sich aber, dass es sich auch bei diesem Beitrag nicht um die von der Lehrerin erwartete Antwort handelt. Dies wird darin deutlich, dass sie zum einen danach fragt, warum Sm25 nicht durch 0,5 gerechnet hat und zum anderen, indem sie im Modus einer Rekontextualisierung die Ausgangsfrage nun konkret auf eine Rechenregel, dem Teilen durch a, richtet.

Auch im Beitrag von Sm29, der fachlich betrachtet als inkorrekt eingestuft werden kann, dokumentiert sich, ähnlich wie bei der Schülerin zuvor, eine Orientierung an der Wiedergabe von Rechenregeln, die sich darauf beziehen, die Gleichung entsprechend umzuformen, damit die pq-Formel zur Anwendung gebracht werden kann. Von der Lehrerin wird die Antwort von Sm29 ebenfalls als inkorrekt markiert und sofort von ihr korrigiert. Die von Sm29 beschriebene Berechnung und deren Lösung wird durch „na aber sicher doch" als nahezu selbstverständlich gekennzeichnet. In dieser verbal kommunizierten Selbstverständlichkeit, in Bezug auf die durchzuführenden Rechenschritte zum Lösen der quadratischen Gleichung, wird die Berechnung von Sm25 am IWB von der Lehrerin erneut infrage gestellt. An dieser Stelle inszeniert sich die Lehrerin als unwissend, während sie gleichzeitig in ihrer Inszenierung den Schüler*innen ein bestimmtes Wissen unterstellt. Hier zeigt sich im Fallvergleich zur Sequenz *Sag mal 'ne Zahl* (siehe Kapitel 5.2) ein wesentlicher Unterschied, indem sich der Lehrer selbst und zusätzlich die Schüler*innen als unwissend inszeniert und die Schüler*innen dadurch als Nicht-Wissende fremdgerahmt werden.

Die Schüler*innen lassen sich im Weiteren auf diese Form der Inszenierung ein, indem sie weitere, komplementäre Vermutungen in einem Modus des Ratens aufstellen, während die Lehrerin weiterhin eine Erklärung des von Sm25 durchgeführten Rechenschritts einfordert.

Sequenz Mal zwei gerechnet, 00:10:46–00:11:09

```
Sm09:  Es ist genau das Gleiche ob man jetzt durch null Komma fünf oder
       mal zwei rechnet #0:10:48#
Lf:    Jaha warum ist es denn das Gleiche? #0:10:50#
Sm09:  (                 ) #0:10:51#
Lf:    Wer kanns erklären warum durch null Komma fünf dasselbe ist wie
       mal zwei rechnen? #0:10:53#
Sf04:  Weil theoretisch ja jetzt vor dem x ein x stehen würde wenn man
       alles mal zwei rechnet und das ist halt damit hat er sich quasi
       einfach nur ein Schritt gespart #0:11:01#
Lf:    Öh jain  wa- ich habe jefragt warum ist durch null Komma fünf
       dasselbe wie mal zwei rechnen?  #0:11:09#
```

In der Antwort von Sm09, bei der Berechnung sei es „das Gleiche“, wird die zuvor aufgeworfene Selbstverständlichkeit der Lehrerin fortgeführt. Darin wird die Orientierung des Schülers an der Aufgabenerledigung deutlich, die der Berechnung der anfangs proponierten Gleichung dienlich ist. Zwar validiert die Lehrerin die Aussage des Schülers, schränkt ihren Gehalt aber dahingehend ein, dass sie den Schüler nicht weiter ausreden lässt und in verbal übertönt. Vielmehr wird durch die erneute Nachfrage der Lehrerin der Anforderungsgehalt ihrer Frage von ‚warum hat er mal zwei gerechnet?‘ transformiert zu ‚warum ist durch 0,5 dasselbe wie mal zwei?‘. Von der ursprünglichen Einforderung einer Begründung eines konkreten Rechenschritts wechselt die Lehrerin über zu einer Aufforderung zur Nennung einer mathematischen Regel. Die Abstrahierung von der konkreten Beispielrechnung übernimmt sie an dieser Stelle selbst.

Auch die Antwort von Sf04, in der sich die Schülerin auf den zuvor aufgeworfenen Anforderungsgehalt bezieht, versucht weiterhin den konkreten Rechenschritt von Sm25 argumentnativ zu begründen. In den inhaltlich unklar formulierten und komplementären Beiträgen der Schüler*innen zeigt sich nun verstärkt die Orientierung der Schüler*innen den Anforderungen der Lehrerin in einem Modus des Ratens gerecht zu werden. Deutlich wird diese Unklarheit auch in der Rückmeldung der Lehrerin, in der der Beitrag von Sf04 mit einem „jain" von der Lehrerin als ungenügend markiert wird. In dieser recht unspezifischen Rückmeldung geht die Lehrerin nicht weiter auf den formulierten Gehalt der Äußerung der Schülerin ein, stattdessen wiederholt sie daraufhin ihre Frage und fokussiert dadurch erneut auf ein abstraktes Regelwissen im Sinne von Rechenregeln.

Durch die wechselseitige Interaktion wird deutlich, dass die Lehrerin auf ein bestimmtes Wissen abzielt, dass an dieser Stelle von den Schüler*innen reproduziert werden soll. Dabei modifiziert die Lehrerin immer wieder den Anforderungsgehalt der anfangs aufgeworfenen Frage bzw. ihrer Anschlussproposition. Die Schüler*innen kommen dieser Anforderung im Modus des Ratens nach, indem sie, überwiegend orientiert an der Anwendung konkreter Rechenregeln, versuchen, die Frage der Lehrerin zu beantworten. Letztlich wird das gesuchte Wissen der Lehrerin von ihr selbst aufgelöst.

Sequenz Mal zwei gerechnet, 00:11:31–00:12:09

Sf30: Null Komma fünf durch null Komma fünf ist eins und zwei mal null Komma fünf sind auch eins und dadurch- #0:11:35#

Lf: Richtig das wäre ein Trick und das kommt woher? das- kleine Nebenrechnung null Komma fünf datselbe ist wie ein halb (.) und wenn ich geteilt durch iiirgendwas duurch ein haalb rechne (.) irgendeine zahl x egal welche, dann ist das dasselbe; wir dividieren durch einen Bruch, wie geht der Satz weiter? #0:11:56#

Sf19: Indem man mit dem Kehrwert multipliziert. #0:11:58#

Lf: Also mal zwei eintel; also x mal zwei ne, wäre datselbe; huh dat steckt dahinter. okee alles klar so hat er also schön gemacht; alles richtig #0:12:09#

Sf30 zeigt weiterhin, wie die anderen Schüler*innen bisher auch, eine Orientierung an Rechenregeln. Im gesamten Verlauf der Sequenz zeigt sich deutlich, dass die primäre Orientierung der Schüler*innen inhaltlich darauf abzielt, die quadratische Gleichung im ersten Schritt so umzustellen, dass der a-Koeffizient den Wert 1 annimmt, um anschließend, wie es auch zu Beginn der Unterrichtsstunde wiederholend von der Lehrerin eingeführt wurde, die pq-Formel für die Berechnung der Lösung anwenden zu können. Darin wird deutlich, dass sich die fachliche Auseinandersetzung der Schüler*innen überwiegend auf die Bearbeitung des ursprünglichen initialen Impulses der Lehrerin, die Berechnung einer quadratischen Gleichung mithilfe der pq-Formel, bezieht und eine Auseinandersetzung darüber hinaus, bspw. auch in Bezug auf den weiteren aufgeworfenen Anforderungsgehalt der Lehrerin zur Begründung des Rechenschritts von Sm25, nicht beobachtbar wird. Vielmehr wird die Begründung weitestgehend durch die Lehrerin selbst aufgelöst.

In der Rahmung der Aussage von Sf30 durch die Lehrerin als ein „Trick" werden zweierlei Dinge sichtbar. Zum einen deutet die Rahmung auf eine Orientierung der Lehrerin in Bezug auf die Anwendung von mathematischen Regeln und Axiomen hin, die im besten Falle die Funktion übernehmen, Berechnung vereinfachen zu können oder gar die eigentliche Mathematik dahinter hintergehen, also ‚austricksen', zu können. Der Rechenschritt von Sm25 am IWB wurde durch die lehrerseitige Adressierung zu Beginn als ein möglicher Fehler des Schülers inszeniert und wird in seiner jetzigen Auflösung durch die Präsentation der Rechenregel als eine mögliche rechnerische Vereinfachung gerahmt. Zum anderen wird die Komplementarität gegenüber den bisherigen Beiträgen der Schüler*innen noch einmal besonders deutlich. Inhaltlich zielte die Aussage von Sf30 verstärkt auf die Äquivalenz der verschieden diskutierten Rechenschritte ab. Es handelt sich dabei weniger um einen Trick als vielmehr um eine mathematische Feststellung. Die Lehrerin nimmt diesen Beitrag aber nun zum Anlass, um letztlich das von ihr geforderte Wissen aufzulösen.

Die Auflösung des ‚Tricks' übernimmt die Lehrerin selbst, indem sie verbal als auch schriftlich die Übersetzung des Dezimalbruchs 0,5 in den Bruch ½ vollzieht. In der gesamten vorangegangenen Interaktion wurde der Bruch ausschließlich als Dezimalbruch behandelt. Diese von der Lehrerin durchgeführte Übersetzungsleistung, das gleichzeitige Anschreiben der „Nebenrechnung" am IWB (siehe Abb. 13) und die Aufforderung zur Vervollständigung ihres angefangenen Satzes, zeigt deutlich die Orientierung der Lehrerin an der Anwendung mathematischer Regeln und der Benennung von Merksätzen.

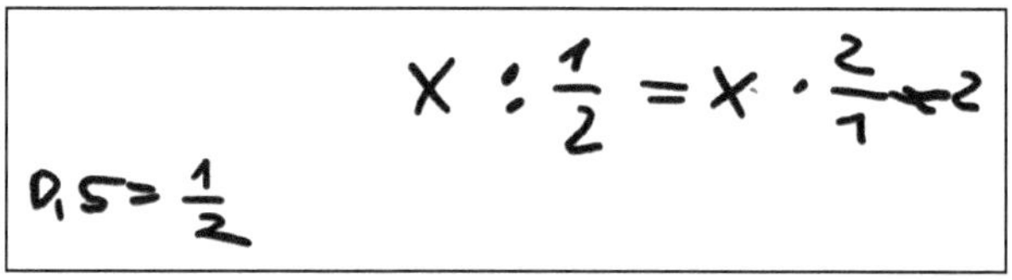

$$x : \frac{1}{2} = x \cdot \frac{2}{1} \cdot 2$$

$$0{,}5 = \frac{1}{2}$$

Abb. 13: Rekonstruktion des Tafelanschriebs Sequenz *Mal zwei gerechnet* #00:12:06#

Der ursprüngliche Impuls zur Berechnung der Gleichung mithilfe der pq-Formel wird im interaktiven Verlauf mehrfach durch die Lehrerin umgedeutet. Die Frage nach der Begründung des Rechenschritts, der am IWB angeschriebenen Berechnung von Sm25, wird im Rahmen eines klassenöffentlichen Gespräches von der Lehrerin umgewandelt in eine Frage zur Begründung der Äquivalenz zweier algebraischer Umformungen und wird letztlich geschlossen mit einem Merksatz zur Bildung des Kehrwerts bei der Division von Brüchen. Die Lehrerin präsentiert dadurch die als einzig richtig anzusehende Lösung in der Form eines mathematischen Axioms weitgehend selbst. Die gesamte inhaltliche Auseinandersetzung zeigt eine Entkopplung vom Gegenstand der quadratischen Gleichung, die die Lehrerin durch die Frage, warum er mal zwei gerechnet hat, selbst initiiert. Dabei führt sie den inhaltlichen Fokus weg vom ursprünglichen initialen Impuls der Bearbeitung der Gleichung und deren Lösung mithilfe der pq-Formel hin zu einer Nebenrechnung, die der Berechnung des Kehrwerts zweier Brüche dient. Geschlossen wird die ursprüngliche Frage von Sf19 durch die Vervollständigung und die Memorisierung des Merksatzes zur Bildung eines Kehrwerts bei Brüchen.

Im abschließenden Lob der Lehrerin, „hat er also schön gemacht; alles richtig", das sich auf den angeschriebenen Rechenweg von Sm25 bezieht, wird noch einmal deutlich, dass die Lehrerin an dieser Stelle eine für sie offensichtliche korrekte Lösung zum Anlass genommen hat, um die Rechenregel zur Berechnung des Kehrwerts zu wiederholen. Hierin zeigt sich besonders das Unterrichtsverständnis der Lehrerin an einem Rechenunterricht, dessen Funktion darin besteht, innermathematische Aufgaben abzuarbeiten sowie Merksätze und Regeln zu reproduzieren.

Sequenz Mal zwei gerechnet, 00:12:13–00:12:37

Lf: Probe? solltet ihr noch mal trainieren. macht bitte die Probe es ist zwar alles richtig aber vergewissert euch noch mal, in Vorbereitung auf die Klassenarbeit wie man die Probe macht, und schreibt sie noch mal auf. (2) hm? #0:12:29#

Sf19: Müssen wir in der Klassenarbeit auch jedes Mal eine Probe machen? #0:12:32#

Lf: Das steht dann da. #0:12:33#

Sf19: Ok #0:12:34#

Lf: Ob du eine machen musst oder ob du dur nur eine machen solltest. #0:12:37#

Auch in der abschließend Überleitung, in der die Lehrerin die Überprüfung mithilfe einer Probe thematisiert, wird die Orientierung an Rechenregeln sowohl der Lehrerin als auch der Schüler*innen noch einmal deutlich. Die Probe als eine Möglichkeit das Ergebnis einer Berechnung auf Korrektheit zu überprüfen, wird markiert als etwas, was man „trainieren" kann. Darüber hinaus wird die Probe als ein weiteres Prüfungskriterium durch die Lehrerin gekennzeichnet. Es kann vorkommen, dass die Probe ein Teil der Prüfungsleistung darstellt. Die Frage von Sf19 danach, ob die Probe in der Klassenarbeit verpflichtend sei, zeigt beispielhaft die Orientierung der Schüler*innen an der Leistungsbeurteilung durch die Lehrerin.

Zusammenfassung

Zusammenfassend wird in dieser Sequenz deutlich, dass der initiale Impuls, die innermathematische Anwendung von Operationen und die Lösung von Aufgaben, während der Interaktion mehrfach umgedeutet wird. Der Anforderungsgehalt, der zu Beginn der Unterrichtsstunde in der Reproduktion von

Rechenschritten bestand, wird im Verlauf der Interaktion zwischen der Lehrerin und den Schüler*innen mehrfach umgedeutet. Während die erste Nachfrage der Lehrerin im Anschluss an die Berechnung einer quadratischen Gleichung die Begründung eines konkreten Rechenschritts erfordert, zielen die weiteren Nachfragen auf eine Begründung zur Äquivalenz zweier Umformungen ab. Statt einer konkreten Begründung wird die Interaktion, überwiegend durch die Lehrkraft selbst, mit der Reproduktion und der Memorisierung eines Merksatzes zur Bildung des Kehrwerts bei Brüchen geschlossen. Die Warum-Frage, die sich sprachlich bezogen auf die mathematische Äquivalenz bezog, erweist sich als eine verdeckte Wie-Frage zur Berechnung des Kehrwerts, wodurch der Anforderungsgehalt der aufgabenbezogenen Kommunikation reduziert wird.

Es dokumentiert sich eine primäre Orientierung der Lehrerin an der Anwendung und der Reproduktion von Rechenregeln. Die Rechenregeln, die für die Lehrerin auch als ‚Tricks' fungieren, gilt es bei der Anwendung und der Berechnung anzuwenden. In einem überwiegend kontrollierenden Modus fordert die Lehrerin die Schüler*innen auf bekannte Rechenverfahren und Merksätze zur Anwendung zu bringen. Gleichzeitig werden durch die Lehrerin induzierte Probleme zum Anlass genommen, um das Nicht-Wissen der Schüler*innen in einem klassenöffentlichen Gespräch aufzudecken. Darin wird zudem ein Unterrichtsverständnis an einer regelgeleiteten, an Schrittfolgen orientierten und anhand richtiger Lösungen überprüfbaren Mathematik der Lehrerin deutlich.

In der Form verschiedener Antwortbeiträge erkennen die Schüler*innen die Forderungen und (Fremd-)Rahmungen der Lehrerin an und zeigen damit eine Orientierung an Aufgabenerledigung, die, einerseits einen Versuch darstellt, die Frage der Lehrerin im Modus der ‚richtigen' Lösung zu explizieren und die anderseits primär an der Berechnung der Gleichung und an der Reproduktion der von der Lehrerin geforderten Inhalte ausgerichtet ist. Diese Orientierung der Schüler*innen ist dabei komplementär zu den impliziten Anforderungsgehalten der Lehrerin an der Aufgabenlösung und der Reproduktion und der Memorisierung von Rechenschritten strukturiert. Inhaltlich fokussieren die Beiträge der Schüler*innen dabei überwiegend auf einen einzelnen Rechenschritt. Die in der Interaktion aufgeworfene Frage nach dem *Warum*, auf dem die Lehrerin weiterhin beharrt, wird dabei von den Schüler*innen nicht beantwortet. Neben der Entsprechung und der Reproduktion der Inhalte aufseiten der Schüler*innen beschränkt sich die fachliche Auseinandersetzung der Schüler*innen überwiegend auf die Bearbeitung des ursprünglichen initialen Impulses der Lehrerin, dem Berechnen der Gleichung, und eine fachliche Auseinandersetzung darüber hinaus findet nicht statt.

Wissen wird in der Interaktion überwiegend reproduziert. Dabei wird deutlich, dass es sich bei der Reproduktion des Wissens um eindeutig vorgegebenes Wissen bzw. ‚korrektes' Wissen, definiert durch die Lehrkraft, handelt. Gleichzeitig wird dieses Wissen in Form von prüfungsähnlichen Situationen, generiert durch die Lehrperson, zur Explikation gebracht. Die Schüler*innen orientieren sich dabei an Niederschriften aus den Heften oder bringen ihr Wissen im Modus des Ratens in den unterrichtlichen Diskurs ein. Das explizierte Wissen bleibt dabei mit dem mathematischen Gegenstand der Stunde, der Berechnung von Gleichung mithilfe der pq-Formel, überwiegend unverknüpft.

Im Rahmen dieser Wissensüberprüfung, der Fokussierung auf einen einzelnen Rechenschritt und der Induzierung der Frage nach dem *Warum* wird das mangelnde Vertrauen der Lehrperson in die Fähigkeiten der Schüler*innen sichtbar. Die Schüler*innen selbst zeigen im Gegensatz dazu eine Orientierung an der Leistungsbeurteilung durch die Lehrperson, indem sie sich an der kommenden Klassenarbeit und der Erfüllung der lehrerseitigen Anforderungen orientieren. Weiterhin wird durch den Impuls der Fokus weg vom eigentlichen Thema, nämlich der Besprechung verschiedener Spezialfälle quadratischer Gleichung und der Berechnung der Gleichung mithilfe der pq-Formel, gelenkt hin zu einer Nebenrechnung zur Berechnung des Kehrwerts eines Bruchs, mit dem Ziel der Memorisierung eines Merksatzes.

5.2 Sequenz: Sag mal 'ne Zahl

*(Unterrichtseinheit: Quadratische Gleichungen, Stunde 2 von 9 innerhalb der Einheit, Klassenstufe 9, Gymnasium, kleine Mittelstadt, 23 Schüler*innen [14 w, 9 m], Lehrerfahrung: 21 Jahre)*

Die aufgezeichnete Unterrichtsstunde ist die zweite Doppelstunde von insgesamt neun im Rahmen der Unterrichtseinheit *Quadratische Gleichungen.* Das übergeordnete Thema der Stunde ist nach Angabe der Lehrkraft die *Einführung einer Form der quadratischen Gleichung.* Als weiterer Bestandteil der Stunde wird zudem der *Umgang mit Begriffen der Algebra (Arbeit mit Klammern und Termen)* angegeben. Im Video zeigt sich dies dadurch, dass im Anschluss an die Besprechung der Hausaufgaben der überwiegende Teil der Stunde dafür aufgewendet wird, eine quadratische Gleichung, in der Form einer Normalform, durch Probieren zu lösen. Zum Ende der Stunde werden zwei weitere Gleichungen bearbeitet, ebenfalls durch einen Modus des Probierens.

Nachdem der Lehrer die Schüler*innen zu Beginn der Stunde begrüßt hat, führt er eine kurze formale Überprüfung der Hausaufgabenerledigung durch. Im Anschluss schreibt er zwei Gleichungen nebeneinander an die Tafel. Es handelt sich um zwei Spezialfälle von quadratischen Gleichungen mit jeweils konkreten, ganzzahlig eingesetzten Werten: die erste Gleichung zeigt sich in der Form $ax^2 + bx = 0$, also ohne konstantes Glied. Die zweite Gleichung zeigt sich in der Form $ax^2 + c = 0$, also ohne lineares Glied. Im anschließenden

Gespräch werden die Schüler*innen aufgefordert die Formen der Gleichungen innerhalb der Aufgaben aus der Hausaufgabe miteinander zu vergleichen. Im Verlauf der Sequenz zeigt sich, dass die Schüler*innen Schwierigkeiten bei der Bearbeitung hatten. Zwei Aufgaben der Hausaufgabe, zwei quadratische Gleichungen ohne konstantes Glied, werden im Rahmen eines klassenöffentlichen Gesprächs kleinschrittig besprochen und schrittweise durch die Lehrperson in Interaktion mit den Schüler*innen erarbeitet.

Im Anschluss sollen die Schüler*innen in Interaktion mit der Lehrkraft noch eine der zuvor angeschriebenen Gleichungen, die quadratische Gleichung ohne konstantes Glied, erarbeiten. Dabei zeigt sich, dass diese Form der Gleichung bereits bekannt ist und in der vergangenen Unterrichtsstunde, der ersten Stunde der Unterrichtseinheit zu den quadratischen Gleichungen, behandelt wurde.

Fotogrammanalyse

Das Setting des Klassenraums ist durch die parallel aufgestellten Sitzreihen und die nach vorne zur Tafel ausgerichtete Sitzanordnung der Schüler*innen überwiegend tafelzentriert (siehe Abb. 14). Verstärkt wird dies dadurch, dass die Schüler*innen kaum Möglichkeiten haben sich gegenseitig anzuschauen. Die Lehrperson hingegen ist für alle Schüler*innen gut sichtbar. Ebenso gut sichtbar für alle Schüler*innen ist die mittig platzierte Tafel, die durch die höhere Platzierung disponibel wirkt.

Insgesamt dokumentiert sich durch die Blickrichtungen der Schüler*innen in die Richtung der Tafel (siehe Abb. 15), der Meldung einer Schülerin und

Abb. 14: Fotogramm 1 Sequenz *Sag mal 'ne Zahl* #00:34:27#

Abb. 15: Synchrones Fotogramm 1 Sequenz *Sag mal ’ne Zahl* #00:34:27#

der Positionierung des Lehrers am rechten Rand des Raumes ein klassenöffentliches Gespräch in Bezug auf die an der Tafel stehenden Gleichungen: $x^2 + 5x + 2 = 0$ und $x^2 + 5x = -2$. Die Gleichungen weisen, sowohl optisch als auch inhaltlich, eine Parallelität auf. Sie sind, zusammen mit einer darunter notierten Lösung, auf gleicher Höhe angeordnet. Mathematisch betrachtet sind die beiden Gleichungen äquivalent und auch die darunter notierten Lösungen sind identisch. In dieser Gegenüberstellung deutet sich eine Situation des Vergleichens der beiden Gleichungen an.

Die körperlich-räumliche Positionierung des Lehrers vor der äußeren rechten Bankreihe ermöglicht es ihm an dieser Stelle als Vermittler zwischen Tafelanschrieb und Schüler*innen zu agieren. Seine stehende Positionierung in der Ecke des Raums verschafft ihm eine hervorgehobene Position, die es ihm durch geringes Hin- und Herschauen erlaubt, sowohl die Schüler*innen als auch die Tafel in den Blick zu nehmen (siehe Abb. 16). Aus dieser Position heraus kann er, anders als die an den Tischen sitzenden Schüler*innen, mit allen anwesenden Personen im Raum kommunizieren.

Bei den Schüler*innen lassen sich unterschiedliche Modi der Aktivität beobachten. Der überwiegende Teil der Schüler*innen signalisiert durch die nach vorn, überwiegend zur Tafel, vereinzelt zum Lehrer gerichteten Blicke und dem teilweisen Abstützen der Köpfe Aufmerksamkeit. Zudem sind zwei Schüler*innen zu sehen, die einen Stift in einer schreibenden Bewegung halten. Eine weitere Schülerin zeigt durch ihre Meldung eine Beteiligung am klassenöffentlichen Gespräch. Dadurch wird eine Orientierung der Schülerin an der Beteiligung an der unterrichtlichen Inszenierung deutlich.

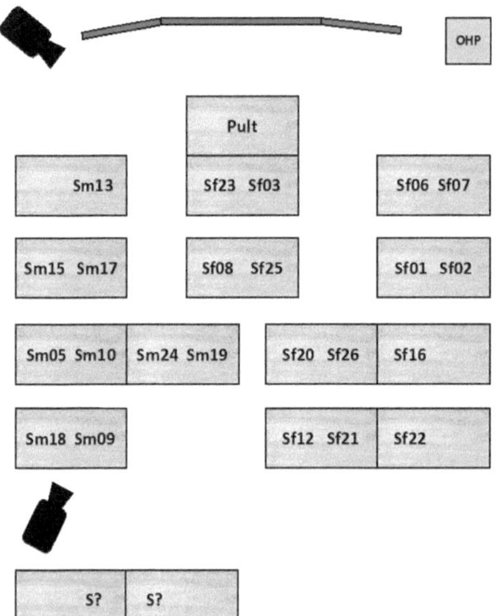

Abb. 16: Sitzplan Sequenz *Sag mal 'ne Zahl*

Fachliche Einordnung

Der Lehrer schreibt im Folgenden eine lückenhafte Gleichung an die Tafel, die er mit zwei Zahlen füllt, die zufällig von Schüler*innen genannt werden. Die potenzielle Schwierigkeit, die sich bei einer derart zufälligen Generierung der Gleichung ergibt, ist die hohe Wahrscheinlichkeit für eine weniger glatte Lösungsmenge im Sinne natürlicher oder ganzer Zahlen. Die auf diese Weise entstandene Gleichung lautet $x^2 + 5x + 2 = 0$. Bei der Gleichung handelt es sich um eine quadratische Gleichung in der Normalform, sprich der Koeffizient a in dieser Gleichung besitzt den Wert 1. Die Gleichung kann der Klasse der (impliziten) algebraischen Lösungsverfahren zugeordnet werden (siehe Kapitel 4.6). Bei dieser Art von Gleichungen ist ein Operieren mit der Variablen erforderlich, also die Anwendung algebraischer Prozeduren. Die Gleichung kann am einfachsten mithilfe der pq-Formel gelöst werden. Aufgrund ihrer Erscheinung als Normalform ist kein weiteres Umstellen nötig, vielmehr können die beiden Werte direkt in die pq-Formel eingesetzt werden. Setzt man entsprechend für $p = 5$ und für $q = 2$ ein, erhält man als Lösung die Werte $x_1 \approx -0,438$ und $x_2 \approx -4,562$. Die Lösungen der Gleichungen lassen sich nicht als Dezimalzahlen bestimmen, vielmehr sind die Lösungen aus dem Bereich der reellen Zahlen, in diesem Fall handelt es sich konkret um irrationale Zahlen. Dadurch, dass irrationale Zahlen unendlich viele Stellen nach dem Komma besitzen, lässt sich bei der Angabe der Lösungsmengen nur ein Annäherungswert angeben, bspw. durch Runden. Eine Möglichkeit, um dies zu verhindern, ist die Lösungsmengen mit Wurzeln anzugeben, bspw. $x_1 = -2,5 + \sqrt{4,25}$ und $x_2 = -2,5 - \sqrt{4,25}$.

Interaktionsbeschreibung

Im Anschluss an den Vergleich der Hausaufgaben klappt der Lehrer die beiden geöffneten äußeren Tafelseiten zu und schreibt die quadratische Gleichung $x^2 \quad x \qquad = 0$ an die obere linke Seite der Tafel (siehe Abb. 17, links). Die Gleichung erscheint in der Form eines Lückentextes bzw. in diesem Fall einer Lückengleichung, da einerseits zwischen den Variablen Platz gelassen wurde und andererseits zwischen den beiden Variablen keine Rechenzeichen angegeben sind. Der Lehrer wendet sich dann den Schüler*innen zu.

Sequenz Sag mal 'ne Zahl, 00:29:32–00:30:38

Lm:	Gut; Sf21 sag mal ne Zahl. #00:29:34#
Sf21:	Äh fünf #00:29:35#
Lm:	Plus oder minus? #00:29:37#
Sf21:	Plus. #00:29:39# (3)
Lm:	Gut und Sf07 du sagst auch ne Zahl. #00:29:44#
Sf07:	Zwei. #00:29:45#
Lm:	Plus oder minus? #00:29:47#
Sf07:	Plus. #00:29:48#
Lm:	Gut (2) das (3) ist (.) das Problem für heute, und wahrscheinlich noch für länger; #00:30:00# (2) was ist jetzt wieder anders, als an den vom vorletzten Mal und an den von der Hausaufgabe? (2) Sf12? #00:30:12#
Sf21:	Man hat da einmal x Quadrat und dann noch quasi normale x auf einer Seite. #00:30:17#
Lm:	Mhm. das hatten wir aber da auch. #00:30:20# (7) Sf08? #00:30:28#
Sf08:	Da ist aber jetzt noch die Zahl ohne x.#00:30:31#
Lm:	Mhm das hatten wir aber da auch. #00:30:33#
Sf08:	Ja aber nicht mit den allen zusammen. #00:30:35#
Lm:	Ja nicht mit den allen zusammen genau. gut. #00:30:38#

Dadurch, dass der Lehrer an dieser Stelle die beiden Schüler*innen auffordert, eine Zahl zu benennen, dokumentiert sich ein instruktivistischer Lehrhabitus des Lehrers. Vor dem Hintergrund dieses Lehrhabitus wird die Gleichung an der Tafel als eine weitere, im Folgenden zu lösende Aufgabe gerahmt. Die Glei-

Abb. 17: Tafelanschrieb Sequenz *Sag mal 'ne Zahl* #00:29:33# (links) und #00:30:52# (rechts)

chung selbst wird dabei vom Lehrer als Anlass genommen, um die beiden Schüler*innen, die im weiteren Verlauf der Sequenz nicht mehr zu Wort kommen, in den unterrichtlichen Diskurs einzubinden. In der Aufforderung des Lehrers zur Nennung der Zahlen, wird die Beliebigkeit oder auch die Allgemeingültigkeit der einzusetzenden Zahlen deutlich – eine Gleichung kann aus zufällig ausgedachten Zahlen mit zufällig bestimmten Vorzeichen bestehen. Die Beliebigkeit wird durch die Auswahl zweier unterschiedlicher Schüler*innen und der Rückfrage an beide Schüler*innen, ob die Zahl positiv oder negativ sein soll, verstärkt.

Der Anforderungsgehalt der Aufforderung des Lehrers an die beiden Schüler*innen, der an dieser Stelle als erster initialer Impuls erkennbar wird, besteht überwiegend darin, eine Zahl und dessen Vorzeichen zu benennen. Die beiden Schülerinnen selbst, die an dieser Stelle vom Lehrer aufgerufen wurden, fungieren in diesem Fall als ein Zufallsgenerator und zeigen eine Orientierung an Aufgabenerledigung, indem sie der Aufforderung des Lehrers zur Benennung der Zahlen und der Vorzeichen entsprechen. Die beiden genannten, in diesem Fall positiven Zahlen validiert der Lehrer und setzt sie in die Gleichung, eine vor dem „x“ und eine vor dem „$=$“, an der Tafel ein (siehe Abb. 17 rechts). Die durch die Zurufe der Schüler*innen entstandene Gleichung lautet $x^2 + 5x + 2 = 0$. Die beiden Vorzeichen der Zahlen werden durch das Einsetzen des Lehrers in die Gleichung zu Rechenzeichen transformiert. Über die nun an die Tafel angeschriebene Gleichung, die in ihrer lückenhaften Form durch den Lehrer vorgegeben war, zeigt sich die Orientierung an Steuerung der Lerntätigkeiten.

Die Markierung des Lehrers der auf diese Weise entstandenen Gleichung als ein „Problem“, das für die gegenwärtige und weiter folgenden Unterrichtsstunden bedeutsam wird, deutet darauf hin, dass die Gleichung auch aus fachlicher Perspektive eine besondere Relevanz erhält. Der Charakter des Problems wird darin deutlich, dass es sich bei der Gleichung, wie im weiteren Verlauf der Sequenz noch erkennbar wird, um eine Form von quadratischen Gleichungen handelt, die bislang noch nicht im Unterricht behandelt wurden. Wie im ersten Drittel der Stunde sichtbar war, wurden bislang ausschließlich Spezialfälle von quadratischen Gleichungen behandelt, die überwiegend der Klasse der quasi-arithmetischen Lösungsverfahren (siehe Kapitel 4.6) zugeordnet werden können. Die Schüler*innen sind zum jetzigen Zeitpunkt nicht in der Lage, die Gleichung mit ihren bisherigen Kenntnissen im Sinne eines algebraischen Lösungsverfahrens (siehe Kapitel 4.6), etwa durch die Anwendung der pq-Formel, bearbeiten, geschweige denn lösen zu können. Diese Neuheit und Andersartigkeit der innermathematisch zu bearbeitenden Gleichung wird vom Lehrer mit einer Problemhaftigkeit assoziiert. Dadurch, dass die Schüler*innen diesen Umstand an der Stelle selbst noch nicht als Problem wahrnehmen können, wird die unterrichtliche Inszenierung des Lehrers sichtbar, die darin besteht, dass die Schüler*innen ihr Nicht-Wissen in Bezug auf die eingeschränkten Bearbeitungsmöglichkeiten selbst erkennen und erfahren. Aufseiten der Schüler*innen wird deutlich, dass sie sich auf diese Rahmung einlassen und sich auf den proponierten Anforderungsgehalt und die unterrichtliche Inszenierung einlassen.

Das Einlassen der Schüler*innen auf diesen Impuls wird an der weiteren Interaktion deutlich. Der Lehrer fordert in einem anschließenden Impuls die Schüler*innen auf, zu beschreiben, was diese von den bisher behandelten Gleichungen unterscheidet. Die Gleichung wird zum Anlass genommen, mathematische Sachverhalte zu klären. Insgesamt wird darin die Orientierung des Lehrers an der Vermittlung mathematischer Inhalte sichtbar. Die hier zufällig generierte, lückenhafte Gleichung folgt jedoch einer klaren Struktur, die durch den Lehrer vorgegeben wird. Die Beschaffenheit der bisher behandelten Gleichungen ist geprägt von der Abwesenheit eines der Glieder, bspw. dem linearen oder dem konstanten Glied. Der Lehrer folgt, zumindest auf der kommunikativen Ebene, der Logik, die Formen der unterschiedlichen quadratischen Gleichung miteinander zu vergleichen, ähnlich wie dies schon zu Beginn der Besprechung der Hausaufgaben gefordert war. Dadurch wird ein Rückbezug zum vorherigen Unterrichtsabschnitt sichtbar.

Die beiden Schüler*innen Sf21 und Sf08 kommen dem Impuls des Lehrers nach, indem sie die Gleichung beschreiben. Die Beschreibung von Sf21 bezieht sich auf die in der Gleichung enthaltenen Variablen x_2 und x und orientiert sich dabei an den Formen der Gleichungen aus der Hausaufgabe, bei denen das lineare Glied fehlte. Sf08 ergänzt die Beschreibung von Sf21, indem sie auf die zusätzlich enthaltene Konstante in der soeben angeschriebenen Gleichung verweist. In den Beschreibungen der Schüler*innen dokumentiert sich eine Orientierung an Aufgabenerledigung, die darin besteht, die vom Lehrer geforderten Inhalte zu benennen. Beide Beschreibungen werden durch den Lehrer, verbal und vor allem non-verbal, kontrastiert, indem er jeweils die inneren Tafelseiten aufklappt, an denen die zuvor angeschriebenen Gleichungen aufgedeckt werden und darauf verweist, dass die beschriebenen Formen bereits behandelt wurden. Besonders deutlich wird an dieser Stelle die Komplementarität der Interaktion, indem Sf08 ergänzt, dass sie sich in ihrer Beschreibung bereits auf alle besprochenen Glieder bezog: „Ja aber nicht mit den allen zusammen", was wiederum durch den Lehrer validiert wird. Fachlich werden an dieser Stelle die Unterschiede zwischen der zufällig generierten Gleichung zu den bisher behandelten Gleichungen geklärt. Die in der Frage des Lehrers proponierte Einschätzung der Form der Gleichung als solche erfährt keine Relevanz und wird lediglich auf der Ebene des Orientierungsschemas sichtbar. Eine fachlich-inhaltliche Auseinandersetzung mit den konkreten Eigenschaften und den damit zusammenhängenden Folgen für die Berechnung und die Lösung der Gleichungen findet nicht statt, wie auch im weiteren Verlauf der Sequenz deutlich wird. Verstärkt wird dies zudem durch die Validierung der Beschreibungen der beiden Schüler*innen durch den Lehrer, der die rein oberflächlich ersichtlichen

Unterscheidungsmerkmale als ausreichende Erklärung für die Besonderheit der aktuell zur Diskussion gestellten Gleichung akzeptiert.

Sequenz Sag mal 'ne Zahl, 00:30:44–00:32:10

Lm: Hat jemand (2) ne Idee wie man, anfangen könnte? wie man denken könnte? was man machen könnte? #00:30:51# und (2) das ist ne neue Sorte Gleichungen, die kann (.) irgendwie genauso sein genauso lösbar sein wie eine von den anderen beiden, vielleicht geht es auch ganders ganz anders. wir wissen überhaupt nichts, deswegen sind alle Ideen gute Ideen. #00:31:06# also hat jemand irgendne Idee was man jetzt machen könnte um ein x zu finden so dass da 0 rauskommt? wenn es eins gibt? #00:31:14# also wenn ihr einen Vorschlag habt gerne Vorschlag für ein x nehm ich gerne ich nehm auch nen Vorschlag für ne Vorgehensweise, was soll man machen? w- wie kann man (.) irgendwie anfangen? (6) Sm? #00:31:34#

Sm?: Also vielleicht dass man das fünf x zu dem x Quadrat dazu macht? #00:31:38#

Lm: Mhm (.) was steht dann da wenn man die fünf x zu dem x Quadrat dazu macht? #00:31:45# (4) ich krieg Angst. (10) Sf03 #00:32:01#

Sf03: Das funktioniert doch nicht es zwei verschiedene xe sind ( ) #00:32:04#

Lm: └Ja es geht gar nicht Sm? die kann man gar nicht zusammenfassen; da fangen die Probleme nämlich an. #00:32:10#

Während im Rahmen des ersten Transkriptausschnitts primär die Vorstellung des Gegenstands und die Benennung des Problems durch den Lehrer thematisiert wurde, geht es an dieser Stelle konkret um den Umgang mit dem Problem. Das Problem wird zudem an dieser Stelle als ein fachliches gerahmt. Es wird in Kombination mit der an der Tafel stehenden Gleichung, den Hinweisen des Lehrers, ähnliche Ansätze wie bei den bisherigen Gleichungen anzuwenden und dem Verweis auf die durchzuführenden Rechenschritte in eine rechnerisch zu lösende Aufgabe transformiert. Der Lehrer schlägt hierfür einen Modus des Problemlösens vor und es werden verschiedene Bearbeitungsmöglichkeiten in Form von Ideen und Vorschlägen von den Schüler*innen einfordert.

Durch die Aussage des Lehrers „wir wissen überhaupt nichts" inszeniert sich der Lehrer zum einen verbal, zum anderen aber insbesondere non-verbal durch skeptisch wirkende Mimik und Gestik als unwissend. Ferner solidarisiert er sich durch diese Inszenierung mit den Schüler*innen, die durch ihn ebenfalls als unwissend fremdgerahmt werden. Hier zeigt sich im Fallvergleich ein bedeutender Unterschied zur Sequenz *Mal zwei gerechnet* (siehe Kapitel 5.1). Im Rahmen der Induzierung eines Problems fand durch die Lehrerin in Bezug auf die Schüler*innen eine implizite Wissens*unterstellung*, anstatt wie hier eine explizite Wissens*behauptung*, statt. In der Kombination von der Nicht-Wissensbehauptung in Bezug auf die Schüler*innen und der Aufforderung zur

Beteiligung in Form von Ideen und Vorschlägen, werden die Schüler*innen dazu angehalten, sich an dieser Inszenierung zu beteiligen. Anders als in der Sequenz *Kaninchengehege I* (siehe Kapitel 5.3) in der sich ausschließlich der Lehrer als unwissend inszeniert und dadurch die Geltung der Beiträge der Schüler*innen einschränkt, damit von diesen weitere Vermutungen aufgestellt und Begründung formuliert werden. Dadurch, dass bereits Wissen in Bezug auf die quadratischen Gleichungen im vergangenen Verlauf der Unterrichtsstunde kommuniziert und erzeugt wurde, wird deutlich, dass sich die Zuschreibung des Nicht-Wissens der Schüler*innen nicht als eine Tabula rasa, im Sinne eines unbeschriebenen Blatts, verstehen lässt, sondern sich das Nicht-Wissen in diesem Fall konkret auf die Bearbeitung und die Lösung der Gleichung bezieht. Es zeigt sich dabei ein Verständnis des Lehrers darüber, dass den Schüler*innen bis hierhin das konkrete mathematische Wissen, die Aufgabe adäquat und ökonomisch, bspw. mit der pq-Formel, lösen zu können, fehlt. In dieser Bewegung wird zudem erneut die Neuartigkeit der an der Tafel angeschriebenen Gleichung deutlich. Für den Gegenstand dieser quadratischen Gleichungen bedeutet das Nicht-Wissen an dieser Stelle, dass es keine konkrete Heuristik gibt, mit der die Schüler*innen die Gleichung lösen könnten. Die bisherigen Strategien zum Lösen der Gleichungen mithilfe von quasi-arithmetischen Lösungsverfahren, bspw. durch Faktorisierung oder durch Radizieren, können hier nicht angewandt werden.

Im weiteren Verlauf wird am Affiliieren der Schüler*innen auf den modifizierten Impuls des Lehrers, dem rechnerischen Lösen der Gleichung, die Orientierung an Aufgabenerledigung sichtbar, die zwar durch Aufstellen von Vermutungen durch die Schüler*innen, aber primär durch rechnerisches Probieren, geprägt ist. Im Modus des Ausprobierens wird eine fachliche Inkonsistenz deutlich, die darin besteht, dass die Schüler*innen nun auf bestehendes Wissen und bereits bekannte Strategien zurückgreifen, um dem Impuls des Lehrers zu folgen. Der fachliche Gehalt, Unterschiede zwischen den verschiedenen Formen der Gleichungen zu identifizieren, wird, wie im Folgenden zu sehen, auch von den Schüler*innen nicht weiter aufgegriffen. Vielmehr orientieren sie sich an der Sammlung von Ideen und dem konkreten Probieren beim Lösen der Aufgabe.

Die erste Vermutung von Sm? enthält die Idee, die beiden verschiedenen x-Variablen zusammenzufassen, was, rein mathematisch betrachtet, inkorrekt ist. Der Vorschlag wird direkt durch den Lehrer an die anderen Schüler*innen zurückgespiegelt. Durch die Äußerung des Lehrers „ich krieg Angst" im Kontext der zurückhaltenden Reaktionen der Schüler*innen wird deutlich, dass es bei dem Sachverhalt, Variablen mit unterschiedlichen Potenzen zusammenzufassen, ein für den Lehrer fundamentales Wissen handelt. Darin zeigt sich eine Haltung des Lehrers, dass bereits thematisierte Inhalte als bekannt vorausgesetzt und gleichzeitig als konsekutiv bedeutsam für den aktuellen Diskurs markiert werden. Der Ausdruck der Angst macht zudem die Befürchtung des Lehrers am Misserfolg seines bisherigen Mathematikunterrichts deutlich. Die anfangs proponierte Sammlung von Ideen wird hier durch den Lehrer strukturiert und auf konkrete zu benennende, mathematische Rechenregeln gelenkt. Ideen können geäußert werden, aber falsche rechnerische Operationen werden direkt durch den Lehrer korrigiert. Homolog zeigt sich auch hier die instruktivistische Orientierung des Lehrers an der Vermittlung von korrekten mathematischen Inhalten. Algebraisch falsche Ideen sind demnach nicht Teil der geforderten Ideensammlung, womit das an Offenheit geknüpfte Orientierungsschema des Lehrers in einem ambivalenten Verhältnis dazu steht.

Dieses ambivalente Verhältnis des initialen Impulses zeigt sich zudem darin, dass die Schüler*innen überwiegend durch Probieren versuchen, die Gleichung rechnerisch zu lösen, statt Ideen oder Heuristiken zu entwickeln. In den folgenden Interaktionen beginnen die Schüler*innen mögliche Umformungen und nennen überwiegend Zahlen, die in die Gleichung, in Moderation durch den Lehrer, eingesetzt werden.

Sequenz Sag mal 'ne Zahl, 00:33:12–00:36:23

Sf22: Wenn man jetzt zum Beispiel mal äh mal vier nehmen würde, würde minus zwei rauskommen. #00:33:18#

Lm: Okay #00:33:20# (12) äh (.) stimmt das? #00:33:36# (7) also ganz wichtiger Schritt, #00:33:44# (2) Sf22 hat irgendwie, irgendwas gemacht und hat ne Lösung raus. wenn die sich jetzt als richtig rausstellt; dann fragen wir auf jeden Fall was Sf22 gemacht hat. #00:33:55# wenn die sich als falsch rausstellt; fragen wir Sf22 <u>vielleicht</u> was sie gemacht hat f- falls es irgendwie was nützt; aber erstmal müssen wir <u>wissen</u> ob das richtig oder falsch ist das vier ne Lösung ist. #00:34:08# so wie Sf22 gesprochen hat hat sie drüben die Gleichung verwendet sollte egal sein. #00:34:13# (7) Sf23 #00:34:22#

Sf23: Ich glaub eher nicht weil wenn man die vier einsetzt und das Ganze dann ausrechnet, kommt man auf äh #00:34:28# (.) sechsunddreißig und nicht auf minus zwei also sechsunddreißig- ( ). #00:34:33#

Lm: └Okay, äh was meint Sf23 wenn sie sagt wenn man das einsetzt und ausrechnet? (5) Sf01 #00:34:44#

Sf01: Wenn man für das x äh also zwei und vier einsetzt. #00:34:49#

Lm: Okay; was steht also da wenn man das macht Sf01? #00:34:54#

Sf25: Sf01 #00:34:55#

Sf01: Was? #00:34:56#

Lm: Was steht da wenn man das macht? #00:34:57#

Sf01: Äh (.) vier hoch zwei plus fünf mal vier plus zwei. #00:35:05#

Lm: Okay jetzt ist wieder die Frage, nehmen wir das und schauen ob Null rauskommt, nehmen wir das und schauen ob minus zwei rauskommt, #00:35:10# jetzt so wie du es gesagt hast schreib ich hier (5) und (.) was kommt da raus? (4) Sf02 #00:35:27#

```
Sf02:   Achtunddreißig #00:35:28# (3)
Lm:     Sf22 es kommt gar nicht Null raus. (2) Sf22 #00:35:35#
```

An dieser Stelle zeigt sich besonders die Deutungshoheit des Lehrers, indem er die Rolle übernimmt, zu entscheiden, was für die Bearbeitung des Impulses zielführend ist und was nicht. Anders als in der Sequenz *Kaninchengehege I* (siehe Kapitel 5.3) in der der Lehrer sich auf die Vermutungen und die Ideen der Schüler*innen einlässt. In dieser Bewegung zeigt sich besonders, dass das im Kollektiv kommunizierte Nicht-Wissen beider Parteien an dieser Stelle nicht für den Lehrer selbst zutrifft. Die Schüler*innen stellen vereinzelt weitere Vermutungen an, probieren aber hauptsächlich unterschiedliche Zahlen in die Gleichung einzusetzen, um diese rechnerisch lösen zu können. Der Lehrer elaboriert diese Vorgehensweise in der Form, dass er die vorgeschlagenen Zahlen in die Gleichung einsetzt und sie im Anschluss klassenöffentlich zur Diskussion stellt. Dabei zeigt sich eine gewisse Offenheit in Bezug auf die Akzeptanz der Beiträge der Schüler*innen durch den Lehrer, da er alle Beiträge der Schüler*innen, überwiegend durch Anschreiben an die Tafel, aufnimmt. Hier zeigt sich ebenfalls, dadurch, dass der Lehrer die inhaltliche Relevanzsetzung vornimmt und den inhaltlichen Verlauf durch permanente Nebenrechnungen durchstrukturiert, die instruktivistische Orientierung und die Vermittlung mathematischer Inhalte.

In der wechselseitigen Interaktion zwischen der Lehrkraft und den Schülerinnen wird deutlich, dass die Lehrkraft ihre anfängliche Idee des rechnerischen Lösungsansatzes kontinuierlich weiter ausführt. Die Schüler*innen antworten darauf durch ein stetiges Wechselspiel aus dem Ausprobieren von Zahlen, dem Einsetzen dieser in die Gleichung und dem Nennen von Ergebnissen. Homolog zeigt sich auch hier die Orientierung der Schüler*innen am rechnerischen Lösen durch Probieren, indem sie auf bereits bekannte Strategien referieren.

Der Lehrer markiert implizit, dass es darum geht, die richtige(n) Lösung(en) zu finden. Zudem zeigt sich, dass es darum geht, den schrittweisen Vollzug der Rechenschritte transparent zu zeigen und dabei die einzelnen Rechenschritte korrekt anzuwenden. Die Schüler*innen verdeutlichen dabei eine Orientierung an der Mitarbeit der Unterrichtsinszenierung des Lehrers, indem die sie, trotz unklaren und von Vagheit geprägten Interaktion, Vorschläge für Berechnungen in den Diskurs einbringen. Der Lehrer zeigt ferner eine Orientierung an der Inszenierung als Nicht-Wissender, die durch die andauernden Elaborationen der Schüler*innenbeiträge durch den Lehrer nahezu provoziert wird.

Die Schüler*innen selbst bleiben im Unklaren, ob die angewandten Strategien adäquate Lösungsansätze darstellen, da die Versuche überwiegend falsifiziert werden und die vorgeführte, schrittweise Erarbeitung dadurch immer wieder ins Leere führt. Dennoch werden die Schüler*innen vom Lehrer weiterhin in ihrem Vorgehen bestärkt. Die gesamte Situation ist geprägt von einer

Abb. 18: Verlauf des Tafelanschriebs Sequenz *Sag mal 'ne Zahl* von #00:29:53# bis #00:39:47#

stetigen Ungewissheit und Vagheit, erzeugt durch die Instruktionen des Lehrers.

Auch nach weiterer Diskussion ist die Situation überdies durch Vagheit geprägt und ein konkretes Ergebnis wird weiterhin nicht ersichtlich. Die Vorschläge und die Einsetzungen der Schüler*innen werden vom Lehrer aufgenommen und im Anschluss falsifiziert. Die Vagheit wird zudem dadurch verstärkt, dass die Tafel während des gesamten Probierprozesses in zwei unterschiedliche Berechnungen, mit zwei unterschiedlichen Lösungswegen aufgeteilt wurde, die permanent parallel synchronisiert wurden (siehe Abb. 18). Sobald eine Zeile des Lösungswegs einerseits ergänzt wurde, wird im nächsten Schritt eine weitere Zeile andererseits ergänzt, sodass sich am Ende zwei gleich lange Berechnungen der gleichen Ausgangsberechnung finden, die aber unterschiedliche Lösungen aufzeigen.

Im weiteren Verlauf der Sequenz wird dabei in einzelnen Beiträgen der Schüler*innen deutlich, dass die beiden Rechenwege an der Tafel als unterschiedlich wahrgenommen werden, obwohl es sich bei den Gleichungen nur um leicht abgewandelte Lösungswege handelt. Auch hier elaboriert der Lehrer den Beitrag der Schüler*in, in dem er die Rechnung an der von den Schüler*innen vorgeschlagenen Seite der Gleichungen durchführt, um zu demonstrieren, dass auch dieser Vorschlag wieder keine Lösung darstellt und ins Leere führt.

Sequenz Sag mal 'ne Zahl, 00:38:58–00:40:16

```
Sf08:  Geht das überhaupt? #00:38:59#
Lm:    Ich weiß nicht; (.) okay das ist vielleicht die allerwichtigste
       Frage. Sf08 sagst du noch mal? #00:39:06#
Sf08:  Geht das überhaupt? #00:39:08#
Lm:    Sm10 das war wichtig; #00:39:10#
Sm10:  Nein #00:39:11#
Lm:    Sf08 sagst du es noch mal @(.)@ #00:39:13#
Sf08:  Geht das überhaupt? #00:39:15#
Lm:    Klingt so schön willst du noch mal nein; geht das überhaupt? (.)
       geht das überhaupt? geht das überhaupt? #00:39:20#
Sf01:  Wir können jetzt alle Zahlen ausprobieren. #00:39:22#
Lm:    Okay (2) Sf02 #00:39:25#
Sf02:  Ich glaub nicht. #00:39:27#
Lm:    Okay hm, (3) wieso? Sf02? #00:39:32#
Sf02:  Weil bei minus vier kam nicht minus zwei als Ergebnis raus;
       #00:39:36#
Lm:    Ja? #00:39:37#
Sf02:  Und wenn man minus fünf macht kommt zwei als Ergebnis raus also
       ne glatte Zahl wenn es gehen sollte(                ) #00:39:43#
Lm:                                          └Okay, (.) ah verstehe äh das
       schreib ich mal irgendwie auf; (29) #00:40:16#
```

An dieser Stelle überwindet Sf08 in ihrer divergenten Bewegung die bisherige Strategie des Ausprobierens und stellt somit den bisherigen Orientierungsrahmen der Schüler*innen an der Aufgabenerledigung durch Einsetzen von Zahlen und dem probierenden Berechnen der Gleichung infrage. Gleichzeitig elaboriert Sf08 den initialen Eingangsimpuls und die Anfangsproposition des Lehrers, der Frage nach Ideen und möglichen Lösungsansätzen, um die Gleichung zu lösen. In dieser Bewegung und der ihrer Frage „Geht das überhaupt?" zeigt sich ein assoziatives Probieren der Schülerin, indem ihr Beitrag als ein Versuch gewertet werden kann, die bisherigen Strukturen der Interaktion zu hinterfragen.

Auch wenn der Lehrer den Beitrag von Sf08 in besonderer Weise als bedeutsam markiert –Sf08 wird aufgefordert, die Frage „Geht das überhaupt?“ zu wiederholen und auch der Lehrer selbst wiederholt die Frage mehrfach – Sf02 lenkt den Diskursmodus des Probierens wieder um. Der Lehrer validiert diese probierende Vorgehensweise, zum einen verbal, zum anderen aber insbesondere non-verbal durch das Anschreiben des vorgeschlagenen Rechenschritts von Sf02 an die Tafel. Trotz des divergenten Einwurfes durch Sf08 findet nun eine erneute Bearbeitung auf Ebene des Probierens und des Einsetzens statt. Die Frage nach der Möglichkeit bzw. der Unmöglichkeit der Bearbeitung rückt an dieser Stelle wieder in den Hintergrund. An dieser Stelle wird erneut die übergeordnete Orientierung der Schüler*innen an Aufgabenerledigung im Modus des Probierens und die Orientierung des Lehrers an einer kleinschrittigen Bearbeitung und der Vermittlung der Inhalte sichtbar.

In den folgenden circa 30 Minuten werden einerseits weitere Vermutungen zu möglichen Lösungen der Schüler*innen anhand der beiden (äquivalenten) Gleichungen an der Tafel diskutiert und anderseits werden die Schüler*innen angehalten, sich mithilfe des Taschenrechners und durch weiteres Probieren dem x-Wert anzunähern. Nachfolgend werden die vom Taschenrechner generierten Werte in einer Wertetabelle festgehalten, um eine ungefähre Lösung zu dokumentieren. Anschließend bittet der Lehrer die Sf12, ihre aus dem Taschenrechner ermittelte Lösung zu diktieren.

Sequenz Sag mal 'ne Zahl, 01:10:43–01:13:52

Sf12: Minus fünf (.) ah nee ich glaube das ist jetzt- (8) ( ) ja, minus fünf #1:10:56#

Lm: Alles auf einen Bruchstrich geschrieben, oder die minus fünf davor? #1:10:58#

Sf12: Nee alles auf einen. (3) plus die Wurzel siebzehn, (.) geteilt durch zwei. #1:11:08#

Lm: Okay (.) ja das ist ein blöder Bruch das Minus muss dann weg ne? so oder? #1:11:13#

Sf12: Ja. #1:11:14#

Lm: Gut. äh ja; (3) der Taschenrechner sagt (2) dass das (.) eine Lösung ist. #1:11:26# (4) und wenn man keinen Bock auf diesen Bruch hat und die SD-Taste drückt, dann gibt die einem auch noch das ungefähre Ergebnis. #1:11:37# aber zunächst sagt der Taschenrechner dass das die genaue Lösung ist. #1:11:43# (2) und das würde dafür sprechen was Sm19 gesagt hat, es gibt irgendwie ne genaue Lösung aber es ist so ne komische Zahl wie so ne wie Pi oder so. #1:11:52# (2) das ist einerseits irgendwie tröstlich es gibt ne Lösung. (.) auch hier es gibt für alles ne Lösung. #1:12:00# schön ist die nicht, und wir haben keine Ahnung wie man die finden soll. #1:12:08# also wir können (.) rumprobieren und in die Nähe kommen, wir sind ja ziemlich in der Nähe mit minus Null Komma vier fünf sechs (.) so naja vier fünf sechs

```
da ist dann schon anders, #1:12:23# hätten wir noch ring- hin-
kriegen können noch ein bisschen näher ran und noch ein biss-
chen; aber (2) die genaue Lösung können wir so natürlich nicht
finden und macht auch nicht so richtig Spaß für jede kleine
Aufgabe zehn Minuten die Lösungen da ungefähr zu suchen okay.
#1:12:41# (5) trotzdem; (2) vorher hatten wir gar keine Ahnung
(2) weder was man machen soll noch ob es ne Lösung gibt und
noch wo die ungefähr ist. das haben wir jetzt. #1:13:00# also
das ist keine wahnsinnig gute Methode Lösungen zu finden, aber
sie funktioniert. also das ist ne ganz wichtige Strategie wenn
man keine Ahnung hat; (.) Wertetabelle, rumprobieren. #1:13:12#
das Ziel ist natürlich schon irgendwie dass man die Lösung (.)
ausrechnet. #1:13:20# (3) aber das macht man vielleicht nicht
an nem Beispiel, wo (2) man so gar nicht weiß wie man anfangen
soll. #1:13:21# jetzt gibt es verschiedene Möglichkeiten, (.)
und wir können noch andere Spezialfälle angucken und da auf ir-
gendwas kommen; wir können erstmal so ne Gleichung angucken die
ne gescheite Lösung hat #1:13:43# (2) ja sonst jetzt noch mal ne
andere Gleichung und noch mal ne Lösung raten, (.) bringt nicht
so viel glaub ich. #1:13:52#
```

Der von Sf12 diktierte Term, der vom Lehrer an der Tafel festgehalten wird (siehe Abb. 19), wird an dieser Stelle als die „genaue Lösung" markiert. In dieser Markierung in Bezug auf den Taschenrechner wird deutlich, dass nur er, der Taschenrechner selbst, dazu fähig ist die „genaue Lösung" zu „sagen". In der Anthropomorphisierung des Rechengeräts zeigt sich außerdem, dass die Bearbeitung und die Berechnung der zu Beginn aufgeworfenen Gleichung außerhalb des Könnens der Schüler*innen liegen. Sie haben zwar die Möglichkeit sich der Lösung „anzunähern", die „genaue Lösung" lässt sich jedoch mit dieser „Methode" bzw. „Strategie" nicht ermitteln.

In Bezug auf die Berechnung des Taschenrechners bringt der Lehrer an dieser Stelle die Lösung der aufgeworfenen Gleichung selbst hervor. Das Lösungsfinden wird dabei durch den Lehrer als ein komplexes Vorgehen inszeniert. Der ursprüngliche Impuls des Lehrers, wie man die zu lösende Aufgabe bearbeiten oder berechnen könne, wird an dieser Stelle nicht aufgelöst. Die Schüler*innen wissen zwar nun, was die „genaue Lösung" ist, sie wissen aber noch immer nicht, wie sie die Lösung berechnen bzw. „finden" können, oder wie die Gleichung als solche auf einem mathematischen Weg gelöst werden könnte. Auch der Impuls, die verschiedenen Gleichungen aus der Hausaufgabe, mit der in der Interaktion präsentierten, miteinander zu vergleichen, wird in der Konklusion nicht weiter thematisiert.

Insgesamt wird an dieser Stelle deutlich, dass weniger der konkrete Rechenweg, noch der thematische Bezug zu den quadratischen Gleichungen vordergründiger Gegenstand der Interaktion war. Vielmehr zeigt sich, dass es im Sinne eines unsystematischen Probierens um eine Beschäftigung der Schü-

Abb. 19: Fotogramm 2 Sequenz *Sag mal 'ne Zahl* #01:11:40#

ler*innen mit der mathematischen Gleichung ging. Die inhaltliche Auseinandersetzung fokussierte sich dabei überwiegend auf Nebenrechnungen in Bezug auf algebraische Umformungsschritte und dem Umgang mit dem Rechengerät. Insgesamt dokumentiert sich die instruktivistische Orientierung des Lehrers an einer steuernden und kleinschrittigen Erarbeitung.

Die Schüler*innen werden an dieser Stelle, trotz dessen, dass die „genaue Lösung" an dieser Stelle gefunden wurde, weiterhin als nicht wissend durch den Lehrer fremdgerahmt. Es zeigt sich, dass die Vagheit und die Unklarheit des ursprünglichen Impulses und der folgenden Interaktion auch an dieser Stelle nicht durch den Lehrer aufgelöst wird. Das Probieren wird jedoch durch den Lehrer als eine mögliche „Methode" oder „Strategie" beworben, um Wissen generieren zu können. Gleichzeitig distanziert sich der Lehrer von dieser Strategie, indem er sie als wenig effizient bezeichnet. Hierin zeigt sich deutlich, dass das primäre Ziel der Auseinandersetzung in der Beschäftigung der Schüler*innen lag. Die Orientierung des Lehrers an einer Beschäftigung der Schüler*innen zeigt sich auch in der Sequenz *Gruppen* (siehe Kapitel 6.2.1), in der die Lehrerin die Schüler*innen dazu aufforderte, sich mit „irgendwelchen" Gleichungen zu beschäftigen.

Zusammenfassung

Betrachtet man die Sequenz zusammenfassend, dann wird deutlich, dass der initiale Impuls, zwei zufällige Zahlen und deren Vorzeichen zu benennen, durch das Einsetzen der Zahlen in eine lückenhafte Gleichung, in eine konkret zu berechnende Aufgabe bzw. Gleichung transformiert wurde. Der Anforderungsgehalt beim Lösen der Gleichung bestand überwiegend darin, dass es sich bei der Gleichung um eine für die Schüler*innen unbekannte Form quadratischer Gleichungen handelte, bei der die den Schüler*innen bekannten Lösungsstrategien zur Lösung anderer quadratischer Gleichungen nicht zielführend waren. Auf Basis ihres begrenzten Vorwissens fordert der Lehrer die Schüler*innen dazu auf, Vorschläge und Ideen für die Lösung der Gleichung anzubringen. Die Bearbeitung durch die Schüler*innen ist durch eine approximative Annäherung im Sinne eines *Versuchs- und Irrtum-Prinzips* geprägt, bei dem der Lehrer immer wieder Relevanzen und Schwerpunkte setzt.

Bei der Lehrperson dokumentiert sich primär eine Orientierung an der Vermittlung mathematischer Inhalte inklusive ihrer mathematischen Korrektheit. Insgesamt zeigt sich ein Verständnis darüber, dass die Schüler*innen die Anforderung erfüllen können, wenn die notwendigen Kenntnisse durch die Lehrperson vermittelt worden sind. Diese Vermittlung zeigt sich zum einen durch die inhaltliche Steuerung des Unterrichts durch den Lehrer und zum anderen in der Vielzahl an Anlässen, zumeist in Form kleinerer Nebenrechnungen, oder dadurch, dass häufig zwei (äquivalente) Gleichungen parallel bearbeitet und anhand derer mathematische Sachverhalte durch den Lehrer geklärt werden.

Im Rahmen zahlreicher Schüler*innenbeiträge tragen die Schüler*innen dazu bei, die unterrichtliche Inszenierung und die Fremdrahmung durch den Lehrer aufrechtzuerhalten und zeigen dadurch primär eine Orientierung an der Aufgabenerledigung durch mathematische Einsetzungen, Umformung und Berechnungen in einem Modus des unsystematischen Probierens. Die Orientierung steht dabei in komplementärer Passung zu den aufgeworfenen Anforderungsgehalten, indem die Schüler*innen auf Basis ihres Vorwissens mögliche Ideen und Vorschläge zur Lösung der Gleichung einbringen. Nicht in Passung steht jedoch das Problem an sich, das darin besteht, dass die Schüler*innen aufgrund ihres Nicht-Wissens in Bezug auf die zu lösende Gleichung die Aufgabe selbst nicht lösen können und am Ende der Lehrer selbst, mit Bezug auf die Berechnung des Taschenrechners, die korrekte Lösung hervorbringt. Die inhaltliche Diskussion der Schüler*innen konzentriert sich hauptsächlich auf die von der Lehrkraft vorgegebenen Prioritäten, insbesondere im Hinblick auf äquivalente Transformationen und ergänzende Berechnungen zur Lösung der Gleichung. Abgesehen von einer einzelnen Schülerin, die das Vorgehen in Frage stellt, gibt es keine weitergehende fachliche Diskussion.

Wissen ist in der Interaktion maßgeblich durch die Lehrperson als Experten erschließbar. Aus der Sicht des Lehrers wird Wissen im Rahmen der Auseinandersetzung und der Beschäftigung mit mathematischen Inhalten generiert. Während die Schüler*innen vor dem Impuls durch den Lehrer als Nicht-Wissend fremdgerahmt wurden, haben sie am Ende der Interaktion, zumindest partiell, neues Wissen dazu erhalten. In der Nicht-Wissensbehauptung in Bezug auf die Schüler*innen durch den Lehrer, wird die komplementäre Interaktion initiiert, in der der Lehrer maßgeblich die Strukturierung und die Relevanzsetzungen in Bezug auf die inhaltliche Auseinandersetzung vornimmt. Die Schüler*innen selbst explizieren ihr Vorwissen in Bezug auf bekannte mathematische Umformungen und Berechnungen.

In der Interaktion wurde sichtbar, dass das konkrete Vorgehen häufig unklar ist und die Bearbeitung durch die Schüler*innen von einer stetigen Ungewissheit und Vagheit geprägt ist. Der unterrichtliche Diskurs ist dabei durch die Relevanzsetzungen und die Initiierung vieler unterschiedlicher Anforderungsgehalte durch den Lehrer vorstrukturiert. Inhaltlich zeigt sich, dass die vielen thematisierten Nebenrechnungen und die Verweise auf den Umgang mit dem Taschenrechner den Fokus auf den inhaltlichen Gegenstand verschwimmen lassen.

5.3 Sequenz: Kaninchengehege I

*(Unterrichtseinheit: Quadratische Gleichungen, Stunde 12 von 15 innerhalb der Einheit, Klassenstufe 9, Gymnasium, kleine Mittelstadt, 24 Schüler*innen [11 w, 13 m], Lehrerfahrung: 9 Jahre)*

Die im Folgenden vorgestellte Sequenz stammt aus einer aufgezeichneten Unterrichtsstunde aus der Unterrichtseinheit zu den *Quadratischen Gleichungen*. Innerhalb der Unterrichtseinheit ist es die 12. von insgesamt 15 Stunden. Die Lehrkraft gab im studienbegleitenden Protokollbogen an, dass der Themenschwerpunkt der Stunde in der *Anwendung in außermathematischen Kontexten* liegt, was im Video sichtbar wird. Im Anschluss an den Hausaufgabenvergleich fordert der Lehrer die Schüler*innen auf, ihm dabei zu helfen, den maximalen Flächeninhalt für ein Kaninchenhege zu berechnen, das er in seinem Garten errichten möchte. Nachdem die Schüler*innen in Interaktion mit dem Lehrer die passende Funktionsgleichung aufgestellt haben, werden die Schüler*innen zum Ende der Stunde aufgefordert, den Flächeninhalt in Kleingruppen zu berechnen.

Die Stunde beginnt mit einer kurzen Begrüßung. Im ersten Teil der Unterrichtsstunde werden die Hausaufgaben zum Thema *Quadratische Funktionen* klassenöffentlich verglichen. In den Aufgaben sollten die Schüler*innen aus zwei vorgegebenen Punkten eines Koordinatensystems die Gleichung einer Parabel bestimmen. Zwei der insgesamt drei aufgegebenen Aufgaben werden gemeinsam besprochen. Dabei trägt jeweils ein Schüler oder eine Schülerin das Ergebnis einer Aufgabe vor und die Lösungen werden von der Lehrkraft an der Tafel notiert. Während des Vergleichens und Notierens an der Tafel entstehen Gespräche über einzelne Lösungsschritte der aufgestellten Funktionsgleichungen. Dabei wird, in einem kurzen thematischen Einschub durch den Lehrer, noch einmal die Bedeutsamkeit der Klammern bei der Berechnung der Potenz einer negativen Zahl behandelt. Zudem werden die Schüler*innen aufgefordert, die beiden Gleichung untereinander zu verglichen und die Unterschiede zu benennen. Dabei stellen die Schüler*innen fest, dass sich bei der zuerst verglichenen Aufgabe die Werte p und q, die zur Bildung der Funktionsgleichung benötigt werden, direkt aus dem Einsetzen der beiden Punkte in die quadratischen Gleichungen ergeben haben, während sich bei der zweiten Aufgabe die Funktionsgleichung mithilfe des Einsetzungsverfahrens ermitteln ließ.

Fotogrammanalyse

In der Anordnung der Schüler*innentische, die zwar teils U-förmig angeordnet sind, jedoch auch durch einzelne, nach vorn ausgerichtete Tische in der Mitte des Us ergänzt werden (siehe Abb. 22), und die nach vorn ausgerichteten Blicke der Schüler*innen in die Richtung der Tafel und zum Lehrer hin, wird ein lehrerzentriertes Setting erkennbar. Dies wird durch die Positionierung des Lehrers, mittig vor der Tafel, der Zeigegeste des Lehrers auf ein an der Tafel

Abb. 20: Fotogramm 1 Sequenz *Kaninchengehege I* #00:14:17#

angezeichnetes Rechteck und durch die Tafel selbst, die eine große Fläche an der vorderen Wand einnimmt, verstärkt (siehe Abb. 20).

Zudem dokumentiert sich in den Fotogrammen eine klassenöffentliche Situation, in der die Lehrperson, die Tafel sowie das Rechteck an der Tafel, auf das der Lehrer mit einer Zeigegeste verweist, das zentrale Moment der Interaktion für die Schüler*innen darstellt. Der Lehrer sowie die Tafel sind von allen Schüler*innen gut einsehbar. Das Rechteck an der Tafel wird durch die Assoziation des Lehrers als ein fachlicher Gegenstand erkennbar, der auch von den Schüler*innen in dieser Form begutachtet wird. Durch die Zeigegeste des Lehrers deutet sich eine Situation des Erklärens und Zuhörens an.

Abb. 21: Synchrones Fotogramm 1 Sequenz *Kaninchengehege I* #00:14:17#

In der körperlich-räumlichen Positionierung der Lehrkraft, direkt vor der Tafel stehend und mit dem Zeigefinger auf das Rechteck zeigend, dokumentiert sich im Kontext des klassenöffentlichen Gesprächs eine Fokussierung des Lehrers in Bezug auf den fachlichen Gegenstand. Der Lehrer erscheint an dieser Stelle primär als Zeigender und womöglich auch als Erklärender. Weiterhin hat er durch seine Positionierung einen guten Überblick über den gesamten Raum und somit über alle Schüler*innen. Auch wenn nur der Oberkörper des Lehrers auf dem Fotogramm sichtbar ist, wird er dennoch durch seine mittige Positionierung, die farbliche Abhebung vom Grün der Tafel und die körperliche Präsenz durch das Anheben des Armes zur Zeigegeste, gut auf dem Bild und demnach auch für die Schüler*innen erkennbar. Insgesamt wirkt seine Körpersprache offen, besonders durch seine nach vorn ausgerichtet Positionierung vor der Tafel.

Die Handlungsrahmen der Schüler*innen sind durchweg gleichförmig (siehe Abb. 21). Durch die Haltung, die viele Schüler*innen einnehmen, zeigt

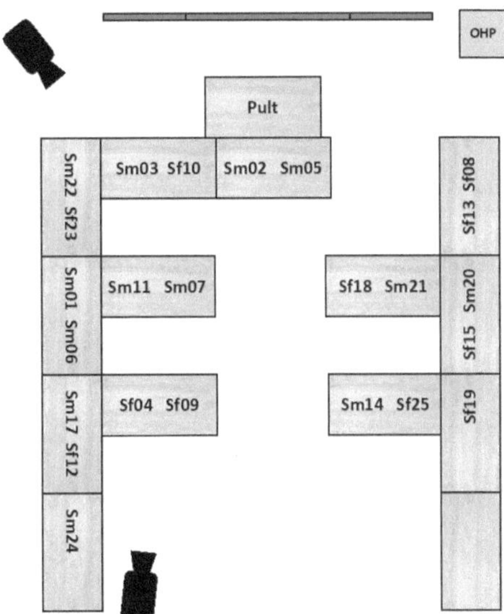

Abb. 22: Sitzplan Sequenz *Kaninchengehege I*

sich ein hohes Maß an Aufmerksamkeit. Dies zeigt sich insbesondere dadurch, dass sie bspw. keine Schreibgeräte in der Hand haben und die Blicke fast aller Schüler*innen nach vorne zur Tafel und zum Lehrer gerichtet sind. Noch deutlicher zeigt sich die Form der Aufmerksamkeit durch die körperlichen Positionierungen, die einzelne Schüler*innen einnehmen. Bei insgesamt sechs Schülern lässt sich erkennen, dass sie die Arme mit dem Ellbogen auf dem Tisch aufgestützt haben und die Hände vor dem Kinn zusammenfalten. Drei weitere Schüler*innen haben ihren Kopf auf einer ihrer Hände abgestützt. Durch das Einnehmen dieser Haltung sind nahezu keine anderen Tätigkeiten als das Zuhören möglich.

Fachliche Einordnung

Die in der Sequenz durch den Lehrer aufgestellte Aufgabe, die Berechnung des maximalen Flächeninhaltes eines Kaninchengeheges, bei dem der Umfang durch eine feststehende Zahl an zur Verfügung stehenden Zauns begrenzt ist, kann als eine Optimierung- bzw. Extremwertaufgabe beschrieben werden. Extremwertaufgaben sind Problem- oder Fragestellungen, bei denen untersucht werden soll, unter welchen Bedingungen ein bestimmter Wert den minimalen oder maximalen Wert annimmt. Bei diesen Aufgaben wird also „nach einer optimalen Lösung gesucht" (Hofe et al., 2015, S. 174). Um das zu erreichen, muss i. d. R. eine (Funktions-)Gleichung aufgestellt werden, aus der die gesuchte Größe abgelesen werden kann.

Für die Ermittlung des maximalen Flächeninhalts eines Rechtecks mit einem vorgegebenen Umfang gibt Gründers (2021, S. 168) unterschiedliche Schritte vor. In einem ersten Schritt kann es hilfreich sein, eine Skizze, in diesem Fall die eines Rechtecks, anzufertigen. Die gesuchten Größen, inkl. der entsprechenden Einheiten, können dann in der Skizze benannt und zusammengestellt werden. Im Anschluss daran sollte überlegt werden, welche Größe maximiert werden soll. Die auf diese Weise ermittelten Werte der geometrischen Figur können dann in eine Gleichung überführt werden. Hierfür muss die Formel für den Flächeninhalt der geometrischen Figur, in diesem Fall die eines Rechtecks: $A = a * b$, herangezogen werden. Die Beziehungen in der geometrischen Figur müssen für die Bearbeitung mathematisiert werden. Ziel ist es, die Beziehungen so auszuformulieren, dass nur noch eine einzige Unbekannte, also eine Variable, vorhanden ist, die anschließend aufgelöst werden soll. Schließlich erhält man eine (Funktions-)Gleichung, in der die zu optimierende Größe in Abhängigkeit zu einer unabhängigen Variablen gesetzt wird.

Die finale Bestimmung des Extremwerts erfolgt dann über die Berechnung des Scheitelpunkts der auf diese Weise entstandenen quadratischen Gleichung. Je nachdem, ob die Funktionsgleichung eine Parabel ergibt, die nach oben oder nach unten geöffnet ist, handelt es sich dementsprechend um den niedrigsten oder den höchsten Punkt. Hierfür empfiehlt es sich, die erstellte quadratische Gleichung in eine Scheitelpunktform zu überführen, sodass der Scheitelpunkt aus der Gleichung abgelesen werden kann. Die x-Koordinate dieses Scheitelpunkts kann dann als der niedrigste bzw. höchste Wert dieser Parabel bestimmt werden und entspricht dann der gesuchten Seite des zuvor konstruierten Rechtecks.

Interaktionsbeschreibung

Direkt im Anschluss an den Hausaufgabenvergleich zum Thema der quadratischen Funktionen, leitet der Lehrer zum Thema *Quadratische Gleichungen* über, in dem er den vorherigen Abschnitt verbal abschließt und im Folgenden eine neue, anwendungsbezogene Aufgabe ankündigt.

Sequenz Kaninchengehege I, 00:11:48–00:13:34

Lm: Ich würde aber gerne heute zu einer Aufgabe kommen, weil jetzt haben wir ja klar über die quadratische Funktion sind wir dahin gekommen; ne aber so richtig viel und ähm mit quadratischen Gleichungen zu lösen mit der pq-Formel war jetzt hier ja gar nicht zu machen. #00:12:02# ähm (2) wenn wir uns- (4) noch mal (.) anders zurückerinnern ich hatte euch ja einen Ausblick gegeben was uns noch so in- der Einheit jetzt erwartet; dann hatte ich ja gesagt ähm (.) dass sich die quadratischen Gleichungen dafür anbieten dass man auch noch mal ähm- ja sich mit Problemen auseinandersetzen kann #00:12:31# Sm22 hatte es so gesagt die uns dann im realen Leben dann vielleicht beschäftigen, ob

> das jetzt die nächste Aufgabe die ich jetzt für euch hab ne ob ähm jeder von euch der irgendwie sich ein Kaninchenstall bauen möchte dann mit so einer Aufgabe auseinandersetzt, ist die eine Frage aber zumindest können wir da hier mit unserem mathematischen Wissen glänzen. #00:12:49# und zwar ähm hab ich vor einen Kaninchenstall zu bauen, also so ein Gehege eigentlich eher kein Stall, Stall ist ja glaube ich wenn man da auch so Bretter und so mit anbringt ne; ähm ich will eigentlich so ein Freilauf haben (.) und bei mir ist jetzt die folgende Situation; hier ist (.) meine Hauswand (.) und da vorne habe ich so eine Grünfläche dran #00:13:10# und ähm ich- naja, bin ganz ehrlich, ihr wisst ja ich bin so ein kleiner Sparfuchs, ähm ich hab noch ein bisschen Zaun übrig, ja? also ich hab noch ähm zwanzig Meter Zaun übrig; #00:13:23# (5) und damit möchte ich im Prinzip das hier so einfassen #00:13:34#

Hier dokumentiert sich die Orientierung des Lehrers an einer klaren inhaltlichen Fokussierung in Bezug auf den zu behandelnden Gegenstand. Gerahmt wird die Fokussierung verbal, wie auch nonverbal, indem der Lehrer die zuvor durchgeführten Berechnungen an der Tafel abwischt. Die Fokussierung ist dabei zum einen auf die zukünftige Arbeit gerichtet, denn der Lehrer kündigt die folgende Arbeit mit den quadratischen Gleichungen, und konkret die stärkere Auseinandersetzung mit der pq-Formel, an. Zum anderen verweist der Lehrer, dadurch, dass sich die Schüler*innen „zurückerinnern" sollen, auf Vergangenes, wobei das Vergangene selbst wiederum auf etwas Zukünftiges, nämlich den Ausblick auf die inhaltlichen Erwartungen in Bezug auf die Unterrichtseinheit, hingewiesen hatte.

In den Ausführungen des Lehrers wird in zweifacher Hinsicht ein Verständnis von „Problemen" erkennbar. Einerseits werden Probleme im Kontext des Mathematikunterrichts von ihm als solche verstanden, die sich mithilfe mathematischer Verfahren bearbeiten lassen. Der hier besprochene Gegenstand, die quadratischen Gleichungen und konkret die Verwendung der pq-Formel, wird als geeignet markiert, um Probleme lösen zu können. Andererseits werden Probleme im weiteren Verlauf der Stunde, vom Lehrer, als auch von den Schüler*innen, gerahmt als solche, die auch „im realen Leben" vorkommen. Bei den Problemen handelt es sich demnach um Aufgaben, die unmittelbar die Lebenswelt der Akteur*innen betreffen können. Gleichwohl distanziert sich der Lehrer von der tatsächlichen Relevanz des von ihm geschilderten Problems für die Lebenswelt der Schüler*innen. Dabei stellt er auf der verbalen Ebenen infrage, ob sich Schüler*innen tatsächlich mit einem solchen Problem, der Konstruktion eines Geheges im eigenen Garten, beschäftigen werden. Insgesamt wird das Problem mit der Aussage des Lehrers, dass die Schüler*innen mit ihrem „mathematischem Wissen glänzen" können, als ein mathematisch zu lösendes Problem markiert. Gleichzeitig demonstriert der Lehrer darin das Zutrauen in die Fähigkeiten der Schüler*innen, die Aufgabe, auf Basis ihres Vorwissens, selbstständig bewältigen zu können. Kontrastierend hierzu wurde in der Sequenz *Sag mal 'ne Zahl* (siehe Kapitel 5.2) das Nicht-Wissen der Schüler*innen und die daraus resultierenden mangelnden Handlungsmöglichkeiten in Bezug auf die Berechnung und Lösung einer Gleichung als Problem verstanden.

Der initiale Impuls wird dann im Folgenden als ein privates Problem des Lehrers inszeniert. Die Inszenierung wird dadurch erkennbar, dass die Aufgabe in Form einer Erzählung präsentiert wird, die mit vereinzelten privaten Merkmalen des Lehrers geschmückt wird. Dadurch, dass er „eigentlich" einen Freilauf haben und „im Prinzip" das Gehege mit dem Zaun einfassen möchte, distanziert sich der Lehrer vom tatsächlichen Wahrheitsgehalt der Erzählung. Die Aufgabe selbst, die Errichtung eines rechteckigen Geheges zur Einzäunung von Haus- oder Nutztieren, kann zudem als recht gebräuchlich in Bezug auf die Berechnung von Extremwerten angesehen werden, da ähnliche Aufgaben vielfach, bspw. auch in kommerziellen Lehrbüchern,[1] gefunden werden können.

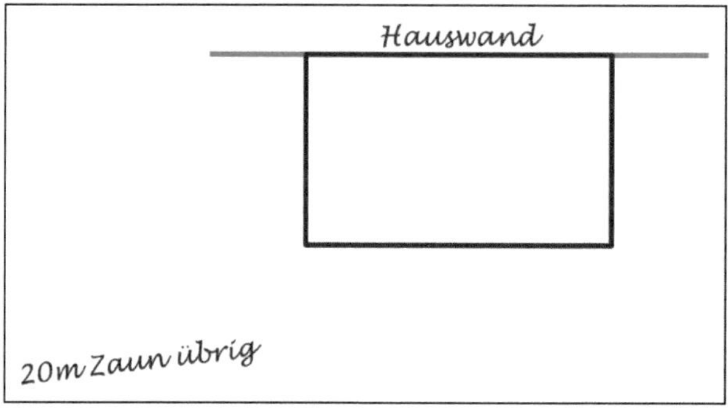

Abb. 23: Rekonstruktion des Tafelanschriebs Sequenz *Kaninchengehege I* #00:14:03#

Während der Erzählung zeichnet der Lehrer die Skizze des Geheges an die Tafel, das an einer Hauswand errichtet werden soll (siehe Abb. 23). Im Prozess des Anzeichnens der Skizze wird die Orientierung des Lehrers an einer korrekten Darstellung mathematischer Inhalte erkennbar. Für die Konstruktion der Skizze, die ein Rechteck darstellt, bei dem eine Seite als „Hauswand" beschriftet und verlängert wurde, nutzt er ein Geodreieck. Die Winkel des Rechtecks werden dabei mithilfe des Geodreiecks als rechte Winkel konstruiert. Die Skizze selbst nimmt dabei die Funktion ein, das Problem des Lehrers schrittweise in einen mathematischen Sachverhalt zu überführen. Das Rechteck repräsentiert

1 Ernst Klett Verlag GmbH: Eigenschaften ganzrationaler Funktionen, S. 27. Aufgabe oben [online] https://asset.klett.de/assets/916f0fbb/Lambacher_Schweizer_Qualiphase_NW_K01_S06_47_735441.pdf [Letzter Zugriff: 31. 08. 2023].

dabei den mathematischen Gegenstand, der an dieser Stelle durch den Lehrer mit den Informationen des privaten Problems, der „Hauswand“ und den „20 m Zaun“ in Verbindung gebracht wird. Dadurch wird die Aufgabe selbst als eine authentisch konstruierte Aufgabe (Maier et al., 2010) erkennbar.

Die Schüler*innen, die bis jetzt noch mit eigenen Notizen oder dem Wegheften einzelner Blätter beschäftigt waren, richten nun vermehrt den Blick und die Aufmerksamkeit hin zur Problemkonstruktion des Lehrers an der Tafel. Im Folgenden spezifiziert der Lehrer die Aufgabenstellung weiter.

Sequenz Kaninchengehege I, 00:14:08–00:15:06

Lm: Okay, ähm und jetzt ist meine Aufgabe an euch und es ist ja eigentlich meine Aufgabe aber ähm, ich glaub ihr könnt die auch bewältigen; mit den zwanzig Metern Zaun möchte ich diese Rechteckfläche hier so groß machen wie es geht, also die soll maximalen Flächeninhalt haben. (2) wie könnte man denn jetzt da dran gehen? #00:14:34# und da hätte ich ganz gerne, dass ihr euch- also maximaler Flächeninhalt (6) so, um so ein bisschen den Bann zu brechen und äh quasi euch ein bisschen Sicherheit vor den fiesen Kameras zu verschaffen ne; #00:14:49# machen wir eine ganz kurze Phase, ich würde sagen ähm da reichen uns fünf Minuten, in denen ihr euch mal überlegt; wie kann ich da mathematisch an das Problem rangehen. am besten ähm mit dem Partner; ne also ihr könnt auch erst mal eine Runde alleine überlegen aber tauscht euch auch mit dem Partner aus; und dann sammeln wir gleich gemeinsam an der Tafel. #00:15:06#

Der initiale Impuls wird an dieser Stelle in Form eines authentisch konstruierten Problems als ein privates Problem des Lehrers inszeniert, an dessen Bearbeitung und Lösung die Schüler*innen im Folgenden partizipieren sollen. Der Lehrer macht mit „es ist ja eigentlich meine Aufgabe“ erneut deutlich, dass der Bezug zur Lebenswelt vordergründig ihn und nicht unbedingt die Schüler*innen betrifft. Gleichzeitig kommuniziert der Lehrer, dass er den Schüler*innen zutraut, dass sie die Aufgabe bewältigen können, worin das Zutrauen in das fachliche Können der Schüler*innen an dieser Stelle erneut betont wird.

Das vom Lehrer präsentierte, als privat inszenierte Problem weist zunächst einen außermathematischen Charakter auf. In dem verbalen Verweis des Lehrers auf die zur Verfügung stehende Länge des Zauns, die „Rechteckfläche“ und den „maximalen Flächeninhalt“ sowie das angezeichnete Rechteck an der Tafel, das eine abstrahierte und vom authentisch konstruierten Zusammenhang entkleidete graphische Darstellung des soeben beschriebenen Geheges darstellt, findet eine Übertragung von einer praktischen Problem*schilderung* zu einer mathematischen Problem- und Aufgaben*stellung* statt. Dabei wird die Fläche an dieser Stelle als die gesuchte Größe markiert und der Lehrer stellt die Frage auf, wie der maximale Flächeninhalt der konstruierten Fläche ermittelt werden kann. Durch die Verknüpfung der Beschreibung des Gehegebaus im heimischen Garten mit den, zum Teil an der Tafel festgehaltenen, mathematischen Inhalten, zeigt sich eine Orientierung des Lehrers an der problemorientierten Vermittlung und Aneignung von Mathematik. Im Fallvergleich konnte in der Sequenz *Mal zwei gerechnet* (siehe Kapitel 5.1) hingegen eine Orientierung der Lehrerin am Rechnen und der Korrektheit einzelner, ausschließlich innermathematischer, Operationen rekonstruiert werden.

Der Anforderungsgehalt der offen gestellten Aufgabe besteht darin, das geschilderte Problem des Lehrers mathematisch zu modellieren. Konkret sind die Schüler*innen gefordert, mithilfe der gegebenen Werte das Wissen über das private Problem des Lehrers in mathematisches Wissen zu transformieren. Durch die vorherige Einordnung der Aufgabe des Lehrers, „dann hatte ich ja gesagt, ähm dass sich die quadratischen Gleichungen dafür anbieten [...] dass man auch mit Problemen auseinandersetzen kann", zeigt sich eine inhaltliche Fokussierung durch den Lehrer, die auch in der weiteren Bearbeitung der Aufgabe beibehalten wird. Die Frage danach „wie könnte man denn jetzt da dran gehen" zeigt eine offene, alltagssprachlich klar gehaltene Aufforderung zur Generierung von Lösungswegen durch die Schüler*innen. Anders als in der Sequenz *Sag mal 'ne Zahl* (siehe Kapitel 5.2) in der die Offenheit der Aufgabenbearbeitung vom Lehrer zwar auf der immanenten Ebene kommuniziert wird, aber durch die schrittweise Bearbeitung in der Interaktion mit den Schüler*innen stark durch den Lehrer strukturiert wird.

Im Anschluss an die aufgeworfene Fragestellung folgt eine ca. fünfminütige Partnerarbeit, in der die Schüler*innen angehalten sind, erste Überlegungen zu einer möglichen mathematischen Bearbeitung des Problems zu formulieren. Es wird ein ko-konstruktiver Austausch vom Lehrer initiiert, bei dem er den Schüler*innen freistellt, ob sie erste Überlegungen einzeln bzw. individuell anstellen. Der Austausch mit dem Partner oder der Partnerin wird jedoch als obligatorisch angesehen. Die Schüler*innen tauschen sich während dieser Phase nicht nur mit dem oder der Partner*in aus, sondern auch mit anderen Mitschüler*innen, die weiter entfernt sitzen. Der Lehrer geht in dieser Zeit zu einzelnen Schüler*innen und interagiert zudem kurz mit einer Person der Erhebungsleitung. Im Anschluss fordert der Lehrer die Schüler*innen auf erste Ideen in Bezug auf das aufgeworfenen Problem zu sammeln.

Länge (m)	1	1	
Breite (m)	18	16	
Flächeninhalt (m²)	18	32	

Abb. 24: Rekonstruktion des Tafelanschriebs Sequenz *Kaninchengehege I* #00:23:35#

Bevor es zur Ideensammlung kommt, erklärt der Lehrer noch einmal kurz, was die 20 Meter Zaun genau bedeuten und wie er den Zaun gern in seinem Garten aufstellen möchte. Dazu werden anhand der Skizze an der Tafel beispielhaft zwei unterschiedliche Konstellationen von Länge und Breite in Interaktion mit den Schüler*innen besprochen und vom Lehrer in die Skizze eingezeichnet. Auf Basis der beiden besprochenen Konstellationen zur Aufstellung des Zauns fragt der Lehrer danach, wie die Flächeninhalte dieser Beispiele berechnet werden könnten. Dadurch fordert er die Schüler*innen auf, ihr Vorwissen in Bezug auf die Berechnung des Flächeninhalts von Rechtecken zu explizieren. Die Schüler*innen selbst beantworten die Frage mit konkreten Berechnungen des Flächeninhalts in Bezug auf die besprochenen Beispiele. Darin zeigt sich eine Orientierung der Schüler*innen an Aufgabenerledigung in Bezug auf die Anwendung und Berechnung von Flächeninhalten.

Die möglichen Konstellationen von Länge und Breite und den jeweils daraus resultierenden Flächeninhalten für das Kaninchengehege werden durch den Lehrer in Form einer Ergebnissicherung in einer Wertetabelle an der Tafel festgehalten (siehe Abb. 24). Die Tabelle agiert an dieser Stelle, neben der Skizze des Rechtecks, als eine weitere Repräsentationsform der Aufgabe, indem konkret Werte für Länge und Breite bestimmt werden und darüber hinaus der Flächeninhalt der beiden Beispiele im Rahmen der Tabelle berechnet wird. Die zuvor anhand der Skizze besprochenen Zaunkonstellationen werden nun, im Rahmen der Erzeugung der Tabelle, miteinander in Verbindung gebracht.

Sequenz Kaninchengehege I, 00:25:15–00:26:00

```
Lm:    Na ja jetzt könnten wir die Reihe so durch gehen ähm und (2)
       wann würden wir denn herausfinden (.) wann wir den größten Wert
       erreicht haben? (.) Sm03 #00:25:26#
Sm03:  Wenn dann der Flächeninhalt irgendwann wieder sinkt #00:25:28#
Lm:    Okay ne spätestens dann- dann müsste man erkennen da muss ir-
       gendwie- (.) müssen wir den größten Wert haben (.) wird der flä-
       also jetzt hat der Sm03 gerade gesagt der Flächeninhalt wird
       wieder sinken? Muss der wieder sinken? (.) Sm21 #00:25:43#
Sm21:  Ja #00:25:44#
Lm:    Warum? #00:25:46#
Sm21:  Weil wenn man bei (.) zwanzig ist ja die hälfte zehn wenn man
       dann bei zehn mal zehn- nein wenn man dann (.) bei der ankommt
       wo das halt beide Zahlen ungefähr gleich sind dann #00:25:59#
Lm:                                 ᴸHm #00:25:59#
Sm21:  Geht es ja wieder runter. #00:25:59#
Lm:    Okay ne #00:26:00#
```

Im Anschluss an die interaktive Berechnung der beiden Flächeninhalte für die beiden Beispiele wird der repetitive Modus zur Veranschaulichung der verschiedenen Zaunkonstellationen durch den Lehrer beendet. Indem sie „die Reihe so durch gehen“ könnten, wird deutlich, dass der Lehrer die Schüler*innen nun dazu anhält, das Ausfüllen der Tabelle gedankenexperimentell weiter fortzuführen. Darüber hinaus schließt er erneut an seine anfangs formulierte Frage an, wann der Flächeninhalt den maximalen Wert erreicht. Dadurch, dass der Lehrer die Striche der Spalten noch einmal verlängert, sodass auf der rechten Seite weiterer Platz für ein potenzielles Ausfüllen der Tabelle entsteht, wird die Fortführung der Tabelle ebenfalls non-verbal sichtbar.

In der Aussage von Sm03, der Flächeninhalt müsse „irgendwann wieder" sinken, gibt der Schüler zu erkennen, dass er an dieser Stelle verstanden hat, dass es einen Zusammenhang zwischen den Werten der Zaunlänge und -breite sowie dem Flächeninhalt gibt. In seinem „irgendwann" gibt er darüber hinauszuerkennen, dass der Prozess des Ausfüllens der Tabelle noch länger fortgeführt werden könnte. Damit schließt Sm03 unmittelbar an die Beendigung des repetitiven Berechnens einzelner Werte des Lehrers an und führt, wie vom Lehrer proponiert, das Ausfüllen der Tabelle gedankenexperimentell fort.

Die Validierung der Aussage von Sm03, dass der Flächeninhalt wieder sinkt, und die anschließende Nachfrage des Lehrers, ob denn der Flächeninhalt „wieder sinken" muss, stehen dabei in Divergenz zueinander. In dieser Bewegung und in der Inszenierung des Lehrers als unwissend wird deutlich, dass er die Geltung der Aussage nachträglich einschränkt und dadurch weitere Begründungen von den Schüler*innen in Bezug auf die Aussage von Sm03 einfordert. Der Lehrer demonstriert auf diese Weise seine ko-konstruktive Vorgehensweise, indem er immer wieder einzelne Beiträge der Schüler*innen aufeinander bezieht und sie gleichzeitig im Rahmen des klassenöffentlichen Gesprächs als erklärungsbedürftig markiert.

Sm21 schließt an diese Inszenierung des Lehrers an und führt, wie bereits die Schüler*innen zuvor, gedankenexperimentell das Ausfüllen der Wertetabelle weiter fort, indem er eine weitere Beispielrechnung vollzieht. Dabei zeigt sich ein Verständnis des Schülers, das darin besteht, dass, wenn die Werte der Länge und die der Breite den gleichen Wert annehmen, dann sei der maximale Flächeninhalt erreicht. In der kurzen, nicht bewertenden Validierung des Lehrers wird erkennbar, dass der Lehrer den Schüler*innen die Möglichkeit eröffnet, Ideen und Vermutungen in Bezug auf den initialen Impuls zu äußern, ohne dass diese direkt korrigiert werden.

Im Anschluss wird Sm07 vom Lehrer aufgerufen, der sich nunmehr seit fast zwei Minuten ununterbrochen, jedoch in unterschiedlicher Ausprägung, gemeldet hat.

Sequenz Kaninchengehege I, 00:27:18–00:27:57

Sm07: Ich glaube da muss man irgendwie den Scheitelpunkt ausrechnen weil es ja auch eine Parabel die nach unten geöffnet ist oder? #00:27:21#

Lm: ˪Das ist eine Parabel okay? #00:27:24#

Sm07: ˪Nein also wenn man das hinzeichnen würde #00:27:27#

Lm: ˪Aha #00:27:27#

Sm07: Dann würde es ja ne Parabel ergeben und dann #00:27:30#

Lm: ˪Ja okay #00:27:30#

Sm07: Wäre der Scheitelpunkt ja weil die ja nach unten geöffnet der höchste Punkt. #00:27:34#

Lm: Okay (.) mhh (.) also sehe ich jetzt noch nicht das das ne Parabel ist, aber (.) das was du jetzt gerade gesagt hast das würde sich ja mit dem decken was ähm eben der Sm21 gesagt hat ne das nimmt ja irgendwann wieder ab halt, und dann müsste man da den Scheitelpunkt ähm finden. wo- (.) also wenn es eine Parabel wäre dann müssten wir eine Funktionsgleichung dazu auch aufstellen können. (.) wie könnte ich das denn machen; Sf19 #00:27:57#

In dem Bezug von Sm07 auf eine zeichnerische Lösung des Problems dokumentiert sich eine Orientierung an Aufgabenerledigung, die mit einer Orientierung an einer mathematischen Modellierung und der Lösung des authentisch konstruierten Problems des Lehrers einhergeht. In der Sequenz *Mal zwei gerechnet* (siehe Kapitel 5.1) hingegen zeigten die Schüler*innen eine Orientierung an Aufgabenerledigung, die überwiegend darin bestand, die von der Lehrerin als relevant markierten Inhalte zu reproduzieren. An dieser Stelle nimmt der Schüler, exemplarisch für weitere Schüler*innen dieser Sequenz, Abstrahierungen vor und konstruiert, unter der Nutzung unterschiedliche Repräsentationsformate, ein mathematisches Modell für das vom Lehrer gestellte Problem. Die Vermutung von Sm07, dass für die Lösung des Problems der Scheitelpunkt berechnet werden muss und sich das Problem graphisch als eine nach unten geöffnete Parabel beschreiben lässt, wird an dieser Stelle durch den Lehrer als erklärungsbedürftig und gar als überraschend gekennzeichnet, erkennbar in dem kurzen Zeigen des Lehrers auf die angeschriebene Wertetabelle an der Tafel und einer nonverbalen Geste mit den Händen und der Rückfrage „Das ist eine Parabel okay?".

Zudem wird deutlich, dass Sm07, hier ebenfalls stellvertretend für weitere Schüler*innen, an die zu Beginn aufgeworfene Aufgabenstellung des Lehrers „wie könnte man denn jetzt da dran gehen?" anschließt, indem er auf sein Vorwissen und bereits bekannte Konzepte, hier konkret über die Lösung mithilfe der Berechnung des Scheitelpunkts einer quadratischen Funktionsgleichung, zurückgreift. Dabei zeigt der Schüler in seinen weiteren Ausführungen die Fähigkeit, sich das aufgeworfene Problem mit den bisher aufgestellten Daten und

Berechnungen als einen abstrakten mathematischen Zusammenhang und als einen Funktionsgraphen vorzustellen.

In der weiteren Nachfrage und dem gleichzeitigen Zeigen auf die an der Tafel gezeichnete Wertetabelle zeigt der Lehrer eine Skepsis und damit eine Erklärungsbedürftigkeit gegenüber der Übersetzungsleistung von Sm07 an. Gleichzeitig schränkt der Lehrer die Geltung der Aussagen der Schüler*innen, zumindest vorläufig, immer wieder ein. An dieser Stelle akzeptiert er die Idee des Scheitelpunktes, indem er die beiden Aussagen von Sm07 und Sm21 als zusammenhängende Argumente verknüpft und damit plausibilisiert. Jedoch lässt er den Schritt, von den bisherigen Ideen und Vermutungen auf eine Parabel zu schließen, an dieser Stelle nicht gelten. Mit der Aussage „sehe ich jetzt noch nicht" verweist der Lehrer eher auf fehlende argumentative Begründungen als auf fehlende Korrektheit.

Sequenz Kaninchengehege I, 00:28:29–00:29:55

Lm: Ähm (3) jetzt war ja meine Frage Sm07 hat gesagt das gibt eine quadratische Funktion (.) und da habe ich gesagt hmmm das glaube ich euch schon ne wenn man sich das so anschaut aber sehen tue ich das an der Stelle noch nicht so richtig glaube ich nicht ich glaub auch noch nicht jeder von euch sieht das richtig wie kriegen wir das hin dass wir das sehen können? Sf15 #00:28:50#

Sf15: Ich- doch nicht ich hatte gerade irgendwie ne Idee aber das- #00:28:54#

Lm: └Ja dann sag mal, einfach mal frei heraus #00:28:56#

Sf15: Ähm weil Quadratmeter ist ja hoch zwei und da wollte ich die fünfzig für die x hoch zwei einsetzen und ich glaube das ist falsch weil die fünfzig muss ja für y eingesetzt werden #00:29:05#

Lm: Ja genau ne also wenn denn- wenn das der Flächeninhalt ist ne dann ist fünfzig#00:29:09#

Sf15: └Ja ( ) #00:29:09#

Lm: Hast du recht ist da dein Funktionswert- #00:29:11#

Sf15: Vielleicht fünfzig und dann ist gleich- #00:29:13#

Lm: └Jaa man sieht das da schon genau. (.) okay. also wir haben schon ein Gespür dafür das da was- (.) das das auf ne quadratische Funktion hm- dann hinausläuft ne? Sm22 #00:29:26#

Sm22: Also wenn man die Tabelle fertig ausfüllt sieht man das äh- die beiden benachbarten Zahlen zu der fünfzig jeweils ein Flächeninhalt von achtundvierzig haben #00:29:35#

Lm: └Okay #00:29:35#

Sm22: Dann zweiundvierzig dann sechsen- (.) zweiunddreißig und dann achtzehn also dass das auf beiden Seiten gleich weiter geht. das ist dann ja wie bei einer Parabel. #00:29:42#

Lm: Genau (.) so wie wir das bei der Parabel kennen also Möglichkeit eins wir können die Tabelle vervollständigen (2) Sm07 #00:29:49#

Sm07: Dann (.) also wenn wir die Tabelle haben können wir ja zeichnen; #00:29:55#
Lm: Okay #00:29:55#

Der Lehrer inszeniert sich, und an dieser Stelle auch einen Teil der Schüler*innen, weiterhin als unwissend. In dieser Bewegung fordert er die Schüler*innen verbal dazu auf, die Transformationsleistung des Schülers Sm07 zu explizieren, damit alle es „sehen können". Homolog dokumentiert sich an dieser Stelle die Orientierung des Lehrers an einer mathematischen Abstrahierung und Modellierung, die darin besteht, dass weniger die Lösung und das Ergebnis der Berechnung im Vordergrund steht, sondern vielmehr der Weg dahin.

Insgesamt ist die Interaktion durch eine gedankenexperimentelle Annäherung und dem Aufstellen von Vermutungen durch die Schüler*innen geprägt. Zudem zeigt sich weiterhin eine wertschätzende Haltung des Lehrers gegenüber den einzelnen Beiträgen der und dem Wissen der Schüler*innen. Sf15, die, nachdem sie sich gemeldet hatte, vom Lehrer aufgerufen wurde und ihren Beitrag anschließend wieder zurückziehen wollte, wird durch „dann sag mal, einfach frei heraus" von ihm ermutigt ihre Vermutungen dennoch klassenöffentlich zu präsentieren. Sf15 zeigt an dieser Stelle eine Orientierung an Aufgabenerledigung, die darin besteht, das Problem zu modellieren, indem sie gedankenexperimentell einen konkreten Wert in eine noch imaginäre Gleichung einzusetzen versucht.

Insgesamt zeigt sich in der Sequenz ein Modus der Ko-Konstruktion, der dadurch gekennzeichnet ist, dass die einzelnen Akteur*innen, wenn auch in unterschiedlicher Art und Weise, Bezüge zu den Beiträgen anderer Schüler*innen herstellen. Der Lehrer inszeniert sich überwiegend als unwissend und möchte dabei von den Schüler*innen argumentativ und fachlich überzeugt werden. Homolog zur Eingangsproposition zeigt sich in dieser Inszenierung das Vertrauen in die mathematischen Fähigkeiten sowie die Wertschätzung der Beiträge und des Wissens der Schüler*innen. Durch die Moderation des Gesprächs und die Herstellung von Bezügen verschiedener Schüler*innenbeiträge zeigt sich die Erwartung des Lehrers an einer Konstruktionsleistung durch die Schüler*innen. Zudem zeigt sich an dieser Stelle zunehmend die Fokussierung auf Abstraktion und Modellierung in Hinsicht auf quadratische Gleichungen.

Im weiteren Verlauf des Unterrichtsgespräches führt dies zu einer Übersetzung des lebensnahen Problems in eine mathematische Gleichung. Die aufgestellte und anschließend umgestellte Gleichung $A(u) = 20u - 2u^2$ wird von einem Schüler diktiert und vom Lehrer an der Tafel festgehalten. Dabei wird die Bezeichnung der Fläche mit A und auch die Abhängigkeit (u) vom Lehrer selbst geändert und ergänzt. In Interaktion mit einzelnen Schüler*innen erfolgt dann eine Umformung der Gleichung.

Sequenz Kaninchengehege I, 00:32:47–00:33:30

Lm: Hier steht ja zwei Mal u ne und da darf ich nicht einfach das so rechnen aber dann die Idee war ja- war ja gar nicht schlecht du hast gesagt du hast sie ähm du willst das ja hier reinmultiplizieren ne also können wir mal anfangen wenn ich da die Klammer auflösen will dann müsste ich ja die u mit den zwanzig multiplizieren (.) was muss ich da hinschreiben? Sf10 #00:33:04#

Sf10: Zwanzig u? #00:33:06#

Lm: Ja (.) und dann (2) wenn wir weitermachen (.) Sf09 #00:33:10#

Sf09: Minus zwei u Quadrat? #00:33:11#

Lm: Minus zwei u Quadrat genau (.) okay und jetzt muss ich es einsehen da habt ihr recht ne da habe ich eine quadratische Funktion stehen ich kann es ja auch noch mal umschreiben so wie wir es immer ordnen das wir (.) die (2) u Quadrat nach vorne ziehen und dann sehe ich okay ist eine quadratische Funktion. #00:33:30#

Durch „da darf ich nicht einfach das so rechnen" werden während der Umstellung vom Lehrer mathematische Regeln adressiert und parallel in die Bearbeitung der mathematischen Transformation der jetzt entstehenden (Funktions-)Gleichung[2] eingebettet. Gleichzeitig wird, trotz der inkorrekten Umstellung eines Schülers, der Beitrag durch den Lehrer wertgeschätzt und die Umstellung wird in Interaktion mit weiteren Schüler*innen in einer wertschöpfenden Art korrigiert. Zum Ende der Sequenz zeigt sich, dadurch, dass an dieser Stelle die Modellierung des authentisch-konstruierten Problems durch das Aufstellen der (Funktions-)Gleichung bereits vollzogen ist, primär eine Orientierung der Schüler*innen an Aufgabenerledigung in Bezug auf das äquivalente Umstellen der dieser in Interaktion mit dem Lehrer.

Der initiale Impuls des Lehrers wird schließlich mit der Umformung des authentisch konstruierten Kontextes in eine quadratische (Funktions-)Gleichung, gewissermaßen als eine Entdeckung, durch die Schüler*innen vollzogen. Mit „da habe ich eine quadratische Funktion stehen" gibt der Lehrer zu verstehen, dass sich die Vermutungen und die Ideen der Schüler*innen, besonders die Idee des Schülers Sm07, es muss sich um eine Parabel handeln, durch das Auf- und das Umstellen der (Funktions-)Gleichung an der Tafel als richtig herausgestellt hat. Aufseiten der Lehrperson dokumentiert sich eine Orientierung an der Abstrahierung und der Modellierung.

Die Frage danach, wie der maximale Flächeninhalt eines Kaninchengeheges bei vorgegebener Zaunlänge berechnet werden kann, wird in der Interaktion zwischen der Lehrkraft und den Schüler*innen mehrfach transformiert und durch das Aufstellen und dem Begründen von Vermutungen letztlich mit der

2 Auch wenn das übergeordnete Thema mit den quadratischen Gleichungen gerahmt wurde, wird im Folgenden der Funktionsbegriff von der Lehrkraft verwendet, der mathematisch auch in der hier aufgestellten (Funktions-)Gleichung erkennbar wird.

Aufstellung einer (Funktions-)Gleichung beantwortet. Das alltagsnahe Problem wird dabei in der Bearbeitung in unterschiedlichen Repräsentationsformen (Wertetabelle, Parabel, Gleichung) dargestellt, auf die im Verlauf des Diskurses immer wieder Bezug genommen wird. Die Aufgabe wird inhaltlich durch den initialen Impuls des Lehrers als Modellierungsaufgabe gerahmt, die sich mit der im Verlauf aufgestellten (Funktions-)Gleichung lösen lässt. Die (Funktions-)Gleichung wird dabei letztlich von den Schüler*innen selbst aufgestellt und dem Lehrer diktiert, und die Abstraktionsleistung schließlich im Rahmen der Umstellung dieser und dem Eingeständnis des Lehrers, dass es sich tatsächlich um eine solche handeln muss, abgeschlossen.

Zusammenfassung

Insgesamt wird in der Interaktion deutlich, dass der initiale Impuls in der Form bearbeitet wird, dass das zunächst außermathematische, authentisch konstruierte Problem, das der Lehrer als ein privates Problem inszeniert und somit als sein eigenes beansprucht, unter der Verwendung unterschiedlicher Repräsentationsformate, bspw. in Form einer geometrischen Skizze, einer Wertetabelle oder einer Gleichung, im Sinne einer Ko-Konstruktion zwischen der Lehrkraft und den Schüler*innen, schrittweise in einen mathematischen Sachverhalt transformiert wird. Auf inhaltlicher Ebene wird die Aufgabe durch den initialen Impuls als eine Modellierungsaufgabe gerahmt, die insgesamt eine mathematische Abstraktion des Problems erfordert und sich durch die Aufstellung einer entsprechenden Lösungsgleichung lösen lässt. Der Anforderungsgehalt bestand dabei überwiegend in der Modellierung der Problemstellungen, der Erzeugung von Lösungswegen und der Umgang mit wechselnden Repräsentationsformen. Durch die anhaltende Orientierung des Lehrers in Bezug auf den Lösungsweg wird schließlich eine Übersetzungsleistung des inszenierten Problems der Lehrkraft durch die Schüler*innen in eine (Funktions-)Gleichung vollzogen.

Der Lehrer zeigt dabei durchgehend eine Orientierung an einer problemorientierten Vermittlung und Aneignung von Mathematik sowie in Bezug auf die Aufgabe eine Orientierung an mathematischer Abstrahierung und Modellierung. Im moderierenden Modus und durch die Inszenierung als Unwissender fordert der Lehrer dabei die Schüler*innen immer wieder heraus, die eigenen und auch die Beiträge der Mitschüler*innen zu begründen. Dabei stellt der Lehrer mehrmals den Lösungsweg und nicht die Lösung als solche als zentral hervor. Es zeigt sich das Verständnis des Lehrers von Mathematik als Problemlösen und Unterricht als Diskurs.

Die Schüler*innen demonstrieren insgesamt eine Orientierung an Aufgabenerledigung, die sich in einem Einlassen auf den Anforderungsgehalt der Modellierung und der Ko-Konstruktion der lebensweltlichen Problemstellung als mathematischem Sachverhalt auf der Basis von Vorwissen zeigt. Dabei steht die Bearbeitung des Impulses durch die Schüler*innen in Passung zu den Orientierungen der Lehrkraft und dem Anforderungsgehalt des initialen Impulses, indem die Schüler*innen gedankenexperimentelle Ideen und Vermutungen äußern und den vom Lehrer geforderten Begründungen im Modus triftiger Argumentationen und unter Anwendung von Vorwissen entgegnen. Die Inszenierung des Lehrers als unwissend führt dazu, dass die Schüler*innen die Aufgabenstellung und deren schrittweise Umformungen konkret explizieren müssen. Dadurch, dass die Schüler*innen in unterschiedlicher Art und Weise inhaltlich an den initialen Impuls des Lehrers anschließen, zeigt sich die fachliche Eigenkonstruktion der Schüler*innen, indem sie Abstraktionen und Modellierung selbstständig vollbringen.

Wissen wird im Rahmen der Interaktion ko-konstruiert, indem die Schüler*innen überwiegend ihr Vorwissen in Form von Ideen und Vermutungen explizieren. Dadurch, dass die Lehrkraft dieses Vorwissen immer wieder als erklärungsbedürftig markiert, sind die Schüler*innen angehalten, ihre Ideen und Vermutungen klassenöffentlich zu begründen und ihre Gedankengänge für alle Beteiligten transparenter zu machen. Die Schüler*innen orientieren sich bei der Explikation des Vorwissens überwiegend an bereits bekannten Konzepten hinsichtlich der Arbeit mit quadratischen Funktionen. Dieses Vorwissen dient dabei als Basis für die Ko-Konstruktion und die Modellierung der Aufgabe.

Gerahmt wird die unterrichtliche Interaktion durch eine wertschätzende Haltung der Lehrperson gegenüber den Beiträgen der Schüler*innen und einem Zutrauen in die mathematischen Fähigkeiten der Schüler*innen, die Aufgabe lösen zu können. Die Schüler*innen zeigen dabei durchgängig ein hohes Maß an Aufmerksamkeit und eine hohe Bereitschaft an der unterrichtlichen Inszenierung beizuwohnen. Neben der Modellierung demonstrieren die Schüler*innen dabei vereinzelt auch eine Orientierung an der Lösung der Aufgabe, die vom Lehrer zwar validiert, die Lösung der Aufgabe selbst aber auf einen späteren Zeitpunkt verschoben wird. Während der interaktiven Bearbeitung der Aufgabe räumt der Lehrer den Schüler*innen eine offene Bearbeitung der Aufgabe ein, die dabei jedoch stets durch ihn strukturiert und inhaltlich fokussiert wird, aber dennoch Raum für Ideen und Vermutungen lässt. Die inhaltliche Rahmung in Bezug auf die Beschäftigung mit ‚realen' Problemen und die Arbeit mit quadratischen (Funktions-)Gleichungen zum Beginn der Sequenz, wird dabei konsequent durch den Lehrer in den Blick genommen.

6 Interaktionsbezogene Aktivierungstypen: komparative Analyse und Typenbildung

Im folgenden Kapitel werden die empirischen Ergebnisse in Bezug auf die komparative Analyse und die daraus resultierende Typenbildung präsentiert. Während im vorherigen Kapitel verstärkt die sinngenetische Rekonstruktion einzelner Teildimensionen anhand von ausführlicheren Interaktionsbeschreibungen ausgewählter Kernfälle im Vordergrund stand, werden nun weitere Sequenzen dargestellt und komparativ gegenübergestellt. Wesentlicher Kern ist dabei die komparative Analyse der Sequenzen, indem die rekonstruierten Dimensionen und die Strukturen beschrieben und hervorgehoben werden, die über mehrere Sequenzen hinweg als typisch beschrieben werden können. Das Ziel dieser komparativen Analyse ist die sinngenetische Typenbildung.

Ähnlich wie bereits in Kapitel 5, werden die Sequenzen in diesem Kapitel anhand von Transkriptausschnitten, Fotogrammen sowie in den Sequenzen verwendeter Dinge und Unterrichtsmaterialien in die Darlegung der Ergebnisse einbezogen. Dabei werden in der folgenden Darstellung die einzelnen einbezogenen Sequenzen der komparativen Analyse typenweise zusammengefasst. Die in Kapitel 5 vorgestellten Sequenzen entsprechen dabei in gleicher Reihenfolge den hier vorgestellten Typen. Zusätzlich werden bei jedem Typ je zwei weitere für diesen Typ typische Sequenzen vorgestellt, sodass die fallspezifischen Unterschiede innerhalb eines Typs erkennbar werden. Am Ende des Kapitels findet eine Zusammenfassung der gesamten Typologie statt.

6.1 Typ I: Aktivierung zu Reproduktion

Der *Typ I: Aktivierung zu Reproduktion* ist primär durch eine transmissive und instruktivistische Orientierung der Lehrkraft geprägt. Die lehrer*innenseitig eingebrachten Impulse regen die Schüler*innen überwiegend zur Reproduktion von bereits bekanntem, oder durch die Lehrkraft als korrekt markiertem Wissen an. Der instruktivistische Habitus der Lehrpersonen steht dabei in Passung zur Orientierung an Aufgabenerledigung der Schüler*innen, die dadurch geprägt ist, dass diese die (Fremd)Rahmungen der Lehrperson akzeptieren und die Impulse durch Anwendung bereits bekannter Prozeduren und durch Reproduktion der geforderten Inhalte erfüllen.

Als Kernfall dieses Typs kann die bereits vorgestellte Sequenz *Mal zwei gerechnet* (siehe Kapitel 5.1) angesehen werden. Der *Typ I* zeigte dabei in der gesamten Analyse dieser Arbeit die häufigste Aktivierungsform unter allen einbezogenen Sequenzen. Im Folgenden werden noch die Sequenzen *Wie sieht das aus?* (siehe Kapitel 6.1.1) und *Der Ansatz* (siehe Kapitel 6.1.2) vorgestellt und komparativ verglichen.

6.1.1 Sequenz: Wie sieht das aus?

*(Unterrichtseinheit: Quadratische Gleichungen, Stunde 2 von 7 innerhalb der Einheit, Klassenstufe 9, Gymnasium, große Mittelstadt, 23 Schüler*innen [12 w, 10 m, 1 o. E.], Lehrerfahrung: 5 Jahre)*

Bei der aufgezeichneten Unterrichtsstunde handelt es sich um die zweite Doppelstunde von insgesamt sieben im Rahmen der Unterrichtseinheit *Quadratische Gleichungen.* Im studienbegleitenden Protokollbogen gab die Lehrkraft an, dass die übergeordneten Themen der Stunde der *Umgang mit Begriffen der Algebra*, die *Einführung einer Form der quadratischen Gleichung* sowie *Quadratische Funktionen* sind. Innerhalb der Stunde werden inhaltlich verschiedene Parameter einer Funktionsgleichung und deren Auswirkungen auf die Form einer Parabel besprochen.

Durch die körperlich-räumliche Positionierung der Lehrerin im vorderen Bereich des Raumes und mittig vor dem IWB stehend, adressiert die Lehrerin die Schüler*innen kollektiv. Die Schüler*innen sitzen an insgesamt drei parallel zueinanderstehenden Tischreihen. Durch die Anordnung der Tische und die nach vorn gerichtete Sitzposition der Schüler*innen dokumentiert sich eine lehrpersonenzentrierte Unterrichtssituation. Die Schüler*innen haben kaum Möglichkeiten, einander anzuschauen. Dies wird durch die Positionierung der Lehrerin unterstrichen, die mit ihrer stehenden Haltung die Schüler*innen überragt. Diese Position eröffnet ihr die Möglichkeit, mit allen anwesenden Schüler*innen direkt zu kommunizieren. Durch die nach vorn gerichteten Blicke der Schüler*innen und der verbalen Erwiderung der Begrüßung signalisieren sie ihre Bereitschaft für diese Adressierung und erkennen den Beginn des Unterrichts an. Maximal vergleichen lässt sich diese Situation mit der Kreissituation in der Grundschule aus der Sequenz *Kann das Wackeln wandern?* (siehe Kapitel 6.3.2). Hier ist es den Schüler*innen im Rahmen eines ‚Forscher*innenkreises' möglich, sich gegenseitig anzuschauen. Dieses minimalistische Setting zeigt durch die Sitzpositionen aller Beteiligten im Kreis und die Einbringung fachlicher Gegenstände in die Kreismitte einen stärker schüler*innenzentrierten Charakter in dessen Fokus der fachliche Austausch steht.

Sequenz Wie sieht das aus? 00:00:03–00:00:35

```
Lf:    Ok dann einen wunderschönen guten Morgen neun c. #00:00:05#
Me:    Morgen. #00:00:06#
Lf:    Mor-nönönö guten Morgen neun c.  #00:00:09#
```

Me: Morgen. #00:00:11#

Lf: Ja okay. (.) der Fahrplan für heute erst gibts eure Tests zurück die heftet ihr bitte ganz schnell ab denn wir haben viel viel vor #00:00:20# (.) Punkt zwei wir hören die übrigen Vorträge noch weiter an, und dann füllen wir endlich unseren blauen Kasten aus der letzten Stunde ein; (.) #00:00:28# damit wir dann endlich wissen was die Parameter bedeuten. (.) danach üben wir das und dann können wir das ok? #00:00:35#

Abb. 25: Fotogramm 1 Sequenz *Wie sieht das aus?* #00:00:09#

Bereits im Kontext der morgendlichen Begrüßung, die durch die Lehrerin initiiert wird, dokumentiert sich der von der Lehrerin strukturierte Unterrichtsablauf in einem kontrollierenden und steuernder Lehrmodus. Dies wird in der verbal wiederholten Aufforderung zur Begrüßung sowie durch ihre nonverbale Unterstreichung, indem sie ihre Hand an ihr Ohr hält, so als wolle sie etwas besser hören wollen (siehe Abb. 25), deutlich. Die Begrüßung wird an dieser Stelle als eine Aufforderung an die Schüler*innen inszeniert, der die Schüler*innen in beiden Aufforderungen durch die Lehrerin nachkommen. Hierin dokumentiert sich eine Orientierung der Schüler*innen an der einer Entsprechung der formalen Anforderungen des Unterrichts.

Der strukturierende Lehrmodus der Lehrerin zeigt sich darüber hinaus auch in der Beschreibung der unterrichtlichen Abläufe und Inhalte. Der thematische Verlauf des Unterrichts, der hier von der Lehrerin als „Fahrplan" markiert wird, ist auf der kommunikativen Ebene durch die zeitliche sowie inhaltliche Strukturierung der Lehrerin vorbestimmt. Deutlich wird dies einerseits dadurch, dass die von der Lehrerin angesprochenen Tests bzw. Klassenarbeiten, mit der Aufforderung sie „ganz schnell" abzuheften, inhaltlich keine weitere Relevanz für das Unterrichtsgeschehen erfahren. Vielmehr stehen die Tests dem Plan der Lehrerin entgegen, was sich zudem in der Abgrenzung dieser zum deutlich umfangreicheren ausgeführten Plan der Lehrerin zeigt.

In der inhaltlichen Strukturierung durch die Lehrerin, die sich in der schrittweisen Abfolge des verbalisierten Plans dokumentiert, werden drei konkrete Bereiche unterschieden. In einem ersten Schritt sollen in Form einer Wissensreproduktion bereits vorbereitete Vorträge der Schüler*innen weiter angehört werden. Daran anschließend soll eine Wissenssicherung in Form einer Eintragung von relevantem Wissen in einem speziell dafür vorgesehen „blauen Kasten" erfolgen. Es zeigt sich, dass es bestimmtes (Regel-)Wissen gibt, dass als besonders markiert wird und das in seiner Besonderheit in den Heften der Schüler*innen festgehalten werden soll. In einem letzten Schritt soll das reproduzierte und gesicherte Wissen in Form von Üben weiter gefestigt werden. Der Unterrichtsablauf ist demnach durch ein bestimmtes Vorgehen, vorgegeben durch die Lehrkraft, vorstrukturiert.

Aufseiten der Lehrperson wird in doppelter Hinsicht ein transmissiv Unterrichtsverständnis sichtbar. Wissen kann von den Schüler*innen dadurch erworben werden, indem es im Heft bzw. im Merkkasten niedergeschrieben und gesichert wird. Die Niederschrift hat die Funktion, dass die Schüler*innen „dann endlich wissen, was die Parameter bedeuten". Ähnlich wie in der Sequenz *Mal zwei gerechnet* (siehe Kapitel 5.1) zeigt sich, dass es bereits bekanntes Wissen gibt, das gesichert werden muss. Im Weiteren wird das Üben, als eine Form der Anwendung dieses Wissens, von der Lehrerin als ein Schritt markiert, der es den Schüler*innen ermöglichen soll, sich das Wissen anzueignen. Im Schritt des Übens wird deutlich, dass die Schüler*innen angehalten sind, das zuvor reproduzierte und als korrekt markierte Wissen zur Anwendung zu bringen. Üben und Wissensaneignung wird durch die Lehrerin als eine kausale Beziehung konstruiert: „danach üben wir das und danach können wir das".

Abb. 26: Fotogramm-Collage Sequenz *Wie sieht das aus?* #00:03:41# #00:03:43# #00:03:53#

In den anschließenden ca. drei Minuten werden die Klassenarbeiten von der Lehrerin ausgeteilt. Die Schüler*innen nehmen die von der Lehrerin ausgeteilten Arbeiten entgegen, drehen sie um und begutachten diese. Dabei tauschen sich einige Schüler*innen untereinander über ihre Ergebnisse aus. Durch das Austauschen der Noten unter den Schüler*innen dokumentiert sich die Relevanz der Leistungsbeurteilung durch die Lehrerin. Während die Lehrerin die Schüler*innen erneut klassenöffentlich adressiert, ist die Aufmerksamkeit vieler Schüler*innen weiterhin auf die ausgeteilten Arbeiten gerichtet, indem die Arbeiten von den Schüler*innen weiterhin in den Händen gehalten werden oder die Blicke darauf gerichtet sind. Eine besondere Assoziation mit den ausgeteilten Klassenarbeiten zeigt sich bei Sf25. Die Schülerin versucht erst ungefragt die Arbeit ihrer Sitznachbarin Sf22 anzuschauen und tritt anschließend in eine Interaktion mit ihr, indem sie auf ihre eigene Arbeit zeigt (siehe Abb. 26). Dies deutet auf eine Orientierung der Schüler*innen hin, sich in einen Leistungsvergleich zu begeben bzw. sich in ein Leistungsverhältnis mit den anderen Schüler*innen zu positionieren. Die allgemeine Orientierung an einer Leistungsbeurteilung wird auch in der Sequenz *Mal zwei gerechnet* (siehe Kapitel 5.1) sichtbar, bei der sich die Schüler*innen an den explizierten Prüfungskriterien der Lehrerin orientieren.

Nach dem Austeilen der Arbeiten wendet sich die Lehrerin erneut klassenöffentlich an die Schüler*innen.

Sequenz Wie sieht das aus? 00:03:33–00:05:17

Lf: Alles klar (.) bitte benennt mir den Kerninhalt der letzten Stunde; worum ging's? #00:03:38# (19) man darf gerne ins Heft schauen denn hier stehts nicht es steht im Heft. da schaut noch mal zurück #00:04:03# (8) Sf05 #00:04:12#

Sf05: Wir haben eine neue quadratische Funk- [Sm21 niest] #00:04:16-8# quadratische Funktion kennengelernt f x ist gleich a mal in Klammer x minus d Klammer zu hoch zwei plus e, dafür wurden wir in drei Gruppen aufgeteilt #00:04:27# und haben jeweils (.) ähm (.) den Parameter a untersucht oder den Paramat- Parameter d oder e; #00:04:35# ähm dafür sind wir in #00:04:35#

Lf: ˪super #00:04:36#

Sf05: Den Computerraum gegangen und haben es geübt. #00:04:38#

Lf: Genau (.) okay ähm leider sind wir nicht so weit gekommen #00:04:42# dass wir wirklich über alle Parameter was sagen können; #00:04:45# aber bezüglich Parameter a können wir schon ne Aussage treffen, was macht Parameter a? #00:04:50# (3) och Sf29 weiß es war auch deine Gruppe glaub ich ne? #00:04:56#

Sf29: Ja #00:04:57#

Lf: Genau #00:04:57#

Sf29: Ähm wenn a größer als eins ist wird es schmäler also mehr zur y Achse hin (.) und wenns größer wie a [Sm01 niest] ist (.) eh wenns (.) wenns kleiner ist dann wirds breiter, #00:05:10#

Lf: Genau und eine Sache war noch? #00:05:12#

Sf29: Und wenn's kleiner wie Null ist dann ist es gespiegelt an der x Achse? #00:05:16#

Lf: Top. (.) #00:05:17#

In der Aufforderung der Lehrerin den „Kerninhalt der letzten Stunde“ zu benennen, zeigt sich die Orientierung der Lehrerin an der Reproduktion mathematischer Inhalte, die darin besteht, vorab definiertes und ‚korrektes‘ Wissen zu benennen. Trotz der Meldungen einzelner Schüler*innen wartet die Lehrerin mehrere Sekunden und verweist noch einmal darauf, ins Heft zu schauen. Durch das lange Warten der Lehrerin zeigt sich eine Orientierung der Lehrerin an einer zahlenmäßigen, hohen Aktivität durch die Schüler*innen. Ähnlich wie bereits in der Sequenz *Mal zwei gerechnet* (siehe Kapitel 5.1), in der die Lehrerin zu Beginn der Stunde die Schüler*innen aufforderte, Formeln aus dem Heft zu diktieren, wird Wissen als etwas markiert, das im Heft aufgeschrieben, gesichert und wieder abgerufen werden kann. Wissen kann demnach reproduziert werden, sofern man weiß, wo es zu finden ist. Korrekt benanntes Wissen durch die Schüler*innen wird dabei stets verbal und auch nonverbal, bspw. durch Nicken oder durch Daumenzeichen, von der Lehrerin validiert.

Die Schüler*innen übernehmen diese Wissensvorstellung, indem sie den geforderten „Kerninhalt“ der Lehrerin reproduzieren. Dies wird darin deutlich, dass die Schüler*innen während dem Sprechen immer wieder zwischen der Lehrerin und dem vor ihnen liegendem Heft hin- und herschauen und konkrete Gleichungen und Formeln aus ihren Heften vorlesen. Zudem erfüllen die Schüler*innen die lehrerseitigen Erwartungen, indem sie spätestens, nachdem die Lehrerin auf die Hefte verweist, diese hervorholen und in ihnen herumblättern. Darin zeigt sich die Orientierung der Schüler*innen an einer Aufgabenerledigung in Bezug auf die Reproduktion und Benennung der von der Lehrerin geforderten Inhalte.

Im Transkriptausschnitt zeigt sich weiterhin die inhaltliche Strukturierung durch die Lehrerin. In der Feststellung, dass sie „nicht so weit gekommen“ sind, wird die Abweichung vom „Fahrplan“ der Lehrerin deutlich, der in der vergangenen Stunde nicht vollständig eingehalten werden konnte. Die Inhalte sind durch die Lehrerin so aufbereitet, dass sie in einer bestimmten Abfolge abgearbeitet werden können. Zusätzlich können die Inhalte in Schritte unterteilt und quantitativ bestimmt werden. Dies zeigt sich darin, dass die von Sf29 genannten Aspekte von der Lehrerin nonverbal, durch ein an der Hand durchgeführtes Zählen, abgezählt werden. Zwei der drei Punkte werden von der Schülerin benannt und ein dritter Punkt wird explizit von der Lehrerin eingefordert.

Durch die abschließende Validierung, kommentiert mit „top“ und einem Daumenzeichen, wird der thematische Abschnitt durch die Lehrerin rituell konkludiert und es findet eine Transition zu einem neuen Thema statt. Verstärkt wird diese Transition zusätzlich durch das Übergehen zweier Wortmeldungen von zwei Schüler*innen aus der vorderen Sitzreihe, worin sich weiterhin homolog der strukturierende Lehrmodus dokumentiert. Besonders auch im Fallvergleich wird deutlich, dass die Themen hier klar durch die Lehrerin vorgeben sind und durch sie gesteuert werden. In der Sequenz *Kann das Wackeln* *wandern?* (siehe Kapitel 6.3.2) ist zwar auch das übergeordnete Thema vorgegeben, vielmehr zeigt sich aber hier, dass die Beiträge der Schüler*innen dazu führen, dass die Lehrerin Adaptionen in Bezug auf die Inhalte vornimmt, indem sie bspw. experimentelle Versuche, die von den Schüler*innen vorgeschlagen werden, in den Diskurs einbaut.

Inhaltlich kündigt die Lehrerin an, dass im Folgenden die Hausaufgaben als Thema behandelt werden sollen. Bevor sie dazu übergeht, fordert sie die Schüler*innen auf, bestimmte, von ihr diktierte, quadratische Funktionsgleichungen körperlich darzustellen. Dies proponiert sie illustrativ verbal, wie im folgenden Transkriptausschnitt deutlich wird, als auch nonverbal, in dem sie selbst die Arme zu einem spitzen U nach oben streckt, mit den Armen hin und her wackelt, und dann die Arme stufenweise zu einem flacheren U formt.

Sequenz Wie sieht das aus? 00:05:18–00:05:59

Lf:	Alles klar und dazu solltet ihr auch die Hausaufgabe erledigen ne? (.) bevor wir das machen zeigt mir alle noch mal acht x Quadrat wie sieht das aus; #00:05:26# (2) wie sieht das aus; (2) ja so ne? #00:05:32# (.) null Komma sieben x Quadrat (2) jawohl null Komma sieben x Quadrat. Minus null Komma sieben x Quadrat (.) jawohl alles klar. (.) minus acht x Quadrat? #00:05:45#
S?:	@(.)@ #00:05:47#
Lf:	Und ein Dreieck? Spaß. @Spaß@, war nur Spaß. (.) ok a haben wir gut verstanden oder? machen wir einen Haken dran? #00:05:54#
Sm15:	Ja #00:05:55#
Lf:	Sehr gut dann (.) gehen wir einfach weiter zu Parameter d #00:05:59#

Der Impuls der Lehrerin kann als eine Inszenierung gedeutet werden, die die Schüler*innen dazu auffordert, eine Übersetzungsleistung einer verbal diktierten Funktionsgleichung, die von den Schüler*innen in eine graphische, mithilfe des eigenen Körpers darzustellende Funktionsgraph übersetzt werden soll. Dass es sich um einen Funktionsgraphen handelt, wird einerseits durch das Vormachen mit den Armen durch die Lehrerin unterstrichen, anderseits aber auch durch das Koordinatensystem, das vorn am IWB projiziert wird.

Der Anforderungsgehalt des proponierten Impulses der Lehrerin, der einen innermathematischen Charakter aufweist, besteht darin, eine Funktionsgleichung graphisch, anders als üblich mittels Papier oder Software, mithilfe des eigenen Körpers bzw. den Armen darzustellen. Durch „zeigt mir alle noch mal" zeigt sich, dass das Vorgehen für die Schüler*innen kein Neues ist. Vielmehr handelt es sich um eine Übung, bei der bereits bekanntes Wissen in Bezug auf quadratische Funktionsgraphen reproduziert werden soll. Anders als bei Sequenz *Sag mal 'ne Zahl* (siehe Kapitel 5.2), bei der die Schüler*innen durch den Lehrer als nicht wissend fremdgerahmt werden und das Wissen im Rahmen

Abb. 27: Fotogramm 2 Sequenz *Wie sieht das aus?* #00:05:29#

Abb. 28: Synchrones Fotogramm 2 Sequenz *Wie sieht das aus?* #00:05:32#

der gemeinsamen Interaktion zwischen der Lehrperson und den Schüler*innen hergestellt werden soll.

Die Fotogramme zeigen die Situation, in der die Schüler*innen von der Lehrerin aufgefordert werden, die Parabeln körperlich darzustellen. Die Lehrerin selbst befindet sich mittig vor dem IWB platziert. Vier der sechs Schüler*innen in der vorderen Tischreihe haben die Arme parallel zueinander nach oben ausgestreckt (siehe Abb. 27). Zudem sind die Blicke der Schüler*innen in dieser

Reihe zu einzelnen Mitschüler*innen gewandt. Die Blicke der Schüler*innen aus den hinteren Reihen sind ausschließlich nach vorn gerichtet und deren Hände sind überwiegend auf den Tischen vor ihnen abgelegt. Aufseiten der Schüler*innen dokumentieren sich unterschiedliche Modi der Aktivität. Während die Schüler*innen der vorderen Reihe ihre Arme in der Luft halten, lässt sich dies bei den Schüler*innen der beiden hinteren Reihen nur vereinzelt erkennen. Zusätzlich wird durch die Blickrichtung einzelner Schüler*innen eine Suchbewegung deutlich.

Im zweiten Fotogramm (siehe Abb. 28) zeigt sich, dass die Hände nun von (fast) allen Schüler*innen parallel nach oben gehoben sind. Die Blicke der meisten Schüler*innen aus der vorderen Reihe sind indessen nach vorn in Richtung der Lehrerin gerichtet. Im Vergleich der beiden Fotogramme wird die Sequenzialität und die Abfolge der Bewegungen deutlich. Während die Armbewegungen überwiegend von den Schüler*innen der vordersten Reihe durchgeführt werden, werden die Armbewegungen von den Schüler*innen der hinteren Reihen erst später umgesetzt. Dadurch wird die kaskadenhafte Umsetzung der Darstellung der Funktionsgleichung mit den Armen, die im Video besonders deutlich wird, veranschaulicht. Zudem wird deutlich, dass sich die Schüler*innen der hinteren Reihe bei der Umsetzung der körperlichen Darstellung an den Schüler*innen der vorderen Reihe orientieren und diese überwiegend imitieren. Darin zeigt sich eine stellvertretende Bearbeitung der durch die Lehrerin geforderten Impulse. Der Charakter der Imitation wird zudem durch die abschließende Aufforderung der Lehrerin ein Dreieck darzustellen verstärkt. Während der Aufforderung schüttelt die Lehrerin ihre Hände wild auf und ab und ein Großteil der Schüler*innen imitiert dieses Schütteln.

In der Konklusion durch die Lehrerin, „haben wir gut verstanden" und „machen wir einen Haken dran", zeigt sich die Unterstellung von Wissen in Bezug auf die Schüler*innen. Trotzdem, dass einzelne Schüler*innen die Darstellung der quadratischen Funktionen lediglich imitiert und dadurch reproduziert haben, ist es an dieser Stelle für die Lehrerin ausreichend, wenn einzelne Schüler*innen es verstanden haben. Mit dem „wir" impliziert die Lehrerin, dass alle über das besprochene Wissen, zur Darstellung der quadratischen Funktionen verfügen. Gleichzeitig wird in ihren Validierungen „jawohl" und der Rahmung der Übung als eine Art Training deutlich, dass sie den Erfolg für die korrekte Darstellung aufseiten ihrer Instruktion sieht. Es zeigt sich eine instruktivistische Orientierung und ein Verständnis der Lehrerin, bei dem der Wissenserwerb der Schüler*innen Ergebnis der Vermittlung durch die Lehrperson ist. In der Sequenz *Kaninchengehege I* (siehe Kapitel 5.3) hingegen dokumentiert sich die ko-konstruktive Orientierung der Lehrperson, indem er die Vermutungen und Ideen der Schüler*innen durch seine Inszenierung als unwissend immer wieder als erklärungsbedürftig markiert und dadurch stichhaltige Begründungen von den Schüler*innen einfordert. Gleichzeitig steht in dieser Interaktion weniger die eigentliche Lösung als vielmehr der Weg dahin im Vordergrund. Bereits bekanntes Wissen soll reproduziert werden, entweder durch die konkrete Benennung von (Kern-)Inhalten oder durch Zeigen eines zuvor angewandten Wissens. Die Schüler*innen demonstrieren eine Orientierung an Aufgabenerledigung, die darin besteht, die von der Lehrerin als relevant markierten Inhalte zu reproduzieren, indem sie diese teils von anderen Schüler*innen imitieren. Die Reproduktion durch die Schüler*innen zeigt sich in zweifacher Hinsicht: Einerseits zeigt sich die Reproduktion von bereits gesichertem Wissen, das im Rahmen vergangener Unterrichtsstunden generiert wurde. Andererseits wird Wissen, das durch einzelne Stellvertreter*innen hervorgebracht wird, von der Mehrheit der Schüler*innen imitiert. Im Kern wird diese Form der Reproduktion als eine Übung erkennbar, mit der mathematische Inhalte im Sinne eines Trainings angeeignet werden, sodass die Schüler*innen diese zum Schluss „können". Der instruktivistische Lehrhabitus der Lehrerin steht dabei in Passung zu dem reproduktiven Lernhabitus der Schüler*innen.

6.1.2 Sequenz: Der Ansatz

*(Unterrichtseinheit: Quadratische Gleichungen, Stunde 1 von 13 innerhalb der Einheit, Klassenstufe 9, Gymnasium, große Kleinstadt, 27 Schüler*innen [11 w, 16 m], Lehrerfahrung: 35 Jahre)*

Die Unterrichtsstunde ist die erste Stunde innerhalb der Unterrichtseinheit über quadratische Gleichungen. Als Schwerpunkt der Stunde gab die Lehrerin die Themen *Identifizieren von Nullstellen in einer graphischen Darstellung* und *Einführung einer Form der quadratischen Gleichung* im studienbegleitenden Protokollbogen an. Der erste der beiden Themenpunkte wird zu Beginn der Unterrichtsstunde im Rahmen des Hausaufgabenvergleichs sichtbar. Den Schüler*innen fiel es dabei gelegentlich schwer, quadratische Gleichungen zu zeichnen, insbesondere in Bezug auf deren Gradienten. Parallel zur Besprechung der Hausaufgabe nimmt die Lehrerin in Interaktion mit den Schüler*innen eine Systematisierung vor, indem verschiedene Eigenschaften, wie etwa die Anzahl derer Nullstellen, von quadratischen Funktionen betrachtet werden. Dazu werden auf dem Overheadprojektor (OHP) mehrere Folienausschnitte platziert. Darunter finden sich drei Optionen: keine, eine oder zwei Nullstelle(n). Zusätzlich werden einzelne Eigenschaften, wie bspw. die Lage des Scheitelpunkts und die Richtung der Parabelöffnung, als Folien auf dem OHP geteilt. Abschließend wird ein Schüler gebeten, den bereits zugeordneten Möglichkeiten und Eigenschaften noch die konkreten Parabeln zuzuordnen und auf dem OHP zu platzieren. Nachdem die Lehrerin diesen Abschnitt für beendet erklärt, wechselt sie zu einem neuen Themenschwerpunkt.

Sequenz Der Ansatz, 00:23:26–00:25:01

Lf: So was wir jetzt heute machen wollen ist nicht mehr dies zeichnen und auch nicht mehr Term ineinander umformen, sondern rechnerisch versuchen Nullstellen zu bestimmen. (.) äh #00:23:35#

S?: @(.)@ #00:23:36#

Lf: Wie kann ich das denn machen; wer kann denn Ansatz für das Problem nennen? #00:23:41# (14) Sm01 #00:23:55#

Sm01: Ich meine das man wenn man jetzt ein Term hat und den dann ausrechnet und dann das- und das Ergebnis dann für x einsetzen ( ) #00:24:05#

Lf: Kannst du das ein bisschen konkreter machen? Äh man hat ein Term dann hmm rechnest du was. #00:24:11# (2) es war mir zu vage und ich glaube auch den anderen noch @(.)@ #00:24:17# Sm01 kannst dus? Irgendwie ein bisschen konkreter? (4) wenn nicht fragen wir erst andere. #00:24:26#

Sm01: Andere. #00:24:27#

Lf: Nehmen wir erstmal die anderen mit ok. Ähm Sf17 #00:24:31#

Sf17: Also ich meine bei einer Gerade kann man das ja so machen wenn man für y Null einsetzt; dass man dann umformt? (.) und dann geht das da ja auch irgendwie? (3) #00:24:45#

Lf: Ihr seid alle gefragt vielleicht geht es ja auch irgendwie. (11) Sm04 #00:25:01#

Der vorangegangene Abschnitt wird an dieser Stelle beendet, indem die Lehrerin verbal auf die Tätigkeiten hinweist, die im Folgenden nicht weiter ausgeführt werden sollen – das zeichnerische Bestimmen von Nullstellen sowie das Umformen von Termen. Damit rekurriert die Lehrerin nicht nur auf abgeschlossene Tätigkeiten der aktuellen Unterrichtsstunde, sondern ebenfalls auf davorliegende, da innerhalb dieser Stunde keine Terme umgeformt worden sind. Ambivalent dazu bleiben die zuvor zusammengesetzten Folienabschnitte, die sich thematisch auf die Anzahl der Nullstellen bei quadratischen Funktionen beziehen, weiterhin auf dem noch immer angeschalteten OHP liegen (siehe Abb. 29), sodass sich zu Beginn der Sequenz bereits eine Unklarheit und Inkonsistenz hinsichtlich der fachlichen Fokussierung durch die Lehrerin dokumentiert. Im Vergleich dazu zeigte sich in der Sequenz *Kaninchengehege I* (siehe Kapitel 5.3) der Fokus des Lehrers in Bezug auf den fachlichen Gegenstand der quadratischen Gleichungen, indem der vorherige Abschnitt einerseits nonverbal durch das Abwischen der Tafel und anderseits verbal mit einem Hinweis auf das anschließende Thema und die Benennung der bevorstehenden Aufgabe beendet wurde.

In der Aufforderung der Lehrerin, einen „Ansatz für das Problem [zu] nennen", dokumentiert sich der aufgeworfene Anforderungsgehalt des initialen Impulses, der darin besteht, dass die Schüler*innen ein konkretes mathematisches Verfahren zur Berechnung von Nullstellen wiedergeben sollen. In der Aufforderung des Benennens dokumentiert sich gleichzeitig ein instruktivis-

Abb. 29: Fotogramm 1 Sequenz *Der Ansatz* #00:24:30#

tischer Lehrhabitus der Lehrperson. Weiterhin unklar bleibt, auf welche Art von quadratischen Gleichungen sich die Benennung des Ansatzes bezieht, da, wie im weiteren Verlauf der Sequenz erkennbar wird, die Schüler*innen bereits einzelne rechnerische Verfahren, genauer quasi-arithmetische Verfahren (Block, 2016a, S. 393), zur Lösung quadratischer Gleichungen kennen und sie diese auch zur Anwendung bringen (siehe Sequenz *Gruppen*, Kapitel 6.2.1).

Erst in der Markierung der simplen Benennung eines Ansatzes als ein „Problem" durch die Lehrerin wird erkennbar, dass es sich, wie sich ebenfalls in der weiteren Rekonstruktion zeigen wird, weniger um ein genuin mathematisches Problem handelt. Vielmehr deutet sich an, dass es sich bei dem Problem um das fehlende Wissen der Schüler*innen hinsichtlich der von der Lehrerin angekündigten rechnerischen Bestimmung von Nullstellen handelt. Diese Problemmarkierung und die Aufforderung zur Benennung des Ansatzes ist vergleichbar mit dem prüfungsähnlichen Modus in der Sequenz *Mal zwei gerechnet* (siehe Kapitel 5.1), in dem die Lehrerin die Schüler*innen auffordert, die Antwort für ein Problem zu formulieren, das von den Schüler*innen selbst nicht als ein solches adressiert wird.

Dadurch, dass es sich um die erste Unterrichtsstunde in der Einheit der quadratischen Gleichungen handelt und die Lehrkraft als übergeordnetes Thema die *Einführung einer Form der quadratischen Gleichung* im Verlaufsprotokoll der Unterrichtseinheit angegeben hat, lässt sich im Kontext dieser Lektion erkennen, dass es sich bei dem thematisierten Ansatz der Lehrerin um eine neue Form quadratischer Gleichungen handelt, deren Bearbeitung und Lösung die Schüler*innen bis zu diesem Zeitpunkt bisher nicht kennengelernt haben.

Dadurch, dass die Benennung des rechnerischen Ansatzes mit dem bisherigen Wissen der Schüler*innen nicht beantwortbar ist, richtet sich der primäre Fokus der weiteren Interaktion auf die Aufdeckung dieses speziellen Nicht-Wissens durch die Lehrerin. Das Moment der Aufdeckung des Nicht-Wissens ist mit der Struktur der lehrerseitigen Probleminduzierung in der Sequenz *Mal zwei gerechnet* (Kapitel 5.1) vergleichbar.

Die dadurch erzeugte Diskrepanz zwischen dem bestehenden Wissen der Schüler*innen und dem geforderten Wissen im Rahmen des initialen Impulses der Lehrerin führt dazu, dass sich die Schüler*innen im Modus des Ratens mit der lehrerseitigen Aufforderung auseinandersetzen. Durch die vereinzelten Meldungen der Schüler*innen, zeigt sich die partielle Bereitschaft der Schüler*innen an der von der Lehrerin initiierten Unterrichtinteraktion teilzunehmen. Übergeordnet dokumentiert sich eine Orientierung der Schüler*innen an der Erledigung der Aufgabe, die darin besteht, die von der Lehrerin geforderten und als relevant markierten Inhalte zu benennen. Die Entsprechung dieser Forderung in einem Modus des Ratens zeigt sich beispielhaft in der Antwort von Sm01, in der er eine Termumformung thematisiert, die jedoch kurz zuvor von der Lehrerin als möglicher Bearbeitungsschritt ausgeschlossen wurde. Der Beitrag des Schülers zeigt zudem bereits an dieser Stelle die Komplementarität der Schüler*innenbeiträge in Bezug auf den initialen Impuls der Lehrkraft. Der Schüler schließt in der Form an den Impuls an, indem er auf Basis seines Vorwissens in Bezug auf Termumformungen und Gleichungen mit einer Unbekannten eine Vermutung aufwirft.

Die Lehrerin geht dabei weniger inhaltlich oder mathematisch auf den Beitrag von Sm01 ein, vielmehr wird er als ungenau und „zu vage" markiert. In dieser Markierung und der fehlenden inhaltlichen Einordnung dokumentiert sich die Orientierung der Lehrerin an der korrekten Benennung des geforderten Ansatzes zur rechnerischen Lösung von quadratischen Gleichungen. Ihren Eindruck der Ungenauigkeit bzgl. der Aussage von Sm01, überträgt die Lehrerin in einer Fremdrahmung auf die anderen Schüler*innen, die die als zu vage bezeichnete Beschreibung nach Aussage der Lehrerin teilen. In dieser Bewegung dokumentiert sich die Unterstellung eines bestimmten Wissens an das Klassenkollektiv. Mit der Übergabe an weitere Schüler*innen zeigt sich der Fokus der Lehrerin auf die Nennung der korrekten Lösung durch die Schüler*innen. Dabei wird das Problem durch die Lehrerin selbst nicht aufgelöst, sodass die Schüler*innen weiterhin angehalten sind, die zu benennenden Inhalte zu erraten.

Anders verhält es sich bei dem Beitrag der Schülerin Sf17, die nun spezifisch auf die rechnerische Bestimmung der Nullstelle bei linearen Gleichungen verweist. Die Lehrerin wertet den Beitrag von Sf17 weder als falsch noch als richtig und kommentiert den Beitrag inhaltlich nicht weiter. Vielmehr übernimmt sie in moderierender Form, die von Sf17 indirekt als Frage formulierte

Äußerung „vielleicht geht das ja irgendwie?“ und begibt sich erneut in einen Modus der Fremdrahmung. Das „irgendwie“ kann in diesem Kontext als die konkrete Umsetzung und rechnerische Anwendung in Bezug auf die Berechnung der Nullstellen bei den hier thematisierten quadratischen Gleichungen verstanden werden. In der besonderen Rahmung des Beitrags von Sf17 wird deutlich, dass sie an dieser Stelle als Stellvertreterin für die Beantwortung des eingangs von der Lehrerin aufgeworfenen Impulses operiert. Gleichwohl zeigt sich, dass der Beitrag von Sf17 an den von Sm01 anschließt, indem sich beide Schüler*innen auf Basis ihres Vorwissens an einer Lösung hinsichtlich des Einsetzungsverfahrens bei linearen Gleichungen orientieren.

Der ursprüngliche Impuls zur Benennung eines Ansatzes wird in Interaktion mit Sf17 in die Frage umgewandelt, ob bei quadratischen Gleichungen mit Einsetzungsverfahren gearbeitet werden kann. Statt der Benennung eines Ansatzes geht es nun im konkreten um die Beantwortung des Gelingens von Einsetzungen bei quadratischen Gleichungen. Durch die Weitergabe der Frage und die Ansprache an alle Schüler*innen („ihr seid alle gefragt“) dokumentiert sich eine Orientierung der Lehrerin an einer zahlenmäßigen Aktivierung der Schüler*innen.

Sequenz Der Ansatz, 00:25:01–00:26:02

```
Sm04:  Also, erst also bei der faktorisierten Form kann man ja bei
       dem Ergebnis ja zu mindestens ablesen wie viele Nullstellen das
       sind. Ob zwei oder eine? #00:25:11#
Lf:    Mhm du bist jetzt schon bei speziellen Fällen; na wir können
       ja pa- mhm die Terme in ganz unterschiedlichen Arten darstellen
       und die faktorisierte Form hatten wir schon gesehen die war ganz
       hilfreich wenn wir Nullstellen haben wollen. #00:25:23# (.) aber
       Sf17 hatte ja was anderes gesagt. (2) Sf17 hatte sich erinnert
       wie wir- wie ihr das in Klasse sieben bei Geraden gemacht habt,
       ihr hattet gesagt man setzt den y Wert gleich Null (4) Sf14
       #00:25:39#
Sf14:  Also das man iqui- äquivalent umformt dass dann x am Ende Null
       ist und den y hat man dann (     ) #00:25:46#
Lf:    Mhm Sm18 #00:25:49#
Sm18:  Wir hatten in Klasse acht sowas wie ähm Gleichsetzung und ähm
       was gibt's noch? #00:25:55#
Lf:    @(.)@ #00:25:56#
Sm18:  Äh addi- addi- Additionsverfahrenund irgendwas #00:26:01#
Sm04:                                        └dies das
Sm18:  anderes noch #00:26:02#
```

In den Beiträgen der Schüler*innen wird weiterhin die Komplementarität zu den von Lehrerin aufgerufenen (Anschluss)Propositionen deutlich. Obwohl ursprünglich die Benennung eines Ansatzes gefordert war, benennen die Schüler*innen konkrete Methoden zur Lösung quadratischer oder linearer Gleichungen. Dabei rekurrieren die Schüler*innen überwiegend auf ihnen bereits bekannte Strategien zur rechnerischen Ermittlung von Nullstellen, wie bspw. die Faktorisierung. Darin werden zudem die unterschiedlichen fachlichen Bezüge der Schüler*innen deutlich. Während Sm04 sich auf die Berechnung quadratischer Gleichungen mithilfe der Faktorisierung bezieht, schließt Sf14 an die vorherigen Beiträge seiner Mitschüler*innen und nun auch an den der Lehrerin an, indem er beschreibt, wie es „bei Geraden gemacht" wurde. Des Weiteren wird im Beitrag von Sm08 die Orientierung an Aufgabenerledigung und die Erfüllung der lehrerseitigen Anforderung in einem Modus des Ratens besonders deutlich, indem er komplementär zur Lehrerin, die auf Inhalte der 7. Klassenstufe verwies, auf „Gleichsetzung" und „Additionsverfahren" aus der 8. Klassenstufe verweist. Ganz anders in der Sequenz *Kann das Wackeln wandern*? (siehe Kapitel 6.3.2) in der die Schüler*innen eine Orientierung an Aufgabenerledigung zeigen, bei der sie Vermutungen und Hypothesen in Bezug auf den initialen Impuls der Lehrerin formulieren und diese mittels konkreter durchgeführter Experimente und Versuchen begründen.

An diesem Transkriptausschnitt zeigt sich zudem deutlich, dass die einzelnen Beiträge von den Schüler*innen weder inhaltlich noch thematisch näher durch die Lehrerin eingeordnet werden. Statt wie im vorherigen Transkriptausschnitt als „zu vage", werden sie an dieser Stelle als zu „speziell" markiert. Es zeigt sich, dass die Lehrerin in ihrer Nachfrage und ihrem Impuls auf ein bestimmtes, aus ihrer Sicht zu erwartendes Wissen abzielt. Das Wissen bleibt an dieser Stelle aber weiterhin implizit und es soll von den Schüler*innen selbst benannt werden.

Im weiteren Verlauf der Sequenz wird nun in der neu aufgelegten Folie auf dem OHP auf eine konkrete Gleichung $h_3(x) = -2 * (x + 2)^2 + 1$ Bezug genommen. Nach einem von der Lehrerin abgewiesenen Umstellungsversuch eines Schülers betont die Lehrerin erneut, dass vor der geplanten Berechnung noch ein Ansatz für das Berechnen der Gleichung zu finden sei und verweist an dieser Stelle darauf, was Sf17 sagte und bittet diese erneut zu erklären, wie sie bei den linearen Gleichungen vorgegangen sind. Anders als bei den vorherigen Beiträgen der Schüler*innen wird der Beitrag der Schülerin Sf17 weiter als bedeutsam markiert und durch die Lehrerin fremdgerahmt. In dieser Interaktion wird erkennbar, dass auf die, aus der Sicht der Lehrerin, falschen Antworten nicht weiter eingegangen wird, während, die aus ihrer Sicht der Lehrerin, korrekten Antworten verstärkt hervorgehoben werden.

Sequenz Der Ansatz, 00:27:19–00:29:09

Sf17: Also es gibt ja immer so eine lineare Gleichung und es wäre ja y gleich mx plus b wo man für y Null eingesetzt hat und dann äh umgeformt hat. #00:27:31# also ich meine zum x umgeformt hat dann wusste man wo die Nullstelle ist also weil die Nullstelle ist ja wenn sich die Gerade mit der x Achse schneidet. #00:27:40#

Lf: Mhm aaah Quatsch. du hast gesagt den musst du ne ich hab da y geschrieben Null gleich (.) so und jetzt ist die Frage funktioniert das (.) hier auch. #00:27:53# (.) mhm du hattest vorher gesagt y gleich ich war jetzt zu schnell m mal x plus n und du wusstest (.) den streichen wir hier noch mal y gleich Null #00:28:07# und dann hast du gesagt hat man die Gleichung 0 gleich m mal x plus n und die formt man um. so die Frage ist funktioniert das hier auch vom Ansatz her? Sm15 #00:28:20#

Sm15: Also die Idee ist eigentlich gar nicht so schlecht und auch recht gut allerdings wird das Problem dann sein dass ich hier di- das Quadrat drin habe also ähm kann ich dann #00:28:29#

Lf: └@(.)@ @(ja)@ #00:28:30#

Sm15: Nicht so umformen dass ich dann x gleich (irgendwas) stehen habe sondern halt äh nur x Quadrat das kann ich ja nicht irgendwie auflösen #00:28:42#

Lf: Damit müssen wir uns jetzt beschäftigen ob wir das x Quadrat auch auflösen können oder nicht aber der- erstmal der Ansatz warum funktioniert der hier auch? #00:28:51# wodurch sind das habt ihr vorhin ja schon gesagt Nullstellen gekennzeichnet #00:28:56# (8) ja das wissen jetzt mehr als die zwei die sich @melden@ das haben vorhin auch mehr gewusst Sm10 #00:29:09#

Die Schülerin Sf17 argumentiert an dieser Stelle, wie von der Lehrerin nun explizit gefordert, weiterhin auf der Ebene der linearen Funktionsgleichungen. Gleichzeitig bezieht sie sich dabei verstärkt auf eine graphische, statt wie von der Lehrerin geforderte rechnerische Identifikation der Nullstelle, indem sie konkret auf das Ablesen der Nullstellen im Koordinatensystem verweist. Es zeigt sich weiterhin eine Orientierung an Aufgabenerledigung im Sinne einer Reproduktion, indem die Schüler*innen ihr Vorwissen in Bezug auf die Ermittlung von Nullstellen bei linearen Gleichungen verwenden, um die von der Lehrerin geforderten Inhalte verbalisieren. Im Gegensatz dazu zeigte sich in der Sequenz *Sag mal 'ne Zahl* (siehe Kapitel 5.2), dass die Schüler*innen im Rahmen ihrer Orientierung an Aufgabenerledigung ihr Vorwissen überwiegend in einer anwendenden und probierenden Weise zur Anwendung gebracht haben, wenngleich auch, um den Anforderungen des Lehrers gerecht zu werden.

Erst durch den Beitrag von Sm15, der jetzt konkret auf das „Problem“ des Nicht-Wissens der Schüler*innen verweist, dass sie aufgrund des x^2 in der aktuell vorliegenden Gleichung nicht in der Lage sind „das irgendwie aufzulösen“, wird das Frage- und Antwortspiel in Bezug auf die Benennung eines Ansatzes zur rechnerischen Bestimmung von Nullstellen im weiteren Verlauf aufgelöst. Die Validierung der Lehrerin mit einem freudigen „ja“ und der anschließenden Bemerkung „damit müssen wir uns jetzt beschäftigen“, macht deutlich, dass es sich bei der ursprünglichen Benennung des Ansatzes mehr um die Benennung des Nicht-Wissens der Schüler*innen, wie eine quadratische Gleichung der Allgemeinen Form zu berechnen ist, handelt.

Auf der kommunikativen Ebene formulierte die Lehrerin eine Frage, die die Benennung eines neuen, noch unbekannten Ansatzes von den Schüler*innen forderte. Der ursprüngliche Impuls der Lehrerin, die Aufforderung zur Benennung eines konkreten Ansatzes zur rechnerischen Bestimmung von Nullstellen, wird an dieser Stelle, und auch in der weiteren Unterrichtsstunde, nicht eingelöst. Vielmehr wird der Impuls in der Interaktion und die besondere Hervorhebung der Beiträge der Schülerin Sf17 umgedeutet in eine Frage danach, ob die äquivalente Umformung im Rahmen linearer Gleichungen auch bei den quadratischen Gleichungen ‚funktionieren' kann. Der mit diesem Impuls generierte Anforderungsgehalt, der sich schlicht mit ja oder nein beantworten ließe, bestand auf der konjunktiven Ebene überwiegend in der Benennung und der Reproduktion von bereits vorhandenem Wissen in Bezug auf das rechnerische Bestimmen von Nullstellen bei linearen Gleichungen. Gleichzeitig nehmen dieses Wissen und die Reproduktion dessen die Funktion ein, zu erkennen, dass das aktuelle Wissen der Schüler*innen nicht ausreicht, um die neue Form der quadratischen Gleichung rechnerisch lösen zu können. Zentral erscheint an dieser Stelle die Aufdeckung des Nicht-Wissens der Schüler*innen.

6.2 Typ II: Aktivierung zu unsystematischem Probieren

Der *Typ II: Aktivierung zu unsystematischem Probieren* ist durch eine vermittelnd instruktivistische Orientierung der Lehrpersonen bestimmt. Der initiale Impuls schließt dabei nicht an das bestehende Wissen der Schüler*innen an, wodurch der Anforderungsgehalt im Hinblick auf die Impulsbearbeitung herabgesenkt wird. Die Bearbeitung durch die Schüler*innen erfolgt dabei im Modus eines unsystematischen Probierens, indem bekannte Rechenverfahren und Lösungsstrategien angewandt werden. Primär geht es bei der Bearbeitung um die Beschäftigung mit mathematischen Inhalten und dem Einüben von bekannten Rechenverfahren und äquivalenten Umformungen.

Der Kernfall dieses Typs ist die zuvor vorgestellte Sequenz *Sag mal 'ne Zahl* (siehe Kapitel 5.2). Es konnte beobachtet werden, dass besonders in dieser Lerngruppe der Typ am prägnantesten zum Vorschein kam, weswegen auch in diesem Kapitel eine weitere Sequenz, die Sequenz *Kaninchengehege II* (siehe Kapitel 6.2.2), der gleichen Lerngruppe, jedoch aus einer anderen Stunde und mit einem anderen initialen Impuls, vorgestellt und komparativ verglichen wird. Zuvor wird aber noch die Sequenz *Gruppen* (siehe Kapitel 6.2.1) der kurz hiervor vorgestellten Lerngruppe der Sequenz *Der Ansatz* (siehe Kapitel 6.1.2) dargestellt, die verdeutlicht, dass die Übergänge zwischen den einzelnen rekonstruierten Typen, je nach Art und Weise der interaktiven Impulsbearbeitung, fließend sein können.

6.2.1 Sequenz: Gruppen

*(Unterrichtseinheit: Quadratische Gleichungen, Stunde 1 von 13 innerhalb der Einheit, Klassenstufe 9, Gymnasium, große Kleinstadt, 27 Schüler*innen [11 w, 16 m], Lehrerfahrung: 35 Jahre)*

Bei der aufgezeichneten Unterrichtsstunde handelt es sich um die erste Doppelstunde von insgesamt 13 im Rahmen der Unterrichtseinheit *Quadratische Gleichungen.* Im studienbegleitenden Protokollbogen gab die Lehrkraft an, dass die übergeordneten Themen der Stunde das *Identifizieren von Nullstellen in einer graphischen Darstellung* und die *Einführung einer Form der quadratischen Gleichung* sind. Die Sequenz startet zum zweiten Drittel der Aufzeichnung und schließt unmittelbar an die Sequenz *Der Ansatz* (siehe Kapitel 6.1.2) an, die ebenfalls aus dieser Unterrichtsstunde stammt. Nachdem in der vorangegangenen Sequenz klassenöffentlich nach einem Ansatz zur rechnerischen Bestimmung von Nullstellen bei quadratischen Gleichungen gefragt wurde, sollen die Schüler*innen im Folgenden konkrete Rechenverfahren zum Lösen quadratischer Gleichungen zur Anwendung bringen.

Sequenz Gruppen, 00:30:23–00:31:49

Lf: So, mit Rechenverfahren sollt ihr euch jetzt in Gruppen beschäftigen. ihr könnt zu zweit zu dritt zu viert je nachdem wie ihr gerade sitzt zusammen arbeiten; #00:30:32# es sind Terme gegeben die sind in vier verschiedenen Gruppen angeordnet. (.) es ist egal mit welcher Gruppe ihr anfangt sucht euch die aus von der ihr meint ihr kriegt da schon was raus; #00:30:43# (.) ihr bekommt fünfundzwanzig Minuten Zeit, ihr müsst in der Zeit auch nicht alle fertig haben, sondern euch mit irgendwelchen beschäftigt haben und dann fangen wir mal an zu gucken; wie wir systematisch das machen können und welche Fälle gehen. #00:30:55# (.) alles klar? (.) dann setzt euch jetzt wir machen keine Gruppen die wir auslosen sondern setzt euch so zusammen, auch wie ihr wollt; ob ihr ne dreier vierer zweier Gruppen macht müsst ihr selber entscheiden. #00:31:08# (17) ihr könnt eigentlich auch durchgeben mal ihr könnt hier noch mal durchgeben und ihr hinten gebt noch mal durch (2) #00:31:33#

Sf17: Müssen wir mit dem mit dem wir (   ) sitzen? #00:31:35#

Lf: └nein ihr dürft euch, auch wenn ihr euch anders hinsetzen wollt woanders dazusetzen nur ihr solltet jetzt nicht den ganzen Klasseraum umräumen @(.)@ ok das ist mit egal. Sm15 will auch woanders hin ok. #00:31:49#

Der Anforderungsgehalt des initialen Impulses, die Beschäftigung mit unterschiedlichen Rechenverfahren und Termen, wird in der Proposition der Lehrerin in mehrfacher Hinsicht herabgesenkt. Zum einen sollen sich die Schüler*innen mit solchen Aufgaben beschäftigen, bei denen die Schüler*innen meinen, sie „krieg[en] da schon was raus". Die Verantwortung der Auswahl und die Art der Bearbeitung der einzelnen Aufgaben wird von der Lehrerin an die Schüler*innen übertragen. Zum anderen müssen sie in der vorgegebenen Zeit nicht alle der Aufgaben erledigt haben. Der verbal kommunizierte Anspruch der Aufgabe besteht überwiegend darin, sich mit „irgendwelchen" der Term-Gruppen zu „beschäftigen". Ferner wird die Systematisierung der Fälle auf das anschließende klassenöffentliche Gespräch verschoben, bei dem in Zusammenarbeit mit der Lehrerin geschaut werden soll „welche Fälle gehen", sprich die Schüler*innen sollen die Aufgaben bearbeiten, die sich mit ihren bisherigen Kenntnissen bearbeiten lassen. Bereits an dieser Stelle wird erkennbar, dass die Lehrerin bereits davon ausgeht, dass die Schüler*innen nicht alle der auf dem Arbeitsblatt enthaltenen Aufgaben, weder zeitlich noch inhaltlich, selbstständig lösen können. Es zeigt sich die Orientierung der Lehrerin an der Vermittlung mathematischer Inhalte. Die finale Systematisierung kann nur in gemeinsamer Erarbeitung mit ihr als Expertin im Anschluss an die Beschäftigung erfolgen. Die Orientierung an Vermittlung und gemeinsamer Erarbeitung konnte auch in der Sequenz *Kaninchengehege II* (siehe Kapitel 6.2.2) rekonstruiert werden, indem der Lehrer unterschiedliche Berechnungen und Rechenfehler zum Anlass nimmt, um mathematische Sachverhalt zu klären.

Im Anschluss teilt die Lehrerin das dazugehörige Arbeitsblatt aus. Zuerst verteilt sie einzeln ein paar der Zettel an die Schüler*innen in der vorderen Reihe, dann teilt sie den Papierstapel in zwei Teilstapel und übergibt ihn an zwei Schüler*innen mit der Bitte, die Blätter weiter durchzureichen. Das Arbeitsblatt ist ein kleiner Zettel in der Größe eines Drittel A4-Blattes (siehe Abb. 30).

In der übergeordneten Aufgabenstellung des Arbeitsblattes wird die Erarbeitung von Verfahren zur rechnerischen Bestimmung von Nullstellen bei quadratischen Funktionen gefordert. Die Proposition des Arbeitsblattes schließt damit inhaltlich an die Proposition des früheren Abschnitts der Unterrichtsstunde an (siehe Kapitel 6.1.2), in der die Schüler*innen verbal von der Lehrerin aufgefordert wurden, einen Ansatz zur rechnerischen Bestimmung von Nullstellen zu „nennen". Insgesamt lässt sich zur vorherigen Sequenz eine Steigerungslogik des Anforderungsgehaltes erkennen, denn zusätzlich zum bloßen Benennen eines Ansatzes, sind die Schüler*innen auf Basis des Arbeitsblattes darüber hinaus angehalten, ein rechnerisches Verfahren zu „erarbeiten".

Im mittleren Teil des Arbeitsblattes befinden sich vier Spalten mit jeweils vier Funktionstermen, die nach den Informationen des Arbeitsblattes in unterschiedlichen Gruppen (Gruppe 1 bis Gruppe 4) angeordnet sind. Aus fachlicher

Klasse 9 Nullstellen quadratischer Funktionen

Aufgabe:
In dieser Aufgabe sollt ihr rechnerische Verfahren zur Bestimmung von Nullstellen erarbeiten.
Die Funktionsterme der zu untersuchenden quadratischen Funktionen sind in Gruppen angeordnet.

Gruppe 1	Gruppe 2	Gruppe 3	Gruppe 4
$x^2 - 4$	$(x-2)^2$	$(x+3)\cdot(x-1)$	$x^2 - 6x + 9$
$-x^2 + 4$	$-2\cdot(x+3)^2$	$(x-2)\cdot(x-4)$	$x^2 - 6x + 5$
$2\cdot x^2 + 1$	$0{,}5\cdot(x+1)^2$	$2\cdot(x+1)\cdot(x+5)$	$x^2 - 6x + 12$
$2\cdot x^2 - 2$	$-(x-0{,}5)^2$	$-3\cdot(x-5)\cdot(x+2)$	$x^2 + 8x + 7$

a) Beschreibt, nach welchen Kriterien die vier Gruppen für die Funktionsterme gebildet wurden.
b) Versucht die Nullstellen **rechnerisch** zu ermitteln.

Abb. 30: Aufgabenblatt aus Sequenz *Gruppen*

Perspektive in Bezug auf quadratische Gleichungen lassen sich die einzelnen Term-Gruppen wie folgt kategorisieren (siehe auch Kapitel 4.6):

Gruppe 1: Art: reinquadratische Gleichung ohne lineares Glied, Lösung: Radizieren, Klasse: quasi-arithmetisch
Gruppe 2: Art: Faktorisierte Form mit nur einer Lösung, Lösung: Faktorisieren, Klasse: quasi-arithmetisch
Gruppe 3: Art: Faktorisierte Form mit zwei Lösungen; Lösung: Faktorisieren, Klasse: quasi-arithmetisch
Gruppe 4: Art: Normalform; Lösung: pq-Formel, Klasse: algebraisch

Betrachtet man insbesondere die Klasse der einzelnen Gruppen, dann fällt auf, dass es sich bei den Gruppen 1 bis 3 jeweils um Terme handelt, die mit quasi-arithmetischen Prozeduren gelöst werden können. Die Gruppe 1 lässt sich durch entsprechende äquivalente Umformung und letztlich dem Ziehen der Wurzel lösen. Gruppe 2 und 3 lassen sich durch ihre faktorisierte Form mithilfe des Satzes vom Nullprodukt lösen. Wie aus der vorherigen Sequenz deutlich wird (siehe Kapitel 6.1.2), sind dies Rechenverfahren, die den Schüler*innen bereits bekannt sind. Bei den Termen der Gruppe 4 müssen algebraische Prozeduren, in diesem Fall die pq-Formel, angewendet werden, um die Nullstellen der Funktion bzw. die Lösung der Gleichung zu bestimmen. Dass den Schüler*innen zu diesem Zeitpunkt weder die pq- noch eine andere Lösungsformel bekannt ist, wird im weiteren Verlauf der Sequenz erkennbar. An dieser Stelle deutet aber auch schon die Formulierung des ‚Versuchens' in der Aufgabenstellung der Lehrerin darauf hin, dass es möglicherweise Aufgaben geben könnte, die von den Schüler*innen (noch) nicht gelöst werden können.

In der Teilaufgabe a) des Arbeitsblattes sind die Schüler*innen angehalten, anhand selbst ausgewählter Kriterien eine Charakteristik der einzelnen, zu Teilgruppen zusammengefassten Terme zu beschreiben. In der Teilaufgabe b) sollen die Schüler*innen „versuchen", die Nullstellen „rechnerisch zu ermitteln". Durch den Fettdruck des Wortes „rechnerisch" wird der verstärkte Fokus des algebraischen Lösens gegenüber dem des zeichnerischen Lösens deutlich. Insgesamt dokumentiert sich im Arbeitsblatt, homolog zum Lehrhabitus der Lehrerin, eine Unklarheit und Inkonsistenz, die vor allem in der Divergenz des Anforderungsgehaltes der übergeordneten Aufgabenstellung zu den Teilaufgaben deutlich wird. Diese Unklarheit du auch eine Vagheit zeigt sich auch in der Sequenz *Sag mal 'ne Zahl* (siehe Kapitel 5.2), indem durch eine Vielzahl an parallel zu bearbeitenden Nebenrechnungen und Umstellungen von Gleichungen, induziert durch die Lehrperson, der Fokus auf den übergeordneten Impuls und das Thema verschwimmen.

Die übergeordnete Aufgabenstellung, die Bestimmung eines rechnerischen Verfahrens, erfährt durch die Abgrenzung der beiden Teilaufgaben a) und b) nur eine untergeordnete Rolle. Durch die Aufteilung in die beiden Teilschritte hat die übergeordnete Aufgabenstellung stärker den Charakter einer Einführung oder Erklärung für das gesamte Arbeitsblatt. Dieser Eindruck wird durch den erklärenden Satz zur Anordnung der Gruppen in der Tabelle verstärkt, der sich direkt an die übergeordnete Aufgabenstellung anschließt. Die Divergenz der beiden Teilaufgaben zur übergeordneten Aufgabenstellung wird überdies darin deutlich, dass beide Teilaufgaben nicht darauf abzielen, ein rechnerisches Verfahren zu ermitteln. Die Beschreibung der Funktionsterme nach selbst ausgewählten Kriterien in Teilaufgabe a) erfordert von den Schüler*innen indessen eine deskriptive Beschreibung der Terme. Auch in Teilaufgabe b), die das rechnerische Ermitteln der Nullstellen der Terme erfordert, wird kein Bezug zum Erarbeiten eines rechnerischen Lösungsverfahrens deutlich. Vielmehr zeigt sich, dass sich die Bearbeitung der beiden Teilaufgaben eng an den vorgegebenen Funktionsthermen orientiert, während die übergeordnete Aufgabe des Aufgabenblattes eine Erarbeitung erfordert, die sich von den konkreten Beispielen löst und eine Abstrahierung und Verallgemeinerung der Terme sowie der möglichen Berechnung dieser erfordert.

Der zuvor verbal vermittelte Anforderungsgehalt des Arbeitsauftrags der Lehrerin weicht in verschiedenen Aspekten vom Inhalt des gleichzeitig verteilten Arbeitsblattes ab. Der primäre Fokus der Bearbeitung wird in der klassenöffentlichen Ansprache zunehmend auf die Terme des Arbeitsblattes gelenkt. Mit „ihr kriegt da schon was raus" bezieht sich die Lehrerin zudem verstärkt auf eine rechnerische Bearbeitung dieser Terme. Damit schließt sie zwar an die Teilaufgabe b) des Arbeitsblattes an, entkräftet aber auf verbaler Ebene gleichzeitig den Anforderungsgehalt der Teilaufgabe dahingehend, dass nicht alle Gruppen, sondern nur Ausschnitte bearbeitet werden sollen. Die Frage der Teilaufgabe a) und die Frage danach, ein konkretes Rechenverfahren zur Bestimmung von Nullstellen zu erarbeiten, wird in der verbalen Aufforderung der

Lehrerin nicht geteilt. Dadurch entsteht ein ambivalentes Verhältnis, in dem die Anforderungsgehalte des Arbeitsblattes denen der Lehrerin untergeordnet werden. Der durch das Arbeitsblatt proponierte Arbeitsauftrag wird durch den Lehrhabitus der Lehrerin rekontextualisiert und auf die formale Beschäftigung mit bereits bekannten Rechenverfahren reduziert, die in Divergenz zu dem proponierten Anforderungsgehaltes des Aufgabenblattes, eine Systematik zu Erarbeitung eines Rechenverfahrens, steht.

Die Schüler*innen schließen in der folgenden Bearbeitung der Aufgaben an den kommunizierten Lehrhabitus der Lehrerin an, indem sie ausschließlich Aufgaben bearbeiten, die mit den ihnen bereits bekannten Lösungsverfahren gelöst werden können. Aufseiten der Schüler*innen dokumentiert sich eine Orientierung an Aufgabenerledigung, die darin besteht, die von der Lehrerin (verbal) geforderten Aufgaben zu bearbeiten und zu berechnen. Der in das Arbeitsblatt eingeschriebene Orientierungsrahmen einer Verfahrensbestimmung wird dabei nicht eingelöst. Anders als in der Sequenz *Kann das Wackeln wandern?* (siehe Kapitel 6.3.2) in dem die Unterrichtsmaterialien, an denen sich die Lehrerin orientiert, maßgeblich den unterrichtlichen Diskurs mitbestimmen. Einerseits darin, dass die Lehrerin sich fachlich an diesen Materialien ausrichtet und anderseits, indem die Gehalte der Materialien in den unterrichtlichen Diskurs eingebracht werden. Vielmehr übernimmt das Arbeitsblatt in der hier vorliegenden Sequenz eine Trägerfunktion der vorgegebenen Terme, die von den Schüler*innen berechnet werden.

Die Interaktion innerhalb der Gruppe ist, auf die von der Lehrerin verbal proponiert Aufgabenstellung und dem daraus zu erwartendem Produkt, das Probieren bereits bekannter Gleichungen, orientiert und resultiert dabei in der Reproduktion von gängigen Rechenschritten durch die Schüler*innen. Innerhalb der Einzel- und Gruppenarbeit erscheint die Berechnung derart routiniert, dass die Schüler*innen sich an einer effizienten Bearbeitung des Ausführens bekannter Rechenschritte ausrichten, ohne die weiteren Anforderungen der Aufgabenstellung in ihre Berechnungen und ihr Handeln einzubeziehen. Dabei überlagern die in den Unterricht eingelagerten rechnerischen Routinen die fachliche Aneignung zum Lösen allgemeiner quadratischer Gleichungen. Es bleibt beim Ausführen und der Lösung durch bereits bekannte Rechenschritte. Aneignungen finden dann lediglich in Form eines geführten Gespräches durch die Lehrerin statt. Dieses ambivalente Verhältnis bleibt auch in der anschließenden klassenöffentlichen Besprechung bestehen, indem die Lehrerin erneut betont, dass die Schüler*innen nicht alle Gleichungen hätten lösen können.

Sequenz Gruppen, 00:59:34–01:00:22

Lf: So, also. (.) Ihr (.) seid wie ich das erwartet hatte, ah ne, geht noch nicht. @(.)@ (2) Sm04 und Sm18. (2) Sm24? wir machen gemeinsam jetzt weiter; mhm also es war klar dass ihr nicht durchkommt, ähm viele haben mit Gruppe eins begonnen; einige haben sich auch um Gruppe drei gekümmert; #01:00:05# manche haben aus mehreren Gruppen ne einzelne Aufgabe genommen, können wir aber erstmal sagen was ist denn mit allen Termen von den Parabeln in Gruppe eins, #01:00:14# was haben die denn für eine gemeinsame Eigenschaft, das solltet ihr euch ja erst noch eben kurz überlegen, wie sind denn diese vier Gruppen überhaupt gebildet worden; Sf14 #01:00:22#

In der klassenöffentlichen Aufforderung der Lehrerin an die Schüler*innen, zu beschreiben, nach welchen „Eigenschaften" die Term-Gruppen „gebildet worden" sind, schließt sie, anders als zuvor, nun an die Teilaufgabe a) des Arbeitsblattes an. Aufseiten des Lehrhabitus zeigen sich an dieser Stelle im Wesentlichen zwei Dinge: Zum einen wird die instruktivistische Orientierung der Lehrerin hinsichtlich der Strukturierung und der Vermittlung der Inhalte deutlich. Zum anderen ist die Strukturierung und Vermittlung maßgeblich an die Erwartung der Lehrerin, dass die Schüler*innen nicht alle Aufgaben hätten bearbeiten können, gekoppelt. Auf impliziter Ebene wird dabei, ähnlich wie im Fall *Sag mal 'ne Zahl* (siehe Kapitel 5.2), eine Nicht-Wissensbehauptung in Bezug auf die Schüler*innen erkennbar.

Die Tatsache, dass die Schüler*innen hauptsächlich Gleichungen aus den Termgruppen 1 und 3 bearbeitet haben, lässt darauf schließen, dass sie vorwiegend auf bereits bekannte Methoden zurückgegriffen haben. Dabei wird ein unsystematischer Lösungsansatz sichtbar, der darin besteht, verschiedene Gleichungen durch Anwendung vertrauter Rechenverfahren auszuprobieren. Der Anforderungsgehalt des initialen Impulses der Lehrerin, sich mit „irgendwelchen" zu „beschäftigen", steht somit in Passung zur Performanz der Schüler*innen.

Sequenz Gruppen, 01:01:21–01:02:30

Sf16: Ja ich glaube die haben nur einen Schnittpunkt mit der x-Achse? #01:01:24#

Lf: Ja. kannst du eben- du glaubst. warum glaubst @du das@? #01:01:27#

Sf16: Ja ich glaub das, weil die haben also die wurden ja nicht nach oben oder unten verschoben und nur halt auf der x-Achse #01:01:33#

Lf: └Ja, (.) mhm Scheitelpunkt liegt immer auf der x-Achse dann kanns nur einen geben. Gruppe drei? (5) Sm15 #01:01:44#

Sm15: Das ist eine faktorisierte ja- Form ja. (größtenteils) und ich meine die haben alle den Scheitelpunkt auf gar keiner Achse? #01:01:53#

Lf: Mhm. und dann hätten sie alle? oder ja welche Möglichkeiten gibts dann wieder für die ähm äh (.) Anzahlen? (.) Sm15 #01:02:02#

Sm15: Entweder haben die dann zwei Nullstellen oder eben keine Nullstelle #01:02:05#

Lf: └Ja, werden wir sehen was da auftritt. und die Gruppe vier? was haben wir da nur für Terme? (7) ja wie hießen die Terme die wir da stehen haben? die hatten Namen; (2) Sf07 #01:02:24#

Sf07: Normalform? #01:02:25#

Lf: Ja. da haben wir die Normalform und da können wir erstmal gar nichts ansehen. So starten wir glaub ich mal mit Gruppe 1. #01:02:30#

Der strukturierende und instruktivistische Lehrhabitus der Lehrerin wird auch an dieser Stelle weiter fortgeführt. Primär dokumentiert sich in der gemeinsamen Systematisierung der Teilaufgabe a) des Arbeitsblattes die vermittelnde Orientierung der Lehrerin, indem sie einerseits immer wieder Begründungen von den Schüler*innen einfordert und anderseits, indem sie die Aussagen der Schüler*innen in komplementären Bewegungen selbst noch einmal zusammenfasst.

Letztlich wird in diesem Ausschnitt erkennbar, dass die Lehrerin in Bezug auf die Termgruppe 4 den übergeordneten Anforderungsgehalt ihres Impulses dahingehend anpasst, dass die Schüler*innen nun lediglich angehalten sind, den Namen der Terme zu benennen, anstatt wie zuvor, ihre Aussagen auch zu begründen. Mit „da haben wir die Normalform und da können wir erstmal gar nichts ansehen“ konkludiert die Lehrerin an dieser Stelle den Abschnitt der Besprechung der Teilaufgabe a) des Arbeitsblattes. In dieser Konklusion und der Fremdrahmung in Bezug auf die Schüler*innen zeigt sich die explizite Nicht-Wissensbehauptung, die sich durch das „wir“ sowohl auf die Schüler*innen, als auch die Lehrerin bezieht. Ähnlich zeigt sich diese Fremdrahmung in der Sequenz *Sag mal 'ne Zahl* (siehe Kapitel 5.2), in der der Lehrer explizit behauptet, dass die Schüler*innen inkl. ihm selbst gemeinschaftlich unwissend in Bezug auf den kommenden fachlichen Gegenstand sind. In beiden dieser Nicht-Wissensbehauptungen wird die komplementäre Interaktion zwischen den Schüler*innen und den Lehrpersonen erkennbar, die darauf ausgerichtet sind, dass die Lehrperson etwas vermittelt, was die Schüler*innen zu diesem Zeitpunkt weiterhin nicht wissen.

6.2.2 Sequenz: Kaninchengehege II

*(Unterrichtseinheit: Quadratische Gleichungen, Stunde 9 von 9 innerhalb der Einheit, Klassenstufe 9, Gymnasium, kleine Mittelstadt, 23 Schüler*innen [14 w, 9 m], Lehrerfahrung: 21 Jahre)*

Die hier gezeigte Sequenz ist eine weitere Stunde der gleichen Lerngruppe wie in der Sequenz *Sag mal 'ne Zahl* (siehe Kapitel 5.2). Es ist die letzte Stunde in-

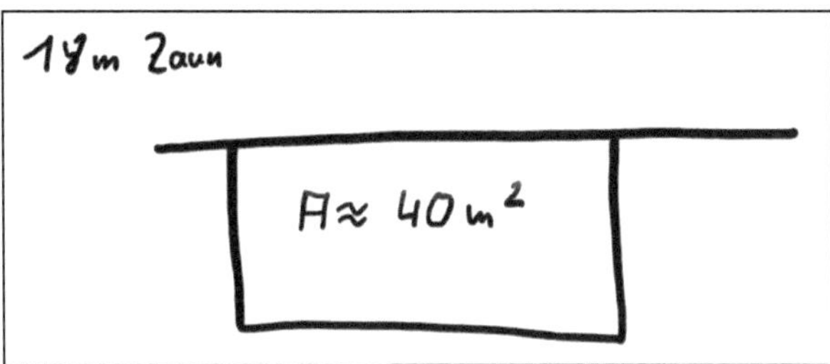

Abb. 31: Rekonstruktion des Tafelanschriebs Sequenz *Kaninchengehege II #00:04:09#*

nerhalb der Unterrichtseinheit zu den *Quadratischen Gleichungen.* Nach Angabe des Lehrers im Protokollbogen ist das übergeordnete Thema der Stunde die *Anwendung in außermathematischen Kontexten.* Bei dem außermathematischen Kontext handelt es sich um nahezu die gleiche Aufgabe wie in der Sequenz *Kaninchengehege I* (siehe Kapitel 5.3), daher orientiert sich der Fallvergleich stark an dieser Sequenz. Der Lehrer möchte in seinem Garten ein Gehege für seine Kaninchen bauen, dessen Fläche, mit den 18 Meter Zaun, die dem Lehrer zur Verfügung stehen, so groß wie möglich mit den gegebenen Materialien werden soll.

Zu Beginn der Stunde wird an die vergangene Lektion anknüpft und anhand von drei Zeichnungen an der Tafel werden verschiedene Formen (halbrund, rechteckig, dreieckig) zum Aufstellen eines Kaninchengeheges an eine Hauswand besprochen. Die verschiedenen Konstellationen stammen noch aus der vergangenen Stunde, in der bereits mögliche Flächeninhalte für die verschiedenen Konstellationen berechnet wurden. Den ungefähren Wert $A \approx 40m2$ für den Flächeninhalt des Rechtecks überträgt der Lehrer in die Zeichnung (siehe Abb. 31). Durch die leicht ungeraden Linien und die weniger genauen Winkel in der Zeichnung weist das Rechteck, im Vergleich zur Sequenz *Kaninchengehege I* (siehe Kapitel 5.3), einen stärker skizzenhaften Charakter auf. Der Lehrer dort nutzt zum Anschrieb ein Geodreieck und zeigt damit den Fokus auf eine größtmögliche Akkuratheit.

Im Anschluss an die Besprechung und der Abwägung der Vor- und Nachteile der verschiedenen Formen verweist der Lehrer darauf, dass der Zaun nicht die Form eines Dreiecks und auch nicht die halbrunde Form annehmen soll.

Sequenz Kaninchengehege II, 00:04:49–00:06:35

Lm: Gut. wir haben ganz viel über Kaninchen gesprochen und über meinen Garten gesprochen (2) und (.) wären jetzt eigentlich so weit, dass man die Aufgabe präzisieren kann; also es soll nicht irgendwie irgendein Zaun irgendwie in meinen Garten; sondern (3) ein rechteckiger Zaun. (.) was kann man verändern was für verschiedene Rechtecke mit achtzehn Meter Zaun kann man denn überhaupt machen, und wir suchen (.) das Beste. #00:05:22# was bedeutet das beste Rechteck in dem Zusammenhang? (2) ich weiß, dass wir zwei schon irgendwie hatten, heute werden wir bestimmt ganz viele hinkriegen wir suchen das Beste. Sf16 #00:05:37#

Sf16: Ähm, das hat dann am meisten Fläche? #00:05:39#

Lm: Mhm, warum ist am meisten Fläche überhaupt (.) gut? (2) Sf12 #00:05:47#

Sf12: Dann haben die Hasen mehr Platz; #00:05:49#

Lm: Genau, das war vielleicht so die die Kernidee möglichst viel Platz für meine Hasen oder Kaninchen. waren es Kaninchen oder Hasen? ich kann das sowieso nicht unterscheiden. #00:05:59#

Sf12: Ein Hase ist einfach nur größer. #00:06:00#

Lm: Okay. #00:06:02#

Sf06: Hasen leben auf Feldern #00:06:04#

Lm: Bitte? #00:06:05#

Sf06: Hasen leben auf Feldern. #00:06:07#

Lm: Und nicht in den Gartenzäunen? #00:06:09#

Sf06: Ja #00:06:10#

Lm: Also was man so zuhause hat sind Kaninchen in der Regel, okay also dann waren es Kaninchen Sf12 es waren Kaninchen. na gut. (.) ich hätte gerne, dass jeder von euch (.) drei verschiedene Rechtecke ausprobiert und schaut; welches davon den größten Flächeninhalt hat. Vorgaben sind eine Hausmauer benutzen wie beim letzten Mal und diese achtzehn Meter Zaun die ich in meiner Garage ja noch gefunden habe so war das ja ne diese Geschichte. #00:06:35#

Der initiale Impuls wird als ein privates Problem des Lehrers inszeniert, das in der Form einer authentisch konstruierten Aufgabe gerahmt wird und an dessen Bearbeitung und Lösung sich die Schüler*innen im Folgenden beteiligen sollen. Das zunächst als außermathematische charakterisierte Problem wird in Kombination mit dem an der Tafel angezeichneten Rechteck (siehe Abb. 31) und der konkreten Aufforderung des Lehrers, die Flächeninhalte zu berechnen, in eine mathematisch zu lösende Aufgabe transformiert und durch den Lehrer ‚präzisiert'. Die Präzisierung der Aufgabe besteht darin, das übergeordnete Ziel der Aufgabe zu bestimmen: „das beste" Rechteck, sprich das mit dem größten Flächeninhalt, zu identifizieren. Durch seine Rückversicherung, ob es sich bei den einzuzäunenden Haustieren eher um „Hasen" oder „Kaninchen" handelt und die verbale Markierung der Aufgabe als eine „Geschichte", zeigt sich die Distanzierung gegenüber dem Wahrheitsgehalt der hier inszenierten Aufgabe.

Die Bearbeitung der Aufgabe wird an dieser Stelle durch den Lehrer vorstrukturiert. Zum einen strukturiert er die Aufgabe dahingehend, dass er die Entscheidung darüber fällt, dass es sich bei dem Gehege um ein rechteckiges Gehege handelt. Die zuvor besprochenen alternativen Gehegekonstellationen wurden von ihm als unpraktisch charakterisiert und werden gleichsam durch das Abwischen der entsprechenden Zeichnungen an der Tafel als mögliche

Optionen von der weiteren Bearbeitung ausgeschlossen. Zum anderen zeigt sich die Strukturierung besonders durch die Aufforderung an die Schüler*innen „drei verschiedene Rechtecke" auszuprobieren und deren Flächeninhalte zu berechnen. Ganz im Gegensatz dazu stellte der Lehrer in der Sequenz *Kaninchengehege I* (siehe Kapitel 5.3) eine offen gehaltene Aufgabe, die darin besteht, das geschilderte Problem, das nahezu identisch mit dem hier geschilderten ist, mathematisch zu modellieren, während in der hier vorliegenden Sequenz die Aufforderung des Lehrers eine vermehrt kleinschrittige Erarbeitung evoziert, die durch eine Ausführung einzelner Nebenrechnungen charakterisiert ist. Wenngleich auch der Lehrer in der Sequenz *Kaninchengehege I* (siehe Kapitel 5.3) die Vorgabe macht, dass es sich bei dem Gehege um ein rechteckiges Gehege handelt, wird eher die fachliche Fokussierung erkennbar als die inhaltliche Strukturierung durch den Lehrer.

Der Anforderungsgehalt des Impulses besteht darin, drei verschiedene Rechtecke ‚auszuprobieren', sprich mögliche Konstellationen für Länge und Breite zu bestimmen, und anschließend deren Flächeninhalt zu berechnen. Die verschiedenen ermittelten Flächeninhalte sollen die Schüler*innen miteinander vergleichen, um entscheiden zu können, welches davon den größten Flächeninhalt besitzt. Der in der Geschichte aufgeworfene außermathematische Charakter wird durch den Impuls in eine innermathematisch zu bearbeitende Aufgabe überführt, bei der die Schüler*innen angehalten sind, bereits bekannte Verfahren zur Anwendung zu bringen. Statt einer Abstrahierung und Modellierung des gegebenen Sachverhaltes findet eine formale Beschäftigung mit bekannten Verfahren und Prozeduren statt. Es zeigt sich hier, homolog zur vorherigen Sequenz *Sag mal 'ne Zahl* (siehe Kapitel 5.2) die Orientierung des Lehrers an einer Beschäftigung der Schüler*innen mit bereits bekannten Verfahren.

Der übergeordnete Anforderungsgehalt der Aufgabe wird in einen Prozess des Probierens transformiert, bei dem der Ausgang und die Ergebnisse abhängig vom Zufall sind. Je nachdem, welche Zahlen von den Schüler*innen für die Rechteckskonstruktionen verwendet werden, entstehen unterschiedliche Konstellationen in Bezug auf die Länge und Breite der Rechtecke und der dazugehörigen Flächeninhalte. Die Schüler*innen fungieren an dieser Stelle, ebenfalls homolog zur vorherigen Sequenz der gleichen Lerngruppe (siehe Kapitel 5.2), als Zufallsgeneratoren. Die Problemschilderung des Lehrers wird in dieser Sequenz transformiert in einen Prozess des Probierens. Während in der Sequenz *Kaninchengehege I* (siehe Kapitel 5.3) in der offen gestellten Frage „wie könnte man denn jetzt da dran gehen" und dem Bezug auf die Zeichnung des Rechtecks an der Tafel eine Übertragung von der praktischen Problem*schilderung* zu einer konkreten Problem- und Aufgaben*stellung* stattfand.

Die Schüler*innen lassen sich, wenn auch auf unterschiedliche Art und Weise, auf die unterrichtliche Inszenierung und die „Geschichte" des Lehrers ein, indem sie auf den propositionalen Gehalt eingehen und danach fragen, was „das Beste“ in diesem Zusammenhang bedeutet und um welche Tiere es sich konkret handelt. Während Sf16 in einer komplementären Bewegung zur alltagssprachlichen Formulierung des Lehrers mit einem fachlichen, mathematischen Aspekt, der Fläche, antwortet, bewegen sich die beiden Schüler*innen Sf06 und Sf12 auf der Ebene der Geschichte. Insgesamt zeigt sich hierbei die Orientierung der Schüler*innen an der Mitarbeit in der unterrichtlichen Inszenierung. In der anschließenden Bearbeitung zeigt sich zudem die Orientierung der Schüler*innen an Aufgabenerledigung, die geforderten Rechtecke in einem Modus des Probierens aufzustellen und die Flächeninhalte zu berechnen.

Nach etwa zehn Minuten Bearbeitungszeit werden in einem klassenöffentlichen Gespräch verschiedene Konstellationen von Länge und Breite inklusive der berechneten Flächeninhalte gemeinsam besprochen und im Rahmen einer Werttabelle an der linken Tafelseite festgehalten. Insgesamt werden in dieser Phase sechs Beispiele der Schüler*innen diskutiert und in die Wertetabelle aufgenommen. Dabei wird besonders der kleinschritte Charakter und der repetitive Modus der Er- und Bearbeitung der Aufgabe deutlich. Während in der Sequenz *Kaninchengehege I* (siehe Kapitel 5.3) eine ähnliche Wertetabelle generiert wurde, zeigen sich in der Fülle und dem Umfang der besprochenen Beispiele große Unterschiede. So wurden dort lediglich zwei mögliche Konstellationen von Länge und Breite besprochen und in die Tabelle aufgenommen. Bereits nach diesem zweiten Beispiel wurde der repetitive Modus durch die Lehrperson beendet und die Schüler*innen wurden dazu angehalten, die Tabelle gedankenexperimentell weiter fortzuführen.

Hingegen ergänzt der Lehrer hier anschließend ein weiteres, durch ihn vorgegebenes Beispiel. In diesem Beispiel stellt der Lehrer in Interaktion mit den Schüler*innen einen Term auf, der es ermöglicht, die Breite des Rechtecks bei vorgegebener Länge zu berechnen. Im Anschluss daran wischt der Lehrer von der mittleren Tafel das zu Beginn angezeichnete Rechteck ab, schreibt anschließend „Länge: x“ an die Tafel (siehe Abb. 32) und wendet sich erneut den Schüler*innen zu.

Sequenz Kaninchengehege II, 00:30:57–00:33:36

Lm: Und (.) jetzt wirds Mathe. so richtig. (26) #00:31:27# wenn die Länge sieben ist, dann muss ich rechnen achtzehn minus sieben und das dann durch zwei. wenn die Länge acht ist muss ich rechnen achtzehn minus acht und das dann durch zwei. wenn die Länge zehn ist muss ich rechnen achtzehn minus zehn und dann die Länge durch zwei. und wenn die Länge x ist? (7) #00:31:56# ist ein <u>Riesenschritt</u> ein <u>ganz ganz schwerer Schritt</u> vom konkreten Beispiel zu diesem abstrakten mit dem x wie geht es allgemein, also was muss man mit der Länge machen; um auf die Breite zu kommen? diese (.) Beispielrechnung habt ihr glaube ich alle verstanden. aber das jetzt umzusetzen in so eine allgemeine Rechnung ist ganz ganz schwierig. also die Länge ist jetzt irgendeine Zahl, die ich x alle nennen immer alle Variablen x in Mathe keine Ahnung manchmal, anders aber meistens nicht, was muss man mit der jetzt machen um auf die Breite zu kommen? Sm10 #00:32:35#

Sm10: Achtzehn minus x geteilt durch zwei. (12) #00:32:49#

Lm: Stimmt das? (6) also wie immer ne; Sm10 sagt geteilt durch zwei; meint vielleicht geteilt mit Doppelpunkt Lehrer schreiben Brüche immer, wisst ihr ja, aber das ist das Gleiche, das ist nicht das Problem. Achtzehn minus x (.) geteilt durch zwei. ist das richtig? Sf20 #00:33:13#

Sf20: ich denke schon und man muss es dann äh umformen irgendwie, damit am Ende hätte man halt x; rausbekommt. #00:33:23#

Lm: Mhm. (4) wenn wir schon beim Umformen sind, kann man das eigentlich umformen nicht dass man es unbedingt jetzt müsste aber wenn man es kann wenn es schöner wird? #00:33:36#

Nachdem die Schüler*innen zuvor die unterschiedlichen Konstellationen anhand der Wertetabelle besprochen haben, verändert sich der Anforderungsgehalt des lehrerseitigen Impulses dahingehend, dass, auf Basis der durch das Probieren entstandenen Werte und des eben aufgestellten Terms zur Berechnung der Breite nun eine Abstrahierung vollzogen werden soll. Mit „jetzt wird's Mathe, so richtig" und „ganz ganz schwerer Schritt" wird die bevorstehende Abstrahierung durch den Lehrer als kompliziert inszeniert. In dieser inszenierten Komplexität wird erkennbar, dass das Problem, die Schwierigkeit der zu vollziehenden Abstrahierungsleistung, aufseiten der Schüler*innen zu verorten ist. Gleichzeitig wird darin ein mangelndes Vertrauen in die Fähigkeiten der Schüler*innen, die Abstraktionsleistung selbstständig vollziehen zu können, erkennbar. Ganz anders in der Sequenz *Kaninchengehege I* (siehe Kapitel 5.3), in der vermehrt das Zutrauen in die Fähigkeiten der Schüler*innen, die Abstrahierung und die Modellierung vollbringen zu können, deutlich wurde.

Die Schüler*innen schließen erneut in unterschiedlicher Art und Weise an die Gehalte des Lehrers an. Während Sm10 komplementär zur inszenierten Komplexität des Lehrers die Abstrahierung der Gleichung vornimmt, schließt Sf20 an die Frage des Lehrers, ob die eben aufgestellte Gleichung „richtig" ist, an. Primär zeigen die Schüler*innen dabei eine Orientierung an Aufgabenerledigung, indem sie sich auf die unterschiedlichen Anforderungsgehalte des lehrerseitigen Impulses im Rahmen des strukturierten Unterrichtsgesprächs einlassen. Anders als in der Sequenz *Der Ansatz* (siehe Kapitel 6.1.2) in der die Schüler*innen im Rahmen ihrer Orientierung an Aufgabenerledigung überwiegend ihr Vorwissen explizierten, um die geforderten Inhalte der Lehrerin zu reproduzieren.

Der Lehrer nimmt den Verweis von Sf20 zum Anlass, um im Folgenden weitere mathematische Sachverhalte, hier das äquivalente Umformen von Gleichungen, zu thematisieren. In dieser komplementären Bewegung dokumentiert sich die instruktivistische Orientierung des Lehrers an der Vermittlung mathematischer Inhalte. Diese vermittelnde Orientierung steht dabei im Kontrast zur reproduzierenden Orientierung, wie sie bspw. in der Sequenz *Mal zwei gerechnet* (siehe Kapitel 5.1) rekonstruiert werden konnte. Im Rahmen der Klärung eines einzelnen Rechenschritts eines Schülers, forderte die Lehrerin dort die Schüler*innen auf einen Merksatz zu reproduzieren.

In diesem Ausschnitt wird durch die Aussagen „wenn es geht" und damit es „schöner wird", zudem eine Haltung des Lehrers erkennbar, die sich auf die Ästhetik der Mathematik bezieht. Fachlich zeigt sich dabei eine Unklarheit und Inkonsistenz, indem der Lehrer immer wieder von der übergeordneten Fragestellung, wann erreicht das Kaninchengehege den maximalen Flächeninhalt, abweicht.

Sequenz Kaninchengehege II, 00:36:43–00:38:56

Lm: Es wird schlimmer; wie rechnet man, wenn man die Länge und die Breite hat; den Flächeninhalt aus? (14) Sf25 #00:37:06#

Sf25: Man rechnet halt Länge mal Breite. (6) #00:37:15#

Lm: Gut. naja wir haben ja die Länge und die Breite, oben drüberstehen. was steht denn da wenn man das jetzt- (.) macht. (7) Länge mal Breite ist; sagt Sf25, der Flächeninhalt von einem Rechteck es geht um den Flächeninhalt von einem Rechteck wir haben die ganze Zeit Länge mal Breite gerechnet jetzt haben wir halt diese blöden ickse da drinstehen, Länge mal Breite? (3) Sm13 #00:37:52#

Sm13: x mal achtzehn minus x halbe #00:37:54#

Lm: Okay? (4) ja. (7) kann man das vereinfachen? will man das vereinfachen; ist vielleicht die wichtigere Frage? ich will gerne, wenn es geht (3) Sf22 #00:38:26#

Sf22: x mal neun minus ein halb x? #00:38:29#

Lm: Ist vielleicht händel- leichter händelbar mal gucken (12) Sf01 #00:38:47#

Sf01: Könnte man da nicht einfach das x wegstreichen? also die beiden x? #00:38:52#

Lm: └Mhm (.) äh das wäre zu schön um wahr zu sein oder? #00:38:56#

In der verbalen Dramatisierung des Lehrers „Es wird schlimmer" zeigt sich homolog die zuvor aufgezeigte Inszenierung von Komplexität. Die Dramatisierung offenbart ein Verständnis davon, dass die zuvor durchgeführten Schritte bereits ‚schlimm' waren und der jetzt zu vollziehende Schritt von noch größeren Schwierigkeiten geprägt ist. Gleichwohl gibt sich der Lehrer dadurch als Experte zu erkennen, der über das nötige Wissen verfügt, um die Schwierigkeit der Aufgabe einschätzen zu können. Er ist derjenige in der Interaktion, der den Schwierigkeitsgrad der kommenden Bearbeitungsschritte beurteilen kann. In

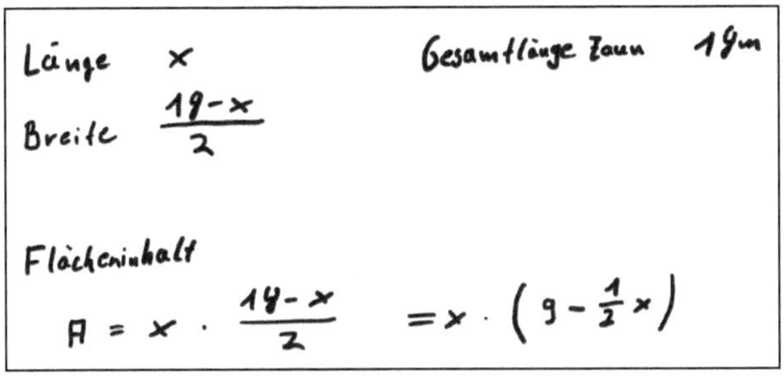

Länge x Gesamtlänge Zaun 19m

Breite $\frac{19-x}{2}$

Flächeninhalt

$A = x \cdot \frac{19-x}{2} = x \cdot \left(9 - \frac{1}{2}x\right)$

Abb. 32: Rekonstruktion des Tafelanschriebs Sequenz *Kaninchengehege II #00:38:40#*

dieser Rahmung wird ein Mathematikverständnis des Lehrers erkennbar, das von einer Steigerungslogik ausgeht.

Die verbale Validierung des Beitrages von Sf25 durch den Lehrer steht dem nonverbalen Anschreiben von „$A =$“ an die Tafel (siehe Abb. 32) komplementär gegenüber. Der Lehrer gibt an dieser Stelle explizit zu erkennen, dass das Problem darin besteht, dass die „blöden ickse“ in den Termen enthalten sind und diese, aus seiner Sicht, die Generierung und die Abstrahierung der Gleichung erschweren. Es handelt sich dabei um einen Schritt, den die Schüler*innen nicht ohne Weiteres vollziehen können.

In seiner Antwort stellt Sm13 die Gleichung aus den beiden Termen auf. Der Schüler zeigt auch hier eine Orientierung an Beteiligung bei der unterrichtlichen Inszenierung. Gleichzeitig wird erkennbar, dass die proponierte Schwierigkeit des Aufstellens der Gleichung durch den Lehrer nicht für Sm13 zutrifft. Die hier diktierte Gleichung wird vom Lehrer an der Tafel festgehalten (siehe Abb. 32).

Die anschließende Aufforderung des Lehrers zur Vereinfachung der eben diktierten Gleichung zeigt die Orientierung des Lehrers an einer innermathematischen Vereinfachung auf das Generelle und einer mathematischen Ästhetik. Dadurch, dass er diese Umformung „will“, bezieht sich dieses Verständnis ausschließlich auf ihn und nicht auf die Schüler*innen. Die Interaktion ist geprägt von inhaltlichen Relevanzsetzungen durch den Lehrer und das Induzieren von möglichen äquivalenten Umformungen und Nebenrechnungen. Die instruktivistische Orientierung der Lehrkraft in Bezug auf die Vermittlung mathematischer Inhalte wird hier deutlich. Diese Vermittlungslogik spiegelt sich darin wider, dass der Lehrer die von der Schülerin Sf22 vorgeschlagene ‚Vereinfachung‘ an die Tafel überträgt (siehe Abb. 32). Insgesamt dokumentiert sich ein Verständnis des Lehrers, dass die Schüler*innen den Anforderungen des Unterrichtes entsprechen können, wenn die nötigen Inhalte durch die Lehrperson vermittelt worden sind.

Die Schüler*innen schließen an die Aufforderung zur ‚Vereinfachung' der Gleichung an, indem sie dem Lehrer mögliche Umstellungen diktieren. Die Schüler*innen zeigen dabei primär eine Orientierung an der Mitarbeit an der Unterrichtsinszenierung des Lehrers, indem sie, trotz der unklaren und von Vagheit geprägten Interaktion, Vorschläge für Berechnungen in den Diskurs einbringen. Zudem zeigt sich hier auch beispielhaft die Orientierung an Aufgabenerledigung, bei der die Schüler*innen im Rahmen eines Modus des Probierens unterschiedliche äquivalente Umformungen vollziehen.

Die finale Aufstellung der Gleichung wird nach verschiedenen Umformungen und den Besprechungen dieser Umformungen in der 45. Minute des Videos durch ein verbales Stöhnen und der Umrandung dieser Gleichung durch den Lehrer konkludiert. Zusammenfassend wird dabei erkennbar, dass der übergeordnete Anforderungsgehalt der Aufgabe, die Abstrahierung und die Modellierung des authentisch konstruierten Problems, in einem ambivalenten Verhältnis zu den vielfach durch den Lehrer induzierten Anforderungen einzelner Berechnungen, Teilabstrahierungen, Umstellungen und Nebenrechnungen steht.

6.3 Typ III: Aktivierung zu fachlicher Konstruktion

Kennzeichnend für den *Typ III: Aktivierung zu fachlicher Konstruktion* ist eine konstruktivistische Orientierung der Lehrkräfte. Die initialen Impulse werden in Form einer Problemstellung eingebracht und unter der Anwendung unterschiedlicher Repräsentationsformate und unterrichtlicher Materialien bzw. Dinge von den Schülern*innen in Zusammenarbeit mit der Lehrkraft in einem ko-konstruktiven Prozess bearbeitet. Die Anforderungsgehalte dieser Impulse bestehen überwiegend darin, zu abstrahieren, zu modellieren, und zu überprüfen. Dabei beteiligen sich die Schüler*innen aktiv im Unterricht, indem sie authentische Probleme modellieren, Vorwissen einbringen und eine Bereitschaft für fachliche Diskussionen zeigen.

Die bereits vorgestellte Sequenz *Kaninchengehege I* (siehe Kapitel 5.3) stellt den Kernfall dieses Typs dar. Der *Typ III* war in den gesichteten Videos aus der TALIS-Videostudie Deutschland (Grünkorn et al., 2020) kaum auszumachen, weswegen zur allgemeinen Kontrastierung und zur Ausdifferenzierung des Typs weitere Sequenzen aus anderen Studien hinzugezogen wurden. Im Folgenden wird die Sequenz *Bauer Piepenbrink* (siehe Kapitel 6.3.1) aus der Pythagoras-Studie (Klieme et al., 2009) vorgestellt und komparativ verglichen. Daran anschließend folgt die Sequenz *Kann das Wackeln wandern?* (siehe Kapitel 6.3.2) aus dem Grundschulunterricht zum Thema Schall von der Plattform *ViU: Early Science – Videobasierte Unterrichtsanalyse.*

6.3.1 Sequenz: Bauer Piepenbrink

*(Unterrichtseinheit: Satz des Pythagoras, Stunde 1 innerhalb der Einheit, Klassenstufe 9, Realschule, kleine Kleinstadt, 20 Schüler*innen [14 w, 6 m])*

Die Sequenz stammt aus dem Projekt *Pythagoras – Unterrichtsqualität und mathematisches Verständnis in verschiedenen Unterrichtskulturen*, das gemeinsam vom DIPF | Leibniz-Institut für Bildungsforschung und Bildungsinformation und dem Pädagogischen Institut der Universität Zürich durchgeführt wurde (Klieme et al., 2009). Das dazugehörige Video ist nach vorheriger Registrierung und auf Antrag über das Forschungsdatenzentrum Bildung des DIPF[1] abrufbar (Klieme et al., 2014).

Gezeigt wird hier ein Ausschnitt aus der Einführungsstunde einer neunten Klasse zur Unterrichtseinheit *Satz des Pythagoras*. Die vom Lehrer in der Sequenz eingesetzte Aufgabe stammt aus der Zeitschrift Mathematik Lehren[2] aus dem Jahr 2001. In dem Beitrag von Karin Wagenführ (2001) wird eine Aufgabe zur Einführung in den Satz des Pythagoras vorgestellt. Die Aufgabe wird im Rahmen einer Geschichte präsentiert, in der drei Bauern aus dem kleinen, fiktiven Dorf Feldhausen aufgrund des Baus einer Umgehungsstraße die Gelegenheit bekommen, bei der Gemeinde zwei ihrer quadratischen Felder gegen ein zusammenhängendes Feld zu tauschen. Durch die unterschiedlichen Anordnungen der Felder ist der Tausch je nach dem für die Bauern unterschiedlich lohnend. In dem Beitrag gibt die Autorin Hinweise zur didaktischen Umsetzung der Aufgabe und am Ende des Beitrags finden sich drei Kopiervorlagen für die Lehrkräfte, die die unterschiedlichen Konstellationen der Bauern verdeutlichen (siehe Abb. 34).

Fachliche Einordnung

Mit dem *Satz des Pythagoras* lassen sich die Beziehungen zwischen den Seitenlängen eines rechtwinkligen Dreiecks beschreiben. In einem Dreieck werden üblicherweise die Seiten a und b als Katheten und die Seite c als Hypotenuse bezeichnet. Die Hypotenuse liegt dabei dem rechten Winkel gegenüber und stellt immer die längste Seite des Dreiecks dar. Der Satz des Pythagoras besagt: „in einem rechtwinkligen Dreieck ist die Summe der Quadrate über den Katheten gleich dem Quadrat der Hypotenuse“ (Kemnitz, 2010, S. 116). Stellt man diese Beziehung in einer Formel dar, erhält man: $a^2 + b^2 = c^2$. In der

1 DIPF | Leibniz-Institut für Bildungsforschung und Bildungsinformation [online] http://dx.doi.org/10.7477/1:1:1 [Letzter Zugriff: 31. 08. 2023].

2 Friedrich Verlag GmbH [online] https://www.friedrich-verlag.de/shop/sekundarstufe/mathematik/fachzeitschriften/mathematik-lehren [Letzter Zugriff: 31. 08. 2023].

Aufgabe von Wagenführ (2001) geht es in einem ersten Schritt darum, herauszufinden, wie sich die Fläche des Quadrates an der Hypotenuse in Abhängigkeit zur Anordnung der Felder an den unterschiedlichen Dreiecken verhält. Es zeigt sich, dass lediglich bei Bauer Piepenbrink die drei Quadrate, die an den Ecken zusammenstoßen, in der Mitte einen Leerraum in der Form eines rechtwinkligen Dreiecks bilden, sodass die beiden alten Felder flächenmäßig identisch mit dem neuen Feld der Gemeinde sind. Bei den beiden anderen Bauern formt sich jeweils ein stumpfwinkliges (Bauer Plattfuß) und ein spitzwinkliges Dreieck (Bauer Großmaul). Das neue Feld des Bauern Plattfuß ist dadurch flächenmäßig größer und das des Bauern Großmaul kleiner als die beiden ursprünglichen Felder zusammen.

Interpretation

Die Sequenz beginnt kurz nachdem im Video der Gong der Schule zu hören ist (#00:07:12#), der Lehrer kurz organisatorische Dinge bespricht und dann die Stunde damit rahmt, ein neues Thema zu beginnen.

Sequenz Bauer Piepenbrink, 00:09:30–00:11:41

Lm: So, die- ich fang mit einer Geschichte an, die net in äh [Ortsname 1] spielt, sondern weil kein besserer Name eingefallen ist, in Feldhausen; #00:09:41# und zwar gehts wie so oft in- aufaufem Dorf gehts um ne Landreform, die Flurbereinigung nennt man das glaub ich ja? und wegen einer Umgehungsstraße (.) äh [Ortsname 2] hat inzwischen eine #00:09:54# [Ortsname 1] braucht glaub ich keine. ist jemand aus [Ortsname 1] hier ne gell? #00:09:59#

Sm15: Aber [Ortsname 3] #00:10:00#

Lm: Ach [Ortsname 3] ja [Ortsname 3) [Ortsname 3] noch besser [Ortsname 3]. jedenfalls das Ding heißt Feldhausen und Feldhausen bekommt ne Umgehungsstraße und jetzt gibts da einen Bauern; #00:10:09# ähm er hat zwei Felder; (.)und d- das Angebot ist tausche deine beiden Felder gegen ein einziges ne? weil dort natürlich die Umgehungsstraße soll- durch soll und dein Feld, das du kriegst #00:10:23# das ist auch wunderschön am- ein Stück nur, quadratisch, deine beiden auch quadratischen Felder, kriegst du abgenommen dafür. #00:10:31# ja er geht nach Hause und grübelt bissl und sagt soll ich das machen oder nicht? (.) und dann fragt er mal seine kleine- seine- seine Nichte, und die rechnet ein bissl rum #00:10:40# und sagt (.) nicht schlecht, lohnt sich. am Stammtisch am Abend erzählt er das rum, ja ich war auf der Gemeinde und hab ähm meine beiden Felder tausch ich jetzt ein. ich krieg jetzt eins- ich krieg ein großes Feld. #00:10:55# der- gro- der- (.) Bauer wie nennt man- wie heißen denn (   )? Plattfuß, der ist ein bissl der Plattfuß, weil (der ist) ein bissl doof ne? der sagt sich, ha ja, was der An-

> dere da kann #00:11:08# kann ich auch. ( ) auch machen und geht auf die Gemeinde am nächsten Tag und auch zwei Felder, auch jedes quadratisch, kann ich ein neues dafür kriege? Lohnt sich das oder nicht? #00:11:20# (.) und der Dritte, das Großmaul im Dorf ja; der immer der Schlauste ist und alles angibt ja; geht auch hin und kann ich das auch machen kann ich das auch machen, und er kriegt auch ein Feld #00:11:31# im Tausch für die beiden anderen. Frage ist, rentiert sich das? Wer gewinnt- profitiert davon wer profitiert nicht davon ja? #00:11:41#

Der initiale Impuls wird an dieser Stelle durch den Lehrer in Form eines Echtweltbezugs als ein Problem der drei Bauern der Erzählung inszeniert, an dem die Schüler*innen im Folgenden partizipieren sollen. Dadurch, dass der Lehrer während der Erzählung Bezüge zu den Wohnorten der Schüler*innen herstellt, bezieht er sie konkret mit in die Erzählung ein. Zudem wird durch die Konstruiertheit und die Betroffenheit der Protagonisten in der Geschichte der außermathematische Charakter der Aufgabe besonders hervorgehoben. Durch die Markierung des Impulses als eine „Geschichte" gibt der Lehrer zu erkennen, dass es sich bei der Erzählung nicht um eine echte Gegebenheit handelt. Dies zeigt sich auch darin, dass sich der Lehrer selbst deutlich gegenüber dem Wahrheitsgehalt der Geschichte abgrenzt. Ferner zeigt sich in dieser Inszenierung die Passung in Bezug auf die ursprüngliche Aufgabe aus dem Beitrag von Wagenführ (2001), in dem die Aufgabe selbst als „Geschichte zur Feldreform" (Wagenführ, 2001, S. 10) bezeichnet wird.

Die Schüler*innen sitzen an den in Reihen aufgestellten Tischen und ihre Blicke sind überwiegend auf den Lehrer ausgerichtet, der zwischen den vorderen Tischreihen positioniert steht und gestikuliert (siehe Abb. 33). Aufseiten der Schüler*innen dokumentiert sich hier die Signalisierung von Aufmerksamkeit und die Bereitschaft, an der unterrichtlichen Inszenierung des Lehrers mitzuwirken. Der Lehrer wird hier, ähnlich wie in der Sequenz *Kaninchengehege I* (siehe Kapitel 5.3), durch seine mittige Positionierung in der Nähe der Schüler*innen gut auf dem Bild und demnach auch für alle Schüler*innen erkennbar. Seine Körpersprache wirkt durch die Positionierung und die Gesten offen, sodass der Lehrer an dieser Stelle primär als erzählender erkennbar wird. Anders, als in der Sequenz *Mal zwei gerechnet* (siehe Kapitel 5.1) in der die Lehrerin durch ihre Positionierung in der Türnische verstärkt eine beobachtende und kontrollierende Haltung eingenommen hatte.

In der aufgeworfenen Fragestellung des Lehrers „rentiert sich das?" dokumentiert sich der an dieser Stelle aufgerufene Anforderungsgehalt der Aufgabe. Während die Frage grundlegend als eine geschlossene Frage betrachtet werden kann, die sich mit ja oder nein beantworten ließe, werden die Schüler*innen durch die Anschlussfrage „wer profitiert davon" dazu aufgefordert, die einzelnen Szenarien der Bauern untereinander zu vergleichen. Die Frage und auch

Abb. 33: Fotogramme Sequenz *Bauer Piepenbrink* (rechts) #00:11:07# (links) #00:11:16#

das dahinterliegende Problem, welcher Tausch sich für welchen der Bauern lohnt, verbleibt zu diesem Zeitpunkt auf der geschichtlichen Ebene und wird bis jetzt nicht als eine mathematische gerahmt. In dieser Inszenierung und der allgemeinen Offenheit gegenüber der Beantwortung der Frage zeigt sich die Orientierung des Lehrers an einem Modus des Problemlösens. Besonders im Fallvergleich wird erkennbar, dass die Schüler*innen durch den Lehrer als Unterstützer*innen hinsichtlich der zu beantwortenden Frage gerahmt werden, indem sie ihm bzw. den Bauern der Geschichte dabei helfen sollen, die einzelnen Tauschentscheidungen der Bauern zu bewerten. Es handelt sich um ein konstruiertes Problem, von dem die Schüler*innen selbst nicht direkt betroffen sind. Anders als in der Sequenz *Gruppen* (siehe Kapitel 6.2.1) in der das Problem überwiegend darin bestand, dass die Schüler*innen nicht über das nötige Wissen verfügten, um die übergeordnete Aufgabe des Arbeitsblatts und auch bestimmte Gleichungen lösen zu können.

Im Anschluss an die Frage teilt der Lehrer die Schüler*innen in einzelne Gruppen auf. In der eher zufälligen Zuteilung der unterschiedlichen Szenarien zu den Gruppen wird das Zutrauen des Lehrers in die Fähigkeiten der Schüler*innen, die Aufgaben gemeinsam, aber doch ohne seine Hilfe, bearbeiten zu können deutlich. Auch in der Art der Implementierung der Aufgabe durch den Lehrer wird ein Zutrauen in die Fähigkeiten der Schüler*innen deutlich. Der Lehrer schließt an den propositionalen Gehalt der ursprünglichen Aufgabe des Zeitschriftenbeitrags an, indem er sich nicht für den als „recht lehrerzentrierte[n] Zugang zum Satz des Pythagoras“ (Wagenführ, 2001, S. 12) entscheidet, bei dem die Folien mit den unterschiedlichen Feldern erst einzeln auf den OHP auflegt und dann mit den Schüler*innen klassenöffentlich besprochen werden. Vielmehr entscheidet er sich für den zweiten didaktischen Vorschlag der Autorin, indem er die Folien in Form von Arbeitsblättern an die Schüler*innen in Gruppen austeilt.

Sequenz Bauer Piepenbrink, 00:12:49–00:14:17

Sm16: ( ) #00:12:51#
Lm: Die Bodenbeschaffenheit du hast recht #00:12:51# und dann haben wir hier (2) Bauer, seid ihr zusammen hier oder wie macht ihr das? ja also, Großmaul wer hat meinen Plattfuß? ihr nehmt Plattfuß hier, (.) ich werds das nächste Mal den 00:13:06:23 Gegebenheiten anpassen. äääähm (2) Piepenbrink (2) Piepenbrink. wen habt ihr? (.) Großmaul. Großmaul, Plattfuß, Plattfuß. Ihr kriegt noch Plattfuß. #00:13:28#
Sf02: Brauchen wir ein den Overhead ( )? #00:13:30#
Lm: Ja später brauchen wir ihn. wen habt ihr? #00:13:33#
Sf10: Großmaul #00:13:34#
Lm: Großmaul (.) Plattfuß (2) wen habt ihr? #00:13:40#
Sm17: ( ) #00:13:41#
Lm: Großmaul (2) Piepenbrink (.) so die Frage lautet, loh- bitte noch mal zuhören die Frage lautet lohnt sich das der Tausch? Lohnt sich ein quadratisches Feld zu bekommen für zwei ihr seht #00:13:57# die Felder sind mit eins und zwei nummeriert, ja? lohnt sich dieser Tausch? #00:14:01#
Sf04: Ist das eine Skizze oder im richtigen Maßstab? #00:14:03#
Lm: Das ist ähm eine interessante Frage, Skizze oder Maßstab, überlegt euch, entsprechend eure Ant- äh Antworten. #00:14:11# (5) ja die sind auch quadratisch. #00:14:17#

In der Anschlussproposition des Lehrers und der Frage danach, ob sich der Tausch für die Bauern „lohnt", schließt der Lehrer an seinen zuvor aufgeworfenen Anforderungsgehalt an. Der Anforderungsgehalt des lehrerseitigen Impulses steht dabei in Passung zur Aufgabe aus der Zeitschrift. Die Schüler*innen sind an dieser Stelle angehalten innerhalb ihrer Gruppe, auf Basis der durch den Lehrer erzählten Geschichte und unter Hinzunahme des parallel ausgeteilten Arbeitsblattes, zu entscheiden, ob sie dem ihnen zugeteilten Bauern zu einem Tausch der beiden Felder raten würden. Die Form der Bearbeitung wird dabei weiterhin offengehalten. Die Offenheit wird auch dadurch verstärkt, dass neben der Geschichte und der Zeichnung auf dem Arbeitsblatt keine weiteren (mathematischen) Informationen zur Generierung von Lösungswegen vorgegeben sind. In der Idee des Schülers Sm16, der auf die „Bodenbeschaffenheit" der Felder verweist, wird in Passung zum proponierten Echtweltbezug der Geschichte die gedankenexperimentelle Annäherung und die Aufstellung erster Vermutungen durch die Schüler*innen sichtbar. Der Lehrer validiert dies kurz, geht aber nicht näher darauf ein, sodass die mathematische Fokussierung des Lehrers erkennbar wird.

Erst durch das Austeilen der Arbeitsblätter mit den darauf abgedruckten Abbildungen wird das konstruierte Problem des Lehrers als eine mathematische Aufgabe erkennbar (siehe Abb. 34). Auf den Abbildungen ist jeweils zu erkennen, dass drei Quadrate, die an den Ecken zusammenstoßen, in der Mitte einen Leerraum in der Form eines Dreiecks bilden. An dieser Stelle findet eine

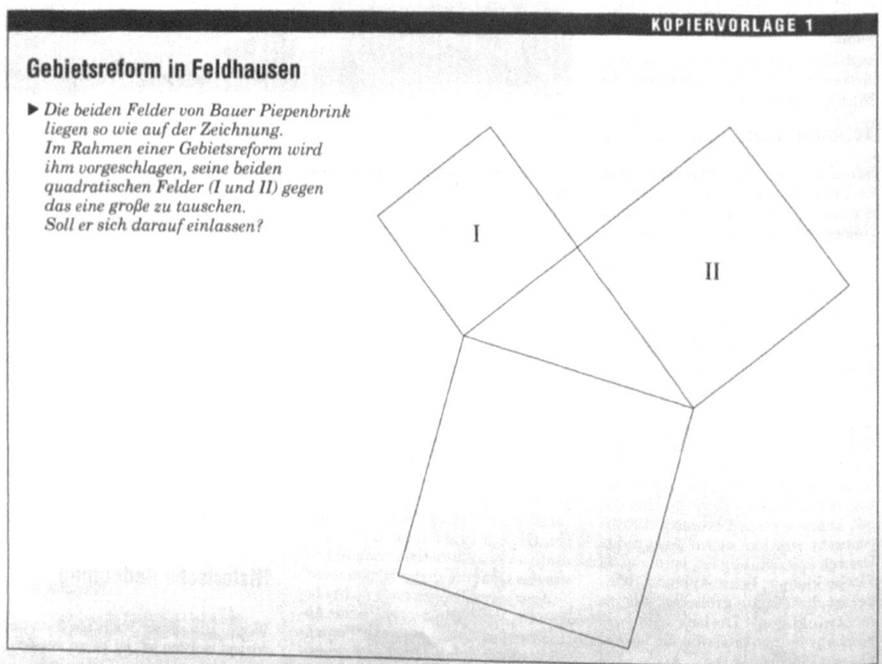

Abb. 34: Kopiervorlage 1 „Gebietsreform in Feldhausen" aus Wagenführ (2001, S. 12)

Transformation der vom Lehrer inszenierten Problem*schilderung* zu einer mathematischen Aufgaben*stellung* statt. Im Vergleich zur Sequenz *Mal zwei gerechnet* (Kapitel 5.1), in der eine Orientierung der Lehrerin am Rechnen und an der Korrektheit einzelner mathematischer Operationen rekonstruiert wurde, dokumentiert sich durch die Verknüpfung der Geschichte mit den mathematischen Abbildungen in dieser Sequenz eine Orientierung des Lehrers an der problemorientierten Vermittlung und Aneignung von Mathematik.

Die Flächen der geometrischen Figuren werden dabei als gegebene Größen erkennbar, mit denen die Schüler*innen im Folgenden operieren können. Dass die Schüler*innen an diese Transformation anschließen, zeigt sich prompt in der Nachfrage von Sf04, die danach fragt, ob es sich bei der Abbildung um eine Skizze oder eine Abbildung mit konkretem Maßstab handelt. Die Schüler*innen zeigen hier eine Orientierung an Aufgabenerledigung, die sich in einem Einlassen auf den Anforderungsgehalt und die Geschichte des Lehrers sowie das Aufstellen von mathematischen Vermutungen in Bezug auf die außermathematische Fragestellung der lebensweltlichen Problemstellung als mathematischem Sachverhalt zeigt. Die Schüler*innen stellen in den Gruppen und im gemeinsamen, klassenöffentlichen Vergleich Vermutungen auf, die die generalisierten mathematischen Gesetzmäßigkeiten hinter der Aufgabe erklären sollen. Anders in der Sequenz *Sag mal 'ne Zahl* (siehe Kapitel 5.2), in der die zahlreichen

Beiträge der Schüler*innen, auf das Einsetzen, Umformen und Berechnen im Modus des Probierens ausgerichtet sind, maßgeblich dazu beitragen, die unterrichtliche und lehrerseitige Inszenierung und die Fremdrahmung der Schüler*innen als unwissend aufrechterhalten.

Nach knapp vier Minuten der Bearbeitung in den Gruppen adressiert der Lehrer die Schüler*innen klassenöffentlich und fragt, ob bereits Vermutungen aufgestellt worden sind. Zusätzlich fordert er verbal und nonverbal, durch eine Zeigegeste, den Schüler Sm14 auf, die Ergebnisse seiner Gruppe klassenöffentlich an der Tafel zu präsentieren.

Sequenz Bauer Piepenbrink, 00:19:20–00:20:25

Lm: Ja? also (.) können wir mal so machen, ich hab hier eine- ich hab hier die Folie (.) Situation von Piepenbrink, ja so. ähm zu was für einem Schluss seid ihr gekommen? #00:19:35# kannst ruhig- einer von euch an die- vorne- vorgehen und erklären kurz für die- Allgemeinheit. #00:19:40#
Sm14: ( ) (also ähm-) #00:19:42#
Lm: Geh ruhig an die Tafel kannst es zeigen. (2) #00:19:49#
Sm14: Ja wir haben eigentlich herausgefunden dass das hier auf jeden Fall mal ein rechtwinkliges Dreieck ist da. #00:19:53#
Lm: Ah #00:19:54#
Sm14: Das ist mal- das ist mal entscheidend, glaub ich mal. dass das irgendwas mit dem rechten Winkel zu tun hat. und dann haben wir noch ähm ähm (die Gegenlinie) ist es ja dann die Seite #00:20:07# plus die Seite ins Quadrat ähm soll dann irgendwie auch die da sein. Dann gehts weiter bis dort (soll) oder wo; #00:20:16#
Lm: Und? seid ihr auch zu einem Ergebnis gekommen? tuts das? #00:20:19#
Sm14: (das weiß ich nicht) #00:20:21#
Me: @(2)@
Lm: ᴸOk. #00:20:22# danke danke. äh nächste Gruppe, habt ihr was dazu #00:20:25#

In seiner Adressierung bewegt sich der Lehrer weiterhin auf der Ebene der unterrichtlichen Inszenierung in Bezug auf die eingangs erzählte Geschichte. Gleichzeitig fokussiert er weiterhin den zu Beginn aufgeworfenen propositionalen Gehalt, die Frage danach, ob sich der Tausch lohnt („tuts das?"; „zu welchem Schluss seid ihr gekommen"). Darin zeigt sich eine Fokussierung in Bezug auf den aufgeworfenen Impuls. Weiterhin wird aber die offen gehaltene Fragestellung des Lehrers deutlich, anders als bspw. in der Sequenz *Der Ansatz* (siehe Kapitel 6.1.2), in der die Lehrerin eine Orientierung an der korrekten Benennung eines von ihr geforderten Ansatzes zeigte.

Sm14 zeigt an dieser Stelle, stellvertretend für die anderen Schüler*innen dieser Sequenz, eine Orientierung an Aufgabenerledigung, die darin besteht, dass er sich auf den geforderten Anforderungsgehalt einlässt und auf Basis seines Vorwissens und der Arbeit seiner Gruppe erste Vermutungen zur Beantwortung des Impulses formuliert. Auf der organisatorischen Ebenen kommt er der Aufforderung des Lehrers nach, die Ergebnisse seiner Gruppe klassenöffentlich darzustellen. Auf der inhaltlichen Ebene wird deutlich, dass der Schüler, und womöglich auch die anderen Schüler*innen aus seiner Gruppe, eine Transformation des ursprünglichen Impulses vorgenommen haben. Die Beantwortung der Frage danach, ob sich das rentiert und wer davon profitiert, wird an dieser Stelle von dem Schüler in eine vermutete Gesetzmäßigkeit überführt. Ferner bezieht sich der Schüler an dieser Stelle nicht nur, wie in der Aufgabe proponiert, auf die Felder (Quadrate) in der Aufgabe, sondern markiert das von den Feldern eingeschlossene Dreieck als „entscheidend". Während in dieser Sequenz die Wiedergabe von Wissen weitgehend durch das Aufstellen von Vermutungen durch die Schüler*innen geprägt ist, wird in der Sequenz *Wie sieht das aus*? (siehe Kapitel 6.1.1) durch den Impuls der Lehrerin, die Kerninhalte der vergangenen Unterrichtsstunde zu benennen oder bereits bekannte Verfahren zu wiederholen, Wissen durch die Schüler*innen überwiegend reproduziert.

Abschließend wird der Vergleich der einzelnen Bauern weiter fortgeführt und zum Schluss Bauer Großmaul klassenöffentlich besprochen, bei dem der Lehrer die dritte und letzte Kopiervorlage auf den OHP auflegt. Der Lehrer verbleibt dabei weiterhin im Modus des Geschichtenerzählens und er schließt weiterhin an die zu Beginn aufgeworfene Frage an, ob sich der Tausch der Felder lohnt. Der Lehrer fungiert an dieser Stelle als ein Moderator, indem er die Beiträge der Schüler*innen überwiegend kurz zusammenfasst und weiterhin die übergeordnete Frage, ob es sich für den Bauern lohnt, fokussiert.

Es zeigt sich, dass die Schüler*innen den Impuls des Lehrers in der Form bearbeiten, dass sie sich selbst vom propositionalen Gehalt der Geschichte entfernen, und verstärkt mathematische Argumentationen hervorbringen. Eine Schülerin spricht bspw. von einem „Grundstück" statt von einem Feld. Dennoch wird dabei erkennbar, dass die Schüler*innen konkrete Übersetzungsleistungen vornehmen, die darin bestehen, dass die Schüler*innen, auf Basis von Berechnungen und Messungen, Vermutungen zu allgemeinen Gesetzmäßigkeiten aufstellen. Statt die immer wieder gestellte Frage des Lehrers, ob sich der Tausch lohnt, lediglich mit ja oder nein zu beantworten, bringen die Schüler*innen Begründungen für ihre Vermutungen in den unterrichtlichen Diskurs ein. Dabei können die Schüler*innen auf Grundlage ihrer Berechnungen und Messungen sowohl die übergeordnete Frage des Lehrers beantworten als auch Aussagen über die Beschaffenheit des mathematischen Problems in Bezug auf den Satz des Pythagoras formulieren.

6.3.2 Sequenz: Kann das Wackeln wandern?

*(Unterrichtseinheit: Schall, Stunde 2 von 4 innerhalb der Einheit, Klassenstufe 4, Grundschule, 23 Schüler*innen [14 w, 9 m])*

Das folgende Unterrichtsbeispiel stammt aus dem Projekt *Videobasierte Unterrichtsanalyse (ViU): Early Science – Theoretische Modellierung und empirische Erfassung der Kompetenzen zur Analyse der Lernwirksamkeit von naturwissenschaftlichem Unterricht* der Westfälischen Wilhelms-Universität Münster und wird auf dem Videoportal *ViU: Early Science – Videobasierte Unterrichtsanalyse*[3] für Forschungszwecke zur Verfügung gestellt.

Die gezeigte Sequenz stammt aus dem Sachunterricht einer vierten Grundschulklasse. Das Hauptthema der Unterrichtseinheit ist: „Schall – was ist das?" (vgl. Möller et al., 2008). In dieser Unterrichtseinheit, die insgesamt vier Doppelstunden umfasst, sollen die Schüler*innen lernen, wie Schall entsteht, wie er sich ausbreiten kann und schließlich, wie das Ohr funktioniert. Die in der Stunde verwendeten Unterrichtsmaterialien stammen aus den KiNT-Boxen von Möller et al. (2008). Im Lehrkonzept[4] der Unterrichtseinheit wird der *Forscher*innenkreis* als bedeutsam gekennzeichnet, in dem die Schüler*innen die „Arbeitsweisen eines Forschers" bzw. einer Forscherin kennenlernen sollen. Die Schüler*innen der Klasse werden als lebhaft, motiviert und interessiert, mit einer heterogenen Zusammensetzung beschrieben. Schon zu Beginn des Schuljahres wurden die Kinder mit einer naturwissenschaftlichen Denk- und Arbeitsweise vertraut gemacht. Obwohl die Lehrkraft normalerweise nicht für diese Klasse zuständig ist, scheint sie dennoch mit den Schüler*innen vertraut zu sein, was sich insbesondere darin zeigt, dass sie die Namen fast immer richtig nennt.

Fachliche Einordnung

„Schall ist ein mechanischer Wellenvorgang in Fluiden oder elastischen Festkörpern" (Wagner et al., 2021, S. 186). Alltagssprachlich werden mit Schall akustische Signale bezeichnet, die der Mensch als Ton, Klang, Geräusch oder Lärm über den Hörsinn wahrnehmen kann. Schwingende Gegenstände (bspw. eine Saite, ein Trommelfell oder ein Gummi) erzeugen einen Ton. Schwingun-

---

3 Westfälische Wilhelms-Universität Münster – ViU:EarlyScience [online] https://www.uni-muenster.de/Koviu/ [Letzter Zugriff: 31. 08. 2023].

4 Das Lehrkonzept ist den Begleitmaterialien des ViU-Projekts zu entnehmen und wird dort im Dokument „Informationen zur Unterrichtseinheit" beschrieben. Aufzurufen ist das Dokument nach vorheriger Anmeldung beim Videoportal unter: Westfälische Wilhelms-Universität Münster [online] https://vsso.uni-muenster.de/imperia/md/content/koviu/CD_2018/schall_ue1_information.pdf [Letzter Zugriff: 31. 08. 2023].

gen werden durch die Luft übertragen und können auf andere Gegenstände und Stoffe übergehen. Diese breiten sich in der Luft und auch im Wasser wellenförmig aus. Treffen sie hingegen auf Feststoffe, wird dessen Masse in Schwingungen versetzt. Die Lautstärke einer Schwingung hängt mit der Stärke der Schwingungen zusammen. Je höher die Amplitude einer Schwingung, desto lauter der Schall. Kleine Amplituden hingegen erzeugen leise Töne. Die Höhe von Tönen verändert sich mit der Schnelligkeit der Schwingungen. Diese werden als Frequenz angegeben. Niedrige Frequenzen erzeugen tiefe Töne. Der Mensch kann bspw. einen Frequenzbereich von 30Hz bis 22000 kHz wahrnehmen. Mit dem Alter nimmt diese Wahrnehmung ab (vgl. Möller et al., 2008).

Interpretation

Die interpretierte Sequenz stammt aus der zweiten Stunde der Unterrichtseinheit. Die Unterrichtsstunde beginnt damit, dass die Lehrerin gemeinsam mit den Schüler*innen ein Begrüßungslied singt. Dabei sitzen sie sich alle Beteiligten auf Stühlen, die zu einem Kreis aufgestellt sind. In der Nachbildung[5] des Fotogramms (siehe Abb. 35) wird der ‚Forscher*innenkreis' erkennbar. Auf dem Bild lassen sich alle 24 beteiligten Personen der Unterrichtsstunde erkennen. Die einzelnen Personen sind durch die kreisrunde Anordnung der Stühle zueinander gewandt und können sich gegenseitig anschauen. Die als Lehrperson identifizierte Person befindet sich mittig im Stuhlkreis. Ihre Beine sind geschlossen und stehen senkrecht zum Boden. Ihren rechten Arm hat sie auf dem Oberschenkel, den linken Arm hält sie horizontal in Höhe des Kopfes. Auf der rechten Seite neben ihr befinden sich zehn Schüler*innen und auf der linken Seite befinden die weiteren 13 Schüler*innen. Die Blicke der Schüler*innen sind größtenteils in die Richtung der Lehrerin gewandt. Drei der Schüler*innen haben ihren Arm zur Meldung erhoben. Die Hände der meisten anderen Schüler*innen sind auf dem Schoß zusammengefaltet. Auf dem kreisförmigen Boden befinden sich verschiedene Objekte. Zu erkennen sind ein Stapel Blätter, eine Klangschale, ein Triangel, eine Stimmgabel, ein schwarzer Block aus Styropor und eine kleine durchsichtige Box aus Plastik. Die Gegenstände sind im näheren Umkreis der Lehrerin platziert.

Durch die Kreissituation wird eine räumliche Trennung erzeugt. Der Kreis selbst bildet einen eigenen Raum im Raum, in dem sich neben den am Unterricht beteiligten Personen nur eine kleine Auswahl an Gegenständen befindet. Anders, als im ‚äußeren' Raum, der durch die vielen, bunt durcheinander gewürfelten Dinge nehezu unruhig und nahezu unaufgeräumt wirkt. Dadurch

---

5 An dieser Stelle wird nur eine zeichnerische Nachbildung des Fotogramms abgebildet, da das Original aus datenschutzrechtlichen Gründen nicht abgebildet werden kann.

Abb. 35: Nachbildung des Fotogramms Sequenz *Kann das Wackeln wandern?* #00:22:31#

wird die Interaktion einerseits auf die im Kreis sitzenden Personen sowie auf die Dinge, die in der Kreismitte liegen, gelenkt. Anderseits erfahren durch dieses minimalistische Setting die Dinge eine hervorgehobene Bedeutung und werden durch die räumliche Nähe zur Lehrperson als fachliche Gegenstände markiert.

Durch die räumliche Trennung und dem minimalistischen Einsatz von Dingen, sind die wesentlichen Handlungen der Schüler*innen, die im Rahmen der kreisrunden Situation ermöglicht werden, das gegenseitige Anschauen und das Melden. Darin wird deutlich, dass in dieser Situation der verbale Austausch zwischen den Beteiligten im Vordergrund steht.

Das hier vorherrschende Setting grenzt sich im Besonderen von allen anderen in dieser Arbeit inkludierten Sequenzen ab. Während in allen anderen Fällen überwiegend ein eher lehrer*innenzentriertes Setting rekonstruieren ließ, zeigt sich hier verstärkt eine Art des Kommunizierens und der Beziehungsgenerierung, die überwiegend typisch für Grundschulen zu sein scheint (vgl. Petersen, 2016, S. 11). Zwar unterscheiden sich auch die lehrerzentrierten Settings etwa dahingehend, dass es Settings gibt, die stärker auf eine Kontrolle aufseiten der Lehrperson ausgerichtet sind, bspw. in Sequenz *Mal zwei gerechnet* (siehe Kapitel 5.1), oder Settings, in denen die unterrichtliche Inszenierung in Bezug auf den fachlichen Gegenstand vordergründig erscheint, wie etwa in der Sequenz *Bauer Piepenbrink* (siehe Kapitel 6.3.1). Ferner zeigt sich in dem Setting des ‚Forscher*innenkreises' ein auf den Diskurs und die fachliche Auseinandersetzung gelenkter Fokus, in dem zudem eine stärkere Schüler*innenzentrierung erkennbar wird.

Nach der gemeinsamen Begrüßung werden im Rahmen eines klassenöffentlichen Gesprächs die Inhalte der vergangenen Stunde wiederholt. Die übergeordnete Frage lautet, wie Schall überhaupt entsteht. Diese Frage, und auch die Frage, wie laut oder leise der Schall werden kann, wird an dieser Stelle im Rahmen eines klassenöffentlichen Gesprächs wiederholt. In einem kurzen Versuch schlägt die Lehrerin mit einer Stimmgabel auf eine schwarze Schaumstoffplatte. Eine Schülerin soll dabei fühlen, ob die Schaumstoffplatte durch das Anschlagen mit der Stimmgabel in Schwingung versetzt wird. Die Lehrerin veranschaulicht darüber, dass dieser Stoff, der nicht hart ist, wie bspw. die Klangschale, schlechter schwingt. Die Schüler*innen stellen an dieser Stelle Vermutungen an.

Sequenz Kann das Wackeln wandern?, 00:19:26–00:19:56

Sm09: Also, äh das geht nicht weil, äh, der- das Schaumstoff, äh das, eh, hä- hält der Sch- äh, hält den Schall das bremst. So wie bei ein- wenn man auch auf einen Teppich schlagen würde, würde der Teppich es nicht weiterleiten, sondern er würde, äh es, äh bremsten, also halten. (.) dass man halt nichts fühlt. #00:19:47#

Lf: ˪Ah #00:19:45# (2) weiterleiten sagt er schon. Das sind ja schon wieder Dinge die leiten uns glaube ich gleich auf die nächste Frage hin; Sf13 noch. Ach, ich habe Sm05 vergessen. Erst Sm05, Sf13. #00:19:56#

In seiner Aussage schließt Sm09 an die vorangegangene Diskussion an. Er bezieht sich dabei konkret auf den Gegenstand des Schaumstoffs, den die Lehrerin an dieser Stelle noch in der Hand hält. Sein Argument, der Schaumstoff sei so beschaffen, dass er „den Schall bremst", begründet er mit dem Beispiel des Teppichs. Der Schüler zeigt an dieser Stelle, stellvertretend für die Mehrheit der Schüler*innen dieser Sequenz, eine Orientierung an Aufgabenerledigung als eine Ko-Konstruktion der aufgeworfenen Fragestellung im Modus einer triftigen Argumentation und unter Verwendung seines Vor- bzw. Weltwissens. Das ko-konstruierende Element des Vor- und Weltwissens wird im Fallvergleich stärker deutlich. In der Sequenz *Wie sieht das aus?* (siehe 6.1.1) etwa, explizieren die Schüler*innen ihr Vorwissen primär, um die lehrerseitig geforderten (Kern-)Inhalte zu benennen und somit zu reproduzieren.

Während Sm09 über sein Teppichbeispiel spricht, hebt die Lehrerin ihren Zeigefinger und zeigt in Richtung des Schülers. Nach dem Wort „weiterleiten", nimmt die Lehrerin den Zeigefinger kurz herunter, streckt ihn danach erneut aus und richtet den Finger ein wenig höher und näher in die Richtung des Schülers. Durch diese nonverbale Geste, sowie das darauffolgende „Ah“ der Lehrerin, wird der Beitrag des Schülers durch die Lehrerin als bedeutsam markiert. In ihrer nachfolgenden Äußerung dokumentiert sich jedoch in divergenter Weise ein anderer Orientierungsgehalt, indem sie ausschließlich auf das Wort „weiterleiten“ bezieht. Mit „sagt er schon“ deutet die Lehrerin auf etwas hin, was bislang nicht thematisiert wurde, aber im Folgenden thematisiert werden soll.

Diese Fokussierung hin auf ein zu besprechendes Thema zeigt sich auch in der weiterführenden Strukturierung durch die Lehrerin. Durch das Zurücklegen des Schaumstoffes und der Stimmgabel in das Kreisinnere werden die Gegenstände von ihr, vorerst und zumindest in geringer Distanz zu ihr, aus der fachlichen Diskussion entfernt. Gleichzeitig gibt die Lehrerin noch zwei weiteren Schüler*innen die Möglichkeit, ihre Vermutungen in Bezug auf die zuvor aufgeworfene Fragestellung zu äußern. Im Fallvergleich wird hier einerseits die strukturierende und anderseits die wertschätzende Haltung der Lehrerin erkennbar. Während in der Sequenz *Der Ansatz* (siehe Kapitel 6.1.2) die Lehrerin direkt, nachdem eine für sie ausschlaggebende Antwort von einem*einer Schüler*in geäußert wurde, keine weiteren Schüler*innen bzgl. der zuvor aufgestellten Frage mehr aufgerufen werden, gibt die Lehrerin in dieser Sequenz den Schüler*innen vielfach die Möglichkeit, ihre Ideen und Vermutungen zu äußern. Ihre übergeordnete, wertschätzende Haltung zeigt sich dabei auch, indem sie versucht, die Reihenfolge der Meldungen zu berücksichtigen.

Im Anschluss führt sie, während sich noch drei weitere Schüler*innen melden, eine Transition des unterrichtlichen Diskurses durch, indem sie an ihre zuvor aufgeworfene Proposition in Anschluss an den Beitrag von Sm09 anschließt.

Sequenz Kann das Wackeln wandern?, 00:21:07–00:22:33

```
Lf:    Es drängt sich eine Frage auf, die wir letzte Woche auch schon
       so ähnlich gestellt haben. Kann im Grunde genommen und vor al-
       len Dingen in welchen Stoffen  habt ihr das formuliert (2) der
       Schall und damit die Schwingung überhaupt wandern? (.) kann  das
       überhaupt weiter gehen? (.) kann das wackeln? Ich sehe ihr habt
       schon Vermutungen die wir vielleicht gleich überprüfen können.
       (.) Sm15 #00:21:34#
Sm15:  Also das ist wie eh (2) Schall ist wie eine Welle  (.) also das
       #00:21:39#
Lf:    └Jaa#00:21:39#
Sm15:  Ist quasi eine Welle, die bei- breitet sich, eh so rund aus (.)
       und wird dann immer größer (.) und dann eh ja(.)so breitet sich
       das halt aus und dann hört man das. #00:21:51#
Lf:    Hmmh. das ist ja auch noch mal was ne? Ähm (2) es breitet sich
       aus- (2) wie genau müssen wir glaube ich auch noch untersuchen.
```

> ihr hattet das letztes Mal genannt wie wandert Schall wie gehen die Schwingungen weiter; das können wir jetzt schon sagen. und dazu; (.) ähm möchte ich euch gerne einladen. jetzt ähm (.) ist gerade noch eine zweite Frage aufgetaucht ich überlege ob ich euch direkt das Material auch gleich noch eben raussuche (.) ähm in welchen Sachen wandert Schall eigentlich ganz gut? (.) Wir haben eigentlich schon so ne Vermutung; fast schon ne Rangfolge abgeleitet. (.) Sm02 #00:22:33#

In der Transition durch die Lehrerin dokumentiert sich die lehrerseitige Strukturierung und gleichlaufend die Fokussierung der Lehrerin auf den fachlichen Gegenstand. Die als dringlich oder nahezu ‚aufdrängende' Frage danach, in welchen Stoffen der Schall „wandern" kann, schließt an den propositionalen Gehalt des unterrichtlichen Materials der KiNT-Boxen (Möller et al., 2008) an. Während die Lehrerin die Frage formuliert, greift sie nach dem Blätterstapel vor ihren Füßen, sortiert ihn und blickt darauf. Es wird erkennbar, dass sie sich bei der Fragenformulierung konkret an den Blättern orientiert. Die Orientierung entlang der Unterrichtsmaterialien zeigt sich auch mit Blick auf die Materialien für die Schüler*innen (siehe Abb. 36), in denen die Wörter „wandern" und „wackeln", die von der Lehrerin verwendet werden, ebenfalls auftauchen. Dass die Transition und der neu aufgeworfene initiale Impuls auch von den Schüler*innen als solche wahrgenommen werden, zeigt sich darin, dass die meldenden Schüler*innen ihre Handzeichen während der Frage zurückziehen und sich erst im Anschluss an den neu formulierten propositionalen Gehalt der Lehrerin neue Meldungen der Schüler*innen ergeben.

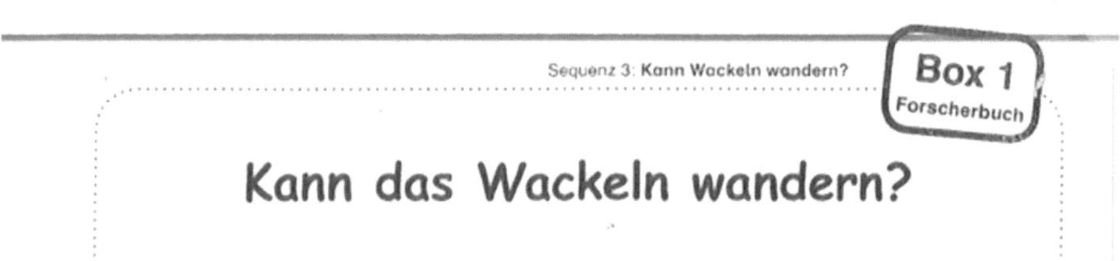

Abb. 36: Ausschnitt 1 aus dem Unterrichtsmaterial „Mein Forscherbuch"[6]

In der Aussage der Lehrerin, dass es sich um eine Frage handelt, die sie „schon so ähnlich gestellt haben", lässt sich erkennen, dass im Folgenden an einen bereits bestehenden bzw. begonnenen Diskurs der vergangenen Unterrichtsstunde weiter angeknüpft werden soll. Die Frage selbst wird dabei so von der

6 Aufzurufen ist das Dokument nach vorheriger Anmeldung beim Videoportal unter: Westfälische Wilhelms-Universität Münster [online] https://vsso.uni-muenster.de/imperia/md/content/koviu/schall_k4_1ue_forscherbuch_1.pdf [Letzter Zugriff: 31. 08. 2023].

Lehrerin in den Unterricht integriert, dass sie sich auf Basis ihrer Strukturierung als ein thematischer Punkt in der Diskussion wiederfindet.

Der Anforderungsgehalt in der hier formulierten Frage besteht darin, im Sinne einer wissenschaftlichen Untersuchung zu „überprüfen“, ob Schall weiterleitet, und falls ja, in welchen Stoffen er weitergeleitet werden kann. Die Schüler*innen sind dabei konkret dazu angehalten, Vermutungen aufzustellen und diese, in der später anschließenden Experimentierphase, selbstständig zu überprüfen. Es zeigt sich dabei die Erwartung der Lehrerin, dass die Frage an dieser Stelle, im Rahmen des Forscher*innenkreises (noch) nicht beantwortet werden muss und auch nicht kann. Dies wird darin erkennbar, dass sie die Meldungen der Schüler*innen als „Vermutungen“ charakterisiert. In dieser Rahmung zeigt sich im Fallvergleich ein wesentlicher Unterschied. Während in der Sequenz *Mal zwei gerechnet* (siehe Kapitel 5.1) die Meldungen der Schüler*innen konkret als Antworten auf die Frage der Lehrerin wahrgenommen und diese direkt im Anschluss durch die Lehrerin überwiegend als richtig oder falsch validiert werden, handelt es sich hier bei den Vermutungen der Schüler*innen um vorläufig formulierte Hypothesen, die in einer anschließenden Untersuchung noch auf ihre Gültigkeit überprüft werden müssen. Hierin dokumentiert sich der primär wissenschaftlich geprägte Lehrhabitus der Lehrerin.

Sm15 schließt an den initialen Impuls der Lehrerin an, indem er überwiegend auf die Frage, ob Schall weitergeleitet werden „kann“, antwortet. Es zeigt sich eine Orientierung an Aufgabenerledigung, indem der Schüler die aufgeworfene Frage der Lehrerin auf Basis seines bisherigen Verständnisses zu erklären versucht. In der anschließenden Bemerkung der Lehrerin „das ist ja noch mal was“ zeigt sich der ko-konstruktive Charakter der Interaktion, indem die Lehrerin an den komplementären Gehalt der Aussage des Schülers anschließt und diesen als bedeutsam hervorhebt. Auch hierin wird die wertschätzende Haltung der Lehrerin gegenüber den Schüler*innenbeiträgen deutlich. In dem Verweis der Lehrerin auf die bestehende Systematisierung deutet sich eine Anknüpfung an ein bereits bestehendes, kollektiv erarbeitetes Wissen an. Die Inhalte der vergangenen Unterrichtsstunde werden als Teil der jetzigen verstanden.

Sequenz Kann das Wackeln wandern?, 00:22:34–00:23:37

Sm02: Kann Schall eigentlich weiterleiten; wenn ich jetzt an der Klangschale anschlage und dann- (.) das da dran halte ob das dann auch klingt (.) geht das? #00:22:43#
Sm04: └ja └ja #00:22:43#
Lf: Können wir mal direkt ausprobieren; würdest du es mal machen Sm02 wie du das genau meinst? #00:22:50#
Sm02: Ich glaube ja #00:22:50#
Lf: Also wenn ich- #00:22:52#

Sm02: Dagegen schlage und dann da dranhalte und das leitet weiter; #00:22:56#
Lf: Also du- wo ge- schlägst du gegen? Gegen die Schale und ich halte die Triangel? #00:22:59#
Sm02: └mhm #00:22:59#
Lf: direkt da dran? #00:23:02#
Ton: [Klangschale und dann Triangel klingeln fünf mal] #00:23:08#
Sm02: Mhm (.) hat weiter(geleitet). #00:23:12#
Lf: Äh (.) ich glaube das müssen wir mal überprüfen (4) #00:23:18#
Sm02: Kann Sm09 auch mal probieren? #00:23:19#
Lf: Und zwar ich überlege gerade ob wir das nicht noch an anderen Sachen überprüfen können. Das ist ja ein toller Versuch. Also kann das- wie war noch mal deine Frage genau? #00:23:28#
Sm02: Kann Schall weiterleiten an andere Dinge? #00:23:32#
Lf: Also kann in dem Fall die Schale (.) die Schwingung weiterleiten zur Triangel? #00:23:37#

Sm02 schließt an dieser Stelle an Impuls und die Frage danach „kann das überhaupt weitergehen?“ an, indem er die Frage dahingehend erweitert, ob der Schall bei zwei konkreten Gegenständen aus der Kreismitte, der Klangschale und der Triangel weitergeleitet werden kann. Es dokumentiert sich hier, stellvertretend für die überwiegende Interaktion der Schüler*innen in dieser Sequenz, eine Orientierung an Aufgabenerledigung, die darin besteht, dass die Schüler*innen Vermutungen und Hypothesen in Bezug auf den initialen Impuls formulieren und diese entweder an konkreten, und oftmals selbstständig durchgeführten Versuchen zu begründen, oder, wie hier, auf mögliche durchzuführende sowie gedankenexperimentelle Versuche verweisen. Im Gegenzug dazu zeigten die Schüler*innen in der Sequenz *Gruppen* (siehe Kapitel 6.2.1) eine Orientierung an Aufgabenerledigung im Sinne eines unsystematischen Probierens, bei dem die Schüler*innen frei auszuwählende Gleichungen bearbeiten und berechnen konnten, ohne dass diese Berechnungen an den initialen Impuls des Arbeitsblattes, das Ausführen einer Abstrahierung bzw. Verallgemeinerung, gekoppelt ist.

Der hier aufgeworfene propositionale Gehalt des Schülers zu der Durchführung des Versuchs wird von der Lehrerin dahingehend validiert, indem sie ihn bittet, den Versuch vorzuführen. Dafür kniet sich der Schüler in die Mitte des Kreises vor die Klangschale und nimmt den Schlägel in die Hand. Die Lehrerin kniet sich ebenfalls vor die Klangschale und hält die Triangel an diese. Beim Anschlagen der Klangschale beugt sich Sm02 sehr weit nach vorn und geht mit seinem Ohr an die Triangel und stellt fest: „hat weiter(geleitet)“. Trotz, dass der Schüler aus dem Versuch eine Antwort für sich auf seine Frage gefunden hat, wird sein Versuch von der Lehrerin als ein „ausprobieren“ und seine Behauptung weiterhin als zu überprüfend gerahmt. Durch „ich glaube das müssen wir mal überprüfen“ inszeniert sich die Lehrerin an dieser Stelle als unwissend. Die Inszenierung unterstreicht dabei die Orientierung der Lehrerin an einer Strukturierung und Fokussierung hinsichtlich der weiteren fachlichen Auseinandersetzung. Die Überprüfung der Frage selbst findet nicht im Rahmen des Sitzkreises statt, sondern wird auf eine spätere Unterrichtsphase geschoben, in der die Schüler*innen kleinere Versuche und Experimente in Bezug auf die Fragestellung durchführen werden. Darin zeigt sich zudem verstärkt homolog das Unterrichtsverständnis der Lehrerin an einem wissenschaftsorientiertem Sachunterricht.

Der ursprüngliche initiale Impuls, die Frage, ob und in welchen Stoffen Schall wandern kann, wird als eine sich aus den Unterrichtsmaterialien bestehende und aus dem Unterrichtsdiskurs ergebende Frage durch die Lehrperson in die Interaktion eingebracht. Die Frage selbst wird dabei durchgehend durch die Lehrerin als prüfbar gerahmt, was dazu führt, dass die Schüler*innen Vermutungen und gedankenexperimentelle Ideen zu möglichen Versuchen äußern. Trotz der permanenten Fokussierung auf die Frage durch die Lehrerin, wird sie an dieser Stelle nicht beantwortet, vielmehr wird die Beantwortung immer wieder auf die noch kommende Experimentierphase verschoben. Im Kern steht daher weniger die Beantwortung der Frage selbst im Vordergrund, sondern vielmehr das Aufstellen von Vermutungen und Hypothesen, die später (wissenschaftlich) überprüft werden sollen. Diese Verschiebung der Beantwortung der Frage und die Fokussierung auf Vermutungen und deren Begründungen zeigt sich so auch in der Sequenz *Kaninchengehege I* (siehe Kapitel 5.3). Die Anschlüsse der Schüler*innen eröffnen dabei neue propositionale Gehalte, die von der Lehrerin aufgegriffen und in teils spontanen Experimenten umgesetzt werden. Wesentlich in der unterrichtlichen Interaktion sind dabei die Gegenstände innerhalb der Kreismitte, die sowohl von der Lehrerin als auch von den Schüler*innen immer wieder als Referenz herangezogen werden, um neue Fragen aufzuwerfen, oder gestellte Fragen experimentell zu prüfen. Gleichzeitig ermöglicht die räumliche Situation des Sitzkreises und die wertschätzende Haltung der Lehrerin, dass die Schüler*innen Vermutungen und Begründungen anstellen und auf diese Weise unter Verwendung von Welt- und Vorwissen versuchen, die Frage beantworten zu können.

Die Schüler*innen verweisen in der Diskussion oftmals auf bereits durchgeführte Experimente aus dem vergangenen Unterrichtsverlauf. Sie verweisen zudem auch auf Experimente und Erfahrungen, die sie im privaten häuslichen Umfeld durchgeführt und gemacht haben. Dadurch wird es ermöglicht, dass die Schüler*innen fachliche Aneignung vollziehen, die sich darin zeigt, dass die Kinder die in der Stunde und durch die Unterrichtsmaterialien aufgeworfene Frage „Kann das Wackeln wandern?“ nach der anschließenden Experimentierphase in ihren schriftlichen Aufzeichnungen und in der abschließenden klassenöffentlichen Diskussion bejahen.

6.4 Zusammenfassung und Beschreibung der Typen

Nachfolgend erfolgt eine zusammenfassende Darstellung der interaktionsbezogenen Aktivierungstypen, die im Zuge der sinngenetischen Typenbildung ermittelt wurden. Insgesamt wurden drei unterschiedliche Typen identifiziert: werden: *Typ I: Aktivierung zu Reproduktion*, *Typ II: Aktivierung zu unsystematischem Probieren* und *Typ III: Aktivierung zu fachlicher Konstruktion*.

Die rekonstruierten Typen unterscheiden sich dabei in unterschiedlichen Dimensionen (siehe Tab. 3). Die Art der Impulsbearbeitung wird durch den ihr zugrundeliegenden Anforderungsgehalt bestimmt. Zudem lassen sich wesentliche Unterschiede in den Lehrhabitus der Lehrpersonen und den Lernhabitus der Schüler*innen beobachten. Auch im Umgang mit Wissen zeigen sich innerhalb der Impulsbearbeitung wesentliche Differenzen. Letztlich verdeutlichen sich ebenfalls Unterschiede in der unterrichtlichen Rahmung, die durch die Haltung der Lehrperson gegenüber den Fähigkeiten der Schüler*innen bestimmt wird. Im Folgenden werden die drei Typen auf abstrakter Ebene entlang der hier beschriebenen Dimensionen zusammenfassend dargestellt.

Tab. 3: Interaktionsbezogene Aktivierungstypen

	Aktivierung zu Reproduktion	**Aktivierung zu unsystematischem Probieren**	**Aktivierung zu fachlicher Konstruktion**
Impulsbearbeitung	reproduzierend	ausprobierend	ko-konstruierend
Lehrhabitus	transmissiv-instruktivistisch	vermittelnd – instruktivistisch	fokussiert-konstruktivistisch
Lernhabitus	Reproduktion der relevant markierten Inhalte	Aufrechterhaltung der Unterrichtsinszenierung durch Probieren	Modellierung unter Anwendung von (Vor-)Wissen
Umgang mit Wissen	Aufdeckung und Transformation von Nicht-Wissen	Nicht-Wissen als Ausgangsbedingung des Probierens	Generierung neuen Wissens auf Basis von (Vor-)Wissen
Rahmung	kontrollierend, nicht vertrauend	strukturierend, nicht vertrauend	wertschätzend, fähigkeitsvertrauend

Typ I: Aktivierung zu Reproduktion

Die initialen Impulse werden beim *Typ I: Aktivierung zu Reproduktion* als von der Lehrkraft induzierte, überwiegend innermathematische Probleme in Form von Aufgaben oder Fragen in den Unterricht eingebracht. Der Anforderungsgehalt besteht primär in der Reproduktion bereits bekannten und ‚korrekten' Wissens. Vordergründig in der Bearbeitung des Impulses ist die Benennung von (Kern-)Inhalten bzw. die Aufdeckung von Nicht-Wissen. Bei diesem Typ lässt sich ein transmissiv-instruktivistischer Lehrhabitus rekonstruieren, der auf die Benennung und die Reproduktion von Wissen gerichtet ist. Der Ablauf des Unterrichts und die Bearbeitung der Impulse sind inhaltlich stark durch die Lehrkräfte vorstrukturiert. Fachlich wird dabei der Fokus während der Bearbeitung auf einzelne Teilschritte oder Nebenberechnungen gelenkt. Das transmissive Lehr-Lern-Verständnis wird darin erkennbar, dass Wissen als etwas markiert wird, dass schriftlich gesichert, reproduziert und schließlich überprüft und durch Übungen und Training gefestigt werden kann. Mathematik wird vorwiegend als das Lösen von Aufgaben unter der Anwendung bekannter Rechenverfahren und Rechenregeln verstanden.

Dem Impuls der Lehrkraft kommen die Schüler*innen nach, indem sie die gestellten Anforderungen im Modus der Aufgabenerledigung erfüllen, sei es durch Reproduktion oder konkrete Berechnung der als relevant markierten fachlichen Inhalte. Gleichzeitig ist ihre Bearbeitung der Impulse durch Reproduktion und Imitation geprägt, während sie die von der Lehrkraft vorgegebenen Rahmenbedingungen akzeptieren. Primär konzentriert sich die fachliche Auseinandersetzung der Schüler*innen in der Interaktion auf die Bearbeitung der initialen Impulse der Lehrkraft.

In den Interaktionen verdeutlichte sich in Bezug auf die Schüler*innen überwiegend eine Nicht-Wissens*unterstellung* durch die Lehrkräfte, wodurch eine Differenz zwischen dem Lehrenden als Wissenden und den Lernenden als Nicht-Wissenden erkennbar wird. Das Nicht-Wissen der Schüler*innen, das als defizitär markiert wird, wird im Rahmen der Impulsbearbeitung sichtbar gemacht, bspw. in Form von prüfungsähnlichen Situationen oder durch eine zahlenmäßige Verstehensabfrage der Lehrkräfte. Nicht-Wissen wird im Rahmen der Impulsbearbeitung kompensiert und in (Regel-)Wissen transformiert. Die Schüler*innen geben sich gleichsam als Nicht-Wissende zu erkennen, indem sie das geforderte Wissen, reproduzierend oder ratend, wiedergeben.

Die Impulsbearbeitung ist gerahmt durch ein kontrollierendes Verhältnis der Lehrpersonen zu den Schüler*innen, das durch ein mangelndes Vertrauen in deren Fähigkeiten gekennzeichnet ist. Im Gegensatz dazu demonstrieren die Schüler*innen eine Orientierung an einer Leistungsbeurteilung durch die Lehrperson, wie im Rahmen von Klassenarbeiten, die darauf gerichtet ist, die lehrer*innenseitigen Anforderungen erfüllen zu können.

Typ II: Aktivierung zu unsystematischem Probieren

Die initialen Impulse beim *Typ II: Aktivierung zu unsystematischem Probieren* werden als Probleme in Form von Aufgaben oder Fragen in den Unterricht eingebracht, die nicht mithilfe des bestehenden Wissens der Schüler*innen bearbeitet werden können. Der Anforderungsgehalt des Impulses wird innerhalb der interaktiven Bearbeitung herabgesenkt. Dadurch wird das aufgeworfene Problem als konkret zu berechnende Aufgabe sichtbar, die entweder durch eine approximative Annäherung, unsystematisches Probieren oder konkrete Berechnung bearbeitet werden kann. Dabei geht es vordergründig um die Beschäftigung der Schüler*innen mit mathematischen Inhalten sowie das Wiederholen und Festigen bereits bekannter Rechenverfahren.

Es wird eine vermittelnd-instruktivistische Orientierung der Lehrpersonen deutlich, die sich, ähnlich wie in *Typ I*, auf die Benennung korrekt markierter Inhalte bezieht sowie durch eine starke inhaltliche Steuerung der Lerntätigkeiten gekennzeichnet ist. Der vermittelnde Habitus zeigt sich in der Form fragend-entwickelnder Unterrichtsgespräche und einer kleinschrittigen und auf Nebenrechnungen fokussierten Bearbeitung des Impulses in Zusammenarbeit mit den Schüler*innen. Inhalte, die bereits thematisiert wurden, werden als bekannt vorausgesetzt und gleichzeitig als konsekutiv bedeutsam für den unterrichtlichen Diskurs markiert. Es zeigt sich ein Verständnis von Mathematikunterricht, bei dem die Schüler*inne neues Wissen erlangen können, wenn ihnen die benötigten Inhalte durch die Lehrkraft vermittelt wurden.

Die Schüler*innen demonstrieren eine Orientierung an Aufgabenerledigung, die dazu beiträgt, die unterrichtliche Inszenierung und die Fremdrahmung durch die Lehrpersonen aufrechtzuerhalten. Die Bearbeitung des Impulses erfolgt in einem Modus des unsystematischen Probierens unter der Anwendung bereits bekannter Strategien und Rechenverfahren. Die fachliche Auseinandersetzung der Schüler*innen bewegt sich dabei überwiegend im Rahmen der fachlichen Relevanzsetzungen durch die Lehrperson und ist auf das Wiederholen und das Reproduzieren bereits bekannter Rechenstrategien gerichtet.

In der interaktiven Bearbeitung der Impulse formulieren die Lehrkräfte explizite Nicht-Wissens*behauptungen* gegenüber den Schüler*innen. In diesen wird die Differenz zwischen dem bisherigen Wissen der Schüler*innen und dem (noch) unbekannten, neuen Wissen sichtbar. Dieses Nicht-Wissen der Schüler*innen wird von den Lehrpersonen als Ausgangsbedingung wahrgenommen und akzeptiert, verbunden mit dem Bewusstsein des eigenen Status als Wissende. Die Schüler*innen erkennen diese Fremdrahmungen als Nicht-Wissende an und bearbeiten den Impuls der Lehrkraft, indem sie bekanntes Wissen im Modus des unsystematischen Probierens reproduzieren. Dieses Nicht-Wissen und vor allem ‚fehlerhaftes' Wissen wird in der Interaktion zum Anlass genommen, bspw. Nebenberechnungen und äquivalente Umformungen durchzuführen.

Gerahmt wird die unterrichtliche Interaktion dabei durch ein mangelndes Vertrauen der Lehrperson in die Fähigkeiten der Schüler*innen. Dies zeigt sich vor allem darin, dass die explizierte Offenheit in der Bearbeitung des Impulses nicht realisiert wird. Die Bearbeitung und Lösung des Impulses ist stark durch die inhaltliche Steuerung, Strukturierung sowie Fokussierung auf Teil- und Nebenrechnungen durch die Lehrkräfte geprägt.

Typ III: Aktivierung zu fachlicher Konstruktion

Beim *Typ III: Aktivierung zu fachlicher Konstruktion* werden initiale Impulse in Form von Aufgaben und Fragen mit konstruierten oder authentisch konstruierten Bezügen in den Unterricht eingebracht. Der Anforderungsgehalt der Impulse besteht darin, sich durch Vermutungen und stichhaltige Begründungen einer Lösung durch Modellierung oder Berechnung im Rahmen eines ko-konstruktiven Austauschs zu nähern. Dabei stehen die Transformation und die Modellierung des initialen Impulses in eine mathematisch zu lösende oder naturwissenschaftlich zu überprüfende Aufgabe oder Fragestellung im Vordergrund.

Bei den Lehrpersonen wird primär eine konstruktivistische Orientierung erkennbar, die durch eine fachliche Fokussierung auf die konkreten Inhalte, eine problemorientierte Vermittlung und Aneignung der Inhalte und eine Abstrahierung bzw. Modellierung des Problems gekennzeichnet ist. In einem moderierenden Modus inszenieren sich die Lehrpersonen überwiegend als unwissend und fordern die Schüler*innen dadurch auf, die eigenen und auch die Beiträge der Mitschüler*innen zu begründen. In der Bearbeitung wird dabei vermehrt der Lösungsweg und nicht die Lösung als solche als zentral markiert. Die Lehrkräfte demonstrieren damit primär ein Verständnis von Mathematik als Problemlösen (bzw. im Sachunterricht als Überprüfung) und Unterricht als ein Diskurs unter allen Beteiligten.

In der Interaktion orientieren sich die Schüler*innen an der Ko-Konstruktion von Modellierungen und der Bearbeitung von authentisch konstruierten Problemen, wobei sie Welt- und Vorwissen zur Aufwerfung von Vermutungen und Ideen nutzen. Ihre Bereitschaft, an der unterrichtlichen Inszenierung mitzuwirken, wird ebenfalls deutlich, da sie sich auf den gestellten Anforderungsgehalt zur Modellierung einlassen. Durch die verschiedenartigen fachlichen Anschlüsse der Schüler*innen an den initialen Impuls sowie die vollzogenen Abstraktionen und Modellierungen wird die fachliche Eigenkonstruktion der Schüler*innen erkennbar.

In der Bearbeitung der Impulse wird primär ein Umgang mit dem bestehenden Vor- und Weltwissen der Schüler*innen erkennbar. Dieses (Vor-)Wissen wird in der Interaktion durch die Lehrkräfte exploriert und in die Impulsbearbeitung implementiert. Durch die Inszenierung der Lehrkräfte als nicht wissend wird das (Vor-)Wissen der Schüler*innen als erklärungsbedürftig und im weiteren Verlauf als überprüfbar markiert. Die Verwendung des (Vor-)Wissens durch die Schüler*innen ist dabei überwiegend auf die Bearbeitung des initialen Impulses gerichtet. Dabei wird neues Wissen innerhalb der Interaktionen zwischen allen Akteur*innen ko-konstruiert.

Die unterrichtliche Interaktion ist gerahmt durch eine wertschätzende Haltung der Lehrpersonen gegenüber den Beiträgen der Schüler*innen sowie ein Zutrauen in deren Fähigkeiten. Die Impulsbearbeitung selbst ist durch eine offene, aber durch die Lehrpersonen strukturierte und fachlich fokussierte Bearbeitung geprägt, die Raum für die Ideen und die Vermutungen der Schüler*innen lässt.

7 Zusammenfassung und Diskussion der Ergebnisse

Die zentralen Befunde der Studie werden folgend zusammenfassend dargestellt und weitergehend diskutiert. Die in der Arbeit aufgeworfene Fragestellung lautete, wie kognitive Aktivierung in der unterrichtlichen Interaktion prozessiert und hergestellt wird. Ferner wurde beleuchtet, wie potenziell aktivierende Impulse, die in den Unterricht eingebracht werden und wie die Schüler*innen und die Lehrpersonen mit diesen Impulsen im Unterricht umgehen. Untersucht wurden dabei Unterrichtssequenzen, in denen unterschiedliche initiale Impulse zu beobachten waren. Grundlage hierfür waren primär Unterrichtsvideos aus dem Mathematikunterricht der Klassenstufe 9 des Gymnasiums aus der TALIS-Videostudie Deutschland (Grünkorn et al., 2020) mit dem übergeordneten Thema *Quadratische Gleichungen*. Für zusätzliche Kontrastierungen wurden zudem Sequenzen aus einer Stunde zum Satz des Pythagoras aus der Pythagoras-Studie (Klieme et al., 2009) sowie eine Sequenz aus dem Grundschulunterricht zum Thema Schall in die Analyse einbezogen.

In Anlehnung an das konstruktivistisch entwickelte Konzept der kognitiven Aktivierung schlägt diese Arbeit eine Transformation in ein praxelogisches Konstrukt vor, das den Fokus auf die Interaktionen zwischen Lehrenden und Lernenden legt. Statt die Qualität eines unterrichtlichen Angebots oder dessen Nutzung durch die Schüler*innen zu bewerten, rückt die Arbeit unterrichtliche Interaktionen in den Mittelpunkt, insbesondere diejenigen, die fachliche Merkmale fokussieren. Dabei wird weniger Wert darauf gelegt, ob und wie effizient ein unterrichtliches Angebot von den Schüler*innen genutzt wird. Vielmehr wird das Gelingen des Unterrichts an der Qualität und der fachlichen Tiefe der entstehenden Interaktion gemessen. Im Kontext dieser Interaktionen, zum Beispiel durch eine bestimmte Reaktion der Schüler*innen auf eine gegebene Aufgabenstellung, wird deutlich, was unter kognitiver Aktivierung verstanden werden kann.

In Übereinstimmung mit dem Plädoyer von Reh (2018, S. 67) legt auch die Perspektive dieser Arbeit eine Neuausrichtung der Unterrichtsforschung nahe: weg von der isolierten Betrachtung individueller Leistung der Schüler*innen und Kompetenzen der Lehrkräfte hin zu einer relationalen und interaktionalen Perspektive. Dies erlaubt es, den Fokus auf die im Unterricht emergierenden Wissensaneignungen und die Qualität fachlicher Interaktion zu legen, wodurch eine differenziertere und praxisnahe Einschätzung des Unterrichtsgeschehens ermöglicht wird.

Fasst man die Ergebnisse der in dieser Studie erarbeiteten relationalen Typen zusammen, können drei verschiedene, interaktionsbezogene Aktivierungstypen rekonstruiert werden. Diese Typen sind: *Typ I: Aktivierung zu Reproduktion, Typ II: Aktivierung zu unsystematischem Probieren* und *Typ III: Aktivierung zu fachlicher Konstruktion.* Zentrale Dimensionen dieser Typen sind die Art der Impulsbearbeitung, der Lehr- und der Lernhabitus, der Umgang mit Wissen und die unterrichtliche Rahmung. Wenn im folgenden Bezug auf die einzelnen Typen genommen wird, dann werden diese nur noch als *Typ I, Typ II* und *Typ III* bezeichnet.

Vorab muss konstatiert werden, dass die hier rekonstruierten Typen nicht als vollständiges oder umfängliches Abbild der Realität verstanden werden können. Bei den Typen handelt es sich ferner um Idealtypen im Sinne Webers (1968). Ein Idealtypus grenzt sich von einem Realtypus ab. Der Realtypus wird auf empirischem Weg ermittelt, wie im Rahmen von Cluster- oder Faktorenanalysen, während der Idealtypus eine abstrakte und universelle Darstellung der empirischen Wirklichkeit skizziert (vgl. Tippelt, 2020, S. 211). Zudem kann die Abgrenzung der hier rekonstruierten und präsentierten Typen fließend verlaufen. Sichtbar wurde dies in Darstellung der beiden Sequenzen *Der Ansatz* (siehe Kapitel 6.1.2) und *Gruppen* (siehe Kapitel 6.2.1). Obwohl beide Sequenzen aus derselben Lerngruppe und sogar aus der gleichen Unterrichtsstunde stammen, konnten sie unterschiedlichen Typen zugeordnet werden. Dies stellt sich gleichsam als ein Ergebnis der Studie heraus, indem aufgezeigt werden kann, dass unterschiedliche Impulse bei derselben Lehrperson verschiedene aktivierende Bearbeitungsformen hervorbringen können. Letztlich kann bei den hier rekonstruierten Typen und den verschiedenen Bearbeitungsformen keine generelle Aussage über deren Wirksamkeit getroffen werden.

In Kapitel 7.1 werden die rekonstruierten Typen vor dem Hintergrund normativer und theoretischer Annahmen in Bezug auf den Diskurs zur kognitiven Aktivierung diskutiert. Zudem werden weitere theoretische Bezüge und Anschlussmöglichkeiten präsentiert. Anschließend wird eine fachliche Einschätzung der interaktiven Bearbeitungen in Bezug auf das übergeordnete Thema der quadratischen Gleichungen vorgenommen (siehe Kapitel 7.2). Im Anschluss daran werden die Limitationen der Studie reflektiert (siehe Kapitel 7.3) und Implikationen für die unterrichtliche Praxis sowie die Unterrichtsqualitätsforschung als auch Möglichkeiten für die weitere Verschränkung von qualitativ-rekonstruktiver und quantitativer Unterrichtsforschung formuliert (siehe Kapitel 7.4).

7.1 Diskussion der Ergebnisse im Kontext normativer und theoretischer Annahmen

Im folgenden Kapitel werden die rekonstruierten Typen und deren sinngenetische Dimensionen unter theoretischer und normativer Perspektive diskutiert und an die empirische Forschung zur kognitiven Aktivierung und die Unterrichtsqualitätsforschung angeknüpft. Ferner werden weitere empirische Verknüpfungen, besonders auch hinsichtlich einer qualitativ-rekonstruktiven Unterrichtsforschung vorgenommen. Die nachfolgenden Bestimmungen können dabei als eine *systematisch deskriptive Qualitätsbestimmung* nach Sauerwein und Klieme (2016) verstanden werden (siehe Kapitel 2.4.1). Die Qualität der Interaktionen wird dabei theoretisch und empirisch in Bezug auf die kognitive Aktivierung (siehe Kapitel 3) beurteilt. Damit soll das Verhältnis zwischen den interaktiven Prozessen des Unterrichts und dessen (fachlicher) Qualität in den Blick genommen werden. Unterrichtsqualität, in Bezug auf das Merkmal der kognitiven Aktivierung, wird so retrospektiv, abgekoppelt von der empirisch-rekonstruktiven Analyse, aus den empirischen Rekonstruktionen heraus bestimmt.

Nachfolgend werden die Dimension der Impulsbearbeitung sowie die unterrichtlichen Rahmungen aus normativ-theoretischer Perspektive beleuchtet. Daran anschließend werden der Lehrhabitus der Lehrpersonen (siehe Kapitel 7.1.2) und der Lernhabitus der Schüler*innen (siehe Kapitel 7.1.3) beleuchtet. Abschließend wird auch die Dimension des Umgangs mit Wissen diskutiert (siehe Kapitel 7.1.4).

7.1.1 Formen der interaktiven Impulsbearbeitung

Als eine zentrale Dimension konnte im Rahmen der dokumentarischen Interpretation die Impulsbearbeitung rekonstruiert werden. Dabei wurden drei wesentliche Formen des Umgangs mit initialen Impulsen in der Interaktion zwischen den Lehrenden und Lernenden ermittelt. Innerhalb der rekonstruktiven Analyse konnten unterschiedliche Passungsverhältnisse zwischen den Anforderungsgehalten der Impulse und deren Implementation sowie der Bearbeitung herausgestellt werden. Im Folgenden werden die einzelnen Typen jeweils kurz unter normativ-theoretischer Perspektive eingeordnet und anschließend in Bezug auf die Impulsbearbeitung eingeschätzt.

In *Typ I* waren die initialen Impulse der Lehrpersonen derart strukturiert, dass sie die Schüler*innen zu einer reproduktiven Bearbeitung aktivierten, bspw. durch das Benennen bereits bekannten und durch die Lehrkraft als korrekt markierten Wissens, oder durch die Anwendung schon bekannter Rechenverfahren. Dabei wurde in der Bearbeitung erkennbar, dass die initial aufgeworfenen Impulse, wie die Frage nach der Begründung eines konkreten

Rechenschritts, durchaus als potenziell kognitiv aktivierend hätten eingestuft werden können (vgl. Bell et al., 2020, S. 140; Rakoczy & Pauli, 2006, S. 226), dass dieses Potenzial jedoch in der interaktiven Bearbeitung und durch die lehrer*innenseitige Auflösung schließlich als die bloße Reproduktion von Rechenregeln und Axiomen erkennbar wurde. Die aufgeworfenen Frage- und Aufgabenstellungen können als eine Aktivierung von *lower order thinking* (Lewis & Smith, 1993) verstanden werden, bei der ausschließlich routinenhafte Prozesse des Verstandes aktiviert werden. Auch aus einer soziokulturellen Sichtweise betrachtet, fordert diese Form der Impulse die Schüler*innen überwiegend dazu auf, ihr aktuelles Entwicklungslevel zu reproduzieren und dadurch zu festigen (Vygotsky, 1978). Diese Reproduktion kann einerseits als das Abrufen von Wissen aus dem Langzeitgedächtnis verstanden werden (vgl. Maier et al., 2010, S. 87), oder andererseits, wie sich empirisch zeigte, als die Reproduktion durch das Abrufen oder das Ablesen von Wissen aus den Niederschriften der Schüler*innen. Diese Form der Impulse unterscheidet sich dabei von solchen, die zu einem Transfer und zum Problemlösen auffordern (vgl. Lotz, 2016, S. 99; Maier et al., 2010, S. 87). Als kognitiv herausfordernde Aufgaben im Unterricht werden demnach solche Aufgaben charakterisiert, die über die bloße Aneignung von Faktenwissen und die Reproduktion von Erlerntem hinausgehen (vgl. Fauth et al., 2021, S. 10), weswegen die hier vorliegende Impulsimplementation und -bearbeitung nicht als kognitiv aktivierend eingestuft werden kann. Diese passive und reproduktive Lernform steht im Kontrast zu den Eigenkonstruktionen der Schüler*innen, die eher dem pädagogisch-psychologischen Konstrukt der fokussierten Informationsverarbeitung entsprechen würden (Renkl, 2020; Reusser, 2019).

Die Gestaltung der hier vorliegenden Bearbeitung wird erkennbar als eine ‚trivialisierte' Version des *fragend-entwickelnden* Unterrichts, wie sie bereits in verschiedenen empirischen Studien identifiziert wurde (Becker-Mrotzek & Vogt, 2009; Hugener et al., 2007; Knoll, 2003). In der TIMS-Videostudie (Klieme et al., 2001) wurde die Problematik eines derart gelagerten Unterrichts darin gesehen, „dass die Schüler nicht auf der Ebene des eigentlichen komplexen Problemlöseprozesses kognitiv aktiviert werden, sondern auf der Ebene von Teilprozessen, im Sinne von Reproduktion, Assoziation und einfachen Operationen" (Klieme et al., 2001, S. 46). Auch bei Breidenstein (2006) wird diese Form des Unterrichts als ‚heikel' für die Schüler*innen beurteilt, da die wesentliche Aufgabe der Schüler*innen darin besteht, „nach Kräften zu versuchen, die von der Lehrperson gestellten Fragen zu beantworten" (Breidenstein, 2006, S. 100). Dieses Frage-Antwort-Spiel stellt sich dabei als eine ‚Fassade' heraus, die in der unterrichtlichen Interaktion dennoch aufrechterhalten und nicht abgebrochen wird (Breidenstein, 2006; Martens & Asbrand, 2017). Das letztliche Auflösen der initialen Impulse durch die Lehrpersonen, wie es sich in diesem Typ ebenfalls beobachten ließ, entkräftet zudem mögliche kognitiv aktivierende Anforderungsgehalte und ließ sich ebenfalls in früheren Unterrichtsstudien beobachten (Klieme & Thußbas, 2001). Diese überwiegend von der Lehrkraft gesteuerte Unterrichtsform findet in der Forschung zur kognitiven Aktivierung meist wenig Zustimmung, insbesondere wenn es sich lediglich um ein Ratespiel für die Schüler*innen handelt (vgl. Lotz, 2016, S. 107; Pauli et al., 2008, S. 128).

Die Bearbeitung des initialen Impulses in *Typ II* war durch ein unsystematisches Probieren geprägt. Dieser aus der Mathematikdidaktik stammende Begriff wurde im Rahmen der rekonstruktiven Analyse erst am Ende des Typenbildungsprozesses zur Beschreibung des Typen übernommen. „Beim unsystematischen Probieren werden aus der Menge mit Werten oder Operationen zufällige Werte oder Operationen ausgewählt und daraufhin überprüft, ob sie als (Teil-)Lösung infrage kommen bzw. zur Lösung führen“ (Söhling, 2017b, S. 41). Zentraler Aspekt dabei ist, dass die Auswahl dieser Werte und Operationen auf unsystematische und zufällige Weise erfolgt. Vorangegangene Probierresultate beeinflussen die weitere Auswahl dieser nicht wesentlich, wodurch auch Doppelungen auftreten können (vgl. Söhling, 2017b, S. 41). Die Zufälligkeit in der Bearbeitung der Impulse entsteht vorrangig dadurch, dass die Auswahl den Schüler*innen überlassen wird und die Handlungen sowie die Ergebnisse vorab unbestimmt sind (Luhmann, 2002). Die zentrale Frage für ein unsystematisches Probieren: „Wie kann man weitermachen?“ (Söhling, 2017a, S. 915) und das entsprechende Vorgehen ließen sich in den zugrundeliegenden Sequenzen des *Typ II* beobachten. In der Sequenz *Sag mal 'ne Zahl* (siehe Kapitel 5.2) wurden im Wesentlichen Operationen in die Bearbeitung einbezogen, um sich der Lösung zu nähern. Diese Annäherung wurde vor allem über die parallele Bearbeitung der äquivalenten Gleichung an zwei unterschiedlichen Tafelseiten vollzogen. Das ‚genaue‘ Ergebnis lieferte zum Schluss dennoch der Taschenrechner. In der gleichen Lerngruppe, jedoch in einer weiteren Unterrichtsstunde, in der Sequenz *Kaninchengehege II* (siehe Kapitel 6.2.2) fand ein Probieren mit zufälligen Werten statt. Die Schüler*innen waren angehalten, drei verschiedene Konstellation von Länge und Breite bei Rechtecken zu probieren.

In der Mathematikdidaktik findet sich eine Unterscheidung zwischen systematischem und unsystematischem, oder ‚wildem‘ Probieren (vgl. Bruder & Collet, 2011; Söhling, 2017b, S. 38 f.). Fehr (2007, S. 42) unterscheidet hier zwei grundlegende Prinzipien des Problemlösens: das Prinzip des *trial and error* und das Prinzip des *analysis and insight. Trial und error* beschreibt den Ansatz des unsystematischen Probierens, bei dem der Weg zur Lösung unbekannt ist. Im Prinzip *analysis und insight* steht die genaue Betrachtung der Problemsituation im Vordergrund und Zusammenhänge zwischen den Elementen der Problemsituation sollen dabei näher betrachtet werden. Die Effektivität und der Nutzen eines probierenden Vorgehens lassen sich dabei nur schwer bestimmen. Während überwiegend theoretisch argumentiert wird, dass unsystematisches Probieren aufgrund der fehlenden Systematik weniger lernwirksam sei (Fehr,

2007; Schwarz, 2006), zeigen empirische Studien jedoch, dass ein unsystematisches Probieren erfolgreicher als systematisches Probieren sein kann (Elia et al., 2009). In Bezug auf die Bearbeitung quadratischer Gleichungen konnte jedoch gezeigt werden, dass ein probierendes Lösen der Gleichungen weniger erfolgreich ist (Block, 2016a; de Lima & Tall, 2006). In der Erforschung von kognitiver Aktivierung hat das Probieren bislang keine Relevanz erfahren.

Typ III zeichnete sich durch eine Impulsbearbeitung aus, die durch eine fachliche Fokussierung der Lehrpersonen geprägt ist. Die Impulse lassen sich dabei überwiegend als authentisch konstruierte Probleme erkennen, die in der Bearbeitung in mathematische Aufgaben und Fragen transformiert werden. In der Impulsbearbeitung werden von den Schüler*innen Ideen und Vermutungen aufgestellt, die von den Lehrpersonen als erklärungsbedürftig oder zu überprüfend markiert werden. Die Interaktion ist dabei durch einen ko-konstruktiven Austausch aller Beteiligten charakterisiert. Damit schließt dieser Typ in großen Teilen an die Vorstellung eines kognitiv aktivierenden Unterrichtes an und steht in Einklang mit den Forderungen eines konstruktivistisch und kognitiv aktivierend ausgerichteten Unterrichts (Klieme, 2019; Mayer, 2004; Messner, 2019a). Die Form der Bearbeitung lässt sich mit Renkl (2020, S. 12 f.) als eine *Perspektive der fokussierten Informationsverarbeitung* beschreiben, indem durch den inhaltlichen Fokus der Lehrkräfte eine aktive Verarbeitung der wesentlichen Inhalte durch die Schüler*innen erfolgen kann. Der Umgang der Lehrpersonen mit den Vorstellungen der Schüler*innen stellt sich als ein evolutionärer Umgang dar, indem die neuen Inhalte und Konzepte auf Basis der explorierten Vorstellungen und des Vorwissens der Schüler*innen in der Interaktion entwickelt werden (vgl. Ufer et al., 2015, S. 420). Unter der Sichtweise der soziokulturellen Theorie Vygotskys (1978) und der Zone der proximalen Entwicklung, stellen die Impulse dieses Typs eine Aufforderung dar, etwas zu demonstrieren, das über die bisher vermittelten Fähigkeiten der Schüler*innen hinausgeht, sich aber dennoch mit dem bisherigen Vorwissen der Schüler*innen und in Zusammenarbeit mit der Lehrkraft finden lässt. Mit einem Fokus auf das *level of potential development* schließen die Lehrkräfte dabei an das *actual development level* an, indem sie die Schüler*innen ihr Vorwissen explizieren lassen (vgl. Vygotsky, 1978, S. 86 f.). Zudem ließ sich in den Beobachtungen rekonstruieren, dass nicht die Lösung selbst oder das Ergebnis einer Aufgabe vordergründiger Gegenstand der Bearbeitung war, sondern vielmehr der Lösungsprozess, der einen wesentlichen Bestandteil der unterrichtlichen Auseinandersetzung darstellte (vgl. Neuweg & Mayr, 2018, S. 3). Die Bearbeitung der Impulse ist bei diesem Typ dennoch durch einen starken inhaltlichen Fokus der Lehrpersonen vorstrukturiert. Dieser Befund schließt an die Debatte an, dass eine konstruktivistisch gestaltete Lernumgebung nicht zwingend zu einer geringeren Strukturierung durch die Lehrperson führen muss und die Forderung nach einer ‚strukturierten Offenheit' unterstützt (vgl. Hartinger et al., 2006, S. 122).

Diese Strukturierung kann im Sinne einer *kognitiven Strukturierung* (Einsiedler & Hardy, 2010) vielmehr als die Unterstützungsleistung der Lehrperson verstanden werden, um die Schüler*innen bei ihren Konstruktionsprozessen zu befördern. Die hier rekonstruierte Form der Impulsbearbeitung steht auch in Einklang mit den internationalen Ansätzen eines konstruktivistisch gestalteten Unterrichtes (siehe Kapitel 3.4). Zudem ließen sich in den Bearbeitungen Formen eines systematischen Probierens erkennen (Söhling, 2017a), wenn bspw. in der Sequenz *Kaninchengehege I* (siehe Kapitel 5.3) die Wertetabelle sortiert und chronologisch und teilweise gedankenexperimentell in Interaktion mit den Schüler*innen aufgebaut wird.

Eine weitere übergeordnete Einordnung der Befunde und der drei rekonstruierten Typen kann in Bezug auf eine quantitative Typenbildung zu kognitiv aktivierenden Unterrichtsformen vorgenommen werden. Wegner (2019, S. 162 f.) stellt ein dichtes, clusteranalytisches Modell vor, in dem auf Grundlage externer, hoch-inferenter Unterrichtsbeurteilungen verschiedene Aspekte kognitiver Aktivierung beurteilt wurden. Auf Basis einer Clusteranalyse konnte die Autorin drei unterschiedliche Profile einer kognitiven Unterrichtsgestaltung identifizieren. Typ II wird beschrieben als k*ognitiv aktivierender Unterricht mit Schwerpunkt auf kognitiv aktivierenden Aufgaben*. In diesem Typ werden alle drei einbezogenen Faktoren, also das proaktive Handeln der Lehrkräfte, die kognitiv aktivierenden Aufgaben und die Schüler*innenaktivitäten, in einem ausgewogenen Verhältnis zueinander sichtbar. Dieser quantitativ ermittelte Typ lässt sich mit dem qualitativ-rekonstruierten *Typ III* in Verbindung bringen, bei dem einzelne Aspekte bzw. Items der jeweiligen Faktoren in Einklang mit den Rekonstruktionen stehen. Die Aufgaben sind etwa geprägt durch authentische Bezüge, Problemorientierungen und Offenheit. Das Handeln der Lehrperson wird sichtbar durch die Merkmale: Rolle als Mediator*in, die inhaltliche Fokussierung, die Exploration des Vorwissens sowie die argumentative Aushandlung von Bedeutungen. Demgegenüber stehen die Schüler*innenhandlungen, die sich durch ein erprobendes Handeln, Kooperation und Methodenvielfalt auszeichnen. Typ 1[1], der bei der Autorin als *kognitiv aktivierender Unterricht mit Schwerpunkt auf proaktivem Lehrer*innenhandeln* beschrieben wird, zeichnet sich durch eine Unterrichtsgestaltung aus, in der überwiegend das Handeln der Lehrperson im Vordergrund steht. Kognitive Aufgaben und schüler*innenseitiges Handeln sind zwar präsent, nehmen aber einen untergeordneten Stellenwert ein. Dieser Typ entspricht noch am ehesten dem rekonstruierten *Typ II*. Zwar werden bei diesem Typ zum Teil kognitiv aktivierende Aufgaben im Unterricht sichtbar, etwa das Arbeitsblatt in der Se-

1 Die mit arabischen Zahlen gekennzeichneten Typen sind die von Wegner (2019) und die mit römischen Zahlen gekennzeichneten Typen stammen aus dieser Arbeit.

quenz *Gruppen* (siehe Kapitel 6.2.1), diese werden aber durch das proaktive Handeln der Lehrperson in ihrem Potenzial limitiert bzw. durch eine kleinschrittige Bearbeitung oder eine Aufteilung des übergeordneten Impulses in einzelne Teilschritte destruiert. Der Typ 3, *klassischer Unterricht ohne kognitiv aktivierende Aspekte,* wird als nicht kognitiv aktivierend bezeichnet, da sich im Unterricht per se keine kognitiv aktivierenden Aufgaben finden lassen. Hier ließe sich der beschriebene *Typ I* zuordnen.

In dieser Gegenüberstellung der verschiedenen Typen wird erkennbar, dass Merkmale aus der quantitativen Forschung[2] in gewissen Maßen mit den hier rekonstruierten Dimensionen in Einklang stehen. Nicht abbilden können dabei die quantitativ gebildeten Typen, in welchem Verhältnis die einzelnen beobachtenden Indikatoren in der interaktiven Bearbeitung zueinanderstehen. Ein wesentlicher Aspekt, der in der Rekonstruktion in Bezug auf die Bearbeitung der Impulse sichtbar wurde, waren die „*Passungen komplementärer Orientierungsrahmen*" (Martens & Asbrand, 2017, S. 87, Herv. i. O.). Die Art der Impulsbearbeitung und die unterschiedlichen Formen des Unterrichtens standen dabei in einem (Spannungs-)Verhältnis der komplementär zueinanderstehenden Lehr- und Lernhabitus. Der übergeordnete Habitus der Schüler*innen zur Aufgabenerledigung stand dabei, je nach Rahmung und Anforderungsgehalt des Impulses, in unterschiedlicher Passung zu diesen Impulsen. Wie beobachtet, finden misslingende Implementation von potenziell kognitiv aktivierenden Impulsen statt. Etwa wenn kognitiv aktivierende Aufgaben oder Fragen kleinschrittig bearbeitet werden, nur einzelne Aspekte fokussiert werden oder die Lehrperson die Lösung letztlich selbst präsentiert, sodass das ursprüngliche Potenzial der Aufgabe ungenutzt bleibt (vgl. Hillje, 2011). Gleichwohl zeigte sich in der Komplementarität, dass die Schüler*innen aufgrund ihres Vorwissens oft nur begrenzt Möglichkeiten haben, an die hier rekonstruierten Impulse anzuschließen. Ein in der unterrichtlichen Interaktion behandeltes Thema bzw. Impuls „kann für die Beteiligten aber zugleich mit unterschiedlichen Sachgehalten verbunden sein und ist dies prinzipiell auch immer" (Bohnsack, 2020b, S. 99). Dies macht die notorische Diskrepanz zwischen dem unterrichtlichen Angebot und dessen Nutzung besonders deutlich (Vieluf et al., 2020). Wesentliche Faktoren bei der Bearbeitung von Impulsen im Unterricht sind die Wahrnehmungs- und Interpretationsprozesse der Schüler*innen. Bohnsack (2020b, S. 99) beschreibt, dass die dadurch entstehende unhintergehbare Fremdrahmung diesbezüglich von den Lehrkräften wahrgenommen und verstanden werden müssen und dass den „*eigensinnigen* Sachbezüge[n]" (ebd., Herv. i. O.) der Schüler*innen, also „deren Common Sense-*Epistemologien* als auch die *lebenspraktische* Relevanz der Sache" (ebd.) besonders Beachtung geschenkt werden muss. Für die Gestal-

2 Genauer Merkmale, die aus der quantitativen Unterrichtsforschung ermittelt wurden.

tung und die Implementation kognitiv aktivierender Impulse würde dies bedeuten, dass die schüler*innenseitigen Orientierungen sowie deren Vorwissen stärker berücksichtigt werden müssten.

Letztlich zeigte sich in der Herausarbeitung der verschiedenen Typen der Impulsbearbeitung, dass sich die überwiegende Mehrheit aller in die Analyse einbezogenen Unterrichtssequenzen dem *Typ I* zuordnen ließen, also einer auf Reproduktion ausgerichteten Interaktion und dem weniger kognitiv aktivierenden Unterricht. Auch dieser Befund deckt sich mit einem Großteil der Studien zur kognitiven Aktivierung, die generell ein eher niedrigeres Niveau von kognitiver Aktivierung im Unterricht belegen (Bell et al., 2020; Jordan et al., 2008; Klieme et al., 2001). Setzt man die empirischen Rekonstruktionen in ein Verhältnis zu den theoretischen Anforderungen einer kognitiven Aktivierung, wird die idealistische Vorstellung hinsichtlich eines problemlösenden und auf das Verstehen der Schüler*innen ausgerichteten Unterrichts erkennbar. Es wird deutlich, dass die theoretischen Erwartungen und Normen, bzw. der Common Sense der Unterrichtsqualitätsforschung, in diesem Fall hinsichtlich eines kognitiv aktivierenden Unterrichtes, nicht denen der empirischen Rekonstruktionen entsprachen, dass sich aber stattdessen in der Interaktion eine eigenlogische Normativität in Bezug auf kognitive Aktivierung im Unterricht entfaltet (vgl. Praetorius et al., 2021, S. 13). Vielmehr manifestieren sich zwischen den Impulsen und deren Bearbeitung unterschiedliche, als komplementär zu charakterisierende Passungsverhältnisse (Martens & Asbrand, 2017), die mit den Worten Breidensteins (2021) als *Interferenzen* verstanden werden können, bei denen sich die unterschiedlichen Praktiken, die der Impuls*setzung* und die der Impuls*bearbeitung*, entweder ‚destruktiv' auslöschen oder ‚konstruktiv' verstärken können. In beiden Fällen überlagern sich diese Praktiken im Unterricht unausweichlich, jedoch nur im Fall der konstruktiven Verstärkung, also dann, wenn eine Passung zwischen dem Setzen eines Impulses und dessen Bearbeitung gegeben ist, kann von einer kognitiv aktivierenden Unterrichtsinteraktion die Rede sein.

7.1.2 Der Lehrhabitus als unterrichtliches Angebot und Bedingungsfaktor für kognitive Aktivierung

In den rekonstruierten Typen dieser Forschungsarbeit konnten unterschiedliche Lehrhabitus rekonstruiert werden, die hier noch einmal kurz zusammenfassend dargestellt und anschließend theoretisch sowie empirisch eingeordnet werden. Der erste dieser Habitus, wie er primär in *Typ I* vorzufinden war, ist ein transmissiv-instruktivistisch geprägter Lehrhabitus, der primär auf die Benennung und die Reproduktion von als korrekt markiertem Wissen gerichtet ist. Der unterrichtliche Ablauf ist stark durch die inhaltliche Strukturierung der Lehrpersonen vorbestimmt. Das transmissive Lehr-Lern-Verständnis ist eines, bei dem Wissen als etwas markiert wird, das vor allem schriftlich gesichert, reproduziert und anschließend überprüft und durch Einüben und Trainieren weiter gefestigt werden kann. Mathematikunterricht wird verstanden als das Lösen von Aufgaben unter der Anwendung bekannter Rechenregeln und Axiome. In *Typ II* lässt sich ebenfalls eine instruktivistische Orientierung rekonstruieren. Diese weist in Bezug auf die Benennung korrekter Inhalte sowie durch eine stark inhaltliche Strukturierung der Lerntätigkeiten durch die Lehrkraft Ähnlichkeiten zu *Typ I* auf. Darüber hinaus zeigt sich bei diesem Typ ein vermittelnder Habitus, bei dem die durch die Lehrkraft vorgegebenen Inhalte in Form von klassischen Unterrichtsgesprächen und einer kleinschrittigen Bearbeitung gemeinsam mit den Schüler*innen erarbeitet und erklärt werden. Bereits thematisierte Inhalte werden als bekannt vorausgesetzt und gleichzeitig als konsekutiv bedeutsam für den unterrichtlichen Diskurs markiert. Die Schüler*innen können nur dann neues Wissen erlangen, wenn ihnen die benötigten Inhalte durch die Lehrkraft vermittelt wurden. Im Kontrast zu diesen beiden Typen zeigt sich in *Typ III* eine konstruktivistische Orientierung, die durch eine problemorientierte Vermittlung und Aneignung von Wissen geprägt ist. Dabei steht weniger die tatsächliche Lösung einer Frage oder Aufgabe im Vordergrund, sondern vielmehr der Weg dahin. Neues Wissen wird im Rahmen der unterrichtlichen Interaktion ko-konstruiert, indem die Lehrpersonen in einem moderierenden Modus unterschiedliche Beiträge der Schüler*innen aufeinander beziehen und durch den Fokus auf den fachlichen Inhalt verschiedene Bezüge zwischen Repräsentationsformen oder Themen herstellen. Die Mathematik wird hier verstanden als ein Diskurs in Bezug auf das Problemlösen bzw. das Überprüfen von Hypothesen.

Diese Lehrorientierungen bzw. -habitus sind anschlussfähig an die Forschung zu Überzeugungen von Lehrkräften. Das Forschungsfeld zu diesen *teacher-beliefs* oder auch *berufsbezogenen Überzeugungen* ist von einer großen Heterogenität geprägt (vgl. Reusser & Pauli, 2014, S. 642; Voss et al., 2011, S. 235). Bei den Überzeugungen der Lehrkräfte handelt es sich um *„überdauernde existentielle Annahmen über Phänomene oder Objekte der Welt, die subjektiv für wahr gehalten werden, sowohl implizite als auch explizite Anteile besitzen und die Art der Begegnung mit der Welt beeinflussen“* (Voss et al., 2011, S. 235, Herv. i. O.). Reusser und Pauli (2014, S. 644) sprechen bei diesen verinnerlichten, impliziten Strukturen in Bezug auf Bourdieu (1974) ebenfalls vom Habitus, womit sich dieser Forschungsbereich als besonders anschlussfähig an die dokumentarische Forschung nach Bohnsack (2021) erweist. Dabei können im Rahmen dieser Arbeit zwei wesentliche Bereiche von Überzeugungen unterschieden werden: (1) die Vorstellungen und Überzeugungen zum Wissenserwerb und (2) das Verständnis von und die Sichtweisen über den Charakter der Mathematik.

Vorstellungen und Überzeugungen zum Wissenserwerb

„Vorstellungen von Menschen über die Natur von **Wissen**“ (Gruber & Stamouli, 2020, S. 26, Herv. i. O.) werden auch als epistemologische Überzeugungen bezeichnet. Sie beziehen sich primär „auf die Inhalte und Prozesse des *Wissens, Erkennens, Lehrens und Lernens in einem disziplinär-fachlichen oder fachübergreifenden Sinne*“ (Reusser & Pauli, 2014, S. 650). Grundlegend findet in der Erforschung dieser Überzeugungen eine Unterteilung zwischen transmissiven bzw. instruktivistischen und konstruktivistischen Überzeugungen statt (Asbrand et al., 2013; Dubberke et al., 2008; Staub & Stern, 2002; Voss et al., 2011).[3] Bei einer transmissiven Perspektive wird Wissenserwerb als ein gerichteter Prozess verstanden, bei dem Wissen überwiegend von der Lehrkraft auf die Schüler*innen übertragen wird. Bei einer konstruktivistischen Perspektive wird Lernen als ein aktiver Prozess aufgefasst, bei dem die Lernenden ihr Wissen selbst konstruieren.

Insbesondere im Hinblick auf Angebots-Nutzungs-Modelle des Unterrichts (siehe Kapitel 2.3) sind die Überzeugungen der Lehrkräfte als angebotsseitige Merkmale der Unterrichtsqualität zu verstehen. Eine Vielzahl von Studien belegen, dass sich die Überzeugungen der Lehrkräfte auf die Unterrichtsqualität und zudem indirekt auf die Leistungen der Schüler*innen auswirken (Kunter et al., 2007; Pauli et al., 2007; Staub & Stern, 2002; Voss et al., 2011). Zusammenfassend zeigt sich in deren Erforschung eine Tendenz dazu, dass sich besonders konstruktivistische Überzeugungen als lernförderlich für die Schüler*innen erweisen (vgl. Reusser & Pauli, 2014, S. 652). In einer Studie aus dem COACTIV-Projekt konnten Dubberke und Kolleg*innen (2008, S. 203) feststellen, dass Lehrkräfte im Mathematikunterricht mit stärker transmissiven Überzeugungen weniger herausfordernde Aufgaben im Unterricht stellen und die Schüler*innen seltener zu einer aktiven Auseinandersetzung mit den Lerngegenständen auffordern. Dieses geringe kognitive Aktivierungsniveau im Unterricht wirkte sich wiederum nachteilig auf den Lernerfolg der Schüler*innen aus. Stipek und Kolleg*innen (2001, S. 223) konnten ebenfalls einen Zusammenhang zwischen den epistemologischen Überzeugungen der Lehrkräfte und ihrer Unterrichtspraxis aufzeigen. Eine vermehrt traditionelle-transmissive Einstellung zum Lehren und Lernen geht dabei mit eher traditionellen Unterrichtspraktiken einher. Diese Lehrkräfte legten bspw. mehr Wert auf korrekte Antworten und gute Noten, statt auf das Verstehen der Inhalte. Zudem stehen diese Einstellungen auch in Zusammenhang mit einer geringen Autonomieermöglichung für die Schüler*innen, was sich wiederum negativ auf die konstruktive Unter-

3 Die tatsächliche Begriffsvielfalt ist deutlich umfangreicher. Eine knappe Überschau der vielfältig hervorgebrachten Begriffe, die im Kern eine ähnliche Unterscheidung wie die hier verwendeten aufzeigen, finden sich bei Neuweg und Mayr (2018).

stützung (siehe Kapitel 2.4.3) auswirken kann. Dieser Zusammenhang zwischen den transmissiven und instruktivistischen Orientierungen der Lehrperson und einer weniger kognitiv aktivierenden Unterrichtsgestaltung wird auch im Rahmen der hier durchgeführten Rekonstruktionen, besonders im Hinblick auf den *Typ I* und den *Typ II*, deutlich. Dagegen zeigt die Studie von Hartinger und Kolleg*innen (2006, S. 118), dass eine stärker konstruktivistische Orientierung mit mehr Freiräumen bei gleichzeitiger Strukturierung der Inhalte im Unterricht einhergeht, was sich auch in der interaktiven Impulsbearbeitung in *Typ III* widerspiegelt.

Mehr Unklarheit in Bezug auf die verstärkt quantitative Erforschung der epistemologischen Überzeugungen von Lehrkräften besteht darin, inwieweit die durch Fragebogen erhobenen Selbsteinschätzungen der Lehrkräfte mit der tatsächlichen Handlungspraxis übereinstimmen. In der Studie von Leuchter und Kolleg*innen (2006) schätzten sich die Lehrkräfte vermehrt konstruktivistisch statt rezeptiv ein, beschrieben ihren Unterricht dann im Rahmen von Interviews jedoch vermehrt kleinschrittig und stark strukturiert. Batzel-Kremer und Kolleg*innen (2014) hingegen konnten eine Übereinstimmung zwischen den Selbsteinschätzungen der Lehrkräfte und der Handlungspraxis in Bezug auf den Einsatz von kognitiv aktivierenden und strukturierenden Elementen im Unterricht aufzeigen. Eine weniger subjektive Erfassung der Überzeugungen über externe Beobachtungen findet sich hauptsächlich im Pythagoras-Projekt (bspw. Lipowsky et al., 2009), in dem die rezeptiven bzw. transmissiven Überzeugungen jedoch ausschließlich als ein Negativindikator für die Skala der kognitiven Aktivierung erfasst wurden (vgl. Praetorius et al., 2018, S. 414).

Erweiternd zu dieser quantitativen Perspektive und in Einklang zu dem in dieser Studie rekonstruierten Lehrhabitus, konnten in anderen wissenssoziologisch ausgerichteten Unterrichtsstudien ähnliche Orientierungen der Lehrkräfte rekonstruiert werden. Kater-Wettstädt (2015) konnte in ihrer Studie zum Kompetenzerwerb von Schüler*innen im Themenbereich globale Entwicklung zwei unterschiedliche Lehrmodi darlegen. Der *Modus der Themenvermittlung* zeichnet sich durch einen stark durch die Lehrkraft gesteuerten und geschlossenen Unterricht aus, während der *Lehrmodus der Themen-Ko-Konstruktion* durch einen inhaltsoffenen und schüler*innenorientierten Unterricht gekennzeichnet ist. In einer weiteren Studie zum Einsatz von kompetenzorientierten Aufgaben im Französischunterricht konnte Tesch (2010) ebenfalls zwei distinkte Lehrhabitus rekonstruieren. Unter *Lernbegleiter* versteht der Autor eine autonomiefördernde Unterrichtsgestaltung, während hingegen der Habitus der *Lernkontrolle* wenig Autonomie zulässt (vgl. Tesch, 2010, S. 213). Die als transmissiv-instruktivistisch und konstruktivistisch zu verstehenden Lehrorientierung finden sich auch in den Arbeiten von Asbrand und Martens (2018). Weiterhin konnten die Autor*innen die Passungsverhältnisse zwischen den Lehr- und Lernhabitus rekonstruieren und zeigen, dass eine verstärkt konstruktivistische Orientierung der Lehrkräfte mit einer Ermöglichung fachlicher Eigenkonstruktionen der Schüler*innen einhergehen (vgl. Martens & Asbrand, 2017, S. 78). Dieser Befund steht auch im Einklang mit den hier dargestellten Rekonstruktionen, bei denen die eben beschriebenen Passungsverhältnisse primär in *Typ III* sichtbar wurden.

Gleichzeitig ist nicht davon auszugehen, dass die beiden Sichtweisen per se getrennt vorkommen müssen, sondern auch gemischte Formen erkennbar werden (vgl. Voss et al., 2011, S. 249). Hartinger und Kolleg*innen (2006) konnten bspw. mittels einer explorativen Faktorenanalyse drei Überzeugungstypen identifizieren: eine instruktivistische Vorstellung von Lehren und Lernen, eine offene und eine konstruktivistische Vorstellung. Während sich *Typ I* klar einer instruktivistischen und *Typ III* einer konstruktivistischen Sichtweise zuordnen lassen, stellt *Typ II* in dieser Arbeit vermehrt eine Mischform dar, die sich auch mit einem Typ nach Seifried (2009) als *Systematische Vermittlung von Grundkonzepten und Übung* beschreiben lässt. Dieser Mischtyp zeigt sehr hohe Übereinstimmungen zur instruktivistischen Sichtweise, steht aber etwa dem Frontalunterricht in Bezug auf die Förderung der Kommunikationsfähigkeit der Schüler*innen kritischer gegenüber (vgl. Seifried, 2006, S. 86). Auch in den Rekonstruktionen zeigten sich sehr feine Unterschiede zwischen den instruktivistischen Orientierungen von *Typ I* und *Typ II*. Während sich die Lehrpersonen in *Typ I* stärker kontrollierend präsentierten, wurde in *Typ II* der vermittelnde Aspekt der Lehrperson stärker erkennbar.

Das Verständnis von und die Sichtweisen über den Charakter der Mathematik

In den rekonstruierten Lehrhabitus wurden darüber hinaus auch unterschiedliche Vorstellungen hinsichtlich des Mathematikunterrichts erkennbar. Ähnlich den epistemologischen Überzeugungen werden auch diese Sichtweisen als starre Überzeugungsstrukturen angesehen. Zudem lässt sich auch bei dieser Form der Überzeugungen häufig eine dyadische Unterteilung vorfinden. Nach Grigutsch und Kolleg*innen (1998, S. 11 f.) lässt sich die Mathematik entweder in der Form eines statischen oder eines dynamischen Prozesses wahrnehmen. Die statische Sichtweise beschreibt primär die formalen Aspekte der Mathematik mit ihren Axiomen und Regeln. Mathematik stelle eine ‚fertige Theorie' dar, bei der die Exaktheit der mathematischen Sachverhalte angenommen wird. Die dynamische Sichtweise hingegen versteht Mathematik als einen kreativen Prozess und als etwas, das einen praktischen Nutzen hat. Mathematik ist veränderbar und trägt in ihrer Anwendung primär zu einem Erkenntnisgewinn bei. Beide Perspektiven müssen nicht grundlegend als Gegensätze verstanden werden, Lehrkräfte können hingegen beide Sichtweisen in unterschiedlichen Ausprägungen vereinen.

Neben dieser dyadischen Betrachtung finden sich vermehrt auch weitere Ausdifferenzierungen der Sichtweisen, die zusätzlich eine Mischform der statischen und der dynamischen Sichtweise vorschlagen. Darüber hinaus lassen sich vermehrt auch Unterscheidungen auf drei Ebenen finden (für eine Übersicht siehe Muhtarom & Siswono, 2017). Eine dieser Unterscheidungen, die anschlussfähig an die vorliegende Arbeit ist, wird von Garegea (2016) vorgestellt. Die Autorin unterscheidet zwischen einer instrumentalistischen, einer platonischen und einer sozial-konstruktivistischen Sichtweise auf Mathematik.

Bei der *instrumentalistischen Sichtweise* wird davon ausgegangen, dass mathematisches Wissen eine Sammlung an zahlreichen Regeln, Axiome und Fakten darstellt, die unverbunden nebeneinander existieren und die als zweifellos wahr akzeptiert werden. Ein Verständnis von Mathematik wird dieser Sichtweise nach durch das Auswendiglernen von Algorithmen und Regeln erreicht. Zudem basiert diese Sichtweise auf einem Verständnis von Mathematik, das auf die Manipulation von Symbolen abzielt (vgl. Garegae, 2016, S. 3). In *Typ I* ließ sich ein solches Bild der Mathematik bei den Lehrkräften rekonstruieren. Dies zeigte sich insbesondere in der Entkopplung der übergeordneten Unterrichtsinhalte und in der Fokussierung und der Reproduktion einzelner Axiome und Rechenregeln.

Die *platonische Sichtweise* geht zurück auf die philosophischen Ideen Platons. Der Mensch ist konfrontiert mit einer Vielzahl von abstrakten Strukturen, die er selbst nicht erschaffen kann, sondern die von ihm nur entdeckt werden können. Mathematisches Wissen wird als statischer, aber einheitlicher Wissensbestand aufgefasst, der auf miteinander verbundenen Wahrheiten und Strukturen besteht. Unter dieser Sichtweise werden die logischen Strukturen der Mathematik betont und es wird ein objektives, absolutes und abstraktes Wissen suggeriert (vgl. Garegae, 2016, S. 3). Eine solche Sichtweise ließ sich in *Typ II* rekonstruieren, die besonders bei der Lehrperson der *Sequenzen Sag mal 'ne Zahl* (siehe Kapitel 5.2) und *Kaninchengehege II* (siehe Kapitel 6.2.2) ausgeprägt war.

Die *sozial-konstruktivistische Sichtweise* betont die soziale Konstruiertheit mathematischen Wissens. Mathematik wird nicht als ein starres, sondern vielmehr als ein veränderbares Konstrukt angesehen. Mathematisches Wissen muss sich einer wissenschaftlichen Überprüfung stellen können und kann durch Vermutungen und Widerlegungen verändert werden und wachsen (vgl. Garegae, 2016, S. 3 f.). Diese Sichtweise geht am ehesten mit dem in *Typ III* rekonstruierten Lehrhabitus einher. In den Rekonstruktionen wurde deutlich, dass die Vermutungen und die Ideen der Schüler*innen in der Interaktion vermehrt aufeinander bezogen wurden. Ihr Wahrheitsgehalt wurde entweder durch stichhaltige Begründungen durch die Schüler*innen von den Lehrkräften akzeptiert oder durch anschließende Experimente überprüft.

In der zusammenfassenden Betrachtung beider Ebenen von Überzeugung, also den Vorstellungen und Überzeugungen zum Wissenserwerb und dem Verständnis von und den Sichtweisen über den Charakter der Mathematik, lässt sich auf Basis der empirischen Rekonstruktionen erkennen, dass beide Überzeugungsebenen eng in Verbindung stehen. Eine instruktivistische Vorstellung geht somit eng mit einer instrumentalistischen Vorstellung von Mathematik einher, während eine konstruktivistische Vorstellung des Wissenserwerbs eng mit der sozial-konstruktivistischen Sichtweise auf die Mathematik in Verbindung steht.

7.1.3 (Kognitive) Aktivität der Schüler*innen im Modus der Aufgabenerledigung

Inwieweit eine Bearbeitung und die Bewältigung der initialen Impulse der Lehrkräfte durch die Schüler*innen erfolgt, steht in einer Relation zu deren primären Haltungen hinsichtlich der Art der Frage- und Aufgabenbearbeitung.

Die in dieser Studie rekonstruierten Orientierungen der Schüler*innen zur Aufgabenbearbeitung stehen in enger Verbindung zu Breidensteins (2006) Konzept des Schüler*innenjobs (Martens & Asbrand, 2021). Der Schüler*innenjob beschreibt, „wie Jugendliche mit schulischem Unterricht umgehen, wie sie die situativen und interaktiven Anforderungen des Unterrichts handhaben“ (Breidenstein, 2006, S. 5). Auf Basis dieser Überlegungen stellen Martens und Asbrand (2021) eine studienübergreifende Typenbildung vor, in der sie eine am Schüler*innenjob angelehnte Orientierung der Schüler*innen an Aufgabenerledigung ausdifferenzieren. Die Orientierung an Aufgabenerledigung hat sich dabei in einer Vielzahl an empirischen Studien als eine Basistypik rekonstruieren lassen.

Ein erster Typ beschreibt die Aufgabenerledigung im Sinne einer *Wissensreproduktion.* Die Lernumgebung ist durch einen instruktivistischen Lehrhabitus bestimmt, die Inhalte sind als formal ‚richtiges‘ und ‚korrektes‘ Wissen vorgegeben und die Anforderung der Schüler*innen besteht maßgeblich darin, dieses Wissen zu reproduzieren. Indem die Schüler*innen diesen Anforderungen nachkommen, werden die als wesentlich markierten Sachverhalte von ihnen reproduziert (vgl. Martens & Asbrand, 2021, S. 66). Dieser Typ der Aufgabenerledigung zeigt sich im Rahmen der Rekonstruktionen besonders bei *Typ I.* Die Anforderungsgehalte der Lehrkräfte bestehen überwiegend darin, bestehendes Wissen, mathematische Regeln und Axiome zu benennen und bekannte Rechenregeln zur Anwendung zu bringen. Besonders in der Sequenz *Mal zwei gerechnet* (siehe Kapitel 5.1) wurde deutlich, dass sich die fachliche Auseinandersetzung der Schüler*innen im Rahmen dieser Reproduktionen überwiegend auf die Berechnung der quadratischen Gleichung mithilfe der pq-Formel beschränkt.

Der zweite Typ beschreibt eine Orientierung der Aufgabenerledigung in der Form der *Mitarbeit in der Unterrichtsinszenierung*. Dabei schließen die Schüler*innen, zumeist in klassenöffentlichen Gesprächen, an die lehrerseitig hervorgebrachten Inszenierungselemente an und beteiligen sich dadurch maßgeblich an der Hervorbringung und der Stabilisierung des Unterrichts. Die Schüler*innen schließen dabei im Rahmen klassischer IRE-Schemen an die Impulse der Lehrkraft an, auch wenn der Unterricht bzw. die Impulse als uneindeutig und vage erscheinen (vgl. Martens & Asbrand, 2021, S. 65). Dieser Typ der Aufgabenerledigung zeigte sich besonders in *Typ II*, hier schließen sich die Schüler*innen an die vagen und inkonsistenten Impulse an, indem sie im Wesentlichen bereits bekannte Strategien zur Lösung mathematischer Aufgaben anwenden sowie Aufgaben im Modus des Probierens versuchen zu lösen.

Ein weiterer Typ beschreibt die *fachliche Eigenkonstruktion der Schüler*innen*, die im Modus der Aufgabenerledigung sichtbar wird. Dieser Typ zeigt sich zumeist bei einem fachlichen Fokus und einer geringen inhaltlichen Setzung durch die Lehrperson, sowie einem wertschätzenden Lehrhabitus. Aufseiten der Schüler*innen werden fachliche Eigenkonstruktionen in Bezug auf den Lerngegenstand erkennbar (vgl. Martens & Asbrand, 2021, S. 66). Diese Art der Aufgabenerledigung ließ sich bei *Typ III* der hier vorliegenden Sequenzen rekonstruieren. Durch offen gestellte Problemstellungsaufgaben, eine konstruktiv unterstützende Haltung der Lehrperson und eine diskursive Unterrichtsgestaltung schlossen die Schüler*innen an den initialen Impuls der Lehrperson an und zeigten dadurch unterschiedliche Eigenkonstruktionen, indem sie Beträge anderer Schüler*innen aufeinander beziehen oder unterschiedliche Repräsentationsformen miteinander in Verbindung bringen.

Ein letzter Typ der Aufgabenerledigung, das *Abliefern eines Arbeitsergebnisses* (vgl. Martens & Asbrand, 2021, S. 64), ist im Rahmen dieser Arbeit nicht sichtbar geworden, was vermutlich mit der Abwesenheit eines konkreten Arbeitsergebnisses der Schüler*innen, wie einem Plakat oder einem Referat, bedingt ist.

Hinsichtlich einer theoretisch-normativen Perspektive erscheint im Wesentlichen die Orientierung der *fachlichen Eigenkonstruktionen* in Bezug auf die gewünschte kognitive Aktivität der Schüler*innen am wünschenswertesten. In den aufgestellten Vermutungen und den triftigen Begründungen der Schüler*innen wird erkennbar, dass sie vertieft über die Problemstellungen nachdenken und sich in einer elaborierten Art und Weise mit ihnen auseinandersetzen (vgl. Klieme et al., 2001, S. 50 f.; Lipowsky, 2020, S. 92). Die Schüler*innen demonstrierten, dass sie verschiedene Sachverhalte miteinander vergleichen und Regelhaftigkeiten in den Aufgabenstellungen erkennen, wie das Erkennen des rechtwinkligen Dreiecks in der Sequenz *Bauer Piepenbrink* (siehe Kapitel 6.3.1), und in den Darstellungen, wie bei der Imagination einer quadratischen Funktion aus einer Wertetabelle heraus in der Sequenz *Kaninchengehege*

I (siehe Kapitel 5.3) (vgl. Gold, 2015, S. 57). Die Orientierung an Aufgabenerledigung zur *Wissensreproduktion* und der *Mitarbeit in der Unterrichtsinszenierung* kann als weniger kognitiv aktiv eingestuft werden, da die Schüler*innen überwiegend bereits bekannte Strategien zur Anwendung bringen und dadurch vermehrt ein repetitiv Üben (vgl. Klieme et al., 2001, S. 51).

Bei dieser vorrangigen Betrachtung der schüler*innenseitigen Aktivitäten, also der Nutzungsseite unterrichtlicher Angebote durch die Schüler*innen, wird zudem erkennbar, dass diese Orientierungen in unterschiedlichen Passungsverhältnissen zu den Orientierungen der Lehrperson stehen und die nutzungsseitigen Lernhabitus nicht unabhängig von den angebotsseitigen Lehrhabitus gedacht werden können (vgl. Martens & Asbrand, 2017, S. 87). Diese reziproke Bedingung hebt, im Hinblick auf die Unterrichtsqualität und unter der Betrachtung von Angebots-Nutzungs-Modellen, die Bedeutsamkeit der Schüler*innen noch einmal besonders hervor. Aus dieser Betrachtung ergibt sich die Frage, inwieweit die Schüler*innen insbesondere in reproduzierenden und fachlich inkonsistent inszenierten Unterrichtssettings dazu beitragen, eine weniger kognitive aktivierende Unterrichtsgestaltung herzustellen.

7.1.4 Der Umgang mit und die Adressierung von Wissen

Im Rahmen der Rekonstruktionen wurde ein weiteres Ergebnis sichtbar: der differente Umgang mit unterschiedlichen Wissensformen. Gleichzeitig werden verschiedene Adressierungen hinsichtlich des (Vor-)Wissens und des Nicht-Wissens der Schüler*innen als auch der Lehrkräfte erkennbar.

In Bezug auf das Nicht-Wissen ließen sich besonders in *Typ I* und *Typ II* verschiedenartige Adressierungen beobachten. In *Typ I* ließen sich vermehrt Nicht-Wissens*unterstellungen* (vgl. Dinkelaker, 2008, S. 78 f.) durch die Lehrkräfte beobachten. Diese Unterstellungen erwiesen sich im Kontext der Impulsbearbeitung gleichsam als „Inkompetenzunterstellung“ (Dinkelaker, 2010, S. 103) gegenüber den Schüler*innen. Die Impulse der Lehrkräfte sind mit einem Wissensanspruch verbunden, in dem die Nicht-Wissens*unterstellungen* implizit enthalten sind. Dadurch wird eine Differenz zwischen den Lehrpersonen als Wissenden und den Schüler*innen als Nicht-Wissenden erzeugt. Die Lehrpersonen wissen bereits die korrekte Lösung auf die Frage oder Aufgabe, während den Schüler*innen dieses Wissen fehlt und daher noch vermittelt werden muss. Gleichzeitig geben sich auch die Schüler*innen auf Grundlage dieser Adressierung als Nicht-Wissende zu erkennen, indem sie den Aufforderungen der Lehrkräfte nachkommen und das geforderte Wissen, ratend oder reproduzierend, wiedergeben. Nicht-Wissen wird dabei insgesamt als etwas Defizitäres markiert, das durch den Erwerb von Wissen im Rahmen des Unterrichts kompensiert werden kann (vgl. Asbrand & Martens, 2018, S. 232; Kater-Wettstädt, 2015, S. 260).

In *Typ II* hingegen ließen sich vermehrt Nicht-Wissens*behauptungen* (vgl. Dinkelaker, 2008, S. 80 f.) der Lehrkräfte gegenüber den Schüler*innen rekonstruieren. Diese Behauptungen informieren die Schüler*innen explizit über deren Nicht-Wissen. Hierin dokumentiert sich eine Differenz zwischen dem bislang bekannten Wissen der Schüler*innen und dem (noch) unbekannten, neuen Wissen, dass den Schüler*innen zur Verfügung steht. In den durch die Lehrperson initiierten Impulsen wird das Nicht-Wissen der Schüler*innen als Ausgangsbedingung wahrgenommen und akzeptiert, gleichwohl mit dem Bewusstsein der Lehrpersonen über den eigenen Status als Wissende und Vermittelnde. Hinsichtlich dieser Behauptungen kommt es bei den Schüler*innen nicht zu einem Widerspruch, vielmehr geben sich die Schüler*innen als Nicht-Wissende zu erkennen und bearbeiten den Impuls der Lehrkraft, indem sie bekanntes Wissen im Modus des unsystematischen Probierens reproduzieren. Nicht-Wissen und besonders ‚fehlerhaftes' Wissen wird dabei zum Anlass genommen, in Form von ausweglosen Situationen und rechnerischen Sackgassen aufzuzeigen, was die Schüler*innen nicht tun sollten. Das Nicht-Wissen fungiert hier gleichzeitig auch als *negatives Wissen*, laut Oser und Spychiger (vgl. Oser & Spychiger, 2005). Das negative Wissen besagt, „was etwas nicht ist [...] und wie etwas nicht funktioniert [...], welche Strategien nicht zu den komplizierten Problemen führen [...] und auch *warum* bestimmte Zusammenhänge nicht stimmen" (Oser & Spychiger, 2005, S. 26, Herv. i. O.). Mit der Induktion negativen Wissens in der Interaktion soll richtiges Wissen erzeugt werden. Um diese Verwandlung von negativem Wissen in ein positives zu vollziehen, ist nach Oser und Spychiger (2005, S. 31) der konstruktive Einbau im Sinne eines *conceptual change* (vgl. Vosniadou, 2013, S. 11) notwendig, bei dem das irrtümliche Wissen zwingend mit dem neuen Wissen in Zusammenhang gebracht werden muss. Dieser Zusammenhang und auch die Begründung des *warum* wird in den rekonstruierten Sequenzen jedoch nicht hergestellt, worin letztlich auch hier vermehrt die Reproduktion von bekannten Rechenregeln und äquivalenten Umformungsschritten bei der Bearbeitung von Gleichungen erkennbar wird.

In beiden Typen, *Typ I* und *Typ II*, zeigt sich zudem die hierarchisierende Vermittlung von Wissen. In Anschluss an Brehler-Wires und Klais (2015, S. 132) werden auch in den hier vorliegenden Rekonstruktionen die Passungen zwischen Wissenden und Nicht-Wissenden sichtbar: standardisiertes Wissen wird von den Lehrkräften in Form von Angeboten reproduzierend vermittelt. „Der Umgang mit gültigem Wissen entspricht auf diese Weise den hierarchischen Beziehungsordnungen der beobachteten Angebote: Die Lehrerin verfügt jeweils über einen unbedingten Wissensvorsprung, der eine Deutungshoheit für alle schulisch relevanten Bereiche bewirkt" (Brehler-Wires & Klais, 2015, S. 132).

Im Kontrast dazu wird in den Rekonstruktionen des *Typ III* ein verstärkter Umgang mit dem Welt- und dem Vorwissen der Schüler*innen erkennbar.

Dieses (Vor-)Wissen wird dabei von den Lehrkräften exploriert und aktiv in die Bearbeitung des Impulses einbezogen (vgl. Lipowsky et al., 2018, S. 190) und ein neuer, zukünftiger Wissenszustand wird antizipiert (Vygotsky, 1978, S. 86 f.). Die Lehrkräfte inszenieren sich dabei primär als Nicht-Wissende, wodurch das geäußerte (Vor-)Wissen der Schüler*innen als erklärungsbedürftig und im weiteren Verlauf als überprüfbar markiert wird. Das Wissen wird in der Interaktion zwischen den Lehrpersonen und den Schüler*innen ko-konstruiert, indem die Schüler*innen überwiegend Vermutungen und Ideen äußern, die an die initialen Impulse der Lehrpersonen anschließen. Das (Vor-)Wissen dient dabei als Ausgangslage für die Konstruktion und Aneignung neuen Wissens (vgl. Martens, Asbrand et al., 2015, S. 61; Wettstädt & Asbrand, 2014, S. 10).

Die hohe Bedeutsamkeit des Vorwissens für den Lernerfolg der Schüler*innen konnte sowohl in theoretischer (vgl. Röhl, 2016, S. 330) als auch empirischer Hinsicht demonstriert werden. Insbesondere die kognitiv-konstruktivistischen (siehe Kapitel 3.2.2) als auch die soziokulturellen Lehr-Lern-Theorien (siehe Kapitel 3.2.3) sehen bestehende Wissensstrukturen als maßgebliche Ausgangsbasis für mögliche Akkommodationsprozesse an. Überdies zeigen eine Vielzahl von empirischen Studien, dass die Vortestleistungen der Schüler*innen ein maßgeblicher Prädiktor für deren Nachtestleistungen darstellten (Doan et al., 2020; Ewerhardy et al., 2012; Hattie, 2009; Hollenstein et al., 2019; Hugener et al., 2007).

In den in dieser Studie dargelegten Rekonstruktionen wird das maßgebliche Problem der bisherigen Erfassung von Vorwissen im Rahmen der Unterrichtsqualitätsforschung und in Bezug auf die kognitive Aktivierung deutlich. In der vermehrt lehrerseitigen Erfassung der Vorwissensexploration durch externe Beobachtungsmanuale (vgl. Fauth et al., 2021, S. 9; Lipowsky et al., 2018, S. 190; Lipowsky et al., 2009, S. 529) wird nicht beachtet, *ob* und *welche* Form von Wissen die Schüler*innen in den Unterricht einbringen und *wie* diese Vorstellungen explizit in den Unterricht integriert werden (vgl. Lipowsky & Hess, 2019, S. 81; Skorsetz et al., 2021, S. 94 f.).

Weiterhin spielt die Inszenierung der Lehrpersonen als unwissend oder als nicht wissend eine zentrale Rolle in der Impulsbearbeitung. Einer Bestimmung des Unterrichts als gegenseitige Täuschung nach Brinkmann und Rödel (2018), bei der „Lehrer/-innen […] Nicht-Wissen vor[täuschen], um Fragen stellen zu können, Schüler/-innen […] Interesse und Engagement vor[täuschen]" (Brinkmann & Rödel, 2018, S. 543) kann dabei in Bezug auf die Rekonstruktionen nur in Teilen, nämlich für *Typ I* und *Typ II*, zugestimmt werden. In *Typ III* hingegen wird erkennbar, – ganz besonders hervorzuheben ist hier die Sequenz *Kann das Wackeln wandern?* (siehe Kapitel 6.3.2) aus dem Grundschulunterricht – dass die Schüler*innen ernsthaft an einer Mitarbeit und einer Beantwortung des Impulses der Lehrpersonen interessiert sind, und dass sie an die ‚Täuschung' der Lehrperson anschließen, indem sie eigenständig Wissen konstruieren.

7.1.5 Konstruktive Unterstützung als unterrichtliche Rahmung

Über die implizit handlungsleitende Orientierung in Bezug auf die interaktive Bearbeitung von lehrerseitigen Impulsen im Unterricht konnten im Rahmen dieser Arbeit zudem übergeordnete implizite Orientierungen der Lehrpersonen rekonstruiert werden, die als unterrichtliche Rahmungen angesehen werden. Eine dieser Ebenen stellt Orientierungen und Handlungen dar, die Merkmale der Unterrichtsqualitätsdimension *konstruktive Unterstützung* aufweisen. Die Dimension fokussiert insbesondere das Lernklima und die Lehrer*innen-Schüler*innen-Beziehung im Unterricht (siehe Kapitel 2.4.3). Auf Grundlage der *Selbstbestimmungstheorie* nach Ryan und Deci (2017) konnten im Rahmen der empirischen Rekonstruktionen wesentliche Unterschiede hinsichtlich des Bedürfnisses nach sozialer Eingebundenheit, nach Kompetenzerleben und der erlebten Autonomie aufgezeigt werden.

Alle diese drei Bedürfnisse werden besonders im *Typ III* durch die Haltung der Lehrpersonen hervorgehoben. Die Erfüllung des Bedürfnisses nach sozialer Eingebundenheit wurde in den Rekonstruktionen durch eine wertschätzende Haltung der Lehrkräfte gegenüber den Schüler*innen und ihren Beiträgen deutlich. Das explizit verbalisierte und implizit rekonstruierte Zutrauen der Lehrpersonen in die Fähigkeiten der Schüler*innen betrifft dabei im Besonderen das Bedürfnis nach Kompetenzerleben. Die Autonomie der Lernprozesse spiegelte sich maßgeblich in den zunehmend offen gehaltenen Fragestellungen und der Offenheit gegenüber den Schüler*innenbeiträgen wider. Dagegen waren *Typ I* und *Typ II* aufgrund ihrer stark lehrerseitigen Strukturierung, sowie der kontrollierenden Haltung der Lehrpersonen in *Typ I* und der vermittelnden Orientierung in *Typ II*, durch ein mangelndes Zutrauen in das Vermögen der Schüler*innen und eine geringe Förderung der Autonomie geprägt. Während sich in *Typ II* in Teilen eine wertschätzende Haltung der Lehrpersonen in Bezug auf die Beiträge der Schüler*innen rekonstruieren ließ, zeigte sich in *Typ I* durch das Nicht-Einordnen und das teilweise Übergehen einzelner Schüler*innenbeiträge vermehrt eine Geringschätzung.

Diese Ergebnisse können mit den bestehenden empirischen Befunden hinsichtlich eines konstruktiv unterstützenden Unterrichtklimas in Beziehung gesetzt werden. Ähnlich wie bei der kognitiven Aktivierung (siehe Kapitel 3.5) lassen sich auch bei der konstruktiven Unterstützung nur partiell Bestätigungen in Bezug auf die prädiktive Validität hinsichtlich der Schüler*innenleistungen finden (Praetorius et al., 2018; Vieluf & Klieme, 2023). Dennoch zeigen einige Studien einen positiven Effekt auf das Interesse der Schüler*innen (Fauth et al., 2019; Fauth et al., 2014b; Lipowsky et al., 2009) sowie die Freude im Fach Mathematik (Kunter & Voss, 2011). Wissenssoziologisch orientierte Studien stellen einen Zusammenhang zwischen einer geringeren inhaltlichen Steuerung durch die Lehrpersonen und dem Vertrauen in die Fähigkeiten der Schüler*innen einerseits und der Wissensaneignung der Schüler*innen andererseits fest (Asbrand & Martens, 2020; Kater-Wettstädt, 2015; Wettstädt & Asbrand, 2014). In den Rekonstruktionen dieser Arbeit zeigte sich ferner eine Passung zwischen einer hohen konstruktiven Unterstützung durch die Lehrperson und einer tiefergehenden Auseinandersetzung der Schüler*innen mit der aufgeworfenen Fragestellung.

In Bezug auf die kognitive Aktivierung spricht dies dafür, dass intrinsisch motiviert Lernende, die ein höheres Interesse am Fach und am Unterrichtsgegenstand zeigen, vermehrt versuchen, neue Inhalte mit ihrem bestehenden Wissen in Verbindung zu bringen und sich tiefergehend mit dem Lerngegenstand auseinandersetzen, während extrinsisch motiviert Lernende dagegen eher eine Präferenz für die Anwendung oberflächiger Strategien aufweisen (vgl. Lohrmann & Hartinger, 2014, S. 277). Dass eine tiefergehende Auseinandersetzung besonders in *Typ III* zu beobachten war, lässt sich mit der *Relationships Motivation Theory* nach Deci und Ryan (2014, S. 56) begründen, die eine Subtheorie der Selbstbestimmungstheorie darstellt. Die Autor*innen zeigten theoretisch als auch empirisch, dass für qualitativ hochwertige Beziehungen zwischen Menschen alle der drei Motivationsbedürfnisse in gleichem Maße betroffen sein müssen und diese einander unterstützen. Dies spricht dafür, dass ausschließlich eine wertschätzende Haltung, wie sie vereinzelt in *Typ II* zu beobachten war, nicht hinreichend ist, um das Interesse und die Motivation der Schüler*innen nachhaltig zu erhöhen. Darüber hinaus spricht die kombinierte Betrachtung der hier dargelegten Befunde tendenziell für ein hierarchisches Modell der Unterrichtsqualität, wie etwa des MAIN-TEACH-Modell (siehe Kapitel 2.4.4) von Charalambous und Praetorius (2020), und gegen ein Modell, bei dem sich die einzelnen Dimensionen gleichwertig gegenüberstehen, wie es im Modell der drei Basisdimensionen der Fall ist (siehe Kapitel 2.4.3). Dadurch, dass sich nur geringe direkte Effekte einer konstruktiven Unterstützung auf den Lernzuwachs der Schüler*innen belegen lassen, sich aber dennoch zeigt, dass sich die Schüler*innen dadurch aktiver und intensiver mit den Lerngegenständen auseinandersetzen, kann davon ausgegangen werden, dass die konstruktive Unterstützung eine Voraussetzung für die Initiierung der kognitiven Aktivität und die Aufrechterhaltung der Bereitschaft für eine kognitiv aktive Auseinandersetzung der Schüler*innen darstellt, indem durch sie ein grundlegendes Interesse am Fach geweckt und die intrinsische Motivation der Schüler*innen an der Bearbeitung von Aufgaben erzeugt wird (Kunter & Voss, 2011; Ufer et al., 2015).

7.2 Fachliche Einordnungen in Bezug auf Quadratische Gleichungen

Wie in Kapitel 3.3 dargelegt, stellt diese Arbeit keine genuin fachdidaktische Arbeit dar. Dennoch wurde auf Basis einer verstärkten Forderung einer stärker fachspezifischen Operationalisierung und Konzeptualisierung der kognitiven Aktivierung der Versuch unternommen, die Untersuchung stärker auf einen bestimmten fachlichen Gegenstand, in diesem Fall die Quadratischen Gleichungen, zu richten.

Im Folgenden wird daher in Bezug auf die Ergebnisse der empirischen Rekonstruktionen eine fachliche Einordnung und Beurteilung vorgenommen. Dabei wird der fachliche Gegenstand, die quadratischen Gleichungen, theoretisch und empirisch eingeordnet.

Aus fachdidaktischer Perspektive ist das grundlegende Ziel, bei der Anwendung und Berechnung von quadratischen Gleichungen, das flexible algebraische Handeln (vgl. Block, 2016a, S. 391). Die Schüler*innen sind dazu angehalten, flexible algebraische Methoden beim Lösen von quadratischen Gleichungen anwenden und erkennen zu können, wann welche Lösungsstrategie geeignet ist (Identifizieren) und die Strategie anzuwenden (Realisieren), sodass das korrekte Ergebnis berechnet werden kann (vgl. Bruder, 2018, S. 208).

In einer Studie mit 57 Schüler*innen verschiedener niedersächsischer Gymnasien konnte Block (2016b) zeigen, dass beim Lösen quadratischer Gleichungen selten auf flexible Strategien zurückgegriffen wird. Die am häufigsten verwendete Lösungsstrategie mit einer Häufigkeit von 34 % ist die pq-Formel, die zweithäufigste Strategie ist die Faktorisierung (20 %), dicht gefolgt von der Strategie des Probierens (19 %). Die probierende Strategie wurde dabei angewandt, obwohl die Schüler*innen bereits mit unterschiedlichen Lösungsstrategien durch den Unterricht vertraut waren. Ein weiterer zentraler Befund der Studie sind die unterschiedlichen Lösungswahrscheinlichkeiten hinsichtlich der angewandten Strategien. Unter Verwendung der pq-Formel lösten 70 % der Schüler*innen die Aufgaben richtig, 55 %, wenn sie faktorisierten, und wenn sie probierten, betrug die Lösungswahrscheinlichkeit nur noch 25 %. Diese Befunde deuten darauf hin, dass die probierende Orientierung der Schüler*innen in *Typ II*, die durch den Lehrhabitus der Lehrpersonen verstärkt wird, die Wahrscheinlichkeit für Fehler bei der Aufgabenberechnung erhöhen kann. Gleichzeitig zeigen diese Befunde, dass das Vorgehen in *Typ I*, hier besonders in der Sequenz *Mal zwei gerechnet* (siehe Kapitel 5.1) in der explizit die pq-Formel als Lösungsmethode vorgegeben war, zu einer höheren Lösungswahrscheinlichkeit führen kann. Gleichzeitig wird darin aber auch ein fehlendes flexibles algebraisches Handeln sichtbar, da die Berechnung hier ausschließlich auf eine Lösungsmethode begrenzt ist. Dabei zeigt sich die Einschränkung des flexiblen algebraischen Umgangs, auf beiden Seiten sowohl bei den Schüler*innen als auch bei den Lehrkräften. In einer Studie mit brasilianischen Schüler*innen konnte verifiziert werden, dass die am häufigsten angewandte Lösungsmethode die Verwendung der allgemeinen Lösungsformel[4] darstellte, dicht gefolgt vom Lösen durch simples Probieren. Dabei waren beide Methoden bei den Schüler*innen hoch fehlerbehaftet. In anschließenden Interviews mit den Lehrkräften äußerten sich zudem Überzeugungen der Lehrkräfte, dass Algebra für die Schüler*innen schwierig sei und deswegen verstärkt die quadratische Lösungsformel eingesetzt werde, da dies der effizienteste Weg zum Lösen quadratischer Gleichungen sei und die Schüler*innen so weniger Fehler machen (vgl. de Lima & Tall, 2006). Auch in der TALIS Video Study (OECD, 2020) wurde ebenfalls deutlich, dass vor allem Länder in Südamerika wie Mexiko die quadratische Lösungsformel bereits früh im Unterrichtsverlauf einführen.

Der fehlende flexible Umgang zeigt sich zudem in weiteren weit verbreiteten Missverständnissen der Schüler*innen. In der Studie von Block (2016a, S. 396) erklärten bei der Bearbeitung quadratischer Gleichungen fast alle Schüler*innen, dass auf einer Seite der Gleichung eine 0 stehen muss, um die pq-Formel anwenden zu können, auch dann, wenn die pq-Formel nicht die adäquateste Lösungsmethode darstellt. Zudem fiel es den Schüler*innen schwer, Gleichungen als quadratische zu erkennen, wenn diese Klammern beinhalteten. Dieser Befund geht mit denen der Studie von Vaiyavvutjamai und Kolleg*innen (2005) einher, bei der rund ein Drittel aller Schüler*innen eine Gleichung der Form $(x - 3)(x - 5) = 0$ erst ausmultiplizierten. Die Schüler*innen gaben an, dass sie dies machten, weil sie gelernt haben alle quadratischen Gleichungen auf die Form $ax + bx + c = 0$ zu bringen, um dann die quadratische Lösungsformel anwenden zu können. Dieses Verständnis zeigte sich empirisch zudem in einzelnen Sequenzen dieser Studie. In der Sequenz *Mal zwei gerechnet* (siehe Kapitel 5.1) bspw. beruhte die überwiegende Argumentation der Schüler*innen darauf, die Gleichung so umzustellen, dass die pq-Formel angewandt werden kann, was in dieser Form von der Lehrerin induziert wurde. In der Sequenz *Der Ansatz* (siehe Kapitel 6.1.2) konnte vermehrt eine Logik der Schüler*innen zur Lösung quadratischer Gleichungen beobachtet werden, die der Logik der äquivalenten Umformung bei linearen Gleichungen folgt. Wobei das Problem in dieser Sequenz auch darin bestand, dass den Schüler*innen die Lösungsmethode der pq-Formel zu diesem Zeitpunkt nicht bekannt war.

Zusammenfassend zeigen diese nationalen und internationalen Befunde, dass Schüler*innen kaum flexible algebraische Strategien zum Lösen quadratischer Gleichungen anwenden. Insbesondere in den qualitativen Rekonstruktionen dieser Arbeit gab es keine Hinweise darauf, dass den Schüler*innen flexible

4 Im deutschsprachigen Raum wird die pq-Formel, die eine vereinfachte Form der allgemeinen Lösungsformel darstellt, bevorzugt angewandt. International scheint die allgemeine Lösungsformel stärker verbreitet zu sein (siehe Kapitel 4.6).

Strategien aufgezeigt wurden. In der Sequenz *Aufgabenvariation*, die nicht Teil der vorliegenden Darstellung ist, wurde zwar eine Übersicht der verschiedenen Lösungsmöglichkeiten an der Tafel erstellt, jedoch fehlte ein expliziter Hinweis der Lehrkraft darauf, wann und bei welcher Form der Gleichungen welche Lösungsmethode am besten angewendet werden sollte. Ein solches Verständnis könnte den Schüler*innen, etwa durch die didaktische Landkarte der quadratischen Gleichungen nach Block (2016a, S. 393), vermittelt werden. Dies könnte dazu beitragen, dass die Schüler*innen quadratische Gleichungen besser verstehen und dadurch flexibler algebraisch Handeln.

7.3 Limitationen der Studie

Die in dieser Arbeit vorgestellten Ergebnisse beziehen sich primär, mit der Ausnahme zweier kontrastierender Sequenzen, auf den Mathematikunterricht in der Sekundarstufe I zum Thema der quadratischen Gleichungen. Der aufgezeichnete Unterricht der Studie unterlag, bis auf den thematischen Fokus der Unterrichtseinheit, keine weiteren Vorgaben durch die Forschenden, womit das Ziel verbunden war, die unterrichtliche Praxis möglichst alltagsnah abbilden zu können (siehe Kapitel 4.5.4).

Für die zur Analyse verwendete *Dokumentarische Methode* (Asbrand & Martens, 2018; Bohnsack, 2021) ist es ein entscheidendes Gütekriterium, die beobachtete Unterrichtspraxis nicht anhand wissenschaftlicher Kategorien oder theoretischer bzw. normativer Annahmen zu bewerten (vgl. Asbrand & Martens, 2018, S. 27 ff.), sondern in einem weitgehend deskriptiven Ansatz die Reaktionen und Orientierungen aller beteiligten Akteur*innen in der unterrichtlichen Interaktion empirisch zu rekonstruierten. Im Vergleich zu anderen qualitativen Methoden und insbesondere im Vergleich zur Unterrichtsqualitätsforschung kann die Methode stärker als ein deskriptives Verfahren zur Beschreibung von Unterricht gedeutet werden. Mithilfe der in dieser Arbeit rekonstruierten Typen lassen sich daher keine (wirkungsbezogenen) Aussagen darüber treffen, ob und welcher dieser Typen die höchste kognitive Aktivierung zeigt bzw. welcher der Typen den höchsten Lernzuwachs bei den Schüler*innen erzeugt. Das multimethodische und -perspektivische Studiendesign der TALIS-Video Study (OECD, 2020) könnte aber eine Basis bieten, um auch solche Fragen in Zukunft in den Blick zu nehmen.

Eine weitere Limitation dieser Arbeit bezieht sich auf das vorliegende Sample, das insgesamt recht gleichförmigen Unterricht abbildet. Retrospektiv betrachtet wäre eine Anpassung der Samplingstrategie während des Forschungsprozesses vorteilhaft gewesen (vgl. Spieß, 2014, S. 232). Bei der Auswahl weiterer Sequenzen hätten vermehrt unterrichtliche Situationen berücksichtigt werden können, in denen konkrete konstruktivistische Lehr-Lern-Strategien angewendet werden oder es hätten Lehrkräfte oder auch Fachdidaktiker*innen befragt werden können, wann bzw. bei welchen Themen eine kognitive Aktivierung am ehesten zu erwarten wäre. Aufgrund des umfangreichen Projektkontextes und den aus der TALIS-Videostudie Deutschland (Grünkorn et al., 2020) zur Verfügung stehenden Videos sowie der einsetzenden COVID-19-Pandemie waren nachträgliche Videoerhebungen nicht mehr möglich. Dennoch stellt auch die Gleichförmigkeit des Unterrichts ein Ergebnis dieser Studie dar. Die Suche nach besonders ‚kognitiv aktivierenden' Sequenzen aus dem übergeordneten Sample der TALIS-Videostudie Deutschland (siehe Kapitel 4.5.3) stellte sich als wenig erfolgreich heraus. Dieser Befund kann darauf hindeuten, dass es sich bei dem spezifischen Unterrichtsthema um ein Thema handelt, dass sich im Sinne einer kognitiven Aktivierung nur schwer umsetzen lässt.

Limitierend zeigten sich zudem weitere Aspekte hinsichtlich der Beschaffenheit der aufgezeichneten Unterrichtsvideos. Aufgrund der Selektivität (siehe Kapitel 4.5.4) der aufgezeichneten Unterrichtsvideos wurden ausschließlich klassenöffentliche Situationen in die Analyse einbezogen. Hierbei wurde deutlich, dass die standardisierten Erhebungen im Rahmen der TALIS-Video Study (OECD, 2020) nicht zwingend mit der Methodologie der Dokumentarischen Methode vereinbar sind (vgl. Asbrand & Martens, 2018, S. 155). Hierbei waren besonders fehlende Tonaufnahmen auf den Tischen der Schüler*innen limitierend, die noch einmal einen spezifischeren Einblick in Bezug auf deren ‚kognitive Aktivitäten' hätten geben können. Dennoch zeigt sich, dass das klassenöffentliche Gespräch die dominanteste Sozialform im hier untersuchten Mathematikunterricht der Sekundarstufe I darstellt. Die quantitativen Beurteilungen der deutschen Unterrichtsvideos zeigten, dass in 88 % aller beurteilten Segmente – die Videos wurden in achtminütigen Abschnitten eingeschätzt – diese Form beobachtet werden konnte. Kleingruppen hingegen fanden sich nur in 14 %, Paarsituationen in 16 % und Individualarbeit in 36 % der Abschnitte (vgl. OECD, 2020, S. 76 ff.). Gleichzeitig ist es aber auch hier, wie bei anderen Beobachtungsverfahren, nicht möglich, einen empirischen Zugang zur tatsächlichen, situativen kognitiven Aktivität der Schüler*innen oder der Lehrkräfte zu erhalten. Darüber hinaus bleibt die Analyse auf die Schüler*innen begrenzt, die sich ‚aktiv' am Unterricht beteiligen, d. h. die sich verbal oder erkennbar nonverbal äußern. Das Problem der Interpretation der Nicht-Aktivität einzelner Schüler*innen bleibt auch hier bestehen. Generell könnte der Verzicht auf die explizite Erfassung kognitiver, insbesondere psychologisch ausgerichteter, mentaler Aktivität der Schüler*innen und die verstärkte Anwendung interaktionistisch orientierter Analyseverfahren als methodologischer Gewinn für Unterrichtsforschungen angesehen werden.

Im Hinblick auf die Beurteilung der fachlichen Qualität der Sequenzen fehlten oftmals die Aufzeichnung weiterer Unterrichtsstunden aus der Unterrichtseinheit. In der Interpretation stellte sich immer wieder dar, dass ein wesentlicher Kernaspekt in einer Unterrichtsstunde aufgeworfen wurde, der in der aufgezeichneten Stunde jedoch noch nicht abgeschlossen wurde. Durch die Erhebung einzelner unzusammenhängender Unterrichtsstunden aus der Einheit kann die fachdidaktische Planung des Unterrichts, die sich idealtypisch auf die gesamte Unterrichtseinheit bezieht, daher nicht nachvollzogen und rekonstruiert werden (vgl. Lindmeier & Heinze, 2020, S. 264).

7.4 Implikationen für die unterrichtliche Praxis und die Unterrichtsforschung

Aus den Ergebnissen der vorliegenden Arbeit ergeben sich unterschiedliche forschungsspezifische und praktische Anschlussmöglichkeiten. In diesem letzten Abschnitt werden mögliche Perspektiven eröffnet, die sich dabei einerseits konkret auf die Ergebnisse der rekonstruktiven Analyse beziehen, anderseits aber auch das Ergebnis der umfangreichen Auseinandersetzung und der persönlichen Eingebundenheit des Autors in zwei sich gegenüberstehende Teildisziplinen der Unterrichtsforschung sind.

Begonnen wird mit den praktischen Implikationen für die Möglichkeiten zur Gestaltung eines kognitiv aktivierenden Unterrichts (siehe Kapitel 7.4.1). Ferner werden Anschlussmöglichkeiten und Erweiterungen in Bezug auf die Erforschung der Unterrichtsqualität vorgeschlagen (siehe Kapitel 7.4.2). Abschließend werden Ausblicke für eine mögliche engere Verschränkung quantitativer und qualitativ-rekonstruktiver Unterrichtsforschungsansätze gegeben (siehe Kapitel 7.4.3).

7.4.1 Implikationen für einen kognitiv aktivierenden Unterricht

Aus den empirischen Ergebnissen der Studie lassen sich Implikationen für die unterrichtliche Praxis ableiten. Die kognitive Aktivierung scheint unzweifelhaft ein zentrales Merkmal der Unterrichtsqualität zu sein, gerade dann, wenn die Schüler*innen Inhalte tiefer und nachhaltiger verinnerlichen und verstehen sollen. Die Ergebnisse dieser Studie, sowie die einiger quantitativer Beobachtungsstudien (bspw. Bell et al., 2020; Jordan et al., 2008; Klieme et al., 2001), konnten allerdings belegen, dass sich eine (hohe) kognitiv aktivierende Unterrichtsgestaltung in nur relativ wenigen Situationen beobachten lässt. Diese Befunde können auf zwei grundlegende Problematiken zurückzuführen sein: Einerseits stellen die Konzeptualisierung und die daraus folgenden Operationalisierungen der kognitiven Aktivierung in den (quantitativen) empirischen Studien eine idealistische Vorstellung eines kognitiv aktivierenden Unterrichts dar, die sich in den routinierten Praktiken der Akteur*innen und der Prozesshaftigkeit des Unterrichts empirisch nicht in diesem Ausmaß zeigt. Daher sprechen die Befunde dafür, dass eine kognitiv aktivierende Unterrichtsgestaltung stärker aus ihrer Eigenlogik heraus zu rekonstruieren wäre und eher die Perspektive einer *beobachteten* statt einer *beobachtenden* Normativität eingenommen werden muss, um den tatsächlichen Grad der kognitiven Aktivierung beurteilen zu können (vgl. Praetorius et al., 2021, S. 16 f.). Anderseits machen die Befunde deutlich, dass eine kognitiv aktivierende Unterrichtsgestaltung nicht in jeder Phase des Unterrichts und nicht bei jedem Thema zu erwarten ist (vgl. Reusser, 2020, S. 243). Die Planung eines kognitiv aktivierenden Unterrichts müsste daher an erster Stelle entlang des konkreten Inhalts vollzogen werden. Insbesondere am Beispiel der quadratischen Gleichung wird deutlich, dass eine instruktionale Einführung der quadratischen Lösungsformel bzw. der pq-Formel zu einer fokussierteren Bearbeitung und zu einem besseren Verstehen bei den Schüler*innen beitragen könnte, als dies bspw. beim unsystematischen Probieren der Fall ist, bei dem die Schüler*innen die Aufgabe ohne Hilfestellung der Lehrpersonen bzw. ohne das Wissen über die Lösungsformel selbst gar nicht lösen können. Zumal bei einer solchen Bearbeitung ein hohes Maß an Lernzeit darauf verwendet wird, bekannte Rechenverfahren zu reproduzieren.

Weiterhin kann konstatiert werden, dass es sich erst bei einem höheren Vorwissensstand der Schüler*innen empfiehlt, Lernarrangements zu kreieren, die eine gesteigerte Selbstaktivität der Lernenden und die Bearbeitung komplexer Problemstellungen erfordern (vgl. Renkl, 2015, S. 213). Anstatt der Frage der Unterrichtsgestaltung im Sinne eines Instruktionsdesigns (Reinmann & Mandl, 2006, S. 619) nachzugehen, könnte man darüber diskutieren, spezielle *Konstruktions*designs im Sinne einer kognitiven Strukturierung (Einsiedler & Hardy, 2010) zu entwickeln, die die Schüler*innen in ihren Lernprozessen konsequent einbeziehen. Dies könnte einerseits, wie es Seidel und Kolleg*innen (2021, S. 299) vorschlagen, über konkrete ‚Standardsituationen' im Unterricht erfolgen, die den Lehrkräften in bestimmten Situationen Handlungsmöglichkeiten bereitstellen sollen. Demgegenüber scheinen in Bezug auf die kognitive Aktivierung aber vor allem fachlich und inhaltlich ausgestaltete sowie (fach-)didaktisch erarbeitete Unterrichtseinheiten, wie es in der analysierten Sequenz des Grundschulunterrichts zum Thema *Schall* der Fall war (Möller et al., 2008), vielversprechend zu sein. Insgesamt müssten besonders bei der Betrachtung der kognitiven Aktivierung die Zielsetzungen stärker in den Blick genommen werden: was soll von den Schüler*innen explizit verstanden werden oder welche Kompetenzen sollen sie sich aneignen (vgl. Lindmeier & Heinze, 2020, S. 264).

Die Untersuchung konnte darlegen, dass Schüler*innen durch eine unterstützende und wertschätzende Herangehensweise der Lehrkräfte, interessierter, motivierter und fachlich elaborierter am Unterrichtsgeschehen teilnehmen und vermehrt Anzeichen einer (hohen) kognitiven Aktivität zeigen. Wie bereits in zahlreichen anderen Studien vorgeschlagen, kann daher auch hier auf die professionelle Aus- und Weiterbildung von Lehrkräften verwiesen werden (Grünkorn et al., 2020; Lotz, 2016; Voss et al., 2011). In Bezug auf eine stärkere kognitive Aktivierung im Unterricht erscheint dabei die Reflexion der eigenen epistemologischen Überzeugungen als besonders ertragreich. Eine vielversprechende Möglichkeit, um die Überzeugungen und Vorstellungen der Lehrkräfte verändern zu können, sind Fortbildungen im Sinne eins *conceptual change* (siehe Kapitel 3.4) für die Lehrenden (Duit, 1995; Hartinger et al., 2006). Bohnsack (2020b) schlägt zudem vor, im Rahmen des Lehramtsstudiums „praktische Reflexionspotentiale“ (Bohnsack, 2020b, S. 123) zu initiieren, bei denen die angehenden Lehrkräfte auf Basis von auf Video aufgezeichneten Unterrichtsinteraktionen maximal kontrastierende Handlungsalternativen aufgezeigt bekommen, die den Charakter von positiven und von negativen Gegenhorizonten annehmen.

Ein etwas anderer, bislang kaum diskutierter Ansatz wäre es, mehr Lerngelegenheiten oder gar ‚Fortbildung‘ für Schüler*innen anzubieten, in denen die Schüler*innen im Sinne eines *Lernen lernens* (Renkl, 2020) vermehrt Strategien und Maßnahmen zur eignen Wissenskonstruktion kennenlernen. Ein spannender Ansatz diesbezüglich zeigt sich in der Interventionsstudie *Socrates 2.0* (Pauli et al., 2022), in der die Lehrkräfte an einer einjährigen Fortbildung teilnahmen, in der sie Gestaltungshinweise für die unterrichtliche Gesprächsführung im Sinne eines *accountable talks* nach Resnick und Kolleg*innen (2018) erlernten. Besonderheit dabei war, dass auch die Schüler*innen Kärtchen mit Prompts und Fragestellungen für den Unterricht erhielten, die sie bei einer diskursiven Gesprächsführung im Unterricht unterstützen. Die Studie wies nach, dass sich die Gesprächsanteile in den Unterrichtsstunden signifikant in Richtung der Schüler*innen verlagert haben. Auch wenn bislang noch keine Ergebnisse über die Qualität diese schüler*innenseitigen Dialoge vorliegen, zeigt es doch, dass ein stärkerer Einbezug der Schüler*innen möglich ist.

7.4.2 Implikationen für die Unterrichtsqualitätsforschung

Die im Kontext der qualitativ-rekonstruktiven Forschungslogik herausgearbeiteten Typen haben sich als anschlussfähig an die bestehende Theorie und Empirie der kognitiven Aktivierung sowie der Unterrichtsqualitätsforschung im Allgemeinen gezeigt. Ferner konnten auch neue Erkenntnisse gewonnen werden, die über die bisherige Betrachtungsweise der kognitiven Aktivierung hinaus gehen.

Insgesamt konnte dargelegt werden, dass die unterrichtlichen Rahmenbedingungen, konkret die Überzeugungen, Vorstellungen und Orientierungen der Lehrkräfte, die konstruktive Unterstützung im Unterricht sowie das (Vor-)Wissen, die Überzeugungen und Haltungen der Schüler*innen, einen wesentlichen

Einfluss auf die (kognitiv) aktivierende Unterrichtsgestaltung nehmen, weswegen diese Aspekte in zukünftigen Untersuchungen stärker einbezogen werden müssten. Besonders den kognitiven Aktivitäten oder eher den „Lernprozess[en] der Schüler*innen“ (Praetorius & Gräsel, 2021, S. 170), die im Rahmen der vorliegenden Analyse auch nur bedingt in den Blick genommen werden konnten, muss mehr Aufmerksamkeit geschenkt werden. Breidenstein (2018, S. 195) etwa empfiehlt für vermehrt schüler*innenzentrierte Analyseansätze, Erhebungsmethoden zu verwenden, die „nah genug an die interessierenden Aktivitäten herankommen, ohne diese zu stören“. Für diesen Zweck könnten Erhebungsmethoden verwendet werden, die durch den Einsatz von zusätzlichen Audiogeräten oder Kameras im Klassenraum ein stärkeres Augenmerk auf die Aktivitäten und Interaktionen der Schüler*innen legen, etwa um die konkrete Aufgabenbearbeitung genauer zu beobachten.

Darüber hinaus konnte in dieser Arbeit die Bedeutsamkeit der interaktiven Bearbeitung und Verhandlung potenziell kognitive aktivierender Impulse im Unterricht belegt werden. Auch wenn das Prozess-Produkt-Paradigma und die ausschließlichen Berechnungen von Kausalbeziehungen in der Unterrichtsqualitätsforschung längst überwunden sind, sind auch die aktuellen Prozess-Mediations-Modelle und Mehrebenenmodelle primär an einer Verwendung linearer Modelle oder einfacher „Zusammenhangsmuster“ (Klieme, 2006, S. 772) ausgerichtet, die der Komplexität des Unterrichts und interaktiven Prozesse kognitiv im Unterricht nur bedingt gerecht werden (Vieluf, 2022). Ein wichtiger Schritt bei der videographischen Analyse von Unterrichtsqualität wäre daher die stärkere Betrachtung der Materialität, sowie der Sequenzialität und der Simultanität des Unterrichts (Asbrand & Martens, 2018; Vieluf & Klieme, 2023). Zudem würde es sich einerseits anbieten, die gewonnenen Erkenntnisse aus quantitativen Analysen wieder vermehrt an die unterrichtliche Interaktion rückzubinden, indem auf Basis vermehrter Fallanalysen, bspw. im Rahmen von Videostudien, die vorgefundenen Zusammenhänge näher und detaillierter beschrieben werden. Anderseits könnten stärker fallbasierte Analysen, wie sie diese Arbeit darstellt, als Grundlage für die Erweiterung und Ausdifferenzierung zukünftiger Beobachtungsprotokolle genutzt werden. Dabei könnte zudem der Versuch unternommen werden, qualitativ-rekonstruierte Typen auf Basis größerer Fallzahlen im Rahmen quantitativer Untersuchungen abzubilden.

Ein weiterer Zugewinn besteht zudem in der Erkenntnis, dass Angebot und Nutzung im Rahmen der unterrichtlichen Interaktionen komplementär zueinander stehen, einander zwar nicht deterministisch bedingen, dennoch unzweifelhaft bei der Herstellung von Bedingungen und Möglichkeiten voneinander abhängig sind. Wahrnehmung und Interpretation können aus dieser Perspektive sowohl aus der Sicht der Schüler*innen als auch der Lehrpersonen in Blick genommen werden. Impulse und Äußerungen im Unterricht lassen sich dadurch nicht kategorial als Angebot und Nutzung verstehen, sondern können in der Art nur interaktionsanalytisch bestimmt werden. Um diese mehrdeutigen und verschieden aufeinander bezogenen Interaktionsordnungen im schulischen Unterrichtskontext rekonstruieren zu können, bieten sich sequenzanalytische Verfahren als geeignete methodologische Ansätze an (Martens & Asbrand, 2018).

Schließlich gilt es, die Theorien und Modelle des Unterrichts weiter zu präzisieren und auszubauen. „Noch zu selten führen die realisierten empirischen Untersuchungen aber zu einer Irritation und Weiterentwicklung der herangezogenen Modelle und damit auch zu einer Transformation von Theorien des Unterrichts.“ (Dinkelaker, 2020, S. 34). Für die Unterrichtsqualitätsforschung könnte das Syntheseframework (Charalambous & Praetorius, 2020) einen geeigneten Rahmen bieten, mit dem durch die hierarchische Betrachtung einzelner Unterrichtsqualitätsdimension die Relationen zwischen diesen stärker herausgearbeitet werden kann. Gleichwohl merken die Autor*innen selbstkritisch an, dass das Modell noch viele Dinge unberücksichtigt lässt und sich durch seinen Entstehungskontext bisher (wieder) vermehrt auf den Mathematikunterricht bezieht (vgl. Praetorius, Rogh et al., 2020, S. 314 ff.). Der Einbezug von Erkenntnissen der qualitativ-rekonstruktiven Unterrichtsforschung könnte ein erster Schritt zu einer möglichen Erweiterung der Modelle darstellen.

7.4.3 Implikationen für die qualitative und quantitative Unterrichtsforschung

Diese Studie hatte zum Ziel, ein aus der quantitativ orientierten Lehr-Lern-Forschung stammendes Unterrichtsqualitätsmerkmal, die kognitive Aktivierung, auf Basis eines qualitativ-rekonstruktiven Forschungszugangs zu untersuchen, um auf diese Weise einen Beitrag zur theoretischen Untermauerung des Konstrukts beizutragen (vgl. Praetorius & Gräsel, 2021, S. 177). In der Analyse konnte dargestellt werden, dass die Ergebnisse der Studie in vielen Teilen an die qualitativ-rekonstruktive als auch die quantitativ ausgerichtete Unterrichtsforschung anschlussfähig sind und sich darüber hinaus einige Gemeinsamkeiten, aber auch Unterschiede herausarbeiten ließen.

Die gegenseitige Wahrnehmung der beiden Strömungen ist different. Während in der qualitativen Unterrichtsforschung vermehrt Bezüge zu quantitativ orientierten Studien hergestellt werden, lässt sich dies in der Lehr-Lern-Forschung bzw. speziell in der Unterrichtsqualitätsforschung kaum beobachten. Für die zukünftige Unterrichtsforschung wäre es daher wünschenswert, dass sich beide Seiten gleichwertig wahrnehmen und die Ergebnisse einzelner Studien stärker miteinander in Beziehung gesetzt werden. Besonders die Entwicklung zu stärker fachdidaktisch ausgerichteten Arbeiten, die sich in beiden

Strömungen wiederfindet, könnte dabei eine Ausgangsbasis für weiterführende Anknüpfungspunkte darstellen.

Ein weiterer Unterschied zwischen den Strömungen wird in der Erfassung der Wissensaneignung durch die Schüler*innen erkennbar. Während die Unterrichtsqualitätsforschung das Wissen und den Wissenszuwachs der Schüler*innen primär an deren Lernleistungen bemisst (bspw. Doan et al., 2020; Klieme et al., 2009; Kuger et al., 2017; Rolfes et al., 2021), lassen sich in der wissenssoziologisch orientierten Unterrichtsforschung eine Vielzahl an Studien finden, die stärker auf die Kompetenzerwerbsprozesse bei den Schüler*innen ausgerichtet sind (bspw. Kater-Wettstädt, 2015; Kreft, 2020; Martens, 2010a; Tesch, 2010). Eine Verknüpfung der unterschiedlichen wissenschaftlichen Ansätze könnte dazu beitragen, beide Ebenen in den Blick nehmen zu können, sodass die empirische Herstellung und die Prozessierungen fachlicher Inhalte im Unterricht rekonstruiert und deren Effekte und Wirkungen bestimmt werden können.

Schließlich lassen sich einige Gemeinsamkeiten herausarbeiten, die als vielversprechende Ansatzpunkte für zukünftige Forschungen dienen könnten. In beiden Paradigmen wird vermehrt die Komplexität der unterrichtlichen Interaktion betont. Gleichzeitig besteht jeweils die Annahme, dass der Wissenserwerb der Schüler*innen nicht determiniert werden kann und somit Lehren und Lernen in einer unhintergehbaren Differenz zueinanderstehen. Die Probleme der Kontingenz und der Kausalität werden aus quantitativer Sichtweise vermehrt in den Angebots-Nutzungs-Modellen wahrgenommen (bspw. Praetorius & Gräsel, 2021; Vieluf et al., 2020). In den qualitativ-rekonstruktiven Ansätzen findet diese Berücksichtigung auf methodologischer Ebene, wie in Bezug auf die doppelte Kontingenz (Luhmann, 2002), statt (bspw. Asbrand & Martens, 2018; Bohnsack, 2020b). Eine weitere bedeutsame Gemeinsamkeit besteht im Bestreben einer fortlaufenden (unterrichts-)theoretischen Fundierung (Asbrand & Martens, 2020; Praetorius, Klieme et al., 2020; Proske, 2018). Auch hier bestehen Anknüpfungspunkte, in denen die verschiedenen theoretischen Herangehensweisen miteinander in Beziehung gesetzt werden könnten, um auf diese Weise eine gemeinsame Theoriebildung und Theorieentwicklung voranzutreiben.

Ein Beispiel für die praktische Umsetzung solch einer paradigmenübergreifenden Symbiose ist das im Jahr 2022 gegründete Graduiertenkolleg INTERFACH[5]. In diesem interdisziplinären Kolleg wird durch den Einsatz verschiedener Methoden der Versuch unternommen, fachliche Qualität und Unterrichtsqualität im Grundschulunterricht empirisch zu bestimmen. Das Ziel des Kollegs ist es, vermehrt die interaktiven Prozesse des Unterrichts zu fokussieren,

5 Graduiertenkolleg INTERFACH [online] https://interfach.de [Letzter Zugriff: 31. 08. 2023].

um auf diese Weise die Bedeutung sozialer Ordnungen des Unterrichts für die fachlichen Lernprozesse der Schüler*innen in den Blick zu nehmen. Perspektivisch betrachtet scheint es ertragreich, durch die systematische Herausarbeitung weiterer Gemeinsamkeiten die bestehenden Potenziale der verschiedenen Ansätze stärker hervorzuheben und in zukünftigen Studien zu berücksichtigen sowie generell in die Analysen einzubeziehen.

Literatur

Aebli, H. (1961). *Grundformen des Lehrens.* Stuttgart: Ernst Klett.

Aebli, H. (1985). *Zwölf Grundformen des Lehrens: eine allgemeine Didaktik auf psychologischer Grundlage* (2. Auflage). Stuttgart: Klett-Cotta.

Alfieri, L., Brooks, P. J., Aldrich, N. J., & Tenenbaum, H. R. (2011). Does discovery-based instruction enhance learning? *Journal of Educational Psychology, 103*(1), S. 1–18. https://doi.org/10.1037/a0021017

Amann, K., & Hirschauer, S. (1997). Die Befremdung der eigenen Kultur. Ein Programm. In S. Hirschauer & K. Amann (Hrsg.), *Die Befremdung der eigenen Kultur. Zur ethnographischen Herausforderung soziologischer Empirie* (Vol. 1, S. 7–52). Frankfurt am Main: Suhrkamp.

Appel, J., & Rauin, U. (2016). Quantitative Analyseverfahren in der videobasierten Unterrichtsforschung. In U. Rauin, M. Herrle, & T. Engartner (Hrsg.), *Videoanalysen in der Unterrichtsforschung: Methodische Vorgehensweisen und Anwendungsbeispiele* (S. 130–153). Weinheim; Basel: Beltz Juventa.

Arnold, K.-H., & Neber, H. (2008). Themenschwerpunkt: Aktiver Wissenserwerb. *Zeitschrift für Pädagogische Psychologie, 22*(2), S. 113–117. https://doi.org/10.1024/1010-0652.22.2.113

Asbrand, B. (2009). *Wissen und Handeln in der Weltgesellschaft: Eine qualitativ-rekonstruktive Studie zum globalen Lernen in der Schule und in der außerschulischen Jugendarbeit.* Münster: Waxmann.

Asbrand, B. (2014). Was sollen Schüler/-innen im Lernbereich „Globale Entwicklung" lernen? Ein Diskussionsbeitrag aus sozialwissenschaftlicher Perspektive. *ZEP: Zeitschrift für internationale Bildungsforschung und Entwicklungspädagogik, 37*(3), S. 10–15. https://doi.org/10.25656/01:12097

Asbrand, B., & Martens, M. (2018). *Dokumentarische Unterrichtsforschung.* Wiesbaden: Springer VS. https://doi.org/10.1007/978-3-658-10892-2

Asbrand, B., & Martens, M. (2020). Rekonstruktion von Lernprozessen im Unterricht. Herausforderungen und Vorschläge aus der Perspektive der dokumentarischen Unterrichtsforschung. In M. Corsten, M. Pierburg, D. Wolff, K. Hauenschild, B. Schmidt-Thieme, U. Schütte, & S. Zourelidis (Hrsg.), *Qualitative Videoanalyse in Schule und Unterricht* (S. 112–125). Weinheim; Basel: Beltz Juventa.

Asbrand, B., Martens, M., & Petersen, D. (2013). Die Rolle der Dinge in schulischen Lehr-Lernprozessen. *Zeitschrift für Erziehungswissenschaft, 16*(2), S. 171–188. https://doi.org/10.1007/s11618-013-0413-1

Baltruschat, A. (2014). Variationen eines Falls. Drei Interpretationen vergleichend betrachtet. In I. Pieper, P. Frei, K. Hauenschild, & B. Schmidt-Thieme (Hrsg.), *Was der Fall ist Beiträge zur Fallarbeit in Bildungsforschung, Lehramtsstudium, Beruf und Ausbildung* (S. 151–165). Wiesbaden: Springer VS. https://doi.org/10.1007/978-3-531-19761-6_10

Baltruschat, A. (2018). *Didaktische Unterrichtsforschung.* Wiesbaden: Springer VS. https://doi.org/10.1007/978-3-658-17070-7

Baltruschat, A., & Wagner-Willi, M. (2018). Videoanalyse. In R. Bohnsack, A. Geimer, & M. Meuser (Hrsg.), *Hauptbegriffe Qualitativer Sozialfoschung* (S. 241–246). Opladen; Toronto: Barbara Budrich.

Batzel-Kremer, A., Bohl, T., Kleinknecht, M., Leuders, T., Ehret, C., Haug, R., & Holzäpfel, L. (2014). Kognitive Aktivierung an Haupt- und Realschulen – Konzeptionelle Überlegungen zu einer Videostudie im Mathematikunterricht. In P. Blumschein (Hrsg.), *Lernaufgaben – Didaktische Forschungsperspektiven* (S. 154–166). Bad Heilbrunn: Klinkhardt.

Baumert, J., & Kunter, M. (2011). Das mathematikspezifische Wissen von Lehrkräften, kognitive Aktivierung im Unterricht und Lernfortschritte von Schülerinnen und Schülern. In M. Kunter, J. Baumert, W. Blum, U. Klusmann, S. Krauss, & M. Neubrand (Hrsg.), *Professionelle Kompetenz von Lehrkräften. Ergebnisse des Forschungsprogramms COACTIV* (S. 163–192). Münster: Waxmann.

Baumert, J., & Kunter, M. (2013). The COACTIV Model of Teachers' Professional Competence. In M. Kunter, J. Baumert, W. Blum, U. Klusmann, S. Krauss, & M. Neubrand (Hrsg.), *Cognitive Activation in the Mathematics Classroom and Professional Competence of Teachers: Results from the COACTIV Project* (S. 25–48). Boston, MA: Springer US. https://doi.org/10.1007/978-1-4614-5149-5_2

Baumert, J., Kunter, M., Blum, W., Brunner, M., Voss, T., Jordan, A., Klusmann, U., Krauss, S., Neubrand, M., & Tsai, Y.-M. (2010). Teachers' Mathematical Knowledge, Cognitive Activation in the Classroom, and Student Progress. *American Educational Research Journal, 47*(1), S. 133–180. https://doi.org/10.3102/0002831209345157

Baumert, J., Kunter, M., Blum, W., Klusmann, U., Krauss, S., & Neubrand, M. (2011). Professionelle Kompetenz von Lehrkräften, kognitiv aktivierender Unterricht und die mathematische Kompetenz von Schülerinnen und Schülern (COACTIV) – ein Forschungsprogramm. In M. Kunter, J. Baumert, W. Blum, U. Klusmann, S. Krauss, & M. Neubrand (Hrsg.), *Professionelle Kompetenz von Lehrkräften Ergebnisse des Forschungsprogramms COACTIV* (S. 7–25). Münster: Waxmann.

Baumert, J., Lehmann, R., Lehrke, M., Schmitz, B., Clausen, M., Hosenfeld, I., Köller, O., & Neubrand, J. (Hrsg.). (1997). *TIMSS — Mathematisch-naturwissenschaftlicher Unterricht im internationalen Vergleich: Deskriptive Befunde.* Wiesbaden: VS Verlag für Sozialwissenschaften. https://doi.org/10.1007/978-3-322-95096-3

Beaton, A. E., Mullis, I. V. S., Martin, M. O., Gonzalez, E. J., Kelly, D. L., & Smith, T. A. (1996). *Mathematics Achievement in the Middle School Years. IEA's Third International Mathematics and Science Study (TIMSS).* Chestnut Hill: TIMSS International Study Center.

Becker-Mrotzek, M., & Vogt, R. (2009). *Unterrichtskommunikation: linguistische Analysemethoden und Forschungsergebnisse.* Tübingen: Niemeyer. https://doi.org/10.1515/9783110231724

Begrich, L., Fauth, B., Kunter, M., & Klieme, E. (2017). Wie informativ ist der erste Eindruck? Das Thin-Slices-Verfahren zur videobasierten Erfassung des Unterrichts. *Zeitschrift für Erziiehungswissenschaft, 20*(1), S. 23–47. https://doi.org/10.1007/s11618-017-0730-x

Bell, C., Schweig, J., Castellano, K. E., Klieme, E., & Stecher, B. (2020). Instruction. In OECD (Hrsg.), *Global Teaching InSights: A Video Study of Teaching*. Paris: OECD Publishing. https://doi.org/10.1787/c6d9c218-en

Bell, C. A., Dobbelaer, M. J., Klette, K., & Visscher, A. (2019). Qualities of classroom observation systems. *School effectiveness and school improvement, 30*(1), S. 3–29. https://doi.org/10.1080/09243453.2018.1539014

Berger, P. L., & Luckmann, T. (2003). *Die gesellschaftliche Konstruktion der Wirklichkeit: Eine Theorie der Wissenssoziologie* (19. Auflage). Frankfurt am Main: Fischer Taschenbuch.

Berliner, D. C. (2005). The near impossibility of testing for teacher quality. *Journal of teacher education, 56*(3), S. 205–213. https://doi.org/10.1177/0022487105275904

Biesta, G. J. J., & Stengel, B. S. (2016). Thinking Philosophically About Teaching. In D. Gitomer & C. Bell (Hrsg.), *Handbook of research on teaching* (Vol. 5, S. 7–67). Havertown: American Educational Research Association. https://doi.org/10.3102/978-0-935302-48-6_1

Block, J. (2016a). Flexible algebraic action on quadratic equations. CERME 9 – Ninth Congress of the European Society for Research in Mathematics Education, Prag.

Block, J. (2016b). Strategien und Fehler beim Lösen quadratischer Gleichungen im Kontext flexiblen algebraischen Handelns. *Beiträge zum Mathematikunterricht 2016*, S. 157–160. http://dx.doi.org/10.17877/DE290R-17323

Bloom, B. S. (1976). *Human characteristics and school learning*. New York: McGraw-Hill.

Blum, W. (2019). Unterrichtsqualität aus fachdidaktischer Perspektive – Beispiele aus der Mathematik. In U. Steffens & R. Messner (Hrsg.), *Unterrichtsqualität: Konzepte und Bilanzen gelingenden Lehrens und Lernens. Grundlagen der Qualität von Schule 3* (S. 183–200). Münster: Waxmann.

BMBF. (2007). *Rahmenprogramm zur Förderung der empirischen Bildungsforschung*. Bonn; Berlin: BMBF.

Bohl, T., & Kleinknecht, M. (2009). Weiterentwicklung der Allgemeinen Didaktik: Theoretische und empirische Impulse aus einer Aufgabenkulturanalyse. In K.-H. Arnold, S. Blömeke, R. Messner, & J. Schlömerkemper (Hrsg.), *Allgemeine Didaktik und Lehr-Lernforschung. Kontroversen und Entwicklungsperspektiven einer Wissenschaft vom Unterricht* (S. 145–157). Bad Heilbrunn: Klinkhardt.

Bohl, T., & Schnebel, S. (2023). Didaktik und Reform des Unterrichts. In T. Hascher, T.-S. Idel, & W. Helsper (Hrsg.), *Handbuch Schulforschung* (3. Auflage, S. 887–905). Wiesbaden: Springer VS. https://doi.org/10.1007/978-3-658-24729-4_41

Bohnsack, R. (1989). *Generation, Milieu und Geschlecht: Ergebnisse aus Gruppendiskussionen mit Jugendlichen*. Opladen: Leske + Budrich.

Bohnsack, R. (2011). *Qualitative Bild- und Videointerpretation: Die dokumentarische Methode* (2. durchges. u. aktual. Auflage). Opladen; Farmington Hills: Barbara Budrich/UTB GmbH. https://doi.org/10.36198/9783838584829

Bohnsack, R. (2017). *Praxeologische Wissenssoziologie*. Opladen; Toronto: Barbara Budrich. https://doi.org/10.36198/9783838587080

Bohnsack, R. (2018). Dokumentarische Methode. In R. Bohnsack, A. Geimer, & M. Meuser (Hrsg.), *Hauptbegriffe Qualitativer Sozialforschung* (4. vollst. überarb. Auflage, S. 52–58). Opladen; Toronto: Barbara Budrich/UTB GmbH.

Bohnsack, R. (2020a). Die Mehrdimensionalität der Typenbildung und ihre Aspekthaftigkeit. In J. Ecarius & B. Schäffer (Hrsg.), *Typenbildung und Theoriegenerierung: Methoden und Methodologien qualitativer Bildungs- und Biographieforschung* (2., überarbeitete und erweiterete Auflage, S. 21–48). Opladen: Barbara Budrich. https://doi.org/10.2307/j.ctvtxw2zx.4

Bohnsack, R. (2020b). *Professionalisierung in praxeologischer Perspektive: zur Eigenlogik der Praxis in Lehramt, sozialer Arbeit und Frühpädagogik.* Opladen; Toronto: Barbara Budrich. https://doi.org/10.36198/9783838553559

Bohnsack, R. (2021). *Rekonstruktive Sozialforschung. Einführung in qualitative Methoden* (10., durchgesehene Auflage). Opladen; Toronto: Barbara Budrich.

Bohnsack, R., Fritzsche, B., & Wagner-Willi, M. (2015). Dokumentarische Video- und Filminterpretation. In R. Bohnsack, B. Fritzsche, & M. Wagner-Willi (Hrsg.), *Dokumentarische Video- und Filminterpretation. Methodologie und Forschungspraxis* (2., durchges. Auflage, S. 11–42). Opladen; u. a.: Barbara Budrich. https://doi.org/10.2307/j.ctvdf03gd.3

Bohnsack, R., Hoffmann, N. F., & Nentwig-Gesemann, I. (2018). Typenbildung und dokumentarische Methode. In R. Bohnsack, N. F. Hoffmann, & I. Nentwig-Gesemann (Hrsg.), *Typenbildung und Dokumentarische Methode: Forschungspraxis und methodologische Grundlagen* (S. 9–50). Opladen; u. a.: Barbara Budrich. https://doi.org/10.2307/j.ctvdf047 g.3

Bonnet, A. (2004). *Chemie im bilingualen Unterricht: Kompetenzerwerb durch Interaktion.* Opladen: Leske + Budrich.

Borich, G. D. (2014). *Observation Skills for Effective Teaching: Research-Based Practice* (7). Boulder: Routledge.

Bourdieu, P. (1974). *Zur Soziologie der symbolischen Formen.* Frankfurt a. M.: Suhrkamp.

Bourdieu, P. (2006). Die Praxis der reflexiven Anthropologie. In P. Bourdieu, & L. J. D. Wacquant (Hrsg.), *Reflexive Anthropologie* (4. Auflage, S. 251–294). Frankfurt am Main: Suhrkamp.

Brehler-Wires, Y., & Klais, S. (2015). Standardisierung in einer aufstiegsorientierten Lernkultur. Schulporträt der Regionalen Schule Heiliggeist (Rheinland-Pfalz). In S. Reh, B. Fritzsche, T. S. Idel, & K. Rabenstein (Hrsg.), *Lernkulturen: Rekonstruktion pädagogischer Praktiken an Ganztagsschulen* (S. 107–135). Wiesbaden: Springer VS. https://doi.org/10.1007/978-3-531-94081-6_6

Breidenstein, G. (2006). *Teilnahme am Unterricht: Ethnographische Studien zum Schülerjob.* Wiesbaden: VS Verlag für Sozialwissenschaften. https://doi.org/10.1007/978-3-531-90308-8

Breidenstein, G. (2010). Überlegungen zu einer Theorie des Unterrichts. *Zeitschrift für Pädagogik, 56*(6), S. 869–887. https://doi.org/10.25656/01:7174

Breidenstein, G. (2018). Schülerpraktiken. In M. Proske, & K. Rabenstein (Hrsg.), *Kompendium qualitative Unterrichtsforschung. Unterricht beobachten – beschreiben – rekonstruieren* (S. 189–206). Bad Heilbrunn: Julius Klinkhardt.

Breidenstein, G. (2021). Interferierende Praktiken. Zum heuristischen Potenzial praxeologischer Unterrichtsforschung. *Zeitschrift für Erziehungswissenschaft, 24*(4), S. 933–953. https://doi.org/10.1007/s11618-021-01037-0

Brinkmann, M., & Rödel, S. S. (2018). Pädagogisch-phänomenologische Videographie. In M. Corsten, M. Pierburg, D. Wolff, K. Hauenschild, B. Schmidt-Thieme, U. Schütte, & S. Zourelidis (Hrsg.), *Handbuch Qualitative Videoanalyse* (S. 521–547). Wiesbaden: Springer VS. https://doi.org/10.1007/978-3-658-15894-1_28

Brophy, J. (2000). *Teaching (Educational Practices Series Vol. 1).* Brüssel: International Academy of Education (IAE).

Brophy, J., & Good, T. L. (1984). Teacher Behavior and Student Achievement. Occasional Paper No. 73. In W. Edelstein & D. Hopf (Hrsg.), *Handbook of research on teaching* (3. Auflage, S. 328–375). New York: Macmillan.

Bruder, R. (2018). Fachliche Unterrichtsqualität im Kontext der Basisdimensionen guten Unterrichts aus mathematikdidaktischer Perspektive. In M. Martens, K. Rabenstein, K. Bräu, M. Fetzer, H. Gresch, I. Hardy, & C. Schelle (Hrsg.), *Konstruktionen von Fachlichkeit: Ansätze, Erträge und Diskussionen in der empirischen Unterrichtsforschung* (S. 203–218). Bad Heilbrunn: Julius Klinkhardt.

Bruder, R., & Collet, C. (2011). *Problemlösen lernen im Mathematikunterricht.* Berlin: Cornelsen Scriptor.

Bruner, J. S. (1961). The act of discovery. *Harvard Educational Review, 31,* S. 21–32.

Brunner, E. (2018). Qualität von Mathematikunterricht: Eine Frage der Perspektive. *Journal für Mathematik-Didaktik, 39*(2), S. 257–284. https://doi.org/10.1007/s13138-017-0122-z

Brunnhuber, P. (1977). *Prinzipien effektiver Unterrichtsgestaltung* (10. Auflage). Donauwörth: Ludwig Auer.

Carroll, J. B. (1963). A model of school learning. *Teachers College Record, 64*(8), S. 723–733. https://doi.org/10.1177/016146816306400801

Carroll, J. B. (1973). Ein Modell schulischen Lernens. In W. Edelstein (Hrsg.), *Bedingungen des Bildungsprozesses: psychologische und pädagogische Forschungen zum Lehren und Lernen in der Schule* (S. 234–250). Stuttgart: Klett.

Charalambous, C. Y., & Hill, H. C. (2012). Teacher knowledge, curriculum materials, and quality of instruction: Unpacking a complex relationship. *Journal of Curriculum Studies, 44*(4), S. 443–466. https://doi.org/10.1080/00220272.2011.650215

Charalambous, C. Y., & Praetorius, A.-K. (2020). Creating a forum for researching teaching and its quality more synergistically. *Studies in Educational Evaluation, 67.* https://doi.org/10.1016/j.stueduc.2020.100894

Clausen, M. (2002). *Unterrichtsqualität: Eine Frage der Perspektive?* Münster: Waxmann.

Cogan, L. S., & Schmidt, W. H. (1999). An Examination of Instructional Practices in Six Countries. In G. Kaiser, E. Luna, & I. Huntley (Hrsg.), *International Comparisons in Mathematics Education* (S. 78–95). London: Falmer Press. https://doi.org/10.4324/9780203012086-11

Cohen, D. K. (1993). *Teaching for understanding: Challenges for policy and practice.* San Francisco: Jossey-Bass.

Comenius, J. A. (2000). *Große Didaktik.* Stuttgart: Klett-Cotta.

Corsten, M., Pierburg, M., Wolff, D., Hauenschild, K., Schmidt-Thieme, B., Schütte, U., & Zourelidis, S. (Hrsg.). (2020). *Qualitative Videoanalyse in Schule und Unterricht.* Weinheim; Basel: Beltz Juventa.

Creemers, B., & Kyriakides, L. (2015). Process-Product Research: A Cornerstone in Educational Effectiveness Research. *The Journal of Classroom Interaction, 50*(2), S. 107–119. https://www.jstor.org/stable/44735492

de Lima, R. N., & Tall, D. (2006). The concept of equations: What have students met before? *International Group for the Psychology of Mathematics Education, 4*, S. 233–240.

Deci, E. L., & Ryan, R. M. (2014). Autonomy and need satisfaction in close relationships: Relationships motivation theory. In N. Weinstein (Hrsg.), *Human motivation and interpersonal relationships* (S. 53–73). Dordrecht: Springer Science+Business Media. https://doi.org/10.1007/978-94-017-8542-6_3

Decristan, J., Hess, M., Holzberger, D., & Praetorius, A.-K. (2020). Oberflächen- und Tiefenmerkmale. Eine Reflexion zweier prominenter Begriffe der Unterrichtsforschung. *Zeitschrift für Erziehungswissenschaft. Beiheft, 66*(1), S. 102–116. https://doi.org/10.25656/01:25867

Decristan, J., Klieme, E., Kunter, M., Hochweber, J., Büttner, G., Fauth, B., Hondrich, A. L., Rieser, S., Hertel, S., & Hardy, I. (2015). Embedded formative assessment and classroom process quality: How do they interact in promoting science understanding? *American Educational Research Journal, 52*(6), S. 1133–1159. https://doi.org/10.3102/0002831215596412

Denn, A.-K., Gabriel-Busse, K., & Lipowsky, F. (2019). Unterrichtsqualität und Schülerbeteiligung im Mathematikunterricht des zweiten Schuljahres. In K. Verrière (Hrsg.), *Interaktion im Klassenzimmer* (S. 9–29). Wiesbaden: Springer. https://doi.org/10.1007/978-3-658-23173-6_2

DESI-Konsortium (Hrsg.). (2008). *Unterricht und Kompetenzerwerb in Deutsch und Englisch: Ergebnisse der DESI-Studie.* Weinheim: Beltz.

Deutsches PISA-Konsortium (Hrsg.). (2001). *PISA 2000: Basiskompetenzen von Schülerinnen und Schülern im internationalen Vergleich.* Opladen: Leske + Budrich. https://doi.org/10.1007/978-3-322-83412-6

Diederich, J., & Tenorth, H.-E. (1997). *Theorie der Schule: Ein Studienbuch zu Geschichte, Funktionen und Gestaltung.* Berlin: Cornelsen Scriptor.

Dinkelaker, J. (2008). *Kommunikation von (Nicht-)Wissen: Eine Fallstudie zum Lernen Erwachsener in hybriden Settings.* Wiesbaden: VS Verlag für Sozialwissenschaften. https://doi.org/10.1007/978-3-531-90978-3

Dinkelaker, J. (2010). Simultane Sequentialität. Zur Verschränkung von Aktivitätssträngen in Lehr-Lernveranstaltungen und zu ihrer Analyse. In M. Corsten, M. Krug, & C. Moritz (Hrsg.), *Videographie praktizieren: Herangehensweisen, Möglichkeiten und Grenzen* (S. 91–118). Wiesbaden: VS Verlag für Sozialwissenschaften. https://doi.org/10.1007/978-3-531-92054-2_4

Dinkelaker, J. (2020). Potentiale der Theorieentwicklung durch erziehungswissenschaftliche Videographie. In M. Corsten, M. Pierburg, D. Wolff, K. Hauenschild, B. Schmidt-Thieme, U. Schütte, & S. Zourelidis (Hrsg.), *Qualitative Videoanalyse in Schule und Unterricht* (S. 18–36). Weinheim; Basel: Beltz Juventa.

Dinkelaker, J., & Herrle, M. (2009). *Erziehungswissenschaftliche Videographie.* Wiesbaden: VS Verlag für Sozialwissenschaften. https://doi.org/10.1007/978-3-531-91676-7

Ditton, H. (2009). Unterrichtsqualität. In K.-H. Arnold, U. Sandfuchs, & J. Wiechmann (Hrsg.), *Handbuch Unterricht* (S. 177–182). Regensburg: Julius Klinkhardt.

Doan, S., Mihaly, K., & McCaffrey, D. (2020). Relationships between teaching practices and student outcomes. In OECD (Hrsg.), *Global Teaching InSights: A Video Study of Teaching* (S. 266–286). Paris: OECD Publishing. https://doi.org/10.1787/c2c5e8c3-en

Dorfner, T., Förtsch, C., & Neuhaus, B. J. (2018). Effects of three basic dimensions of instructional quality on students' situational interest in sixth-grade biology instruction. *Learning and Instruction, 56*, S. 42–53. https://doi.org/10.1016/j.learninstruc.2018.03.001

Drollinger-Vetter, B. (2011). *Verstehenselemente und strukturelle Klarheit.* Münster: Waxmann.

Dubberke, T., Kunter, M., McElvany, N., Brunner, M., & Baumert, J. (2008). Lerntheoretische Überzeugungen von Mathematiklehrkräften. Einflüsse auf die Unterrichtsgestaltung und den Lernerfolg von Schülerinnen und Schülern. *Zeitschrift für Pädagogische Psychologie, 22*(3), S. 193–206. https://doi.org/10.1024/1010-0652.22.34.193

Duffy, T., & Cunningham, D. (1996). Constructivism: Implications for the Design and Delivery of Instruction. In *Handbook of Research for Educational Communications and Technology* (S. 1–31). New York: Simon & Schuster.

Duit, R. (1995). Zur Rolle der konstruktivistischen Sichtweise in der naturwissenschaftsdidaktischen Lehr- und Lernforschung. *Zeitschrift für Pädagogik, 41*(6), S. 905–923. https://doi.org/10.25656/01:10536

Eickhorst, A. (2011). Das Unterrichtsverständnis der empirischen Lehr-Lern-Forschung. In W. Meseth, M. Proske, & F.-O. Radtke (Hrsg.), *Unterrichtstheorien in Forschung und Lehre* (S. 50–66). Bad Heilbrunn: Klinkhardt.

Einsiedler, W. (2002). Das Konzept Unterrichtsqualität. *Unterrichtswissenschaft, 30*(3), S. 194–196.

Einsiedler, W. (2017). Von Erziehungs- und Unterrichtsstilen zur Unterrichtsqualität. In M. K. W. Schweer (Hrsg.), *Lehrer-Schüler-Interaktion* (3, S. 267–287). Wiesbaden: Springer. https://doi.org/10.1007/978-3-658-15083-9_12

Einsiedler, W., & Hardy, I. (2010). Kognitive Strukturierung im Unterricht. Einführung und Begriffsklärungen. *Unterrichtswissenschaft, 38*(3), S. 194–209.

Elia, I., van den Heuvel-Panhuizen, M., & Kolovou, A. (2009). Exploring strategy use and strategy flexibility in non-routine problem solving by primary school high achievers in mathematics. *ZDM, 41*(5), S. 605–618. https://doi.org/10.1007/s11858-009-0184-6

Ennis, R. H. (1993). Critical thinking assessment. *Theory Into Practice, 32*(3), S. 179–186. https://doi.org/10.1080/00405849309543594

Erickson, F. (2006). Definition and analysis of data from videotape: Some research procedures and their rationales. In J. L. Green, G. Camilli, & P. B. Elmore (Hrsg.), *Handbook of complementary methods in education research* (Vol. 3, S. 177–191). Hilldale, New Jersey: Lawrence Erlbaum Associates Publishers.

Ewerhardy, A., Kleickmann, T., & Möller, K. (2012). Fördert ein konstruktivistisch orientierter naturwissenschaftlicher Sachunterricht mit strukturierenden Anteilen das konzeptuelle Verständnis bei den Lernenden. *Zeitschrift für Grundschulforschung, 5*(1), S. 76–88.

Fabrigar, L. R., Wegener, D. T., MacCallum, R. C., & Strahan, E. J. (1999). Evaluating the use of exploratory factor analysis in psychological research. *Psychological Methods, 4*(3), S. 272–299. https://doi.org/10.1037/1082–989x.4.3.272

Faust, G., Lipowsky, F., & Gleich, A.-K. (2011). Unterrichtsqualität in der Grundschule: kognitive Aktivierung in der PERLE-Videostudie Sprache. *Die Grundschulzeitschrift: mit Kindern Schule machen, 25*(245/246), S. 48–52. https://fis.uni-bamberg.de/handle/uniba/4798

Fauth, B., Decristan, J., Decker, A.-T., Büttner, G., Hardy, I., Klieme, E., & Kunter, M. (2019). The effects of teacher competence on student outcomes in elementary science education: The mediating role of teaching quality. *Teaching and teacher education, 86*, S. 127–137. https://doi.org/10.1016/j.tate.2019.102882

Fauth, B., Decristan, J., Rieser, S., Klieme, E., & Büttner, G. (2014a). Grundschulunterricht aus Schüler-, Lehrer- und Beobachterperspektive. Zusammenhänge und Vorhersage von Lernerfolg. *Zeitschrift für Pädagogische Psychologie, 28*(3), S. 127–137. https://doi.org/10.1024/1010-0652/a000129

Fauth, B., Decristan, J., Rieser, S., Klieme, E., & Büttner, G. (2014b). Student ratings of teaching quality in primary school: Dimensions and prediction of student outcomes. *Learning and Instruction, 29*, S. 1–9. https://doi.org/10.1016/j.learninstruc.2013.07.001

Fauth, B., Göllner, R., Lenske, G., Praetorius, A.-K., & Wagner, W. (2020). Who sees what? Conceptual considerations on the measurement of teaching quality from different perspectives. *Zeitschrift für Pädagogik, 66. Beiheft*, S. 138–155. https://doi.org/10.25656/01:25870

Fauth, B., Herbein, E., & Maier, J. L. (2021). *Beobachtungsmanual zum Unterrichtsfeedbackbogen Tiefenstrukturen.* Stuttgart: Institut für Bildungsanalysen Baden-Württemberg (IBBW).

Fauth, B., & Leuders, T. (2018). *Kognitive Aktivierung im Unterricht.* Stuttgart: Landesinstitut für Schulentwicklung (LS).

Fehr, H. (2007). From the 1950s: The Role of Insight in the Learning of Mathematics. *The Mathematics Teacher, 100*(5), S. 40–45. https://doi.org/10.5951/mt.100.5.0040

Felten, M., & Stern, E. (2014). *Lernwirksam unterrichten: Im Schulalltag von der Lernforschung profitieren.* Berlin: Cornelsen.

Fend, H. (1982). *Gesamtschule im Vergleich. Bilanz der Ergebnisse des Gesamtschulversuchs.* Weinheim: Beltz.

Fend, H. (2000). Qualität und Qualitätssicherung im Bildungswesen. Wohlfahrtsstaatliche Modelle und Marktmodelle. *Zeitschrift für Pädagogik, 41. Beiheft*, S. 57–72. https://doi.org/10.25656/01:8485

Fend, H. (2008). *Schule gestalten: Systemsteuerung, Schulentwicklung und Unterrichtsqualität.* Wiesbaden: VS Verlag für Sozialwissenschaften. https://doi.org/10.1007/978-3-531-90867-0

Fend, H. (2019). Erklärungen von Unterrichtserträgen im Rahmen des Angebot-Nutzungs-Modells. In U. Steffens & R. Messner (Hrsg.), *Unterrichtsqualität: Konzepte und Bilanzen gelingenden Lehrens und Lernens* (S. 91–104). Münster: Waxmann.

Fenstermacher, G., & Richardson, V. (2005). On making determinations of quality in teaching. *Teachers College Record, 107*(1), S. 186–213. https://doi.org/10.1111/j.1467-9620.2005.00462.x

Gabriel, K. (2013). *Videobasierte Erfassung von Unterrichtsqualität im Anfangsunterricht der Grundschule: Klassenführung und Unterrichtsklima in Deutsch und Mathematik.* Kassel: kassel university press.

Gabriel-Busse, K., & Lipowsky, F. (2021). 90 Minuten Mathematikunterricht bei gleichbleibender Unterrichtsqualität? – Analysen zur zeitlichen Stabilität und Generalisierbarkeit von Ratings zur Unterrichtsqualität im 2. Schuljahr. *Unterrichtswissenschaft, 49*(1), S. 137–163. https://doi.org/10.1007/s42010-020-00086-4

Gage, N. L., & Needels, M. C. (1989). Process-Product Research on Teaching: A Review of Criticisms. *Elementary School Journal, 89*(3), S. 253–300. https://doi.org/10.1086/461577

Garegae, K. G. (2016). Teachers' professed beliefs about the nature of mathematics, its teaching and learning: Inconsistencies among data from different instruments. *Philosophy of Mathematics Education Journal, 30,* S. 1–18.

Garfinkel, H. (1961). Aspects of Common-Sense Knowledge of Social Structures. In *Transactions of the fourth World Congress of Sociology* (Vol. IV, S. 51–65). International Sociological Association.

Garfinkel, H. (1967). *Studies in Ethnomethodology.* London: Prentice-Hall.

Garz, D. (2006). *Sozialpsychologische Entwicklungstheorien: Von Maed, Piaget und Kohlberg bis zur Gegenwart* (3., erweiterte Auflage). Wiesbaden: VS Verlag für Sozialwissenschaften. https://doi.org/10.1007/978-3-531-90064-3

Gebauer, H. (2016). *Kognitive Aktivierung im Musikunterricht: Eine qualitative Videostudie.* Münster: LIT Verlag.

Gerstenmaier, J., & Mandl, H. (1995). Wissenserwerb unter konstruktivistischer Perspektive. *Zeitschrift für Pädagogik, 41*(6), S. 867–888. https://doi.org/10.25656/01:10534

Glaser, B. G., & Strauss, A. L. (1967). *The Discovery of Grounded Theory: Strategies for Qualitative Research.* New York: Aldine Transaction.

Gold, A. (2015). *Guter Unterricht: Was wir wirklich darüber wissen.* Göttingen: Vandenhoeck & Ruprecht. https://doi.org/10.13109/9783666701726

Götzl, M., Jahn, R. W., & Held, G. (2013). Bleibt alles anders!? Sozialformen, Unterrichtsphasen und echte Lernzeit im kaufmännischen Unterricht. *Berufs- und Wirtschaftspädagogik Online, 24,* S. 1–22.

Gräsel, C., & Gniewosz, B. (2011). Überblick Lehr-Lernforschung. In H. Reinders, H. Ditton, C. Gräsel, & B. Gniewosz (Hrsg.), *Empirische Bildungsforschung: Gegenstandsbereiche* (2. Auflage, S. 15–20). Wiesbaden: Springer VS. https://doi.org/10.1007/978-3-531-93021-3_1

Gresch, H. (2020). Teleological explanations in evolution classes: video-based analyses of teaching and learning processes across a seventh-grade teaching unit. *Evolution: Education and Outreach, 13*(1), S. 1–19. https://doi.org/10.1186/s12052-020-00125-9

Gresch, H., & Martens, M. (2019). Teleology as a Tacit Dimension of Teaching and Learning Evolution: A Sociological Approach to Classroom Interaction in Science

Education. *Journal of Research in Science Teaching, 56*(3), S. 243–269. https://doi.org/10.1002/tea.21518

Grigutsch, S., Raatz, U., & Törner, G. (1998). Einstellungen gegenüber Mathematik bei Mathematiklehrern. *Journal für Mathematik-Didaktik, 19*(1), S. 3–45. https://doi.org/10.1007/bf03338859

Gröschner, A. (2019). Analyse und Evaluation von Unterricht durch Videographie. In E. Kiel, B. Herzig, U. Maier, & U. Sandfuchs (Hrsg.), *Handbuch Unterrichten an allgemeinbildenden Schulen* (S. 486–492). Bad Heilbrunn: Julius Klinkhardt.

Gruber, H., & Stamouli, E. (2020). Intelligenz und Vorwissen. In E. Wild, & J. Möller (Hrsg.), *Pädagogische Psychologie* (3., vollständig überarbeitete und aktualisierte Auflage, S. 25–44). Berlin: Springer. https://doi.org/10.1007/978-3-662-61403-7_2

Gruehn, S. (2000). *Unterricht und schulisches Lernen. Schüler als Quellen der Unterrichtsbeschreibung*. Münster: Waxmann.

Gründers, A. (2021). *Mathe übersichtlich: Von den Basics bis zur Analysis*. Berlin: Springer. https://doi.org/10.1007/978-3-662-63162-1

Grünkorn, J., Klieme, E., Praetorius, A.-K., & Schreyer, P. (Hrsg.). (2020). *Mathematikunterricht im internationalen Vergleich. Ergebnisse aus der TALIS-Videostudie Deutschland.* Frankfurt am Main: DIPF. https://doi.org/10.25656/01:21156

Grünkorn, J., Klieme, E., & Stanat, P. (2019). Bildungsmonitoring und Qualitätssicherung. In O. Köller, M. Hasselhorn, F. W. Hesse, K. Maaz, J. Schrader, H. Solga, C. K. Spieß, & K. Zimmer (Hrsg.), *Das Bildungswesen in Deutschland. Bestand und Potenziale* (S. 245–280). Bad Heilbrunn: Klinkhardt.

Gruschka, A. (2009). *Erkenntnis in und durch Unterricht: Empirische Studien zur Bedeutung der Erkenntnis- und Wissenschaftstheorie für die Didaktik*. Wetzlar: Büchse der Pandora.

Hackbarth, A. (2017). *Inklusionen und Exklusionen in Schülerinteraktionen. Empirische Rekonstruktionen in jahrgangsübergreifenden Lerngruppen an einer Förderschule und an einer inklusiven Grundschule.* Bad Heilbrunn: Julius Klinkhardt. https://doi.org/10.25656/01:14974

Hackbarth, A., Ludwig, J., & Müller, A. (2022). Wissen und Können im Grammatikunterricht. Eine praxeologische Perspektivierung von Passungsverhältnissen in Interaktionen. In M. Martens, B. Asbrand, T. Buchborn, & J. Menthe (Hrsg.), *Dokumentarische Unterrichtsforschung in den Fachdidaktiken. Theoretische Grundlagen und Forschungspraxis* (S. 231–248). Wiesbaden: Springer VS. https://doi.org/10.1007/978-3-658-32566-4_13

Hamre, B. K., Pianta, R. C., Downer, J. T., DeCoster, J., Mashburn, A. J., Jones, S. M., Brown, J. L., Cappella, E., Atkins, M., & Rivers, S. E. (2013). Teaching through interactions: Testing a developmental framework of teacher effectiveness in over 4,000 classrooms. *The elementary school journal, 113*(4), S. 461–487. https://www.ncbi.nlm.nih.gov/pmc/articles/PMC8423353/pdf/nihms-1725382.pdf

Hanisch, A.-K. (2018). *Kognitive Aktivierung im Rechtschreibunterricht: Eine Interventionsstudie in der Grundschule.* Münster: Waxmann.

Hardy, I., Jonen, A., Möller, K., & Stern, E. (2006). Effects of instructional support within constructivist learning environments for elementary school students' understanding of „floating and sinking.". *Journal of Educational Psychology, 98*(2), S. 307. https://doi.org/10.1037/0022-0663.98.2.307

Harnischfeger, A., & Wiley, D. E. (1976). The teaching-learning process in elementary schools: A synoptic view. *Curriculum inquiry, 6*(1), S. 5–43. https://doi.org/10.2307/1179539

Harnischfeger, A., & Wiley, D. E. (1978). Conceptual issues in models of school learning. *Journal of Curriculum Studies, 10*(3), S. 215–231. https://doi.org/10.1080/0022027780100304

Hartinger, A., Kleickmann, T., & Hawelka, B. (2006). Der Einfluss von Lehrervorstellungen zum Lernen und Lehren auf die Gestaltung des Unterrichts und auf motivationale Schülervariablen. *Zeitschrift für Erziehungswissenschaft, 9*(1), S. 110–126. https://doi.org/10.1007/s11618-006-0008-1

Hartz, S. (2011). *Qualität in Organisationen der Weiterbildung: Eine Studie zur Akzeptanz und Wirkung von LQW.* Wiesbaden: Springer. https://doi.org/10.1007/978-3-531-93115-9_5

Hasselhorn, M., & Gold, A. (2017). *Pädagogische Psychologie: Erfolgreiches Lernen und Lehren* (4., aktualisierte Auflage). Stuttgart: Kohlhammer. https://doi.org/10.17433/978-3-17-031977-6

Hattie, J. (2009). *Visible Learning: A Synthesis of Over 800 Meta-Analyses Relating to Achievement.* New York: Routledge.

Heid, H. (2000). Qualität. Überlegungen zur Begründung einer pädagogischen Beurteilungskategorie. *Qualität und Qualitätssicherung im Bildungsbereich; Schule, Sozialpädagogik, Hochschule,* S. 41–51. https://doi.org/10.25656/01:8484

Heid, H. (2013). Logik, Struktur und Prozess der Qualitätsbeurteilung von Schule und Unterricht. *Zeitschrift für Erziehungswissenschaft, 16*(2), S. 405–431. https://doi.org/10.1007/s11618-013-0363-7

Heimann, P. (1962). Didaktik als Theorie und Lehre. *Die Deutsche Schule, 54,* S. 407–472.

Helm, C., Huber, S., & Loisinger, T. (2021). Was wissen wir über schulische Lehr-Lern-Prozesse im Distanzunterricht während der Corona-Pandemie? – Evidenz aus Deutschland, Österreich und der Schweiz. *Zeitschrift für Erziehungswissenschaft, 24*(2), S. 237–311. https://doi.org/10.1007/s11618-021-01000-z

Helmke, A. (2014). Was wissen wir über guten Unterricht? *PADUA, 9*(2), S. 66–74. https://doi.org/10.1024/1861–6186/a000169

Helmke, A. (2015). *Unterrichtsqualität und Lehrerprofessionalität. Diagnose, Evaluation und Verbesserung des Unterrichts* (6. Auflage). Wiesbaden: Klett Kallmeyer.

Helmke, A. (2017). *Unterrichtsqualität und Lehrerprofessionalität. Diagnose, Evaluation und Verbesserung des Unterrichts* (7. Auflage). Seelze-Velber: Klett Kallmeyer.

Helmke, A., & Helmke, T. (2014). „Systematische Entwicklung der Unterrichtsqualität. EMU: Ein Werkzeug zur Unterrichtsdiagnostik". *Lernende Schule, 66,* S. 34–36.

Helmke, A., & Klieme, E. (2008). Unterricht und Entwicklung sprachlicher Kompetenzen. In E. Klieme (Hrsg.), *Unterricht und Kompetenzerwerb in Deutsch und Englisch. Ergebnisse der DESI-Studie* (S. 301–312). Weinheim; u. a.: Beltz. https://doi.org/10.25656/01:3156

Hempel, C., Jahr, D., & Koop, D. (2017). Zur Konstitution des Gegenstandes im Politikunterricht. Ergebnisse aus der dokumentarischen Analyse von Unterrichtsgesprächen. In S. Manzel & C. Schelle (Hrsg.), *Empirische Forschung zur schulischen Politischen Bildung* (S. 161–170). Wiesbaden: Springer. https://doi.org/10.1007/978-3-658-16293-1_14

Henningsen, M., & Stein, M. K. (1997). Mathematical tasks and student cognition: Classroom-based. *Journal for research in mathematics education, 28*(5), S. 524–549. https://doi.org/10.5951/jresematheduc.28.5.0524

Herbert, B. (2020). Ein Blick auf Unterrichtsmaterialien: Das Potenzial zur kognitiven Aktivierung. In J. Grünkorn, E. Klieme, A.-K. Praetorius, & P. Schreyer (Hrsg.), *Mathematikunterricht im internationalen Vergleich. Ergebnisse aus der TALIS-Videostudie Deutschland* (S. 27–30). Frankfurt a. M.: DIPF.

Herbert, B., & Schweig, J. (2021). Erfassung des Potenzials zur kognitiven Aktivierung über Unterrichtsmaterialien im Mathematikunterricht. *Zeitschrift für Erziehungswissenschaft, 24*(4), S. 955–983. https://doi.org/10.1007/s11618-021-01020-9

Hericks, U. (2016). „Es sollte am Schluss ein deutscher Satz rauskommen, nicht?" Rekonstruktionen zur Entstehung mathematischen Wissens im Schulunterricht. *Zeitschrift für interpretative Schul- und Unterrichtsforschung, 5*(1), S. 132–147. https://doi.org/10.3224/zisu.v5i1.08

Herrle, M., & Breitenbach, S. (2016). Planung, Durchführung und Nachbereitung videogestützter Beobachtungen im Unterricht. In U. Rauin, M. Herrle, & T. Engartner (Hrsg.), *Videoanalysen in der Unterrichtsforschung: Methodische Vorgehensweisen und Anwendungsbeispiele* (S. 30–49). Weinheim; Basel: Beltz Juventa.

Herrle, M., & Dinkelaker, J. (2016). Qualitative Analyseverfahren in der videobasierten Unterrichtsforschung. In U. Rauin, M. Herrle, & T. Engartner (Hrsg.), *Videoanalysen in der Unterrichtsforschung. Methodische Vorgehensweisen und Anwendungsbeispiele* (S. 76–129). Weinheim; Basel: Beltz Juventa.

Herrle, M., & Dinkelaker, J. (2018). Koordination im Unterricht. In M. Proske, & K. Rabenstein (Hrsg.), *Kompendium qualitative Unterrichtsforschung. Unterricht beobachten – beschreiben – rekonstruieren.* Bad Heilbrunn: Julius Klinkhardt. https://doi.org/10.3224/zqf.v19i1-2.22

Herrle, M., Rauin, U., & Engartner, T. (2016). Videos als Ressourcen zur Generierung von Wissen über Unterrichtsrealität(en). In U. Rauin, M. Herrle, & T. Engartner (Hrsg.), *Videoanalysen in der Unterrichtsforschung: Methodische Vorgehensweisen und Anwendungsbeispiele* (S. 8–28). Weinheim: Beltz Juventa.

Heymann, H. W. (2015). Warum sollte Unterricht „kognitiv aktivieren"? Anregung von vertiefendem, verstehendem, vernetzendem Lernen. *Pädagogik, 67*(10), S. 22–27.

Hiebert, J., & Grouws, D. A. (2007). The effects of classroom mathematics teaching on students' learning. *Second handbook of research on mathematics teaching and learning, 1*(1), S. 371–404.

Hillje, M. (2011). *Wie implementieren Lehrerinnen und Lehrer kognitiv aktivierende Aufgaben in den Mathematikunterricht.* Dortmund: Universitätsbibliothek Dortmund. http://doi.org/10.17877/DE290R-13642

HKM. (o. J.-a). *Handreichung zur Arbeit mit den Lehrplänen der Bilungsgänge Hauptschule, Realschule und Gymnasium: Mathematik an schulformübergreifenden (in-*

tegrierten) Gesamtschulen und Förderstufen. https://kultusministerium.hessen.de/sites/kultusministerium.hessen.de/files/2021-06/hand-mathematik.pdf

HKM. (o.J.-b). *Lehrplan Mathematik: Bildungsgang Realschule, Jahrgangsstufen 5 bis 9/10.* https://kultusministerium.hessen.de/sites/kultusministerium.hessen.de/files/2021-06/lprealmathe.pdf

HKM. (o.J.-c). *Lehrplan Mathematik: Gymnasialer Bildungsgang, Jahrgangsstufen 5 bis 13.* https://kultusministerium.hessen.de/sites/kultusministerium.hessen.de/files/2021-06/g9-mathematik.pdf

Hochweber, J., Steinert, B., & Klieme, E. (2012). Lehrerkooperation, Unterrichtsqualität und Lernergebnisse im Fach Englisch [The impact of teacher cooperation and instructional quality on learning in English as a foreign language]. *Unterrichtswissenschaft, 40*(4), S. 351–370. https://doi.org/10.25656/01:23926

Hofe, R. v. (1995). *Grundvorstellungen mathematischer Inhalte.* Heidelberg; u.a.: Spektrum.

Hofe, R. v., Lotz, J., & Salle, A. (2015). Analysis: Leitidee Zuordnung und Veränderung. In R. Bruder, L. Hefendehl-Hebeker, B. Schmidt-Thieme, & H.-G. Weigand (Hrsg.), *Handbuch der Mathematikdidaktik* (S. 149–184). Berlin; Heidelberg: Springer. https://doi.org/10.1007/978-3-642-35119-8_6

Hofer, S. I., Schumacher, R., Rubin, H., & Stern, E. (2018). Enhancing physics learning with cognitively activating instruction: A quasi-experimental classroom intervention study. *Journal of Educational Psychology, 110*(8), S. 1175–1191. https://doi.org/10.1037/edu0000266

Hollenstein, L., Affolter, B., & Brühwiler, C. (2019). Die Bedeutung der Leistungserwartung von Lehrpersonen für die Mathematikleistungen von Schülerinnen und Schülern. *Zeitschrift für Erziehungswissenschaft, 22*(4), S. 791–809. https://doi.org/10.1007/s11618-019-00901-4

Hollstein, O., Meseth, W., & Proske, M. (2016). „Was ist (Schul)unterricht?". In T. Geier & M. Pollmanns (Hrsg.), *Was ist Unterricht? Zur Konstitution einer pädagogischen Form* (S. 43–75). Wiesbaden: Springer Fachmedien. https://doi.org/10.1007/978-3-658-07178-3_3

Holzkampf, K. (1987). Lernen und Lernwiderstand. Skizzen zu einer Subjektwissenschaftlichen Lerntheorie. *Forum Kritische Psyhologie, 20*, S. 1–36.

Hugener, I. (2008). *Inszenierungsmuster im Unterricht und Lernqualität.* Münster: Waxmann.

Hugener, I., Pauli, C., & Reusser, K. (2007). Inszenierungsmuster, kognitive Aktivierung und Leistung im Mathematikunterricht. Analysen aus der schweizerisch-deutschen Videostudie. In D. Lemmermöhle, M. Rothgangel, S. Bögeholz, M. Hasselhorn, & R. Watermann (Hrsg.), *professionell lehren – erfolgreich lernen* (S. 109–212). Münster: Waxmann.

Idel, T. S., & Meseth, W. (2018). Wie Unterricht verstehen? Zur Methodologie qualitativer Unterrichtsforschung. In M. Proske & K. Rabenstein (Hrsg.), *Kompendium qualitative Unterrichtsforschung. Unterricht beobachten – beschreiben – rekonstruieren* (S. 63–82). Bad Heilbrunn: Julius Klinkhardt.

Jatzwauk, P., Rumann, S., & Sandmann, A. (2008). Der Einfluss des Aufgabeneinsatzes im Biologieunterricht auf die Lernleistungen der Schüler: Ergebnisse einer

Videostudie. *Zeitschrift für Didaktik der Naturwissenschaften: ZfDN, 14*, S. 263–283.

Jordan, A., Krauss, S., Löwen, K., Blum, W., Neubrand, M., Brunner, M., Kunter, M., & Baumert, J. (2008). Aufgaben im COACTIV-Projekt: Zeugnisse des kognitiven Aktivierungspotentials im deutschen Mathematikunterricht. *Journal für Mathematik-Didaktik, 29*(2), S. 83–107. https://doi.org/10.1007/bf03339055

Kant, I. (Hrsg.). (2016). *Kritik der reinen Vernunft (1781/1787) (= Werke in sechs Bänden. Bd. II.).* Wiesbaden: Insel.

Kater-Wettstädt, L. (2015). *Unterricht im Lernbereich Globale Entwicklung. Der Kompetenzerwerb und seine Bedingungen.* Münster: Waxmann.

Kemnitz, A. (2010). *Mathematik zum Studienbeginn: Grundlagenwissen für alle technischen, mathematisch-naturwissenschaftlichen und wirtschaftswissenschaftlichen Studiengänge* (9., überarbeitete und erweiterte Auflage). Wiesbaden: Vieweg + Teubner.

Klafki, W. (1975). *Studien zur Bildungstheorie und Didaktik* (Durch ein kritisches Vorwort ergänzte Auflage, 37.–40 Tsd.). Weinheim; u. a.: Beltz.

Klafki, W. (2007). *Neue Studien zur Bildungstheorie und Didaktik: Zeitgemäße Allgemeinbildung und kritisch-konstruktive Didaktik* (6. Auflage). Weinheim; Basel: Beltz.

Kleickmann, T. (2012). Kognitiv aktivieren und inhaltlich strukturieren im naturwissenschaftlichen Sachunterricht. In *Handreichungen des Programms SINUS an Grundschulen.* Kiel: IPN Leibniz-Institut für die Pädagogik der Naturwissenschaften und Mathematik an der Universität Kiel.

Klieme, E. (2006). Empirische Unterrichtsforschung: aktuelle Entwicklungen, theoretische Grundlagen und fachspezifische Befunde. Einführung in den Thementeil. *Zeitschrift für Pädagogik, 52*(6), S. 765–773.

Klieme, E. (2008). Systemmonitoring für den Sprachunterricht. In DESI-Konsortium (Hrsg.), *Unterricht und Kompetenzerwerb in Deutsch und Englisch. Ergebnisse der DESI-Studie* (S. 1–10). Weinheim und Basel: Beltz. https://doi.org/10.25656/01:3150

Klieme, E. (2013). Qualitätsbeurteilung von Schule und Unterricht: Möglichkeiten und Grenzen einer begriffsanalytischen Reflexion – ein Kommentar zu Helmut Heid. *Zeitschrift für Erziehungswissenschaft, 16*(2), S. 433–441. https://doi.org/10.1007/s11618-013-0356-6

Klieme, E. (2014). Dankesrede zur Verleihung des Forschungspreises der DGfE in Berlin am 11. März 2014. *Erziehungswissenschaft, 25*(48), S. 43–44. https://doi.org/10.25656/01:9560

Klieme, E. (2019). Unterrichtsqualität. In M. Gläser-Zikuda, M. Harring, & C. Rohlfs (Hrsg.), *Handbuch Schulpädagogik* (S. 393–408). Münster: Waxmann.

Klieme, E. (2020). Guter Unterricht – auch und besonders unter Einschränkungen der Pandemie? In *„Langsam vermisse ich die Schule" Schule während und nach der Corona-Pandemie* (S. 117–135). Münster: Waxmann. https://doi.org/10.31244/9783830992318.07

Klieme, E., Lipowsky, F., Rakoczy, K., & Ratzka, N. (2006). Qualitätsdimensionen und Wirksamkeit von Mathematikunterricht. Theoretische Grundlagen und ausgewählte Ergebnisse des Projekts „Pythagoras". In M. Prenzel, & L. Allolio-Näcke (Hrsg.), *Untersuchungen zur Bildungsqualität von Schule. Abschlussbericht des DFG-Schwerpunktprogramms* (S. 127–146). Münster: Waxmann.

Klieme, E., & Nielsen, T. (2022). Teaching quality and student outcomes in TIMSS and PISA. In T. Nielsen, A. Stancel-Piątak, & J.-E. Gustafsson (Hrsg.), *International Handbook of Comparative Large-Scale Studies in Education: Perspectives, Methods and Findings* (S. 1089–1134). Cham: Springer Nature. https://doi.org/10.1007/978-3-030-88178-8_37

Klieme, E., Pauli, C., & Reusser, K. (2009). The Pythagoras Study. Investigating effects of teaching and learning in Swiss and German mathematics classrooms. In T. Janik & T. Seidel (Hrsg.), *The power of video studies in investigating teaching and learning in the classroom* (S. 137–160). Münster: Waxmann.

Klieme, E., Pauli, C., & Reusser, K. (2014). *P-1225-L-Lek1 [Video: Version 1.0]* Forschungsdatenzentrum Bildung am DIPF. https://doi.org/http://dx.doi.org/10.7477/1:1:1

Klieme, E., & Rakoczy, K. (2003). Unterrichtsqualität aus Schülerperspektive: Kulturspezifische Profile, regionale Unterschiede und Zusammenhänge mit Effekten von Unterricht. In J. Baumert, C. Artelt, E. Klieme, M. Neubrand, M. Prenzel, U. Schiefele, W. Schneider, K.-J. Tillmann, & M. Weiß (Hrsg.), *PISA 2000—Ein differenzierter Blick auf die Länder der Bundesrepublik Deutschland* (S. 333–359). Opladen: Leske und Budrich. https://doi.org/10.1007/978-3-322-97590-4_12

Klieme, E., & Rakoczy, K. (2008). Empirische Unterrichtsforschung und Fachdidaktik. Outcome-orientierte Messung und Prozessqualität des Unterrichts. *Zeitschrift für Pädagogik, 54*(2), S. 222–237. https://doi.org/10.25656/01:4348

Klieme, E., & Schreyer, P. (2020). Unterrichtsgestaltung und Unterrichtsqualität. In J. Grünkorn, E. Klieme, A.-K. Praetorius, & P. Schreyer (Hrsg.), *Mathematikunterricht im internationalen Vergleich. Ergebnisse aus der TALIS-Videostudie Deutschland* (S. 13–24). Frankfurt a.M.: DIPF.

Klieme, E., Schümer, G., & Knoll, S. (2001). Mathematikunterricht in der Sekundarstufe I: „Aufgabenkultur" und Unterrichtsgestaltung. In J. Baumert & E. Klieme (Hrsg.), *TIMSS – Impulse für Schule und Unterricht: Forschungsbefunde, Reforminitiativen, Praxisberichte und Video-Dokumente* (S. 43–57). Bonn: Bundesministerium für Bildung und Forschung.

Klieme, E., & Schweig, J. (2020). Opportunities to learn. In OECD (Hrsg.), *Global Teaching InSights: A Video Study of Teaching* (S. 246–260). Paris: OECD Publishing. https://doi.org/10.1787/d901af62-en

Klieme, E., Steinert, B., & Hochweber, J. (2010). Zur Bedeutung der Schulqualität für Unterricht und Lernergebnisse. In W. Bos, E. Klieme, & O. Köller (Hrsg.), *Schulische Lerngelegenheiten und Kompetenzentwicklung: Festschrift für Jürgen Baumert* (S. 231–255). Münster: Waxmann.

Klieme, E., & Thußbas, C. (2001). Kontextbedingungen und Verständigungsprozesse im Geometrieunterricht: Eine Fallstudie. In S. v. Aufschnaiter & M. Welzel (Hrsg.), *Nutzung von Videodaten zur Untersuchung von Lehr-Lern-Prozessen: Aktuelle Methoden empirischer pädagogischer Forschung* (S. 41–59). Münster: Waxmann.

Klieme, E., & Tippelt, R. (2008). Qualitätssicherung im Bildungswesen. Eine aktuelle Zwischenbilanz. *Zeitschrift für Pädagogik, Band 53,* S. 7–13. https://doi.org/10.25656/01:7265

KMK (Hrsg.). (2004). *Bildungsstandards im Fach Mathematik für den Mittleren Schulabschluss – Beschluss der Kultusministerkonferenz vom 4. 12. 2003.* München: Wolters Kluwer.

KMK (Hrsg.). (2012). *Bildungsstandards im Fach Mathematik für die Allgemeine Hochschulreife. Beschluss der Kultusministerkonferenz vom 18. 10. 2012.* Köln: Wolters Kluwer.

Knoll, S. (2003). *Verwendung von Aufgaben in Einführungsphasen des Mathematikunterrichts.* Marburg: Tectum Wissenschaftsverlag.

Knorr-Cetina, K. (1981). *The manufacture of knowledge. An essay on the constructivist and contextual nature of science.* Amsterdam: Elsevier. https://doi.org/10.1016/C2009-0-09537-3

Koller, H.-C. (2017). *Grundbegriffe, Theorien und Methoden der Erziehungswissenschaft: eine Einführung* (8., aktualisierte Auflage). Stuttgart: Kohlhammer. https://doi.org/10.17433/978-3-17-032935-5

Köller, O. (2009). Bildungsstandards in Deutschland: Implikationen für die Qualitätssicherung und Unterrichtsqualität. In M. A. Meyer, M. Prenzel, & S. Hellekamps (Hrsg.), *Perspektiven der Didaktik* (S. 47–59). Wiesbaden: VS Verlag für Sozialwissenschaften. https://doi.org/10.1007/978-3-531-91775-7_4

Konrad, K. (2010). Lautes Denken. In G. Mey (Hrsg.), *Handbuch qualitative Forschung in der Psychologie* (S. 476–490). Wiesbaden: VS Verlag für Sozialwissenschaften. https://doi.org/10.1007/978-3-531-92052-8_34

Kounin, J. S. (1970). *Discipline and Group Management in Classrooms.* New York: Holt, Rinehart & Winston.

Kreft, A. (2020). *Transkulturelle Kompetenz und literaturbasierter Fremdsprachenunterricht: Eine rekonstruktive Studie zum Einsatz von fictions of migration im Fach Englisch.* Berlin; u. a.: Peter Lang. https://doi.org/10.3726/b16669

Kress, G. (2010). *Multimodality: A social semiotic approach to contemporary communication.* London: Routledge. https://doi.org/10.1080/10572252.2011.551502

Kuger, S., Klieme, E., Lüdtke, O., Schiepe-Tiska, A., & Reiss, K. (2017). Mathematikunterricht und Schülerleistung in der Sekundarstufe: Zur Validität von Schülerbefragungen in Schulleistungsstudien. *Zeitschrift für Erziehungswissenschaft, 20*(2), S. 61–98. https://doi.org/10.1007/s11618-017-0750-6

Kuhn, T. S. (1976). *Die Struktur wissenschaftlicher Revolutionen.* Frankfurt: Suhrkamp.

Künsting, J., Neuber, V., & Lipowsky, F. (2016). Teacher self-efficacy as a long-term predictor of instructional quality in the classroom. *European Journal of Psychology of Education, 31*(3), S. 299–322. https://doi.org/10.1007/s10212-015-0272-7

Kunter, M. (2005). *Multiple Ziele im Mathematikunterricht.* Münster: Waxmann.

Kunter, M., Baumert, J., & Blum, W. (Hrsg.). (2011). *Professionelle Kompetenz von Lehrkräften: Ergebnisse des Forschungsprogramms COACTIV.* Münster: Waxmann. https://doi.org/10.31244/9783830974338

Kunter, M., Brunner, M., Baumert, J., Klusmann, U., Krauss, S., Blum, W., Jordan, A., & Neubrand, M. (2005). Der Mathematikunterricht der PISA-Schülerinnen und

-Schüler. *Zeitschrift für Erziehungswissenschaft, 8*(4), S. 502–520. https://doi.org/10.1007/s11618-005-0156-8

Kunter, M., Dubberke, T., Baumert, J., Blum, W., Brunner, M., Jordan, A., Klusmann, U., Krauss, S., Löwen, K., & Neubrand, M. (2006). Mathematikunterricht in den PISA-Klassen 2004: Rahmenbedingungen, Formen und Lehr-Lernprozesse. In PISA-Konsortium Deutschland (Hrsg.), *PISA 2003. Untersuchungen im Verlauf eines Schuljahres* (S. 161–194). Münster: Waxmann.

Kunter, M., Klusmann, U., Baumert, J., Richter, D., Voss, T., & Hachfeld, A. (2013). Professional competence of teachers: effects on instructional quality and student development. *Journal of Educational Psychology, 105*(3), S. 805–820. https://doi.org/10.1037/a0032583

Kunter, M., Klusmann, U., Dubberke, T., Baumert, J., Blum, W., Brunner, M., Jordan, A., Krauss, S., Löwen, K., & Neubrand, M. (2007). Linking aspects of teacher competence to their instruction: Results from the COACTIV project. In M. Prenzel (Hrsg.), *Studies on the educational quality of schools: The final report on the DFG Priority Programme* (S. 39–59). Münster: Waxmann.

Kunter, M., & Trautwein, U. (2013). *Psychologie des Unterrichts.* Paderborn; u. a.: Ferdinand Schöningh. https://doi.org/10.36198/9783838538952

Kunter, M., & Voss, T. (2011). Das Modell der Unterrichtsqualität in COACTIV: Eine multikriteriale Analyse. In M. Kunter, J. Baumert, W. Blum, U. Klusmann, S. Krauss, & M. Neubrand (Hrsg.), *Professionelle Kompetenz von Lehrkräften. Ergebnisse des Forschungsprogramms COACTIV* (S. 85–113). Münster: Waxmann.

Kunter, M., & Voss, T. (2013). The model of instructional quality in COACTIV: A multicriteria analysis. In M. Kunter, J. Baumert, W. Blum, U. Klusmann, S. Krauss, & M. Neubrand (Hrsg.), *Cognitive Activation in the Mathematics Classroom and Professional Competence of Teachers: Results from the COACTIV Project* (S. 97–124). Boston, MA: Springer. https://doi.org/10.1007/978-1-4614-5149-5_6

Latour, B. (2002). *Die Hoffnung der Pandora: Untersuchungen zur Wirklichkeit der Wissenschaft.* Frankfurt a. M.: Suhrkamp.

Lauterbach, C., Gabriel, K., & Lipowsky, F. (2013). Hoch inferentes Rating: Kognitive Aktivierung im Mathematikunterricht. In F. Lipowsky & G. Faust (Hrsg.), *Dokumentation der Erhebungsinstrumente des Projekts „Persönlichkeits- und Lernentwicklung von Grundschulkindern" (PERLE). 3. Technischer Bericht zu den PERLE-Videostudien.* Frankfurt am Main: GFPF; DIPF. https://doi.org/10.25656/01:7702

Leist, S., Töpfer, T., Bardowiecks, S., Pietsch, M., & Tosana, S. (2016). *Handbuch zum Unterrichtsbeobachtungsbogen der Schulinspektion Hamburg.* Hamburg: Institut für Bildungsmonitoring und Qualitätsentwicklung.

Leuchter, M., Pauli, C., Reusser, K., & Lipowsky, F. (2006). Unterrichtsbezogene Überzeugungen und handlungsleitende Kognitionen von Lehrpersonen. *Zeitschrift für Erziehungswissenschaft, 9*(4), S. 562–579. https://doi.org/10.1007/s11618-006-0168-z

Leuders, T., & Holzäpfel, L. (2011). Kognitive Aktivierung im Mathematikunterricht. *Unterrichtswissenschaft, 39*(3), S. 213–230.

Lewis, A., & Smith, D. (1993). Defining higher order thinking. *Theory Into Practice, 32*(3), S. 131–137. https://doi.org/10.1080/00405849309543588

Lindmeier, A., & Heinze, A. (2020). Die fachdidaktische Perspektive in der Unterrichtsqualitätsforschung: (bisher) ignoriert, implizit enthalten oder nicht relevant? *Zeitschrift für Pädagogik, 66. Beiheft*, S. 255–268. https://doi.org/10.25656/01:25878

Lipowsky, F. (2020). Unterricht. In E. Wild & J. Möller (Hrsg.), *Pädagogische Psychologie* (3., vollständig überarbeitete und aktualisierte Auflage, S. 69–118). Berlin, Heidelberg: Springer. https://doi.org/10.1007/978-3-540-88573-3_4

Lipowsky, F., & Bleck, V. (2019). Was wissen wir über guten Unterricht? – Ein Update. In U. Steffens & R. Messner (Hrsg.), *Unterrichtsqualität: Konzepte und Bilanzen gelingenden Lehrens und Lernens* (S. 219–249). Münster: Waxmann.

Lipowsky, F., Drollinger-Vetter, B., Klieme, E., Pauli, C., & Reusser, K. (2018). Generische und fachdidaktische Dimensionen von Unterrichtsqualität – zwei Seiten einer Medaille? In M. Martens, K. Rabenstein, K. Bräu, M. Fetzer, H. Gresch, I. Hardy, & C. Schelle (Hrsg.), *Konstruktionen von Fachlichkeit: Ansätze, Erträge und Diskussionen in der empirischen Unterrichtsforschung* (S. 183–202). Bad Heilbrunn: Julius Klinkhardt.

Lipowsky, F., & Hess, M. (2019). Warum es manchmal hilfreich sein kann, das Lernen schwerer zu machen: Kognitive Aktivierung und die Kraft des Vergleichens. In K. Schöppe & F. Schulz (Hrsg.), *Kreativität & Bildung – Nachhaltiges Lernen* (S. 77–132). München: kopaed.

Lipowsky, F., Pauli, C., & Rakoczy, K. (2008). Schülerbeteiligung und Unterrichtsqualität. In M. Gläser-Zikuda, & J. Seifried (Hrsg.), *Lehrerexpertise. Analyse und Bedeutung unterrichtlichen Handelns* (S. 67–90). Münster: Waxmann.

Lipowsky, F., Rakoczy, K., Pauli, C., Drollinger-Vetter, B., Klieme, E., & Reusser, K. (2009). Quality of geometry instruction and its short-term impact on students' understanding of the Pythagorean Theorem. *Learning and Instruction, 19*(6), S. 527–537. https://doi.org/10.1016/j.learninstruc.2008.11.001

Lohrmann, K., & Hartinger, A. (2014). Lernemotionen, Lernmotivation und Interesse. In W. Einsiedler, M. Götz, A. Hartinger, F. Heinzel, J. Kahlert, & U. Sandfuchs (Hrsg.), *Handbuch Grundschulpädagogik und Grundschuldidaktik* (S. 275–279). Bad Heilbrunn: Julius Klinkhardt. https://doi.org/10.36198/9783838585772

Loos, P., & Schäffer, B. (2001). *Das Gruppendiskussionsverfahren: Theoretische Grundlagen und empirische Anwendung.* Opladen: Leske + Budrich. https://doi.org/10.1007/978-3-322-93352-2

Lotz, M. (2016). *Kognitive Aktivierung im Leseunterricht der Grundschule: Eine Videostudie zur Gestaltung und Qualität von Leseübungen im ersten Schuljahr.* Wiesbaden: Springer VS. https://doi.org/10.1007/978-3-658-10436-8

Lüders, M. (2012). Der Unterrichtsbegriff in pädagogischen Nachschlagewerken. Ein empirischer Beitrag zur disziplinären Entwicklung der Schulpädagogik. *Zeitschrift für Pädagogik, 58*(1), S. 109–129. https://doi.org/10.25656/01:10498

Lüders, M. (2014). Erziehungswissenschaftliche Unterrichtstheorien. *Zeitschrift für Pädagogik, 60*(6), S. 832–849. https://doi.org/10.25656/01:14685

Lüders, M., & Rauin, U. (2008). Unterrichts- und Lehr-Lern-Forschung. In W. Helsper & J. Böhme (Hrsg.), *Handbuch der Schulforschung* (2. Auflage, S. 717–745). Wiesbaden: VS Verlag für Sozialwissenschaften. https://doi.org/10.1007/978-3-531-91095-6

Ludwig, J. (2021). Fachliche Passung im individualisierenden Deutschunterricht. *Zeitschrift für Inklusion, 2,* S. 1–14. https://www.inklusion-online.net/index.php/inklusion-online/article/view/626

Luhmann, N. (1984). *Soziale Systeme: Grundriß einer allgemeinen Theorie.* Frankfurt am Main: Suhrkamp.

Luhmann, N. (2002). *Das Erziehungssystem der Gesellschaft.* Frankfurt am Main: Suhrkamp.

Luhmann, N., & Schorr, K. E. (1988). Strukturelle Bedingungen von Reformpädagogik. Soziologische Analysen zur Pädagogik der Moderne. *Zeitschrift für Pädagogik, 34*(4), S. 463–480. https://doi.org/10.25656/01:14486

Maier, U., Kleinknecht, M., Metz, K., & Bohl, T. (2010). Ein allgemeindidaktisches Kategoriensystem zur Analyse des kognitiven Potenzials von Aufgaben. *Beiträge zur Lehrerinnen- und Lehrerbildung, 28*(1), S. 84–96. https://doi.org/10.25656/01:13734

Mannheim, K. (1964). *Wissenssoziologie.* Neuwied: Luchterhand.

Mannheim, K. (1980). *Strukturen des Denkens* (D. Kettler, V. Meja, & N. Stehr, Hrsg.). Frankfurt am Main: Suhrkamp.

Martens, M. (2010a). *Implizites Wissen und kompetentes Handeln: die empirische Rekonstruktion von Kompetenzen historischen Verstehens im Umgang mit Darstellungen von Geschichte.* Göttingen: V&R unipress.

Martens, M. (2010b). Schulformunterschiede im Umgang mit Darstellungen von Geschichte: Hauptschule, Realschule und Gymnasium im Vergleich. *Zeitschrift für Geschichtsdidaktik, 9,* S. 57–78. https://doi.org/10.13109/zfgd.2010.09.1.57

Martens, M. (2014). Kompetenzorientierter Unterricht im Lernbereich Globale Entwicklung. Perspektiven der Allgemeinen Didaktik. *ZEP: Zeitschrift für internationale Bildungsforschung und Entwicklungspädagogik, 37*(3), S. 16–21. https://doi.org/10.25656/01:12098

Martens, M., & Asbrand, B. (2009). Rekonstruktion von Handlungswissen und Handlungskompetenz – auf dem Weg zu einer qualitativen Kompetenzforschung. *Zeitschrift für qualitative Forschung, 11*(2), S. 201–217.

Martens, M., & Asbrand, B. (2017). Passungsverhältnisse: Methodologische und theoretische Reflexionen zur Interaktionsorganisation des Unterrichts. *Zeitschrift für Pädagogik, 63*(1), S. 72–90. https://doi.org/10.25656/01:18481

Martens, M., & Asbrand, B. (2018). Dokumentarische Unterrichtsforschung. In M. Heinrich & A. Wernet (Hrsg.), *Rekonstruktive Bildungsforschung: Zugänge und Methoden* (S. 11–23).

Martens, M., & Asbrand, B. (2021). „Schülerjob" revisited: Zur Passung von Lehr- und Lernhabitus im Unterricht. *Zeitschrift für Bildungsforschung, 11*(1), S. 55–73. https://doi.org/10.1007/s35834-021-00309-3

Martens, M., Asbrand, B., & Spieß, C. (2015). Lernen mit Dingen – Prozesse zirkulierender Referenz im Unterricht. *Zeitschrift für interpretative Schul- und Unterrichtsforschung, 4*(1), S. 48–65. https://doi.org/10.25656/01:15345

Martens, M., Petersen, D., & Asbrand, B. (2015). Die Materialität von Lernkultur. Methodische Überlegungen zur dokumentarischen Analyse von Unterrichtsvideografien. In R. Bohnsack, A. Baltruschat, B. Fritzsche, & M. Wagner-Willi

(Hrsg.), *Dokumentarische Video-und Filminterpretation* (S. 179–206). Opladen; Farmington Hills. https://doi.org/10.2307/j.ctvdf03gd.10

Martinsen, R. (2014). Auf den Spuren des Konstruktivismus – Varianten konstruktivistischen Forschens und Implikationen für die Politikwissenschaft. In R. Martinsen (Hrsg.), *Spurensuche: Konstruktivistische Theorien der Politik* (S. 3–41). Wiesbaden: Springer VS. https://doi.org/10.1007/978-3-658-02720-9_1

Maturana, H. R., & Varela, F. J. (1987). *The tree of knowledge: The biological roots of human understanding*. Boston, MA: Shambhala Publ.

Mayer, R. E. (2004). Should there be a three-strikes rule against pure discovery learning? The case for guided methods of instruction. *The American Psychologist, 59*(1), S. 14–19. https://doi.org/10.1037/0003-066x.59.1.14

Mehan, H. (1979). *Learning Lessons: Social Organization in the classroom.* Cambridge: Harvard University Press. https://doi.org/10.4159/harvard.9780674420106

Meseth, W., Proske, M., & Radtke, F.-O. (Hrsg.). (2011). *Unterrichtstheorien in Forschung und Lehre.* Bad Heilbrunn: Klinkhardt. https://doi.org/10.1007/s35834-012-0038-0

Meseth, W., Proske, M., & Radtke, F.-O. (2012). Kontrolliertes Laissez-faire. Auf dem Weg zu einer kontingenzgewärtigen Unterrichtstheorie. *Zeitschrift für Pädagogik, 58*(2), S. 223–241. https://doi.org/10.25656/01:10503

Messner, R. (2019a). Bausteine eines kognitiv aktivierenden Fachunterrichts. In U. Steffens & R. Messner (Hrsg.), *Unterrichtsqualität: Konzepte und Bilanzen gelingenden Lehrens und Lernens* (S. 201–218). Münster: Waxmann.

Messner, R. (2019b). „Tiefen-Didaktik"–Zur praktischen Wende der Lehr-/Lernforschung. In U. Steffens, & R. Messner (Hrsg.), *Unterrichtsqualität. Konzepte und Bilanzen gelingenden Lehrens und Lernens* (S. 29–56). Münster: Waxmann.

Meuser, M. (2018). Rekonstruktive Sozialforschung. In R. Bohnsack, A. Geimer, & M. Meuser (Hrsg.), *Hauptbegriffe Qualitativer Sozialforschung* (4. vollst. überarb. u. erw. Auflage, S. 206–209). Opladen: Barbara Budrich. https://doi.org/10.36198/9783838587479

Meyer, H. (2014). *Was ist guter Unterricht?* (10. Auflage). Berlin: Cornelsen Scriptor. https://doi.org/10.1024/1861–6186/a000170

Mitchell, W. J. T. (Hrsg.). (1997). *Der Pictorial Turn.* Berlin: Edition IDArchiv.

Möller, K. (1999). Konstruktivistisch orientierte Lehr-Lernprozessforschung im naturwissenschaftlich-technischen Bereich des Sachunterrichts. *Vielperspektivisches Denken im Sachunterricht, 3,* S. 125–191.

Möller, K. (2001). Konstruktivistische Sichtweisen für das Lernen in der Grundschule? In H.-G. Roßbach (Hrsg.), *Forschungen zu Lehr-und Lernkonzepten für die Grundschule* (S. 16–31). Opladen: SpringerLeske + Budrich. https://doi.org/10.1007/978-3-322-97504-1_2

Möller, K. (2012). Konstruktion vs. Instruktion oder Konstruktion durch Instruktion? Konstruktionsfördernde Unterstützungsmaßnahmen im Sachunterricht. In H. Giest, E. Heran-Dörr, & C. Archie (Hrsg.), *Lernen und Lehren im Sachunterricht. Zum Verhältnis von Konstruktion und Instruktion* (S. 37–50). Bad Heilbrunn: Klinkhardt.

Möller, K. (2016). Bedingungen und Effekte qualitätsvollen Unterrichts – ein Beitrag aus fachdidaktischer Perspektive. In N. McElvany, W. Bos, H. G. Holtappels, M.

Gebauer, & F. Schwabe (Hrsg.), *Bedingungen und Effekte guten Unterrichts* (S. 43–64). Münster: Waxmann.

Möller, K., Jonen, A., & Nachtigäller, I. (2008). *Die KiNT-Boxen-Kinder lernen Naturwissenschaft und Technik. Klassenkisten für den Sachunterricht. Paket 3: Schall – was ist das.* Essen: Spectra-Verlag.

Moritz, C. (2011). *Die Feldpartitur: Multikodale Transkription von Videodaten in der Qualitativen Sozialforschung.* Wiesbaden: VS Verlag für Sozialwissenschaften. https://doi.org/10.1007/978-3-531-93181-4

MPI. (2001). *Reasearch Report 1998–2000.* Dresden: Druckhaus.

Mühlhausen, U. (2015). Die Schüler und Schülerinnen motivieren und kognitiv aktivieren. *Pädagogik (Weinheim), 67*(2), S. 42–46.

Muhtarom, D. J., & Siswono, T. Y. E. (2017). Consistency and inconsistency of prospective teachers' beliefs in mathematics, teaching, learning and problem solving. AIP Conference Proceedings, https://doi.org/10.1063/1.4995141

Neubrand, M. (2015). „Kognitive Aktivierung". Abstrakte Dimension – angestrebte Perspektive – Orientierung für empirische Befunde aus dem Mathematikunterricht. In H. Arndt (Hrsg.), *Kognitive Aktivierung in der ökonomischen Bildung* (S. 34–48). Frankfurt a. M.: Woschenschau Wissenschaft.

Neubrand, M., Jordan, A., Krauss, S., Blum, W., & Löwen, K. (2011). Aufgaben im COACTIV-Projekt: Einblicke in das Potenzial für kognitive Aktivierung im Mathematikunterricht. In M. Kunter, J. Baumert, W. Blum, U. Klusmann, S. Krauss, & M. Neubrand (Hrsg.), *Professionelle Kompetenz von Lehrkräften. Ergebnisse des Forschungsprogramms COACTIV* (S. 115–132). Münster: Waxmann. https://doi.org/10.31244/9783830974338

Neuweg, G. H., & Mayr, J. (2018). Die unterrichtsmethodische Grundeinstellung kaufmännischer Lehrpersonen im Spannungsfeld von Instruktivismus und Konstruktivismus. In B. Greimel-Fuhrmann (Hrsg.), *Wirtschaftspädagogische Forschung und Impulse für die Wirtschaftsdidaktik: Beiträge zum 12. Österreichischen Wirtschaftspädagogikkongress* (S. 1–14). Hamburg: Büchter.

Newmann, F. M. (1988). Higher Order Thinking in the High School Curriculum. *NASSP Bulletin, 72*(508), S. 58–64. https://doi.org/10.1177/019263658807250812

Newmann, F. M. (1991). Higher order thinking in the teaching of social studies: Connections between theory and practice. In J. F. Voss, D. N. Perkins, & J. W. Segal (Hrsg.), *Informal reasoning and education* (S. 381–400). London: Routledge. https://doi.org/10.4324/9780203052228-25

Niederkofler, B., & Amesberger, G. (2016). Kognitive Handlungsrepräsentationen als Strukturgrundlage zur Definition von kognitiver Aktivierung im Sportunterricht. *Sportwissenschaft, 46*(3), S. 188–200. https://doi.org/10.1007/s12662-016-0414-3

Nohl, A.-M. (2013a). Komparative Analyse. In R. Bohnsack, I. Nentwig-Gesemann, & A.-M. Nohl (Hrsg.), *Die dokumentarische Methode und ihre Forschungspraxis: Grundlagen qualitativer Sozialforschung* (3. Auflage, S. 271–293). Wiesbaden: VS Verlag für Sozialwissenschaften. https://doi.org/10.1007/978-3-531-19895-8

Nohl, A.-M. (2013b). *Relationale Typenbildung und Mehrebenenvergleich: Neue Wege der dokumentarischen Methode.* Wiesbaden: VS Verlag für Sozialwissenschaften. https://doi.org/10.1007/978-3-658-01292-2_3

OECD. (1991). *Schulen und Qualität: ein internationaler OECD-Bericht.* Frankfurt am Main: Lang.

OECD. (2020). *Global Teaching InSights: A Video Study of Teaching.* Paris: OECD Publishing. https://doi.org/10.1787/20d6f36b-en

Opfer, D. (2020). The rationale of the Study. In OECD (Hrsg.), *Global Teaching InSights: A Video Study of Teaching* (S. 17–32). Paris: OECD Publishing. https://doi.org/10.1787/9d9b4005-en

Opfer, D., Bell, C., Klieme, E., McCaffrey, D., Schweig, J., & Stecher, B. (2020). Understanding and measuring mathematics teaching practice. In OECD (Hrsg.), *Global Teaching InSights: A Video Study of Teaching* (S. 33–47). Paris: OECD Publishing. https://doi.org/10.1787/98e0105a-en

Oser, F., & Patry, J.-L. (1990). Choreographien unterrichtlichen Lernens: Basismodelle des Unterrichts. In *Berichte zur Erziehungswissenschaft* (Vol. 89). Freiburg (CH): Pädagogisches institut der Universität Freiburg.

Oser, F., & Spychiger, M. (2005). *Lernen ist schmerzhaft: Zur Theorie des negativen Wissens und zur Praxis der Fehlerkultur.* Weinheim; Basel: Beltz.

Ostermeier, C., Carstensen, C. H., Prenzel, M., & Geiser, H. (2004). Kooperative unterrichtsbezogene Qualitätsentwicklung in Netzwerken. Ausgangsbedingungen für die Implementation im BLK-Modellversuchsprogramm SINUS. *Unterrichtswissenschaft, 32*(3), S. 215–237. https://doi.org/10.25656/01:5814

Pauli, C., Drollinger-Vetter, B., Hugener, I., & Lipowsky, F. (2008). Kognitive Aktivierung im Mathematikunterricht. *Zeitschrift für Pädagogische Psychologie, 22*(2), S. 127–133. https://doi.org/10.1024/1010-0652.22.2.127

Pauli, C., Reusser, K., & Grob, U. (2007). Teaching for understanding and/or self-regulated learning? A video-based analysis of reform-oriented mathematics instruction in Switzerland. *International Journal of Educational Research, 46*(5), S. 294–305. https://doi.org/10.1016/j.ijer.2007.10.004

Pauli, C., & Schmid, M. (2019). Zur Didaktik guten Unterrichts: Qualitätsvollen Unterricht gestalten lernen. In U. Steffens, & R. Messner (Hrsg.), *Unterrichtsqualität. Konzepte und Bilanzen gelingenden Lehrens und Lernens* (S. 167–181). Münster: Waxmann.

Pauli, C., Zimmermann, M., Wischgoll, A., Moser, M., & Reusser, K. (2022). Klassengespräche im Fachunterricht lernförderlich gestalten lernen: Entwicklung von Strategien für die Analyse von Unterrichtsgesprächen im Kontext einer Interventionsstudie mit Geschichts- und Mathematiklehrpersonen. *Zeitschrift für Sprachlich-Literarisches Lernen und Deutschdidaktik, 2*, S. 1–23. https://doi.org/10.46586/slld.z.2022.9614

Petersen, D. (2016). *Anpassungsleistungen und Konstruktionsprozesse beim Grundschulübergang.* Wiesbaden: Springer VS. https://doi.org/10.1007/978-3-658-11466-4

Piaget, J. (1973). *Der Strukturalismus.* Olten und Freiburg im Breisgau: Walter-Verlag.

Piaget, J. (1976). *Die Äquilibration der kognitiven Strukturen.* Stuttgart: Klett.

Piaget, J. (1981). *Jean Piaget über Jean Piaget. Sein Werk aus seiner Sicht.* München: Kindler.

Pianta, R. C., & Hamre, B. K. (2009). Conceptualization, Measurement, and Improvement of Classroom Processes: Standardized Observation Can Leverage Capacity. *Educational Researcher, 38*(2), S. 109–119. https://doi.org/10.3102/0013189 × 09332374

Pieper, I., Frei, P., Hauenschild, K., Schmidt-Thieme, B., & Stolle, A.-K. (Hrsg.). (2014). *Was der Fall ist. Beiträge zur Fallarbeit in Bildungsforschung, Lehramtsstudium, Beruf und Ausbildung.* Wiesbaden: Springer VS. https://doi.org/10.1007/978-3-531-19761-6

Pietsch, M. (2010). Evaluation von Unterrichtsstandards. *Zeitschrift für Erziehungswissenschaft, 13*(1), S. 121–148. https://doi.org/10.1007/s11618-010-0113-z

Pirner, M. L. (2013). Kognitive Aktivierung als Merkmal eines guten Religionsunterrichts. Anregungen aus der empirischen Unterrichtsforschung. *Zeitschrift für Religionspädagogik, 12*(2), S. 228–245.

Pollmanns, M. (2019). *Unterrichten und Aneignen. Eine pädagogische Rekonstruktion von Unterricht.* Opladen; u. a.: Barbara Budrich. https://doi.org/10.3224/84742301

Popper, K. R. (2005). *Logik der Forschung* (11., durchgesehene und ergänzte Auflage). Tübingen: Mohr Siebeck.

Pörksen, B. (2015). Schlüsselwerke des Konstruktivismus: Eine Einführung. In B. Pörksen (Hrsg.), *Schlüsselwerke des Konstruktivismus* (2., erweiterte Auflage, S. 3–18). Wiesbaden: Springer. https://doi.org/10.1007/978-3-531-19975-7_1

Porsch, R. (2019). Didaktik als Theorie des Unterrichtens. In E. Kiel, U. Sandfuchs, B. Herzig, & U. Maier (Hrsg.), *Handbuch Unterrichten an allgemeinbildenden Schulen* (S. 32–38). Bad Heilbrunn: Klinkhardt. https://doi.org/10.36198/9783838553085

Posner, G. J., Strike, K. A., Hewson, P. W., & Gertzog, W. A. (1982). Accommodation of a scientific conception: Toward a theory of conceptual change. *Science Education, 66*(2), S. 211–227. https://doi.org/10.1002/sce.3730660207

Praetorius, A.-K. (2013). *Messung von Unterrichtsqualität durch Ratings.* Münster: Waxmann.

Praetorius, A.-K., & Charalambous, C. Y. (2018). Classroom observation frameworks for studying instructional quality: looking back and looking forward. *ZDM, 50*(3), S. 535–553. https://doi.org/10.1007/s11858-018-0946-0

Praetorius, A.-K., & Gräsel, C. (2021). Noch immer auf der Suche nach dem heiligen Gral: Wie generisch oder fachspezifisch sind Dimensionen der Unterrichtsqualität? *Unterrichtswissenschaft, 49*(2), S. 167–188. https://doi.org/10.1007/s11858-018-0946-0

Praetorius, A.-K., Grünkorn, J., & Klieme, E. (2020). Empirische Forschung zu Unterrichtsqualität. Theoretische Grundfragen und quantitative Modellierungen. Einleitung in das Beiheft. *Zeitschrift für Pädagogik, 66. Beiheft,* S. 9–14. https://doi.org/10.25656/01:25860

Praetorius, A.-K., Herbert, B., Decristan, J., & Köhler, C. (2020). Lernergebnisse und unterrichtliche Wirkungen. In J. Grünkorn, E. Klieme, A.-K. Praetorius, & P. Schreyer (Hrsg.), *Mathematikunterricht im internationalen Vergleich. Ergebnisse aus der TALIS-Videostudie Deutschland* (S. 31–35). Frankfurt am Main: DIPF | Leibniz-Institut für Bildungsforschung und Bildungsinformation. https://doi.org/10.25656/01:21156

Praetorius, A.-K., Herrmann, C., Gerlach, E., Zülsdorf-Kersting, M., Heinitz, B., & Nehring, A. (2020). Unterrichtsqualität in den Fachdidaktiken im deutschsprachigen Raum – zwischen Generik und Fachspezifik. *Unterrichtswissenschaft, 48*(3), S. 409–446. https://doi.org/10.1007/s42010-020-00082-8

Praetorius, A.-K., Klieme, E., Herbert, B., & Pinger, P. (2018). Generic dimensions of teaching quality: the German framework of Three Basic Dimensions. *ZDM: mathematics education, 50*(3), S. 407–426. https://doi.org/10.1007/s11858-018-0918-4

Praetorius, A.-K., Klieme, E., Kleickmann, T., Brunner, E., Lindmeier, A., Taut, S., & Charalambous, C. (2020). Towards developing a theory of generic teaching quality. Origin, current status, and necessary next steps regarding the Three Basic Dimensions Model. *Zeitschrift für Pädagogik, Beiheft, 66*, S. 15–36. https://doi.org/10.25656/01:25861

Praetorius, A.-K., Martens, M., & Brinkmann, M. (2021). Unterrichtsqualität aus Sicht der quantitativen und qualitativen Unterrichtsforschung: Methodische Ansätze, zentrale Ergebnisse und kritische Reflexion. In T. Hascher, T.-S. Idel, & W. Helsper (Hrsg.), *Handbuch Schulforschung* (S. 1–20). Wiesbaden: Springer.

Praetorius, A.-K., McIntyre, N. A., & Klassen, R. M. (2017). Reactivity effects in video-based classroom research: an investigation using teacher and student questionnaires as well as teacher eye-tracking. *Zeitschrift für Erziehungswissenschaft, 20*(S1), S. 49–74. https://doi.org/10.1007/s11618-017-0729-3

Praetorius, A.-K., Pauli, C., Reusser, K., Rakoczy, K., & Klieme, E. (2014). One lesson is all you need? Stability of instructional quality across lessons. *Learning and Instruction, 31*, S. 2–12. https://doi.org/10.1016/j.learninstruc.2013.12.002

Praetorius, A.-K., Rogh, W., & Kleickmann, T. (2020). Blinde Flecken des Modells der drei Basisdimensionen von Unterrichtsqualität? Das Modell im Spiegel einer internationalen Synthese von Merkmalen der Unterrichtsqualität. *Unterrichtswissenschaft, 48*(3), S. 303–318. https://doi.org/10.1007/s42010-020-00072-w

Prediger, S. (2005). „Auch will ich Lernprozesse beobachten, um besser Mathematik zu verstehen." Didaktische Rekonstruktion als mathematikdidaktischer Forschungsansatz zur Restrukturierung von Mathematik. *mathematica didactica, 28*(2), S. 23–47. https://doi.org/10.18716/ojs/md/2005.1040

Prenzel, M., & Allolio-Näcke, L. (Hrsg.). (2006). *Untersuchungen zur Bildungsqualität von Schule: Abschlussbericht des DFG-Schwerpunktprogramms.* Münster: Waxmann. https://doi.org/10.25656/01:19572

Proske, M. (2017). Unterricht als kommunikative Ordnung – Eine kontingenzgewärtige Beschreibung und deren professionsbezogene Konsequenzen. *Forschungsperspektiven, 9*, S. 27–49.

Proske, M. (2018). Wie Unterricht bestimmen? Zum Unterrichtsbegriff in der qualitativen Unterrichtsforschung. In M. Proske, & K. Rabenstein (Hrsg.), *Kompendium qualitative Unterrichtsforschung. Unterricht beobachten – beschreiben – rekonstruieren* (S. 27–62). Bad Heilbrunn: Julius Klinkhardt. https://doi.org/10.3224/zqf.v19i1-2.22

Proske, M., & Rabenstein, K. (2018). Stand und Perspektiven qualitativ sinnverstehender Unterrichtsforschung. Eine Einführung in das Kompendium. In M. Proske, & K. Rabenstein (Hrsg.), *Kompendium qualitative Unterrichtsforschung.*

Unterricht beobachten – beschreiben – rekonstruieren (S. 7–24). Bad Heilbrunn: Julius Klinkhardt. https://doi.org/10.3224/zqf.v19i1-2.22

Proske, M., Rabenstein, K., & Meseth, W. (2021). Unterricht als Interaktionsgeschehen. Konstitution, Ordnungsbildung und Wandel. In T. Hascher, T. S. Idel, & W. Helsper (Hrsg.), *Handbuch Schulforschung* (S. 1–27). Wiesbaden: Springer VS. https://doi.org/10.1007/978-3-658-24729-4_42

Przyborski, A. (2004). *Gesprächsanalyse und dokumentarische Methode: Qualitative Auswertung von Gesprächen, Gruppendiskussionen und anderen Diskursen.* Wiesbaden: VS Verlag für Sozialwissenschaften. https://doi.org/10.1007/978-3-531-90347-7

Przyborski, A., & Wohlrab-Sahr, M. (2014). *Qualitative Sozialforschung: Ein Arbeitsbuch* (4., erweiterte Auflage). München: Oldenbourg Wissenschaftsverlag. https://doi.org/10.1524/9783486719550

Rabenstein, K. (2010). Was ist Unterricht? Modelle im Vergleich. In C. Schelle, K. Rabenstein, & S. Reh (Hrsg.), *Unterricht als Interaktion: ein Fallbuch für die Lehrerbildung.* Bad Heilbrunn: Klinkhardt.

Rakoczy, K., & Klieme, E. (2015). Unterrichtsqualität aus Sicht der Forschung. In K. Seifried, S. Drewes, & M. Hasselhorn (Hrsg.), *Handbuch Schulpsychologie: Psychologie für die Schule* (2., vollständig überarbeitete Auflage, S. 331–340). Stuttgart: Kohlhammer. https://doi.org/10.17433/978-3-17-026130-3

Rakoczy, K., & Pauli, C. (2006). Hoch-inferentes Rating: Beurteilung der Qualität unterrichtlicher Prozesse. In E. Klieme, C. Pauli, K. Reusser, & I. Hugener (Hrsg.), *Dokumentation der Erhebungs- und Auswertungsinstrumente zur schweizerisch-deutschen Videostudie „Unterrichtsqualität, Lernverhalten und mathematisches Verständnis“: Teil 3: Videoanalysen* (S. 203–233). Frankfurt a. M.: GFPF; DIPF. https://doi.org/10.25656/01:3130

Ranger, G. (2017). *Kinder in kooperativen Lernphasen kognitiv aktivieren: Eine Videostudie zur Qualität der Peer-Interaktionen im naturwissenschaftlichen Sachunterricht.* Kempten: Julius Klinkhardt.

Ranger, G., Martschinke, S., & Kopp, B. (2015). „Überlegt halt mal alle!“ Werden Kinder in kooperativen Lernphasen kognitiv aktiviert? In D. Blömer, M. Lichtblau, A.-K. Jüttner, K. Koch, M. Krüger, & R. Werning (Hrsg.), *Perspektiven auf inklusive Bildung: Gemeinsam anders lehren und lernen* (S. 189–195). Wiesbaden: Springer VS. https://doi.org/10.1007/978-3-658-06955-1

Reckwitz, A. (2003). Grundelemente einer Theorie sozialer Praktiken. *Zeitschrift für Soziologie, 32*(4), S. 282. https://doi.org/10.1515/zfsoz-2003-0401

Reh, S. (2012). Mit der Videokamera beobachten. In H. d. Boer & S. Reh (Hrsg.), *Beobachtung in der Schule–Beobachten lernen* (S. 151–169). Wiesbaden: Springer. https://doi.org/10.1007/978-3-531-18938-3_8

Reh, S. (2018). Fachlichkeit, Thematisierungszwang, Interaktionsrituale. Plädoyer für ein neues Verständnis des Themas von Didaktik und Unterrichtsforschung. *Zeitschrift für Pädagogik, 64*(1), S. 61–70.

Reh, S., Fritzsche, B., Idel, T.-S., & Rabenstein, K. (Hrsg.). (2015). *Lernkulturen: Rekonstruktion pädagogischer Praktiken an Ganztagsschulen.* Wiesbaden: Springer VS. https://doi.org/10.1007/978-3-531-94081-6

Reich, K. (2001). Konstruktivistische Ansätze in den Sozial- und Kulturwissenschaften. In T. Hug (Hrsg.), *Die Wissenschaft und ihr Wissen* (S. 356–376). Baltmannsweiler: Schneider-Verl. Hohengehren.

Reich, K. (2008). *Konstruktivistische Didaktik* (4., durchgesehene Auflage). Weinheim; Basel: Beltz.

Reinhardt, V. (2021). Ist Auswendiglernen noch zeitgemäß? *Lehren & Lernen, 4*(47. Jahrgang), S. 31.

Reinmann, G., & Mandl, H. (2006). Unterrichten und Lernumgebungen gestalten. In A. Krapp & B. Weidenmann (Hrsg.), *Pädagogische Psychologie* (S. 601–646). Weinheim: Beltz.

Renkl, A. (2015). Drei Dogmen guten Lernens und Lehrens: Warum sie falsch sind. *Psychologische Rundschau, 66*(4), S. 211–220. https://doi.org/10.1026/0033-3042/a000274

Renkl, A. (2016). Multiple Ziele in Unterricht und Lernumgebungen: Einführung in den Thementeil. *Unterrichtswissenschaft, 44*(3), S. 206–210.

Renkl, A. (2020). Wissenserwerb. In E. Wild & J. Möller (Hrsg.), *Pädagogische Psychologie* (3., vollständig überarbeitete und aktualisierte Auflage, S. 3–24). Berlin: Springer. https://doi.org/10.1007/978-3-662-61403-7_1

Resnick, L. B., Asterhan, C. S., & Clarke, S. N. (2018). *Accountable talk: Instructional dialogue that builds the mind.* IBE: UNESCO International Bureau of Education.

Reusser, K. (2006). Konstruktivismus – vom epistemologischen Leitbegriff zur Erneuerung der didaktischen Kultur. In M. Baer (Hrsg.), *Didaktik Auf Psychologischer Grundlage: Von Hans Aeblis Kognitionspsychologischer Didaktik zur Modernen Lehr- und Lernforschung* (S. 151–168). Bern: hep.

Reusser, K. (2019). Unterricht als Kulturwerkstatt in bildungswissenschaftlich-psychologischer Sicht. In U. Steffens & R. Messner (Hrsg.), *Unterrichtsqualität. Konzepte und Bilanzen gelingenden Lehrens und Lernens* (S. 129–166). Münster: Waxmann.

Reusser, K. (2020). Unterrichtsqualität zwischen empirisch-analytischer Forschung und pädagogisch-didaktischer Theorie. *Zeitschrift für Pädagogik Beiheft, 66. Beiheft*, S. 236–254. https://doi.org/10.25656/01:25877

Reusser, K., & Pauli, C. (2003). *Mathematikunterricht in der Schweiz und in weiteren sechs Ländern. Bericht über die Ergebnisse einer internationalen und schweizerischen Video-Unterrichtsstudie.* Zürich: Universität Zürich.

Reusser, K., & Pauli, C. (2010). Unterrichtsgestaltung und Unterrichtsqualität – Ergebnisse einer internationalen und schweizerischen Videostudie zum Mathematikunterricht: Einleitung und Überblick. In K. Reusser, C. Pauli, & M. Waldis (Hrsg.), *Unterrichtsgestaltung und Unterrichtsqualität. Ergebnisse einer internationalen und schweizerischen Videostudie zum Mathematikunterricht.* Münster: Waxmann.

Reusser, K., & Pauli, C. (2014). Berufsbezogene Überzeugungen von Lehrerinnen und Lehrern. In E. Terhart, H. Bennewitz, & M. Rothland (Hrsg.), *Handbuch der Forschung zum Lehrerberuf* (2. überarbeitete und erweiterte Auflage, S. 642–661). Münster: Waxmann.

Reusser, K., & Pauli, C. (2021). Unterrichtsqualität ist immer generisch und fachspezifisch. Ein Kommentar aus kognitions- und lehr-lerntheoretischer Sicht. *Unterrichtswissenschaft, 49*(2), S. 189–202. https://doi.org/10.1007/s42010-021-00117-8

Röhl, T. (2016). Unterrichten. Praxistheoretische Dezentrierungen eines alltäglichen Geschehens. In H. Schäfer (Hrsg.), *Praxistheorie. Ein soziologisches Forschungsprogramm* (S. 323–343). Bielefeld: transcript Verlag. https://doi.org/10.14361/9783839424049-016

Rolfes, T., Lindmeier, A., & Heinze, A. (2021). Mathematikleistungen von Schülerinnen und Schülern der gymnasialen Oberstufe in Deutschland: Ein Review und eine Sekundäranalyse der Schulleistungsstudien seit 1995. *Journal für Mathematik-Didaktik, 42*(2), S. 395–429. https://doi.org/10.1007/s13138-020-00180-1

Rorty, R. (Hrsg.). (1997). *The linguistic turn: essays in philosophical method* (3. Auflage ed.). Chicago: University of Chicago press.

Roth, H. (1963). Die realistische Wendung in der pädagogischen Forschung. *Die Deutsche Schule, 55*(3), S. 109–119.

Ryan, R. M., & Deci, E. L. (2017). *Self-determination theory: Basic psychological needs in motivation, development, and wellness.* New York; London: Guilford Publications. https://doi.org/10.1521/978.14625/28806

Sauerwein, M., & Klieme, E. (2016). Anmerkungen zum Qualitätsbegriff in der Bildungsforschung. *Schweizerische Zeitschrift für Bildungswissenschaften, 38*(3), S. 459–478. https://doi.org/10.24452/sjer.38. 3. 4988

Schäfer, K.-H., & Schaller, K. (1976). *Kritische Erziehungswissenschaft und kommunikative Didaktik* (3., durchges. Auflage). Heidelberg: Quelle & Meyer.

Schäffer, B. (2020). Typenbildende Interpretation.: Ein Beitrag zur methodischen Systematisierung der Typenbildung der Dokumentarischen Methode. In J. Ecarius, & B. Schäffer (Hrsg.), *Typenbildung und Theoriegenerierung: Methoden und Methodologien qualitativer Bildungs- und Biographieforschung* (2., überarbeitete und erweiterete Auflage, S. 65–88). Opladen: Barbara Budrich. https://doi.org/10.2307/j.ctvtxw2zx.6

Scheja, B. (2017). Kognitive Aktivierung durch Mathematikaufgaben zentraler Abschlussprüfungen. *Journal für Mathematik-Didaktik, 38*(2), S. 291–322. https://doi.org/10.1007/s13138-017-0119-7

Scheja, B. (2019). *Analysen zum kognitiven Anspruch von Mathematikaufgaben: Befunde aus zentralen Prüfungen und Lehrerfortbildungen* [Universität zu Köln]. Köln.

Scheunpflug, A. (2001). *Evolutionäre Didaktik: Unterricht aus system- und evolutionstheoretischer Perspektive.* Weinheim; u. a.: Beltz.

Schilmöller, R. (2006). Guter Unterricht—eine Technik? *Vierteljahrsschrift für wissenschaftliche Pädagogik, 82*(1), S. 70–88.

Schlesinger, L., Jentsch, A., Kaiser, G., König, J., & Blömeke, S. (2018). Subject-specific characteristics of instructional quality in mathematics education. *ZDM, 50*(3), S. 475–490. https://doi.org/10.1007/s11858-018-0917-5

Schnack, J. (2021). Editorial. *Pädagogik, 11,* S. 3. https://doi.org/10.3262/PAED2111003

Schönfeld, K. (2021). *Kognitive Aktivität im Sportunterricht: Eine empirische Untersuchung zu den Denkprozessen von Schüler*innen der Sekundarstufe I beim Lösen von Aufgaben.* Wiesbaden: Springer. https://doi.org/10.1007/978-3-658-35944-7

Schreyer, P., Wemmer-Rogh, W., Herbert, B., & Praetorius, A.-K. (2022, 10. 03. 2022). *Kognitive Aktivierung ≠ Kognitive Aktivierung: Ein systematischer Überblick* 9. GEBF-Tagung, Bamberg.

Schulz, W. (1965). Unterricht – Analyse und Planung. In P. Heimann, G. Otto, & W. Schulz (Hrsg.), *Unterricht – Analyse und Planung* (S. 13–47). Hannover: Schroedel.

Schulz, W. (1980). Ein Hamburger Modell der Unterrichtsplanung. In B. Amini, & W. Klafki (Hrsg.), *Didaktische Modelle und Unterrichtsplanung*. München: Juventa.

Schütz, A. (1971). Wissenschaftliche Interpretation und Alltagsverständnis menschlichen Handelns. In *Gesammelte Aufsätze, Bd. 1: Das Problem der sozialen Wirklichkeit* (S. 3–54). Den Haag: Martinus Nijhoff. https://doi.org/10.1007/978-94-010-2858-5_1

Schwarz, W. (2006). *Heuristische Strategien des Problemlösens: eine fachmethodische Systematik für die Mathematik.* Münster: WTM.

Seel, N. M., & Hanke, U. (2015). *Erziehungswissenschaft: Lehrbuch für Bachelor-, Master- und Lehramtsstudierende.* Berlin; Heidelberg: Springer. https://doi.org/10.1007/978-3-642-55206-9

Seibert, N. (2009). Unterrichtsprinzipien. In K.-H. Arnold, U. Sandfuchs, & J. Wiechmann (Hrsg.), *Handbuch Unterricht* (2. Auflage). Bad Heilbrunn: Julius Klinkhardt.

Seidel, T. (2003). Videobasierte Kodierverfahren in der IPN Videostudie Physik – ein methodischer Überblick. In T. Seidel, M. Prenzel, R. Duit, & M. Lehrke (Hrsg.), *Technischer Bericht zur Videostudie „Lehr-Lern-Prozesse im Physikunterricht“* (S. 99–111). Kiel: IPN.

Seidel, T. (2014). Angebots-Nutzungs-Modelle in der Unterrichtspsychologie. Integration von Struktur- und Prozessparadigma. *Zeitschrift für Pädagogik, 60*(6), S. 850–866. https://doi.org/10.25656/01:14686

Seidel, T. (2020a). Klassenführung. In E. Wild & J. Möller (Hrsg.), *Pädagogische Psychologie* (S. 119–131). Berlin: Springer. https://doi.org/10.1007/978-3-662-61403-7_5

Seidel, T. (2020b). Kommentar zum Themenblock „Angebots-Nutzungs-Modelle als Rahmung“ – Quo vadis deutsche Unterrichtsforschung? Modellierung von Angebot und Nutzung im Unterricht. *Zeitschrift für Pädagogik, 66. Beiheft*, S. 95–101. https://doi.org/10.25656/01:25866

Seidel, T., Prenzel, M., Rimmele, R., Dalehefte, I. M., Herweg, C., Kobarg, M., & Schwindt, K. (2006). Blicke auf den Physikunterricht. Ergebnisse der IPN Videostudie. *Zeitschrift für Pädagogik, 52*(6), S. 799–821. https://doi.org/10.25656/01:4489

Seidel, T., Renkl, A., & Rieß, W. (2021). Basisdimensionen für Unterrichtsqualität im Fachkontext konkretisieren: Die Rolle von Unterrichtsartefakten und Bestimmung von Standardsituationen. *Unterrichtswissenschaft, 49*(2), S. 293–301. https://doi.org/10.1007/s42010-021-00108-9

Seidel, T., & Shavelson, R. J. (2007). Teaching Effectiveness Research in the Past Decade: The Role of Theory and Research Design in Disentangling Meta-Analysis Results. *Review of Educational Research, 77*(4), S. 454–499. https://doi.org/10.3102/0034654307310317

Seifried, J. (2006). Lehren und Lernen aus Sicht von Handelslehrern. In G. Minnameier (Hrsg.), *Berufs- und wirtschaftspädagogische Grundlagenforschung* (S. 77–91). Frankfurt a. M.: Peter Lang.

Seifried, J. (2009). *Unterricht aus der Sicht von Handelslehrern* (Vol. 16). Frankfurt a. M.: Peter Lang.

Siebert, H. (2005). *Pädagogischer Konstruktivismus. Lernzentrierte Pädagogik in Schule und Erwachsenenbildung.* (3. überarb. und erw. Auflage). Weinheim; u. a.: Beltz.

Sigurjónsson, J. Ö., & Gísladóttir, B. (2020). Intellectual challenge in mathematics teaching in lower secondary schools. *Icelandic Journal of Education, 29*(2), S. 149–171.

Skorsetz, N., Bonanati, M., & Kucharz, D. (2021). Was ist ein Hindernis? – Fachliche Aushandlungen im Sachunterricht am Beispiel der Mobilitätsbildung. *Zeitschrift für Grundschulforschung, 14*(1), S. 83–98. https://doi.org/10.1007/s42278-020-00099-z

Söhling, A.-C. (2017a). Probieren als Mittel der Differenzierung beim Problemlösen. In U. Kortenkamp & A. Kuzle (Hrsg.), *Beiträge zum Mathematikunterricht* (S. 913–916). Münster: WTM.

Söhling, A.-C. (2017b). *Problemlösen und Mathematiklernen: Zum Nutzen des Probierens und des Irrtums.* Wiesbaden: Springer.

Spieß, C. (2014). *Quellenarbeit im Geschichtsunterricht: die empirische Rekonstruktion von Kompetenzerwerb im Umgang mit Quellen.* Göttingen: V+R unipress. https://doi.org/10.14220/9783737003018

Stahns, R. (2013). *Kognitive Aktivierung im Grammatikunterricht: Videoanalysen zum Deutschunterricht* (1). Baltmannsweiler: Schneider Verlag Hohengehren.

Staub, F. C., & Stern, E. (2002). The nature of teachers' pedagogical content beliefs matters for students' achievement gains: Quasi-experimental evidence from elementary mathematics. *Journal of Educational Psychology, 94*(2), S. 344–355. https://doi.org/10.1037/0022-0663.94.2.344

Stein, M. K., Remillard, J., & Smith, M. S. (2007). How curriculum influences student learning. In F. K. Lester (Hrsg.), *Second handbook of research on mathematics teaching and learning* (Vol. 1, S. 319–370). Charlotte, NC: Information Age.

Stigler, J. W., Gonzales, P., Kawanaka, T., Knoll, S., & Serrano, A. (1999). *The TIMSS Videotape Classroom Study: Methods and Findings from an Exploratory Research Project on Eighth-Grade Mathematics Instruction in Germany, Japan, and the United States.* Washington, D.C.: U. S. Government Printing Office.

Stipek, D. (2002). Good instruction is motivating. In A. Wigfield, & J. S. Eccles (Hrsg.), *Development of achievement motivation* (S. 309–332). San Diego, CA: Academic Press. https://doi.org/10.1016/b978-0-12-750053-9.x5000-1

Stipek, D. J., Givvin, K. B., Salmon, J. M., & MacGyvers, V. L. (2001). Teachers' beliefs and practices related to mathematics instruction. *Teaching and teacher education, 17*(2), S. 213–226. https://doi.org/10.1016/s0742-051x(00)00052-4

Sturm, T. (2016). Konstruktion von Leistung und Ergebnissen im Deutschunterricht einer inklusiven Sekundarschulklasse. *Zeitschrift für interpretative Schul- und Unterrichtsforschung, 5*(1), S. 63–76. https://doi.org/10.3224/zisu.v5i1.04

Stürmer, K., & Fauth, B. (2019). Kognitive Aktivierung als zentrales Thema der empirischen Unterrichtsforschung. In A. Gawatz, & K. Stürmer (Hrsg.), *Kognitive Aktivierung im Unterricht: Befunde der Bildungsforschung und fachspezifische Zugänge.* Braunschweig: Westermann.

Szogs, M., Korneck, F., Krüger, M., Oettinghaus, L., & Kunter, M. (2016). Kognitive Aktivierung in standardisierten Unterrichtsminiaturen. In C. Maurer (Hrsg.), *Authentizität und Lernen – das Fach in der Fachdidaktik* (S. 605–607). Regensburg: Universität Regensburg.

Terhart, E. (2019). Allgemeine Didaktik – didaktische Modelle. In M. Gläser-Zikuda, M. Harring, & C. Rohlfs (Hrsg.), *Handbuch Schulpädagogik* (S. 409–417). Münster: Waxmann. https://doi.org/10.36198/9783838586984

Tesch, B. (2010). *Kompetenzorientierte Lernaufgaben im Fremdsprachenunterricht: konzeptionelle Grundlagen und eine rekonstruktive Fallstudie zur Unterrichtspraxis (Französisch)* (Vol. 38). Frankfurt a. M.: Peter Lang.

Tesch, B. (2016). *Sinnkonstruktion im Fremdsprachenunterricht: Rekonstruktive Fremdsprachenforschung mit der Dokumentarischen Methode.* Frankfurt am Main: Peter Lang. https://doi.org/10.3726/b20003

Tippelt, R. (2020). Idealtypen konstruieren und Realtypen verstehen – Merkmale der Typenbildung. In J. Ecarius & B. Schäffer (Hrsg.), *Typenbildung und Theoriegenerierung: Methoden und Methodologien qualitativer Bildungs- und Biographieforschung* (2., überarbeitete und erweiterte Auflage, S. 207–222). Opladen; u. a.: Barbara Budrich. https://doi.org/10.2307/j.ctvtxw2zx.13

Tonhäuser, C. (2017). Wirksamkeit und Einflussfaktoren auf den Lerntransfer in der formalisierten betrieblich-beruflichen Weiterbildung. Eine qualitative Studie. *Berufs- und Wirtschaftspädagogik Online, 32,* S. 1–27. http://www.bwpat.de/ausgabe32/tonhaeuser_bwpat32.pdf

Tuma, R., Schnettler, B., & Knoblauch, H. (2013). *Videographie. Einführung in die interpretative Videoanalyse sozialer Situationen.* Wiesbaden: Springer VS. https://doi.org/10.1007/978-3-531-18732-7_5

Turner, J. C., Meyer, D. K., Cox, K. E., Logan, C., DiCintio, M., & Thomas, C. T. (1998). Creating contexts for involvement in mathematics. *Journal of Educational Psychology, 90*(4), S. 730. https://doi.org/10.1037/0022-0663.90.4.730

Ufer, S., Heinze, A., & Lipowsky, F. (2015). Unterrichtsmethoden und Instruktionsstrategien. In R. Bruder, L. Hefendehl-Hebeker, B. Schmidt-Thieme, & H.-G. Weigand (Hrsg.), *Handbuch der Mathematikdidaktik* (S. 411–434). Berlin; Heidelberg: Springer. https://doi.org/10.1007/978-3-642-35119-8_15

Underbakke, M., Borg, J. M., & Peterson, D. (1993). Researching and developing the knowledge base for teaching higher order thinking. *Theory Into Practice, 32*(3), S. 138–146. https://doi.org/10.1080/00405849309543589

Vaiyavutjamai, P., Ellerton, N. F., & Clements, M. (2005). Students' attempts to solve two elementary quadratic equations: A study in three nations. *Building connections: Research, theory and practice,* S. 735–742.

Van de Pol, J., Volman, M., & Beishuizen, J. (2010). Scaffolding in teacher–student interaction: A decade of research. *Educational Psychology Review, 22*(3), S. 271–296. https://doi.org/10.1007/s10648-010-9127-6

Vieluf, S. (2022). Wie, wann und warum nutzen Schüler* innen Lerngelegenheiten im Unterricht? Eine übergreifende Diskussion der Beiträge zum Thementeil. *Unterrichtswissenschaft, 50*, S. 265–286. https://doi.org/10.1007/s42010-022-00144-z

Vieluf, S., & Klieme, E. (2023). Teaching effectiveness revisited through the lens of practice theories. In A.-K. Praetorius & C. Charalambous (Hrsg.), *Theorizing Teaching: Current Status and Open Issues* (S. 57–95). Cham: Spinger Nature. https://doi.org/10.1007/978-3-031-25613-4_3

Vieluf, S., Praetorius, A.-K., Rakoczy, K., Kleinknecht, M., & Pietsch, M. (2020). Angebots-Nutzungs-Modelle der Wirkweise des Unterrichts: ein kritischer Vergleich verschiedener Modellvarianten. *Zeitschrift für Pädagogik, 66. Beiheft*, S. 63–80. https://doi.org/10.25656/01:25864

Vollstedt, M., Ufer, S., Heinze, A., & Reiss, K. (2015). Forschungsgegenstände und Forschungsziele. In R. Bruder, L. Hefendehl-Hebeker, B. Schmidt-Thieme, & H.-G. Weigand (Hrsg.), *Handbuch der Mathematikdidaktik* (S. 567–589). Berlin; Heidelberg: Springer. https://doi.org/10.1007/978-3-642-35119-8_21

von Glasersfeld, E. (1989). Facts and the self from a constructivist point of view. *Poetics, 18*(4–5), S. 435–448. https://doi.org/10.1016/0304-422x(89)90041–7

von Glasersfeld, E. (Hrsg.). (1991). *Radical constructivism in mathematics education.* Dordrecht; u. a.: Kluwer.

von Glasersfeld, E. (1997). *Radikaler Konstruktivismus: Ideen, Ergebnisse, Probleme* (9. Auflage). Frankfurt am Main: Suhrkamp.

von Glasersfeld, E. (2015). Theorie der kognitiven Entwicklung. In B. Pörksen (Hrsg.), *Schlüsselwerke des Konstruktivismus* (2., erweiterte Auflage, S. 81–95). Wiesbaden: Springer VS. https://doi.org/10.1007/978-3-531-19975-7_6

Vosniadou, S. (2013). Conceptual Change In Learning and Instruction: The Framework Theory Approach. In S. Vosniadou (Hrsg.), *International Handbook of Research on Conceptual Change* (S. 11–30). New York; London: Routledge. https://doi.org/10.4324/9780203154472–8

Voss, T., Kleickmann, T., Kunter, M., & Hachfeld, A. (2011). Überzeugungen von Mathematiklehrkräften. In M. Kunter, J. Baumert, W. Blum, U. Klusmann, S. Krauss, & M. Neubrand (Hrsg.), *Professionelle Kompetenz von Lehrkräften. Ergebnisse des Forschungsprogramms COACTIV* (S. 235–257). Münster: Waxmann.

Voss, T., & Wittwer, J. (2020). Unterricht in Zeiten von Corona: Ein Blick auf die Herausforderungen aus der Sicht von Unterrichts- und Instruktionsforschung. *Unterrichtswissenschaft, 48*(4), S. 601–627. https://doi.org/10.1007/s42010-020-00088-2

Vygotsky, L. S. (1978). *Mind in Society: Development of Higher Psychological Processes.* Cambridge: Harvard University Press.

Vygotsky, L. S. (1986). *Thought and Language* (Revised). Cambridge, MA: University Press Group Ltd.

Wagenführ, K. (2001). Gebietsreform in Feldhausen: Eine Einführung in den Satz des Pythagoras. *mathematik lehren, 109*, S. 10–13.

Wagner, P., Reischl, G., & Steiner, G. (2021). *Einführung in die Physik* (4., überarbeitete Auflage). Wien: Facultas Verlags- und Buchhandels AG.

Wagner-Willi, M. (2007). Rituelle Interaktionsmuster und Prozesse des Erfahrungslernens im Mathematikunterricht. In C. Wulf, B. Althans, G. Blaschke, N. Ferrin, M. Göhlich, B. Jörissen, R. Mattig, I. Nentwig-Gesemann, S. Schinkel, A. Tervooren, M. Wagner-Willi, & J. Zirfas (Hrsg.), *Lernkulturen im Umbruch: Rituelle Praktiken in Schule, Medien, Familie und Jugend* (S. 57–90). Wiesbaden: VS Verlag für Sozialwissenschaften. https://doi.org/10.1007/978-3-531-90456-6_3

Walberg, H. J. (1981). A psychological theory of educational productivity. In F. H. Farley & N. J. Gordon (Hrsg.), *Psychology and Education: The State and the Union.* McCutchan Publishing Corporation.

Walz, G. (2018). *Gleichungen und Ungleichungen: Klartext für Nichtmathematiker.* Wiesbaden: Springer.

Wang, M. C., Haertel, G. D., & Walberg, H. J. (1993). Toward a Knowledge Base for School Learning. *Review of Educational Research, 63*(3), S. 249–294. https://doi.org/10.3102/00346543063003249

Weber, M. (1968). Die ‚Objektivität' sozialwissenschaftlicher und sozialpolitischer Erkenntnis. In *Gesammelte Aufsätze zur Wissenschaftslehre* (3, S. 146–214). Tübingen.

Wegner, H. C. (2019). *Fachübergreifende Aspekte eines kognitiv aktivierenden Unterrichts an Gymnasien: theoretische und empirische Analysen zum Konstrukt kognitive Aktivierung.* Duisburg-Essen: Universität Duisburg-Essen. https://doi.org/10.17185/duepublico/71240

Wettstädt, L., & Asbrand, B. (2014). Handeln in der Weltgesellschaft. Zum Umgang mit Handlungsaufforderungen im Unterricht zu Themen des Lernbereichs Globale Entwicklung. *ZEP: Zeitschrift für internationale Bildungsforschung und Entwicklungspädagogik, 37*(1), S. 4–12. https://doi.org/10.25656/01:12093

Widodo, A., & Duit, R. (2004). Konstruktivistische Sichtweisen vom Lehren und Lernen und die Praxis des Physikunterrichts. *Zeitschrift für Didaktik der Naturwissenschaften, 10*, S. 233–255.

Wild, E., & Möller, J. (Hrsg.). (2020). *Pädagogische Psychologie* (3., vollständig überarbeitete und aktualisierte Auflage ed.). Berlin: Springer. https://doi.org/10.1007/978-3-662-61403-7

Winkler, I. (2017). Potenzial zu kognitiver Aktivierung im Literaturunterricht. Fachspezifische Profilierung eines prominenten Konstrukts der Unterrichtsforschung. *Didaktik Deutsch, 22*(43), S. 78–97. https://doi.org/10.25656/01:16157

Wittenbruch, W. (2011). Theorien des Unterrichts. In S. Hellekamps, W. Plöger, & W. Wittenbruch (Hrsg.), *Handbuch der Erziehungswissenschaft: Schule* (S. 231–251). Paderborn: Ferdinand Schöningh.

Wood, D., Bruner, J. S., & Ross, G. (1976). The Role of Tutoring in Problem Solving. *Journal of Child Psychology and Psychiatry, 17*(2), S. 89–100. https://doi.org/10.1111/j.1469-7610.1976.tb00381.x

Ziegelbauer, S., Gläser-Zikuda, M., Girwidz, R., Schwarz, B., Nenniger, P., & Jäger, R. (2010). Aspekte eines kognitiv aktivierenden Physikunterrichts. In B. Schwarz, P. Nenniger, & R. S. Jäger (Hrsg.), *Erziehungswissenschaftliche Forschung – nachhaltige Bildung. Beiträge zur 5. DGfE-Sektionstagung „Empirische Bildungsfor-*

schung" – AEPF-KBBB im Frühjahr 2009 (S. 397–404). Landau: Verlag Empirische Pädagogik.

Zülsdorf-Kersting, M., & Praetorius, A.-K. (2017). Geschichtsunterricht zuverlässig beurteilen. Vorstellung eines Beobachtungsinstruments zur Bestimmung von metakognitiv-diskursiver Unterrichtsqualität. *Zeitschrift für Geschichtsdidaktik, 16*(1), S. 250–265. https://doi.org/10.13109/zfgd.2017.16.1.250

Abbildungsverzeichnis

Tabellenverzeichnis

Anhänge

Anhang 1: Vorbefragung – Protokollbogen Lehrkräfte

TALIS-Videostudie Deutschland

Vorbefragung - Protokollbogen Lehrkräfte

Internationales Konsortium:
RAND Corporation, Santa Monica, CA, USA
Deutsches Institut für Internationale Pädagogische Forschung (DIPF), Frankfurt, Deutschland
Educational Testing Service (ETS), Princeton, NJ, USA

INHALTE IHRER UNTERRICHTSSTUNDEN ZU „QUADRATISCHEN GLEICHUNGEN“

Wir möchten Sie nun bitten, zu dokumentieren, welche Inhalte zu „Quadratischen Gleichungen“ Sie zwischen dem Vortest und dem Nachtest behandelt haben.
Diese Information wird uns helfen, die Lernergebnisse Ihrer Schülerinnen und Schüler zu verstehen.

Bitte füllen Sie dafür die Tabelle im Verlauf der Unterrichtseinheit zu „Quadratischen Gleichungen“ aus.
Nutzen Sie für jede Unterrichtstunde jeweils eine Zeile.

Bitte verwahren Sie die Tabelle, bis sie von der Testleiterin/ dem Testleiter der IEA am Ende der Unterrichtseinheit mit der Nachbefragung eingesammelt wird.

!! Sie benötigen zum Ausfüllen nach jeder Unterrichtsstunde nur ein oder zwei Minuten !!

BITTE BEACHTEN SIE:

1. Es gibt hier kein richtig oder falsch. Wir möchten nur verstehen, wie das Thema Quadratische Gleichungen in **Ihrer** Klasse umgesetzt wird.
→ *Bitte gestalten Sie diese Unterrichtseinheit so wie* ***Sie*** *es für gewöhnlich tun.*

2. Die Inhalte, die in der Tabelle aufgeführt werden, sind weder verpflichtend noch vollständig. Sie repräsentieren Unterthemen, die von Mathematikdidaktikerinnen / Mathematikdidaktikern aus verschiedenen Ländern erwähnt wurden. Einige der Unterthemen spielen unter Umständen in Deutschland, Ihrem Bundesland oder Ihrer Klasse keine Rolle.

→ Bitte tragen Sie für jede Unterrichtsstunde ein, ob der jeweilige Inhalt

- ***gar nicht vorkam (0),***
- ***eine untergeordnete Bedeutung hatte (1) oder***
- ***im Vordergrund des Unterrichts stand (2).***

Vielen Dank für Ihre Unterstützung!

Bitte tragen Sie in die erste Spalte das Datum und in die zweite Spalte die Dauer der jeweiligen Unterrichtsstunde ein. In den übrigen Spalten tragen Sie bitte jeweils eine 0, 1 oder 2 ein:

0 = der Inhalt kam gar nicht vor
1 = der Inhalt hatte eine untergeordnete Bedeutung
2 = der Inhalt stand im Vordergrund des Unterrichts

Bitte verwahren Sie die Tabelle, bis diese mit der Nachbefragung eingesammelt wird.

		Inhalte: 0=kam nicht vor, 1= untergeordnete Bedeutung, 2=im Vordergrund										
					Lösen quadratischer Gleichungen mittels ...							
Datum	Dauer dieser Stunde (Min)	Umgang mit Begriffen der Algebra (Arbeit mit Klammern und Termen)	Binomische Formeln a^2-b^2 oder $a^2+2ab+b^2$	Einführung einer Form der quadratischen Gleichung	Quadratischer Ergänzung	Faktorisierung	der Lösungsformel für quadratische Gleichungen $x_{1/2} = \frac{-b\pm\sqrt{b^2-4ac}}{2a}$	Identifizieren von Nullstellen in einer graphischen Darstellung	Diskussion verschiedener Fälle von $ax^2+bx+c=0$ in Abhängigkeit von Werten für a, b und c	Quadratische Funktionen (Definition, Zeichnen, Verschieben des Grafen, usw.)	Anwendung in außermathematischen Kontexten

Datum	Dauer dieser Stunde (Min)	Inhalte: 0=kam nicht vor, 1= untergeordnete Bedeutung, 2=im Vordergrund								
					Lösen quadratischer Gleichungen mittels ...					
		Umgang mit Begriffen der Algebra (Arbeit mit Klammern und Termen)	Binomische Formeln a^2-b^2 oder a^2+2ab+b^2	Einführung einer Form der quadratischen Gleichung	Quadratischer Ergänzung	Faktorisierung	der Lösungsformel für quadratische Gleichungen $x_{1/2} = \frac{-b\pm\sqrt{b^2-4ac}}{2a}$	Identifizieren von Nullstellen in einer graphischen Darstellung	Diskussion verschiedener Fälle von $ax^2+bx+c=0$ in Abhängigkeit von Werten für a, b und c	Quadratische Funktionen (Definition, Zeichnen, Verschieben des Grafen, usw.)	Anwendung in außermathematischen Kontexten

Anhang 2: Merkblatt für Lehrkräfte / Testleitungen

MERKBLATT FÜR LEHRKRÄFTE/TESTLEITUNGEN

Was wird in der TALIS-Videostudie Deutschland als Unterrichtseinheit zu „quadratischen Gleichungen" verstanden? Wann beginnt und endet diese Unterrichtseinheit? Wann finden die Erhebungen statt?

Die TALIS Videostudie Deutschland soll eine Reihe von Unterrichtsstunden abdecken, die unter anderem algebraische Lösungen allgemeiner quadratischer Gleichungen beinhalten, etwa $ax^2+bx+c=0$ oder $x^2+px+q=0$. Bitte lesen Sie die folgenden Hinweise zur einheitlichen Bestimmung des Anfangs- und Endzeitpunktes.

1. **Bestimmen Sie** die Unterrichtsstunde, in der die **algebraische Lösung** für eine der beiden **allgemeinen Formen** der quadratischen Gleichung **eingeführt** wird. Die thematisch zusammenhängenden, aufeinanderfolgenden Unterrichtsstunden **vor und nach** dieser Stunde, die insgesamt der Vorbereitung, Vermittlung, Anwendung und allgemein der Lösung von Aufgaben im Bereich „quadratische Gleichungen" dienen, werden als **Unterrichtseinheit zu „quadratischen Gleichungen"** bezeichnet.

   Anmerkung 1: Möglicherweise wurde verwandter Lernstoff bereits Monate oder gar Jahre zuvor unterrichtet. Das spielt allerdings keine Rolle.

   Anmerkung 2: In einigen Ländern, so auch in Deutschland, werden grafische Zugänge (Schnittpunkte von Parabeln) und algebraische Zugänge (quadratische Funktionen) oft während der Unterrichtseinheit kombiniert. Das ist berücksichtigt. Wir möchten, dass Sie auf die Ihnen vertraute Weise unterrichten.

2. **Finden Sie heraus**, wann innerhalb dieser fortlaufenden Serie von Unterrichtsstunden das **erste Beispiel für eine quadratische Gleichung** mit einer Unbekannten auftaucht (wobei dieses Beispiel sehr spezifisch sein kann, etwa $x^2=0$, $x^2=16$ oder $x^2+6x+9=0$) und **die Aufgabe gestellt wird**, die **Gleichung (nicht Funktion)** zu **lösen**, d. h. die Unbekannte zu bestimmen. Diese Unterrichtsstunde sollte als "erste Unterrichtsstunde" der Unterrichtseinheit identifiziert werden.
   Vortest und Fragebogen sollten vor Beginn dieser Unterrichtsstunde bearbeitet werden. Falls möglich, sollte dies unmittelbar vor der Unterrichtsstunde geschehen, frühestens jedoch zwei Wochen zuvor. Sollten Sie direkt nach den Ferien mit dem Thema „quadratische Gleichungen" beginnen wollen, wäre es wichtig, dass der Test und die Fragebögen erst nach den Ferien und damit unmittelbar vor der Unterrichtseinheit bearbeitet werden.

   Anmerkung 1: Unerheblich ist, ob die Lösung der quadratischen Gleichung algebraisch, grafisch oder mit anderen Methoden (auch Versuch und Irrtum) gelöst wird. In jedem Fall muss in der Aufgabe eine quadratische Gleichung mit einer Unbekannten gelöst werden.

   Anmerkung 2: Möglicherweise wurde ein Teil des Lernstoffs zur Vorbereitung auf quadratische Gleichungen bereits vor dieser ersten Unterrichtsstunde der Einheit vermittelt, z. B. Parabelfunktionen oder die binomischen Formeln. Unsere Untersuchung beginnt jedoch mit der ersten Unterrichtsstunde, die das Lösen quadratischer Gleichungen thematisiert.

3. Die Unterrichtseinheit endet mit derjenigen Unterrichtsstunde, auf die ein neues mathematisches Themenfeld folgt (beispielsweise zur Geometrie oder zum Lösen von Gleichungssystemen). Sollte die Unterrichtseinheit mehr als 20 Unterrichtsstunden beinhalten, so definieren Sie die 20. Unterrichtsstunde als die "letzte Stunde". Nachtest und anschließender Fragebogen sollten unmittelbar im Anschluss an diese letzte Stunde bearbeitet werden; wenn dies nicht möglich ist, maximal zwei Wochen später. Sollten direkt im Anschluss die Ferien beginnen, wäre es gut, wenn der Nachtest und der anschließende Fragebogen trotzdem noch vor den Ferien geschrieben werden würde. Die **zweite Videografie** sollte **nicht die letzte Unterrichtsstunde** der Unterrichtseinheit sein.

   Anmerkung 1: Stellen Sie bitte sicher, dass sich die Unterrichtseinheit zu quadratischen Gleichungen möglichst auf zehn oder mehr Unterrichtsstunden erstreckt.

   Anmerkung 2: Die Unterrichtseinheit sollte einige Anwendungsbeispiele beinhalten.

Übersicht zum Ablauf

- Möglichst direkt **vor der ersten Stunde** (Stunde 1), maximal 2 Wochen vorher: Test (Schülerinnen und Schüler) und Fragebogen (Schülerinnen und Schüler und Lehrkraft)
- **Beginn der Einheit** (Stunde 1): Erste Aufgabe zum Lösen einer quadratischen Gleichung (rechnerisch, grafisch oder mit anderen Methoden)
- **In der ersten Hälfte der Einheit** (nach Verabredung): Videografie 1; die erste Videografie kann die erste Stunde der Unterrichtseinheit sein.
- Mindestabstand zwischen den beiden Videografien ist Eine Unterrichtsstunde.
- **In der zweiten Hälfte der Einheit** (nach Verabredung): Videografie 2; die zweite Videografie darf nicht die letzte Stunde der Unterrichtseinheit sein.
- **Ende der Einheit** (letzte Stunde): Vor dem neuen Thema, idealerweise nach 10 oder mehr, maximal nach 20 Std zu quadratischen Gleichungen
- Möglichst direkt **nach dem Ende der Unterrichtseinheit**, maximal 2 Wochen nachher: Abschlusstest (Schülerinnen und Schüler) und Fragebogen (Schülerinnen und Schüler und Lehrkraft)
- **Zwei Monate nach dem Ende der Unterrichtseinheit** („Follow up"): Nachtest (Schülerinnen und Schüler) und Fragebogen (Schülerinnen und Schüler und Lehrkraft)

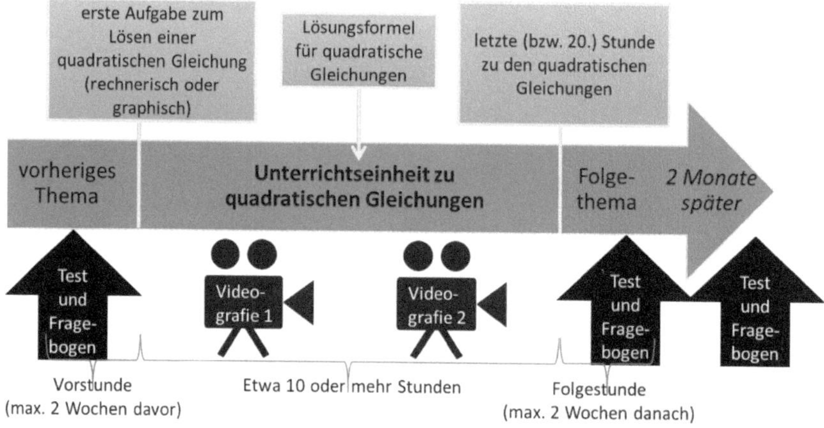

Bitte beachten Sie, dass neben den beiden Videografien zur Unterrichtseinheit „quadratische Gleichungen" eine **zusätzliche Videografie zu einem beliebigen Unterrichtsthema** durchgeführt werden soll. Diese kann vor oder nach der Unterrichtseinheit zu „quadratische Gleichungen" erfolgen.